Квадратный корень из 2 до миллиона цифр

под редакцией

Дэвид Э. МакАдамс

Сайт автора: http://www.demcadams.com.

Другие книги Дэвида Э. МакАдамса

Попугай цвета — Введение в концепцию цветов с использованием рисунков попугаев. Для дошкольников.

Цвета цветов — Введение в концепцию цветов с использованием рисунков цветов. Для дошкольников.

Цвета космоса — Введение в концепцию цветов с использованием фотографий из НАСА. Для дошкольников.

Формы — Введение в формы. Для дошкольников.

Numbers (По-английски) — Введение в концепцию чисел. Для классов К-2.

What is Bigger Than Anything? (Infinity) — Введение в концепцию бесконечности. Для 1–3 классов.

Swing Sets (Sets) (По-английски) — Введение в теорию множеств. Для 2–4 классов.

One Penny, Two (По-английски) — Если пенни Джерри будет удваиваться каждый день, сколько времени пройдет, прежде чем он сможет купить темно-зеленую спортивную машину? Для 3–6 классов.

Learning With Play Money Activity Kit (По-английски) — Обучайте большим числам и счету с более чем 1 000 000 долларов в виде игровых денег.

Мои любимые фракталы (тома 1, 2) — Иллюстрированные книги с чудесными фракталами, представленные в виде изображений с высоким разрешением. Для всех возрастов.

All Math Words Dictionary (По-английски) — Математический словарь для студентов, изучающих предыдущую алгебру, алгебру, геометрию и предыскажения.

Первый миллион цифр числа Пи -— Первый миллион цифр числа Пи. Для всех возрастов.

Первый миллион цифр числа Эйлера — Первый миллион цифр числа Эйлера е. Для всех возрастов.

Квадратный корень из 2 до миллиона цифр — Первый миллион цифр квадратного корня из 2. Для всех возрастов.

Первые сто тысяч простых чисел — Первые сто тысяч простых чисел. Для всех возрастов.

Развёртка многогранника проектная книга — 80 геометрических сетей для копирования, вырезания и склеивания в трехмерные многогранники. Для детей от 9 лет.

Geometric Nets Mega Project Book (По-английски) — 253 геометрические сети для копирования, вырезания и склеивания в трехмерные многогранники. Для детей от 9 лет.

Актуальный список см. на сайте https://www.DEMcAdams.com.

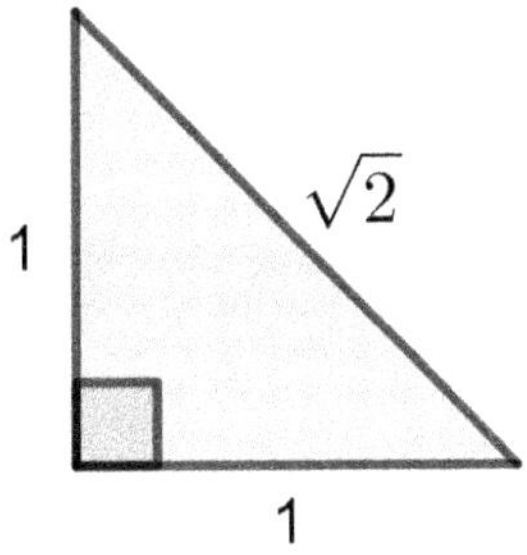

$\sqrt{2} \approx$

1.41421356237309504880168872420969807856967187537694807317667973799
0732478462107038850387534327641572735013846230912297024924836055850
7372126441214970999358314132226659275055927557999505011527820605
714701095599716059702745345968620147285174186408891986095523292304
843087143214508397626036279952514079896872533965463318088296406206
152583523950547457502877599617298355752203375318570113543746034084
988471603868999706990048150305440277903164542478230684929369186215
805784631115966687130130156185689872372352885092648612494977154218
334204285686060146824720771435854874155657069677653720226485447015
858801620758474922657226002085584466521458398893944370926591800311
388246468157082630100594858704003186480342194897278290641045072636
881313739855256117322040245091227700226941127573627280495738108967
504018369868368450725799364729060762996941380475654823728997180326
802474420629269124859052181004459842150591120249441341728531478105
803603371077309182869314710171111683916581726889419758716582152128
229518488472089694633862891562882765952635140542267653239694617511
291602408715510135150455381287560052631468017127402653969470240300
517495318862925631385188163478001569369176881852378684052287837629
389214300655869568685964595155501644724509836896036887323114389415
576651040883914292338113206052433629485317049915771756228549741438
999188021762430965206564211827316726257539594717255934637238632261
482742622208671155839599926521176252698917540988159348640083457085
181472231814204070426509056532333398436457865796796519267292399875
366617215982578860263363617827495994219403777753681426217738799194
551397231274066898329989895386728822856378697749662519966583525776
198939322845344735694794962952168891485492538904755828834526096524
096542889394538646625744927556381964410316979833061852019379384940
057156333720548068540575867999670121372239475821426306585132217408
832382947287617393647467837431960001592188807347857617252211867490
424977366929207311096369721608933708661156734585334833295254675851
644710757848602463600834449114818587655554286455123314219926311332
517970608436559704352856410087918500760361009159465670676883605571
740076756905096136719401324935605240185999105062108163597726431380
605467010293569971042425105781749531057255934984451126922780344913
506637568747760283162829605532422426957534529028838768446429173282
770888318087025339852338122749990812371892540726475367850304821591
801886167108972869229201197599880703818543332536460211082299279293
072871780799888099176741774108983060800326311816427988231171543638
696617029999341616148786860180455055539869131151860103863753250045
581860448040750241195184305674533683613674597374423988553285179308
960373898915173195874134428817842125021916951875593444387396189314
549999906107587049090260883517636224749757858858368037457931157339
802099986622186949922595913276423619410592100328026149874566599688
874067956167391859572888642473463585886864496822386006983352642799
056283165613913942557649062065186021647263033362975075697870606606

8564981600927187092921531323682813569889370974165044745909605374 72
7965244770940992412387106144705439867436473384774548191008728862 22
1495895295911878921491798339810837882781530655623158103606486758 73
0360145022732088293513413872276841766784369052942869849083845574 45
7940959862607424995491680285307739893829603621335398753205091998 93
6075139064444957684569934712763645071632791547015977335486389394 23
2572775400382602747856741725809514163071595978498180094435603793 90
9855901682721540345815815210049366629534488271072923966023216382 38
2666126268305025727811694510353793715688233659322978231929860646 79
7898640920856095581426143636310046155943325504744939759339991254 19
5323009321753044765339647066276116617535187546462096763455873861 64
8801988484974792640450654448969100407942118169257968575637848814 98
9864168549949163576144840470210339892153423770372333531156459443 89
7036531667219490493518829058063074013468626416724701106534634939 16
4071462855679801779338144240452691370666097776387848662380033923 24
3704741153318725319060191659964553811578884138084332321053376746 18
1217801429609283241136275254088737290512940733947943306194395693 67
0207942951587822834932193166641113015495946983789776743444353933 77
0995713498840789085081589236607008865810547094979046572298880892 4
6128281601313370102908029099974564784958154561464871551639050241 98
5790613109345878330620026220737247167668545549990499408571080992 57
5992889323661543827195500578162513303815314657790792686850080698 44
2847915242427544102680575632156532206188575122511306393702536292 71
6196825125919202521605870118959673224423926742373449076464672737 53
4796459881914980793171800242385545388603836831080077918246646275 41
1744425001872777951816438345146346129902076334301796855438563166 77
2351838933666704222211093914493028796381283988931173130843004212 55
5018549850652945563776603146125590910461138476828235959247722862 90
4264273616326458544339287726386034314980489639736332975488592568 11
4929683612672589857383321643666348702347730261010613050729861153 41
2994880877447311122954265275165366591173014236062652586907719821 70
3709810464436047722673928298741525930695620638471082740821849067 37
2330587430297092428994817392440786937528440104439904852087885191 41
9354151290068173517030693869705900474251576552480784473621441050 16
2008454441222559562029847259403528019067980680983003964539856859 30
4586252606377974535599277472990648887454512424960763780108639001 91
0580928747647207511092386059501954322816020887962151623385216128 75
2285180252928761832570371728574067639449098254644221846543088066 10
5802015847284067126302545937989065081685713716566859413005331970 36
5964033766741461049563765103083661348931094780268129355733189055 19
7052018451503996909866315251241161119259405528085649893195898345 62
3319836834948808061715624391128663127978483719789533690152776005 49
8055166350197855571101405552976338412750446860464766318326611651 82
0675012047669910987219104447440326894364159594279219944235537187 04
2995592403140917128481585438660053857135836398163094524075570093 25
1682434416824083619792733728252154622469615332170268299509790890 34
5948588783494396162043584224973971871139589273050921970549171769 61
6004455808994278788803691694328945951472267229261248506961731638 09
4108218600452861026965475763043102560271523139694821355198214097 16
5490973199928349256740974903922971263486934145749331980417180761 11
9639022786640759224341677624662362389131102703433045763681411283 21
3263085822394562195980866129399962012341561763181743124200890149 83
8485604808798646083935964923665142968125773143229145687168276219 96
1182782695315749838026246517590541039761812876042163861345022132 62
7277566124411336107751955577495086563606737866506231856406991228 01
8757417854946612532759976979605977605907564891066610158384172028 18
5304321190446577525542775437987260548817361982675816862832952607 89
9322266836028385135122810593185910286415081570563197173151831362 50

2435904146321223921766339826893682531505300598915470290953719326620734112349474336788469020139049784285216341442921458955828784766939464642678122190497856363552633682780518600986992489377860023987691698076566219438985443708059464333623338105874581623547560013659243524265714308346554576800237081467573252547025507476374716350678515991736937932510326827606286459146182047214863703707719269268236233347203792459646918105261391530862802914409654825638730927304265446629290458960637519187114693453619733247895727070315309309019211991999936157650035039840540674253879275279227247335667706078379113844889362613676570602636003151329520953952028548973844862561349244147086070866026763499787934208758361219471169942238484825959143045281070626015089691353030177200627170544020906695149152745977197059476954740952102878725578568800221937177435581107939308833845586482772910086295545661413067212308487402271210586863233882374138844289381554446471057556514684357029466350628938735698686883764803265195284146535173953027361201374203009867398385143219004360289826982935293994141292305803845650227072168151619410114498263013649008770483984883860906533685990545838952031856480414932721423908651649994316592079659535694307231129116292867975171566889054393220356912933245702080671944404973049439814082278296027994245410831666759214248351827238172050410392742888015562233807961475124335147310212845459448994449960007524375195701166834174474907958820995178367680232365176749723014874577427259947609621984327148352986111902728735849052179759083741974860267060537462315300393752123678677528486921958571375542696848278363178611099336801439159059748428580545161302301439790570161088986277796107506733326760486549292513997813905358822768937322049414839401355603565604421401761206051318068919899626061848318534018362378217266375804552471962661749254228528045714420485783421132280085287042054889923412785548123676153770710425446986852199112283542663499971274836607624624182073646661712839474847328047443040334410720042872712756702795675824292627194545805300266648996507956977817862194217200523716536946770419511191270462483605113028904643775114869488784961511884147191000125588383666067720841123515355881126778957155859041257626160106751315358021242733187100063582495450409957940725479890031682651237311905566829151943053708489307869197428290490386037231160992834243171222509945471501928666487871079519951800546338838443154817246354802445180308452734310006213710346257330600123497374435581809656784646415339051465691932456235314057791936989884236471835253758052577133112007971040683154926654020260468068183914378272147690632424695171286367384431398333711761594186999346626234537345235679401241680922911636095637216745283917099091466485073920515160560473787106154702169960746569309794426121469256159342564940191229895147325447151812632583688972822628332952403597007278633646045947071241747294687757059581573499628480995678392554742404489918870710696752425077452012293608105741426532347240641621410333533340551104521261750359028403745459186450472762434207177092979354010214096464502836834180407586081001407216192477179809859681115404464443728568959286831977797786934641598469745133917741537904877880830022058335046746555323028587325835157085996490686728759672950387254757087916955473669170870124133392214846685174370666154881952933227273743604108254259660303986932654223505236910859512630083184675550345975839550584035670155887977736443804818213870700344023618041200211483727942274078737893316270810136264982896292725624458053971341422145110999954458214292378388102648394823395141876746896783186286817882725558257319395181553169516450149435726310604569492967098625204339385207822076221910034469269663342590853058160449780257763254489370800626778731795485298566839486946733569630014029313141902578077581694581527252934342259051979183166216444875178169677527677

9130431573425640549229381873951108441668309249111597857733273638884
1418507379363002639218068001949823966647123131719025237031990587771
97741000713240751920418122141324253272949186000420084154851154741 1
57305987219621298854166372087752248376948597476729330186839052250 0
1486903826108482481981675931077727026488262090723847752905876504 03
26672758482521851623107454498875882746567809497123087661442641482 4
15790357039331225651893335628183618540574670638061839848946628424 5
73656456421390721630529552935928487755524275455951338277150017840 1
65530548544228501198836557568015934645055899442484962741271186988 3
15804769181415679618532165716964522259459471246931995711641986188 4
79778912114268116438377238483631867318607564778536999303870546632 2
96980756758468212302807726100696917407820247949882109547334301126 5
45442170195852375880785348003737247118761110008771903553881573192 2
51333842494774503118811947455953653366092064192934400350785642234 3
29232492972708472482355767174058950012687636008124521124487564342 8
09465931336185643241485578079193115126509729589160529930307710563 5
24545148345720922455198489058890421980654397335375759982485803754 6
39273653764196748062696838271292001434956674852247241454863603621 1
58472323173699806171993642113631458071198839681295705611588124620 5
88579665056221507482089747776417708378705292420288029004400248068 68
12542207579059424347046448957544023873693604740130860360759917438 7
61563529677605801833493087964662707116080507376107180022155251919 9
37962007091613832272801773133201900597804820796075803249946223853 8
58035734780187138028403981200468123707909245727285765451048971703 1
02370548678793364378157807400767747421528031184981557698165615162 6
11572020454026441299316117077331253846128936763791838537050094206 3
06091032540258476822203676824927947340006177512952630726563785309 7
36864200077666658899328456612246507300220956287727262227808039548 3
40381096280576492897465184363194984026129976189004678190927370964 7
82787243577522066846540002468330746087835876558905305694257499098 9
03922046300471457205905371209131427588653769314804000087179138456 9
09936299878478854217781540735051706253205095144782206672526086204 1
07996222703480818013800661007192268140291976835488424399162809803 6
18597719358892265485872816327690542861746632308136287764990073775 9
93244175214767760469369622332151759264505564525638405467004045215 8
00754543796810384355851479430922963521978522832957454572715647931 8
50418896070128059492295921835949370745803903214104366016376509554 8
94454190263391196074110066949778024695409365628127538496323601062 5
84653667050765177029695130396858702367912875413588064402634238235 6
80607640745176119088333712091415762805652237901273564193534565267 6
29624402660228245426196034228352400205032950531908532014968045135 6
43341034313292235896972831087395694381318094316669133905264891483 3
28798827628525630451206376149000452186427171115089762827528671466 3
61173898285874253172165962476433238400349004962987894870010518844 9
41186604397391074937573495289347707396386659332554385899935379941 4
38406624221022683285116625113683447328966132105267508937948344634 9
30352785321301278211526859429843756517451093039924958664609423868 4
70021535501803780001870111131519378754010914958890807647334550026 4
09805683214381160075146182788449046812481468930974300001090198432 0
86663092251381121115994812796367839081222437819101877799403407652 7
40603823415053271741627867488808575410121428667466310361088001818 8
43540182368653221687750411978076525811538417365621835675013034456 5
95936590974690077656309515636628348639979754937563840529672328356 3
40303159165495886112229959996868270142840723914623001617354408314 3
64380458922055411017953513558852713479849378761337910756559954145 2
89177701575813487576801862429222297766621154224971133417396031967 6
39093505123209476166427534743883338886999799164638367503241863248 6
28418784699609638082751299633817393742209534758616322163052027035 1

703749029856852559581419295499517655258212347310819766330134175081
512367752315160732088182956407263476450588757613618936187012890402
679226470494967872374025813008347639756446326335496752857495370151
271006944644206246175364428949860492052182321338432627533519882949
208649070960592165457376909595138937899766262877086832350596409805
018856981997405660054415321384073497815408094354075968156133896432
084041531510243243247650635582409785346811510563238980401380381484
973528744429069393443733818010901017885920564069076972639093391116
136846666993180683823467403892236722925516602446859746076358290372
852949715836906372909503368595118238724038656680384409859135999658
830062279975291368494561705199329159949232434041372725380763684029
518736981797353665709599422047510596440759070780020393623247182380
413779928373967358809638954739384712895062304484473247044382339025
131491385944752127927146106722526835555209310140982503241041356811
888934417063480181887903852437284345041399526750839074929315594899
279974020601668610106057383620343696139923705020591369122478814482
197004556462960618015295726774665402522403215201062680592469294184
146516926942970316447489225533568194701055860753950312574877927182
201980680506551347189262650998704038723936152628091171501639839183
820803710766444723112559429793084157485754971284956770768913053139
151928316074937226046483741211241052740458076907749903216761531996
566097430089028478792209894555140349566776329368418912928228889379
139256579030617042195174642667176286007376548254894908236704904178
982794694813371005437573522926259395680953716797717773842816611959
931987815037440223252940166513596488398918771266667644592828072477
419805118340357726301941505622270926688815100874081021630455111936
897033987589916343676655245969002296639061823459922443716156818871
678501955219269047700888762881701243590723842188590943230252400872
836341134600247463505407631743028561032883144639525995577714162497
515992886034410104753346774530437278688576119622685894813897884351
225166906761879132344620772426389891117519357553675508977173608077
985499293374857587940796948901185382605111362359173403913986090018
722454028726512923507251346336039947797211253440796964196584329248
583896153707862544624052734183729616587128099621567514167788885218
2017826857947508860561917614334505307242225794421504401189938032821
176942753515500503593840261927124840735344805764151349209066433260
871886931878391137249135429063143277314147565234427698926410729192
964778315226765309633771907887021210173628892801332066553846887522
709821416994745346783973061884338063688567887509348371281299459471
416740210647944623047509596911213284185737450768802174200091903786
114928999321369828255050439412523429387891529294488067290453371558
685893911940586799267968019751929463531321204605827301365246354919
747717843125514719561089448171687369595009755149090580423770550765
831660455263178819159288580151410990335159992764926020916753796585
654071721490272772072079533046409492679296980145647407586168417518
270355419152328590131991897564442720919580664737853965474943503366
098455694220541232209149476985226606686931349412846052436006261919
200954559599299203576635844725208888438770109848509614553662505648
222331082774877124964592394034410384880456557209153720836923704220
390308166921534433655552965914773759520794595970591492130243833379
570937471630364094522401198254550375439726080376366587365259895269
116799601027835888111571584115744794740352868900094824133918451378
059992251898473594116542190094366985029180072615270895483247691079
054750239576659419788818441052018288716411670528264469474464709886
880658944170090145701739592379888063120134295083414410967004600697
066301139883806544103595903638542889053395979476135555393092353500
102274640257399654926031871210054395169315102736251469580843669483
749113385315323780426247949617769295622506132578266616587528170615

484688178446049185158500223578507688444677874014750442262575101736
486183263373253354192130963105322132562419461409302789335825311735
548312186188185808274496642586804545788804160409610003849873310755
633890347244188014704960144521546446352768745300463429370465787461
230411428584139315470696445598862702341355336961468894130579524344
828578813842913133400444388269456277457204464892750371889600250214
810243226623247446675922220957579680398758330118809412348594105539
793115016614982410947734045594477362140729819067342271221329828201
893551814807116129360475393545191644885191976819894324688266584699
908103487433057154252114898292494064135204869933170852436546029080
065024215298598119251209628332680767252801429242638106620922006716
242390535394287757500791358700376806504069329046236701998064642381
662780745584542797281363649612815600633612819117180777498572128490
965404563806025279792900141167180888216727623269573144529953790935
999635720195691053823183323228796036615493435619556357778872038051
407147028627486665772728496380606820908743374755778931220716618329
099796807740695830545505816946391053802547129809501916405917729214
706120537973758318816904034573730892287048764298832763431061565604
142353102111260771779308733171317133834055399077148746039878634100
181548943060212764145175368556781241048762789184459864887507256919
070705612618906511541537434331704771073512089749664585871232326061
227767648801741904170532621901129299413424068594779706484545123043
270036204444603070019114504154208127286585326598625965834129193187
433746814254099198919080093257152259502569757636258378542068760787
533642389024535242231478116950307422996882662361894379754634314869
404737054660220523658535224334918934149537318546177563908506301498
059307441312721443060968681215491679993360209112463420681604642356
345266992247106943380713975107656704229609060830002146456760756695
447822337420301223136385365488118968676221196569610683809556811074
161682888729148970892917272020316644752981556491650993296424759355
530943427234735255674233588854104081625618083858967592481296758178
858037431437644805102257548414551956003095448415378317598122227808
362610038296219136687469906013559109879017893945095070800847019710
300949634856731261765379906963665342384783947510060919802366224025
8379166773365981862096901237048554417883308174322241527096185839732
054877747141962021020919122003541939937558489657965967774879666498
337384464462884923220915966252081771094551855784919342249039112644
016254035341529185960627844258497990753765035114366230126874503874
841819808002173511521273105542548954456430535217441264760373988143
239223799552080372563153827895767560326953415371316228684223119907
173662715925216680950257599135536804114031436374928570500016182589
807056873639480322361404604011480623406226830964085064565184947862
087308537993315082686383455929918002956502600712905221346145142591
683238499736379295324166767263660845139329127005281346342654445920
288246142762177537542296561177677435268363377927727053086688871203
544787678456074403451818739133581638413567183639815500757116010247
023062209136180213041332617816241751224462126905137587603315297832
296688192798031720614092427303623900983851487008360779814038114398
492015100688229636700554973943285334706986769952794008280800408871
510193767467730882920960774142894924319076599523269541480873863532
377880542082237256367753706673147303496863970704898031245446088106
656204930116583699242859143171957326639117940460873354170410387477
676568434175416519619874924892507420893760141194424029639425417630
165604729567661334499190693680733551658503150396913387483435296368
054125218883032166460594553739445123752178397465350332767285694918
193988259952860975698800611916256873292306230585674189853838045570
809358377914628586246872311025994015876757690831677174283925303011
600838846048071478361609641715594546399221829104927969229251112793

795664013381991163506963539326360985956462057610408705683800302694
519711248638111853378910981402240524583922160456345211221741701040
567973307539584647058474754960443223342630066921057776700574771792
447903388417399895395625218314754341828854229277388521031765033181
685116423984842459090668564084864712227534729176002772087091119916
253536523207304127403457281143076790748835435004321724871067033312
039256058908763836947478428601451134482256881522505295704764411457
698138038591192713356349551780841473632107768061567567942798763715
596403483762844405325104334623725798115249057855454554452128459612
304154962148839747200361422992055663045249896473658280189451430478
607908479278319769496910731263109830485633506795521367459452740637
830001391251206426019247343307523851977600345083075542671038439897
795080702918698409431888452283895341047458008310255934322333268376
672915092233641315967653120611587458495988481505442424328431684072
867512430343206581773398533408669746044667571456675222004330063396
653272711639216282843359363915970535605351461391484568462400484626
935209063545366851485497344595022174912956216820534347169458903066
650112239953739250769149599980731164875683223107356012908889074480
041139114929364660679542826773578999601714474747822597197369102206
176629747963359413820508653835366913170891009758629322982345585218
809771609131415612283794230140742857517219609708392468807241064334
663820378880194299968923340577439945587187721671949412173978424845
551124239495108231334190095498097494411685446927126810464367629794
951628949214864249196131714911299164723580230000506478446110811914
449115812299764633424470996174148529445175829914157131372881744978
663466979834683063377226946211202454420349057367761082493287387912
706838889328012987679170081110139014998227244754594248142195036453
017784199339710292780971003172800480512407455154973275048680372399
013584337669127305599571328206218815992141130876955806638951579665
775394244413241315371071369661381734700574482745460028185122194881
094099093203083696286639456596762750124811505090895014507857953164
711383535236783150519442462603033024233866607777623963532367792520
543071072814179089963458476941987851049288285046330076222359001391
963015771950482636735933640454911225862198229883550564611200430090
520331006969844471423510531407150427637329991583440686986367533351
079658921179232619884213541214952878833669486524486147483513338067
666140739939721171174258077014776173413160355802526005061346050994
514494808115176759222658322435066901650708586969301664407829476134
100953558555025559733951011097129829414168133162909129971663939786
770253895589191479403266826999918493493521145641673825912822446260
474686998341002689357087169821589951314472624674435142671224348360
464877244577905302925494885818976837409053632700690035935815381883
280740828133022036509060649110278848197191631340902967476872679485
708198499821462735902524243518033251794029613213416361860160670646
726579833801692963268988520060136260127308122721574835345068943834
941229354390242537575276935242785398862908394926459788524969063109
016368095320411338520466963037354159339352275611976274730671323084
914276213000530951932312884148955410680616740648799311628819724340
996737600938360319809562292751233734195300422716752657485424748294
603373865038667525655809964547552269265897588852563853292193801975
692542773496925611476888086411726702213493152855142211570520058969
666638052038104514692230017952607407386746595628401458292793638099
004324083574265721606100589276934909467829254643104382358817121534
163957942829172179362408197768819899019978733140361218579680658635
836814653558955738187837879210025324208016567419832526439504211082
153922017378503914351674199577152156214636359058908552855660974755
528542340303264688623171663272306314113253065883613291776807543214
046263688827594471614338928326902599705018230149037097799114932182

970034345553862403942080577861275758494151568256422080453230079309
019116615354347822117943690448501258884620286980896814654617349737
831554789210426289448390506854412032720652374931405325170693575800
090799417928559317281056994376439412694664934570902480722236062517
133594884428904861879125690145136706459235092312563008362115495698
642742822983298049518500422796155220772188169501772040152352682132
562384768196467946508310757531703922608556146933191076828363656585
285066867708773314799646708576262754660296271676307593189843573386
709657017379322828234819216178187700704734967289663187703448331207
245745902134879582560494827184614765808417211499946854803681654737
055739119000597890021034377469279468790761859868970990466907028633
273646321478565924562227186274617896242617308191565710953780887906
210137634562553455427872498576451110514792642181602336671418980139
700712972986873282822161863841631129139087937144100443787731724496
829823520214297586440824917781147307608372773515153045369225956908
916303290224998830272931041640064920140282253288875902793130857765
623765546576499418464267103698691707059191385989330859375437465778
744024340421767226124563578400296687454724507237893772604841729537
531149249611862975908219854645299621591789872203301708655899813711
247509633047309722806506025812936326292023721769898118542181621497
036652310506492195857613634072272973464467527473852366778039742256
265274288738163396279152344489475007103570432305508633073870559504
709704223112376212193195753906049935667463010742768459394995465955
497215492094314313600228526551330882682568446783672070869302727333
326543140936959799774757251648656093889015974966204772135307231257
763956628276229011536678104435642683552059590327320411019415910623
132249801210751416193214421041685387209163497848175621786177622288
901058671479941060157763509364845410154720035611054230018763937194
623790529515391264554194110993008012824631428083660358654985943824
157412766150195565964774712311455219886781344842443640738545283514
096471263474269603706175610653882758679386358840853677488804217287
683154379103824027241641035107695806918605490613362946687412931799
165577747756648524173614696709956897316255513150715263773191317175
169894978324016868714883136697811581823263858229726978780242878221
212956988162336800338798433521833226807674871764314087513247462340
523498791848476682682956164389287940389677064787672835881096606481
625315824243859159435782345293357976186094427931333034229636773288
211480125160663243622928929655705241457292581907333551590230871119
570269023870195544559723394365812869031143294581250142518845693967
768351495544304760263639819242301130991366073869109948189167016589
185352246101655243991230341546915096506133375745364431987592073348
238390436181452300041628562401789896618729932433592378912792566089
494158767347055514907207076116717309650735136469265388838630199300
305411301542202978734832296837173622891653295318271799773418424230
735005604987063161378837005471741263579607944053017421388274666841
182223432316941260940148952498752673948639048907642127211697117220
013760135904558191751687797176186602934972507103882743611570141066
445781051001350673506912848171032491332955147210296826657293583776
007765852714067357182341860915761909790748526270619609743278397440
621952813718689011786708690157900155050619223605714457397060418587
439963188225773545870913462797275607689128567486103705909806113218
760450487421727969853121605688949342243240782283052382713440629583
691719766971842758051972187195775893490824630361762171012285871913
616378478571967611839247982544888914466805290578520986447819893689
290787324805017143976065488335068891161948097295523959608412626285
603427437758010581323457246488296608572165927415635628149641008049
542568175679647680105488894332678010486404657242916975240245985799
432310202769419861945456705081404486159124461095495339850361818922

674700447241199222808664155383389965178403923279196380329340906520
064147404766509177115909907080882041043461348366188743091235148789
560038095941867919673166932191210478342089473184348857132856361440
803440373867374794993907652259630023378072562010816728437740947482
044301637221319539280890723654306664009282769851033832167983309404
060995752305990494712319398719599051631265725722617896465674770425
387132510643530974583230970841073311898120144764645779142357324887
643197112582710297987526334284335579535699225650579490923086693770
027906663645220373145157496561481626185885285668106402047201424332
222138980823352434000262572181049237403429335208540885331814541802
877781254630019365579491484427999530294411471751670818864442167070
233916887834280218966732882165158030651159881691561370913180450124
812618333980574510202835792555363546011881157541595471149228708473
358850689427085178240117385975586303933663329301436688997421023173
457966585157115595919695338704075207973733306288085268431249174317
279303616983196049760905630177859597319841771476321759314925404713
981812344083418690607331073068702281330054516681370799908798908963
195462023439931872479956437123257674189166316415203052781940695740
480894377472085451996957462535350882404561852559571080217435971267
050694025464211532739140434817493582344460288491903529717034361862
714965822337717810421989353351063663165117445016563816519240496156
251507908611235816992916132394934719059317347770401368466280509806
833753701877215170517889103548221367447445071479854325892653971791
541822006746515208539698698557357884979377970446007658652551169634
245157042829345520146999556486188964403135240958815914747203002141
384683644196620768177233103179178870528845981932518711059913503525
301798487722855793286487475101193954051503376152790104910807598042
286914003933190282633495472953234206019278094937998475652709841591
073852338841807814237705369901348716074321131488509454673936274879
765629422438173769075630418891992860113856457308801886133163292409
749710007084635194820791845407663433510275700401161940116227161039
06572667405672256009559428943731864738247050130431656661304514646
059371123355517179579737224117120687020635352191520265278490274075
110262653430433157544368810706128378128447325010521535180107724452
774583857307836482240188003226162032329072083298097693836686858000
699735187473972029591946690234506436755781023849929697274553414183
060934498993121577722419060268006235706742692497722261207437890584
761110602576661587455868756225825500357340899237490420880992681826
271485046403102990438670497613047782813172983754347584685622855153
168957774694638700640377549262437037101290954327054331603337282897
822554754444442270075597793743712978253655635992289769581596616805
701963146682804196937626574953203675839501672507155707565000626907
076167904229656059527103605667419120393584811542798887940655275589
587445527240924981267747274714523089388434180073890087243377596470
098193649552254507344155227520984329340191417154149833092888100636
942745472812807892294024867233361013697563728408199226637618546822
365193617634976478451374737566169676288557891706670822511710109432
328821940163517528793887363495462611366056265392198770150441806466
447167841704841030125005778440940062987714481121875342325588198757
786521289254703753355233263969256048851581997712443529685525012576
800575465133654716053029919282591302156103090050599448735907857303
834955713509306631531805179311589618677625470877547115908813730363
455720618577151241051502735643895563727276609900121463749378365699
843697242034171875418009866482131836129686725167614962966645646693
487785492367759862720157628416922510624565533943749174131185809226
857138155821658944500202706375824312115684562967095555271529098565
312333672562403364419796450637365225208236427084845028223074740849
930753762921871360833515951939202191861926711937013581252124848227

919522161514397190873705058300125943547914250503856428918542436153
1671305347584897993951034668713876222623623725385486775569001746754
378279466297393867738749456400431962065816959970832070776650321208
556353741575758825583129297837718215123197859910442086339629273076
460885939930328734306610307789892345345331962972446873155028587475
401077041195516103170875711629214466355725497380129923886377056894
155761254670978243799133333779648737360121612139029415076294419703
112200041440896563608531661556852295230732916130184152208112712112
277341449799704226751145566895102808128005826349973418894179723636
605439077775016479075495142801258176469623641170336098655604759612
479255386249957142822929556796927462608847324610363220750236694712
555665528693719752296941077821627762145719854675287819145192030811
645429188368927388726190237757955877284911783550641817754135053059
979169097939697924565400879108145513984583967661455772456893955531
507394666965350265099668502714430512629310979980795203532996430024
446342802402747368430767969533194918042344568101563119928948343984
604686898727422421778149493886050147548843799709397349818529135253
383014531518287960864599523269882833471002364018382917252783412737
386406662458021487277564289722995440605975135770019869916284725549
700160711820245789679681585646573142622248775436694765194636938365
065667893430623923266682751112757724303349413356513691991055592413
782144756881857817800771865487801842221493223906182413560177994219
991753876511615785766151551010278024628057413162337266428126139001
562126626192230037121523337940766072818119973978412487807862804729
841729096179119504900545274788428914746834379395374097800723955055
142923905245349491369602203139175310921173983849274733436320309509
118225555615991469287611246630476563364050521360428470145364228385
272067558789690790405386115281275577337547198322032330989761192764
007598728046318221149873142920081367034910867265693969157425343450
702135790000700316968863680273005957635752391601149550021178710425
871971288092223059057434578858610124824766473038585611103177984514
356594162396825066122207347044336596905714951639392907241889045971
565043405114808248102157054372514336420482230446175082136556694682
188453972730626390361218318903627539765601369139700528415697348549
190350234904516025853643793854788176396559179638034862289387135330
961550874185741074610968818066675350705601826447151897479846866039
110027626803807308177854783850966362450472713878970254053642999642
113142336198321997954091365760003933750798615180001756435804783290
332834718435612667087109548663630432258663437934547800517800117561
660144921765280840101014403697754597224437682789442925492081679677
646471972172575451477970752118630984245100878601326514316489877999
478549438735532543790247867280258483615104026944424551563236011393
684224625098515320994764704485605126259939137091897058523862356375
626928552310818963268806752894936685997931846041342376844403369018
492274688560839119561696958764012904305116281278217052069724527795
495040957616193335988598572277102102887149373490806249597738391376
663392283301840678753791620210126471117740309770879302221089468839
372954818939098544377085014183581829918083057745150647762604505419
947747821584642813183499717921583192055911284140486161452693659558
618554648444935646889077814781699581230112189652593516831331121423
404536463882113503288969875248405716044910770867778021781826131363
833993901635774567565133298029547982761119864321163587440140654629
935618407100215775681642995714064012959069017684333276430632320852
170853557358865692968778875896454821738843355409031662060513044349
393757112279655275485741207647986150240765714658198443662191183825
626485205643365746901350425809857667781240520192901147130997104921
953114837508744572154365338405792774262919320458013137172020407124
486631899947213896233765458998373627615873578158536033142270844597

9280504240069345984304263008366296853261786404572187319244669963 86
9645458668000813450733659480301242326231213378637516204311113411 62
3821111978306955195891402718787659264960161685788847622207476153 20
7719395296022514020624082173284337839351423383801767839425228348 38
8543420922407710561095891845737683852857561526673235888592094747 49
3643178565070553129866799119317599865899209289192178161757520211 36
5278611476782575183980292140820390001276072897685860081175231980 22
1153512294087657429774636867093030153335404250587641971050868632 65
2580233343623304939155120167767132665927488807247964618950634571 42
6756900310765779240374018379365078413511362558954908126229441688 72
8661458398376208640804105091536531227982043479819035101168812901 49
5298127829340613355972078387183283408819601592999929912109603307 33
7371216902464163644630487488196846456475709464168968846087140959 91
1951997325496572640648384392257225841251191876993962293145320164 10
9508896385206491579931148540228058155024117926155988732558487851 31
7260514430242572606947588243648125959559154046530236298407899635 38
0770765094855851613535414679257010574996313998691237197890426547 91
5624261401000799482383248941778277227188274065283629139201823328 15
7885814503351852231853887442150888866910120481584370540492046911 10
2740017027840870270648579984497815875976930580543945874780544831 92
4420197744449210170088418402429361131953733261888523414241740621 36
8235718037398815518569594249736273441280874592245748768241843922 28
1666922754159485500804945138226872679036285024165606598280510774 14
6064050005484878487819418242321484667812231169056323028172226285 75
7594630759353247726594206054296052398869285737478930791689883700 78
6644673905057665380532970997787311691372019002765922618853416748 69
1520336394858764677628849269409949528871590878062780698780290613 94
3374760004836145349603282418989028209452071652477860092494858711 08
8606578303490682361151831745870286620470359070007181822298961761 61
0452055212208305042948280278664554733304141829491817964740787222 74
0944712865590910770235793870419343965711763981889595944792196292 47
3840238417170401560069957035654575045013293386787871351643031624 36
4401978928150319374801217192232827989490260443521220210131876146 67
3680470333262966195861544927633524872579684301440136622280872421 88
7991036563096802886695557226651604825961913861407434105417679505 70
4709553156527674047832445921514135868197441735611598345832084084 34
4907750814255803855761152992014799823106094806549578398107791069 96
8526534395370798191311323826931111787097508631804617471544666235 34
9759561234403806863010798862767381382910777335923984781054809303 69
8335134666601107313832505289766868774592093583817647165641264151 77
2731965298912217369956970562103224503858375434527718783154676505 50
4468577493195564724037411806028519235620471092580936470766384550 28
3280675503302045862495677594044142652536941494997208289999458426 83
7707179121519311960934012422901648588197496347411904774008885351 12
4170915759259122719122000235950386050904234324610509462259337272 62
1341393843675364692759959541052984000108841326444717476452012328 27
3621758989214119399994694844136951436961976384273325628523252921 95
1898917284524312385225429771089250876033978037048533448779558315 59
3667321034718897329984538801194738813365572524297519344287007200 14
4885967129553680412748230593461189971788069173854467145770011536 96
1231618059509781783415339900139848145535409937740499242699519686 18
3269926994632553715586922876186050606050706184073400056367527533 48
8603674202347515637368970388674310820986699404969050266947923147 36
4078711585810550603846251556323526324028254556483459933185587661 22
9766981456741954445106906866411528361916374914229625845674025167 82
9332444571393554384836295200022162297372847238078395312547695329 69
7841224676476689775050377870795458509946573476610595928264847916 21
2726514733371497478606872487465646845799651682381804748620863939 97

021143840036240312769531501345325318657440819407281362545257356887
722602317602444205453783665047217356400577125083009541394903863515
749564338051732578699647893272997194960262645033598878417703573303
000234320654916503660832138193352887801404433187714611296129994959
743894739563534489510494784897683129617344965065259684060892493476
477089942072820270146148719698074132915005681971600978721303323093
644911177819347440902152719440173702332500773970247069591851387676
514475453759079646678933016877597214891903044162235645781971948822
152654074838412178549179515242948827840201210770816558501913982872
527656759806989451550024229317490320650262702183681165804484476450
897317414136714592083261735404012367008285141424739892855067538334
310775306655263168437904199442474178093026021000317329453940851262
790887632294331938003422657646448410218964677355701781370360619375
483352585990498838703303841963767954484836791400180381637472848168
007676647549403949723968653902247940242154045389002702761696728887
124278579479523840375177731466083373394630238767293551754451497721
243855927466376736943939648570661929808637995671074401258502696563
045893078788053243886667303814075497341171965604222028796337791821
022880532096736815097518995208911065998669888526353083761930215746
890115376686089967947040941806265655013528687408159938861203220301
115940611824463993004826560945611703591077627962533041737481278790
518083618546052985558962923200090073054258583868325685753395132591
078049242117680415248313518874716047665886696916430810481939661393
360238906194759755994977485108758667961540758572781419372162031118
872491060558640461609998177117206728819948075157692716289296430078
629346014467144185600089314808445009596723103853041615049868044806
165839797168869417393646784107674404486877969012007032100428273744
747962118353262324320473580788806327282315854970470827249718772147
452155040085942604045109120883734325291529265324795960425731385635
886832280701400302640806128800600088986419163390599824486821871909
649398489923383014947101750804969268888243791786706157593446494426
164725718662382876139908696871560730828565212805957184798795601831
197738302705599231788234403845146023540722630070457872485269849089
415260947595830337752239347678752741044204370656126093714137265498
804706738249393123791186525951246835828044773509945807292239311309
727939873923618126319430964818985368599448200111532618422290662747
265405917736257054337610853812474422004912496327331869587600965689
311545323592213888768288245458065167535844727019592819348055063729
552313390331134076734742341539035779578290745238910940129926798717
984116986234195481830570206265822484678524225243690201357975765966
237051951998310598112533044194370170708540951779720710031903210254
539840099570709425034951507468568259804881471790131954374932943997
610980253682386969119211860152996765131786348129537319897240933067
565609559247411435219606706905569205361044842447693842411073401142
783167003020030157202292510486932350616887879889693016750602746460
040803750567565358033380661074589900202333737402990701899020286057
637512326472186424125374024349108928149660981678088535652539378500
547619678255134519302429379336581191018869463638494450122943963593
843983708812175636529967617760754319259549757181963524330730477545
335284961747985154525680608059761652232673516453192503261856376179
554319316605136671690560271379830548687378386149582306474057079000
550956140941488466468925167549020880566248485045482789243760710696
100681780337017185337794054569677260824770460813309352748103701270
294773274892749676221632671858847723680744166201266479173969771669
437798597006826873645386170044902357592863753035701795403754916731
649601332586868744575670318965756758128478162731818449562027427534
711493645425733276814324389394847041701216147439164342957035174550
064923392731897531854422164171299694252280232930044425895777067229

979438282423015652758999050889012709724917257951796034300279087595
369363749423157881390992432104596336572861894100397689539625045793
097217648008391806433416842345595960636051407640895462045538940145
328202278431586048556523492181149818755384245927281309680573529074
434238642206736990524998691546326935925892108869764363665395304331
693696401772869937471319914219466699018819669792950735262617866098
057884586476483082271411982204457487552008295967208395369651934730
481452865444941028203353655824206922079114652126512379567325304406
442379543348217725964010450405521529590523711128397461803488849033
903261962295634058432172662590918724380437455539372795420118161642
964069912361389114670508400459697696403741149670733801358046940853
657779263093087979213646549850383868378411454158437699106127814756
402920115846953068139869845322896101687932634783388768896939535265
794273987795474707827354512094870210615857573511602368001280343705
572556256281363190121796812229292691189180211417209277529969265604
100823311934472197666118413736995207824595911690689901930770920699
488144034361405074582968281258752782726399455138641362920808716881
307068633383308545478696055836034327404712994170828645179042564433
509448476457431123170481780364520770240877473374926310431750786013
316936713012735701085976924721666573430104443390579774265692055847
804098181084077333361400205163339811243195848178198613395238039749
932769835902219697046599303645511096982361368457149681409307152631
849378259981167194607749171593331736955186910401623812744787814446
790995984509901053973220330122354397452852806408067098883868408351
718184902111978975948367250968429392800476494546537946975983859111
398233901221938668914920108153577655224985657030940585193956819971
716913535798408442670865407506989888338481665595489766925006714758
544033539618451644357487408115325880692324094715554442231033795113
769567046232793922500077060251195800194298864421164216203293140770
529395453925069181014750252623128759383990698359456990848167384093
955059249406058484470183722467320659109290945366394074141053343040
514502750499462644329951627531939749277236991857180243250799244045
555336978233413544326413425602063534300103899816042902921755320543
225046500291943416861404988785866881192070395289531934433348717682
417009989628593525424024107011846217659417522681368308188317652004
873857580296610179710895491275709470464897591296390072546671883421
476051301678264034091471201256025988375132433358441316971717674156
298594784580778851144642550591602727005681921113662696628125535583
403316878555469027746585733590816615421952513661743120063293794206
013065430175825982394689564946481165450553906244627254065254794795
202197014187800429113578500414996903535046288141803055144704499175
031501956600588112127833344967473201244480323448024153937681096744
824582413120485907926814145974066673446850306102774783160416556876
227852468750588825171361852564847224279604285954702104738132988579
645354053576036973158893684191653690320230573683608670042679093624
237967845317563212051492251376478156174169456104165412438375948739
909315927447598323505973749567681311054718472793541665153955794820
362896787734857976297545025441801559358908543898442226030486401243
180396383788852767733701920629028454515970255812025043610060011125
319444268790167726373227858416007199339131855994090743107954185932
621994638931760012279905378934192650360136816054685643295503601957
337999016863389975288937272342157545015704697697202051521352937362
952429688827481412520481166507085136929208037956325142566908780256
343234295874334038821361674967864041557674944676026052820412892879
628482857587523410718055935703665304323491312090795941063570084350
342194226276494783656407869698085545420817401207858828848210566140
217302735522770668885007810411215480461614178499741653525049361357
947766227847159861247647600472289601309415099091662467221849188974

344671215974372233254992960497707263021391730654417298027959803490
840839686891586176939958580347407098605528534254037507350962928456
037058606868404951942318169717076155671045845172413619222026430537
540284431191938280483365319214933209220725472825065804042521016967
359626504966510734195867456887967174884182139326171165793629313370
387756521589087924527623587342024254231401524493346031622783082427
011737851453990421333347225086770167243572991226528039387257124032
309222295379682964642162127852153796011366273030940788449589057703
566527792938063646821361177692949519022001346739198097790273003482
861198134845463779127723892866141978520302716583638921538903853664
948761237706457032302558028619295867235032826276888977261012657477
494944808265711747239747566280525518589825672298259283222313873588
459157106065856948550588358744321690464548886033413348131066118488
250000701606405133755231889537465046094799207300082263935640931044
279574906637801196453960794266006269733429252461764386004407217669
508649692683910010884208965210974673506346859622655832839125235456
452729877662007622203714877325370704001555288259701022752801596943
408996250679537235477539996959101123697585691772029656736106129758
080507738874803378381619044645006748305613803852782136034745596011
810127885279555848742099570997532337998426996954892090174196616941
824986930484000101744767276546513339657430642198365336599628086516
296860350015897647564510877620726829637388670207028515396419092401
614282365516240296506535725876651924647115358108712955393398540699
410330023306345798553106552368966113255923134596483291185676723039
876588976877497018479899760512188132346326165330263812386365977796
740332181966505409612370632937163937970982730985807102325720127774
663500897599751048806023835276507737923092944178053332272779657774
311985840122566824188021920896283199639300360384111467133696976928
839344849126026434890656562258660577543050872909959142113234247415
745217210997264898073688901701324718883512120882963963706121477926
612300550517102984556687929863820630160989731040063376708390805125
450369014938043791082485082815944360135847458409296255871518412176
344101973200445537191292154888271603033171007058880968600777417400
455334480007907611334720819692352736407132385274587098196726475975
122369254394424775988902920962240003689592834273016808294810822831
019859702823763908002086912033595889718026402084719243016935473303
654146189624003170811373922308560167350562629241464628933862050330
552200979538959383536318097955997708688363570126870314531980181206
254516410065118121690833521506794941645173040395957204680026729505
890255151418654661138406568213727380092844267258927761475821432159
083838108325688200027771555348943747671302251419506010389213896395
669029313148892399142685841599917428266827305403977451428318952646
229366714484495738640291467612297750018104617279590650657565133276
381016619047817586644566576952148650187685610264254197311264100545
329300683976747073133363591844291314229894108034435360656456635829
404850487331709823240172711447489727703595681906320291182104232616
505955657821333235466544828843590617666057905886142488133463577650
590414668928857764403291770424617153919437978562515807951484779669
474821402330746784641397846628354250386235486309926434804102944456
735296987604609063817809653069826903867344408835380167199393689207
794046857518381512365447286840167040270758845473725619532434134485
260990355710206505867908519137971586214495398498402350041123635368
078381302750691815461735738247624757608321009623636855869762977870
095345565871397398632446309132942042736962425350234878975343551932
814785658361264832498092196522516948226659831115983502291691319168
500767272203713642274079617997881037120482859600314332684314168446
961258365213703499617029470673383529492193843255632077859650145932
175930499231573581117162029901810116080291259736532699748993578117

890926453937695106960835636964666908632133261369418802954442725957
036758427803349634401574136767064815209147423378181013304209477479
603031281914245492488931706073435123341575415823991861915009487681
270693664076932568487035256589626194849271556671689039365798226017
000651861844156593812177985717355804409156075986829157259752227205
393440982101817789122843068592282949069589653369796636933509675093
566416810053010218058991844283084544177516147468041428961544543952
329090105800093094365259910801197140023518394513396121349641381946
888980019761200714423284974551915971352136717259079743100799256777
862693105827705007927328057219130264258627625438226447256398317579
672160608737722707000211383634470426836275780864913835914402751480
434592898122034547973385301745180364729483484180893408909754492306
224183962125687078152848871559519929491655770428252192963628350056
233295675340984337759820430551727471439465633616787527407428762750
431745454457020402401252976164436649771893311823574438586583115314
899505808029502067644353594485116812791408139966578732298849318213
999238289018453372945652410348441434556407827131462559475948024849
358397924242341648181701621085629510856860862854488298064661183419
365886457632109904168712029069324966634820415991689866437980848440
031413423221721816588472601324356712558524510581693072846569177314
291305312477189440396949896369974477897648609233072266451704562537
181861273035840595451636648956104373300737712722792001565679953780
312472059742971314129812594167703085271810057454304123955875464065
960326911946097951513448828080847313734544451122987393090658853204
458961489329057930452158175223990889528793877553188106996587993204
339705348998986982087673749432658364997215448552677499657696779353
282746956513157735420665082981806885819351151272338270936915963092
626219846068117989951037772265383401890711111988867376398054469146
749241853019378628912764358199547234052453122115015587142011411374
972171926059633275477219118436855933995321993692122068219052716822
095132194104553921005906743148571423144596303171710005924264004820
075398286689754117734731085931393315018379984922641585469514666941
537005433593796461143682055312126651162727692102387308636872620555
056729294175313712034779625567845049020940257675630584297124679994
304462305910173994192049501943426578201385854063888319578434163691
881222433892383511437432883462883595907460577093781626611997342538
515516976845985028460355924847783918179869129025446416990685428988
369319611820644335057368707024281107021668172609320522435330267075
330569203332144651770638887253973735002715832329020543641761557879
085806111808583975848034858108796594902028440332698850788850410604
672230917125477633977136857230612434938985699150256722605084129723
699970048392506065620409189695263786967879803920141504828737905887
625657805500052429062734639623756230546791186200016356041989949795
626243092720912329923575466535776989381703079170253241509891565875
027238224940862156000769560611069741126894968554710425651673417186
059523844231724877377084623877721935512792005988923699722841500482
610432480774786559920699753975746365037944496983631750873754505132
472644874827536230606079661522867469725935675153815751495225657599
421353878330715213388381287838596037372995200109160533583875276449
747619863581621253122815018129059839530148245254145574545262127381
885733231339284639793564081420269729234901283920258090514912618390
906750618845319753370206406122943044442758050647791597493365734015
339263976276739633362483322935744401188083111694414879316900697748
885393537311971733089583966445515230348245081242841627931494543223
205893191788683058699595031220355252145614461188442169245705154832
939161261219998275052503305171366608942296293255619945879443903189
766309448455165753456256105795921957555359998441224232884314397725
555958907552584226814519448694512285358663934964649098196986520872

113445009148281457558896903663268049131667566111853210320177805664
342025323463114769427879123138663541738735869573361867860645304827
579405181477872073398079262030087268701511853615188168418795676731
617434116506188815262474576233473830652344600733726228171628892185
389951283704231099726832482404689760712610772927673866748536052121
083544264424083467489072612198320813136625128579209379349447984214
552980992310200945678628515943352641373642988620518419904448524221
430654756041892908368828175977533710879452379170489687389963754793
010585835172162411226776712816184744797544675782426325662088509939
746700673107641466803593880997829686113982143375452054224394455515
224552411056742885069938844911618051341338082989463119569447115919
178977868408695885361336146527206843346712801595432484005956746431
602133261804902254657602752851258884732021328612246580728483709911
817719811773403031426485356570075858771919282402433018024448942578
482779944695929559722124686067773104118884920334593870423153518023
312228985835825570094218328111558982401209927111698284398706944918
607585253268227202446492889602729069181724346832639982371358042621
246086461059718333990048700475041870496511020493535511469207023282
048589042226899632951558786733716744567250759453855233688913964583
988114356965079275107257281829764258785749466611879578974777334633
593885187835534331579534262954798672435808781701369543041199621598
530392188256376874633299673717884953240628946913889665400486312210
381412366007866704528294561530739712384090584763012937312644259673
745168454523282008773190861606616271104375700363753673287387457040
863711790281599999873446044400209637492980307952133439651092592285
975378753804199090126922508374912552078612628829964493775148661308
788030494559367121811952027914598237442990214066967678758261784857
116370525876411017960190069423464105233600671725615398987065067778
754696715036601334187186975008674356777142058842287072890477013587
751344553726974710256893593773887124243541246828656182201589500573
631487470845946145918615162037729287750443524204805449123010668298
046926130094812295766751972773606190902617796658699006909766421389
875762438801429139484763447968088815601346682124774340541487782563
092648473503800575923233140044874294870719979705193242255656045511
091823454935700077035565318459784468147965138218115307726305488752
885084251997308380549931262227287735677341562839988146981121259394
259466798569049551413395063484292114082029588551667216821080564298
245324207780699856528831113283313105423047597826912011213851120672
500872789053347204191642846823949056926061337253510590190971168537
011742349556211827112742555700022702113375156849487386854047616041
138270629785480152691116348168685282562314690982263659384134633444
245444171704975597607839773388852552457161217007807956310666737630
585344071914419759822295902836867509851881258337629363683665510998
461565760457789663513733822674582296800171795937627401806167784902
286116017064064847070438886436602221558180176298784121234539270109
320057755406705175741482554687565138497808846429901514413955136600
628113485654254210687663936392587950136235304439716895383783140839
391077509927909304861533640183984476834640253857687815201939752103
253627594811855788996527273436745764555848458477735005842599763092
547561143209824753436091481611774006059223825527519256633348828676
747120784622837671010162369029436466046792250758536810600328446711
188370760014005975849373630863654333741977367755246992586530502773
502666067141915566668646878865798222090189527883331670124261697490
943007737299523804441494949090278353108664448923772137490068192050
314176278658721555948364983867336045039915322558971903192823945475
847971318704837628351041325911059427275780767619084740061138803007
285160895891924096067791122362306539620512979347521229589961764351
693534945300471531848636684132438940095253986326520044771178924283

2010377986534721990457284541585181598408728616930132214940592l9286
879970979419002137531003258316664068467022616028659003864356255053
547960719371366172732287964570140250993050279146425178616834860501
298537048289185601677357776054977918586432126576532854221674586247
820858029502512745489887621701578417986064809125258689880024112785
222192162068347169316756264167414289405287129458084848157356489635
507657892427024622932995829882391184588896203324279269477664825498
204052593775196216529901268728734439090539366787590081114846472765
877896976100319210269910132162062301012710045371083150638065635340
568681262174115849339398477967994948521874968227422723906588455097
783877554699570618012485665729931806079393161804359009347873336456
282811286843127064221111488812324277047497437527979413888105075124
775700543972794338828801303865815140172361378687501563559353615878
104933384615806387257121693321983303131412733546547559823902593587
877522905026873077701209078485266594613816513423351252932681789229
723762157033945074217211595658737759824570525977916214918557876911
508147327312575422747161655592484184842005625540213971992969941053
902136481835014852913121891424936718303772420865713793625397625519
597636158798322844373997357370356219297593867608375288539267280921
863971750963604378110390771663138879953291831958949385922443203860
685237945672032888003768669511893357847151657089703741030945086774
971234935183476741378130121760427899365338536330371747799023255937
310374797457884886705351914855496977403274368623829530490199277539
629589093182023949405653634887637203041965443859987526787138414954
684265289471620317083400036608826324009168944655531719537876534741
119669664145039337663273022670497547035100982409230193423882938232
147972297058261305081557518190626385067224341422002236244316687167
144039503432143823883557088057336724805709564329970545677799327598
711558653323288921565324814720261799370076976486359291853435002067
636323139456947225139330769377498300753416939815966644620500913645
446488833444141314552021266080747179803414725149231989737306203672
375417022536593464041888046209337465581894287471076107615179014654
270581140373763583598308878773919638189029751464541547507518095416
232143083811067263490569633598104404585108904360087526958418208072
592527621453444569729259187580226030849945118767846551358390813469
785827939550861364203028683618534357428971306494816456517216609361
660827809028761383265584227133303099910750459526790038051658825192
945961749929757064993025502122226550389388666936111027054329119601
081699282383329051233594538756062341259761631719241646217107796923
478304191894587056232420546617002154080579868302319460379844552246
917524750145021126829317244453165402226261775921542670332909403493
148966654007655730238445952940851114827279003853411956057854877165
354975387731149283095530706324970232586873207074139142949914726976
109660468788723341432309957169100477941192005743877857653029103793
689140307619712004478181786973492407879103723224392454928811078543
975498371864102365049117614464077374892303450348837494023509384012
173014909671418997856055063700329516054601472207383944013497232842
950684192960911396491806168737927113664481040610405257586205327060
036283922881916674708525626673039493848468767015715461156482490717
013890041494193962556246462227078200734043324672236046243714461142
356716689910569421707637189094292922456021875528657514688363583494
305503287634446254482099543250400988046025068669700332694633145583
171527961976246208001895426334430564414481721536790138970516434914
431287337628196396949016893462816990167358629371844462871864444801
699854670980385420478216385743947548191023469484254860166330198087
118368729800561059245542072886772323957316861085916483932358548407
615833949210922370242209630511302368743532847642153127218710813030
665385474424511302057281812397607654219548837224165106784670512829

447287500338037067982915293373958284880238788249306754639273720996
578011194574919458952068732234652449879917973192366052633276456286
453991286097920296146906279602583066802496315703824003929991103013
510620070289227683167238680144167141831320918630718166845362795085
240149343602155340445944265896704648868928622294577432714505480588
457283111394268092530801058452759639910355727390964428392869963855
879450627209202566135916987108392839080523486939292282994029709677
483847591101613412920657066601971529821090011247223910593065846220
888149704775321413124375059070994158311933311488449259036698763968
383954306900316139574134564273113928406980734999841782873685550085
645104275588430911486477777812954186477139332959577065984829045952
284387251043960330603029602325923025086282857327800038269846181052
930107467354117408142105897332198808699106661388725052310210346916
321950507024036878482549405294160978965392437866213867374882384561
422627213144635561205703665806515405901640080526268931684168593759
616140782112028922657160008809764265096227310886484356188161895857
684492746667766330455640943232341149337675498562237283475249285210
149588154434591495176730214842495387174381845900798564599968122468
839668259995058693633867005719566979199644091098932924558853238401
014987528993029089655811615333631749071670874317500776218214285669
859298286729938260715713221302303139343518168342349825196315234693
398860490189905687610636274315129009437987678887776366231339651111
283074354447118981436044592782669213820877967122544113185764922771
315841409406619911163556483467410191530645371608572275660923081302
055830489187128110473891267106543160219527500516557140323932589135
206415275411356171073060985553921331785384767727496244936707655750
133576329719344918342528714658072757771118420584749302827694605919
603066319791033931255662717949236115702003604658471082597240864139
798937378721261392473728527863678298906919790872263276463896826110
524478312962338137276137380194776891643111097101623483722459492546
552411065184008646414652322467936257381807801436491053882101118129
356704183199360712062768163442581576077393896003866979218827359632
036300741908728774164905652879511206425995928801915064324365030609
242444851923878819203469821596262857413509936020389287402126816050
761512986249075663281746356538274932731870312868017769391387254113
387624659550014381450170998932671488962205692380238556657324807108
864802749098987135521145473436564744524080651454795588216783331642
208934082550715993213000244634442817477858930427383500555314205237
593879256551591015659704346050785961779897469440087411377217936933
992421526648879603160317966626506206142638185691394039606064388375
935858378463990441062704209733701602731308449382771102530744974243
452381626587997919332477971361468255345095121891581935089936535864
865157379885616365304201400871315376311759818785842494677100137846
607706151279701090048172636646024123239042650278833906579008049863
477266407405067247547573344368117096051815389910907262337088547565
354893812835431464156212438324395941339186775437445354268995609915
418939065874871334520440107206269319781879322293198089075019008013
815769819166508641104389385255484700672151581525092231928543671062
640730495505824326271256703634364762106669935854616067417372529671
275660797509529615926096120354970769357084816301215035832988013792
224455776597734421742697621885420209265661782766529872428262916534
934378544272322475531311966239439724391957484654404608698820473054
867274019570385267689352748142002115676830238550999426678590782385
606010491526874137525778293785031424510534511431032374560145056059
086797228200648222403981440260476164691363400441805373308919517231
509982810369515597926732505529462119278728183910936203809933999283
857980309888346558800156727116410917154610430758134772510668038058
934798964182026627218885295272881736879948536581397633344537431277

774357829553517547822562312639990869205929775270376103945382624858
333023293065917836116119024875524186335328454045130848968387693636
827389672560221196408321221693801474898703597371652888587086495348
748766880006809609874782238544009509883409161540636762250494156126
329519263134573203663622717828917597040030424418772834965416287159
372132631975620808318647207226521754947436756635803894716635981326
906931646801836233003484094210158268295153001966407338849213705893
859609200842389996924917669201150067918046533762559389178422015659
755312368527871271070962821136560367634648332331128413724245316100
181824544158850024390673112370786899675212970675041162786200416865
311322548588398440967654056300915033722755379566574974163794734922
486144211356137261620405459650594808449381284113204848633711192201
324064783708139261194594869273106468379217729576075311289150238706
591658277045634035628787325571215939879725009603645512870234793741
645714504698048089991734577889599026771746706321184944036870684107
564734453015108067508419942032239103756751209588737435923721913108
839791570550994360314281715562897171420014423351400761441651875811
121951057769749660332928207121257415649531570867089698105436525844
918647327304122603186693473481407128343277073204639505031038441250
130676583505943728936447590117715518706036550342721661448638756629
511546235401878714626634189846375820626477491175621127356844678074
424043275567119168273446469411404778258055138031130536065567527554
103333041962127110621035417589220644787939252221159714574974915567
414089741732988899058336436805825620316272148526835067188378604000
863892589033850283743078871371081664191050940051524132071826988755
924805495135101967896696463397256047512935080213935397920129771889
473544291189041480086363440225096369442363934896189800464089835766
212291548935877092733510851138612661429992464243590597893144210322
098288569705833635601234099214534795783230133759681041465266015210
093927435593227952442553013703620415610042419598608406139270335410
735434006252045633299892805430614838823536534252358071003893231605
854691630761985109515287052387531861268385072392998741553809306851
534551552533284184966102761914675040714631351705305288035419425560
303067011913004471358675464496475415497508503815544384030856160117
081505346878218400480551805444179808696573397351735646390878976087
299733868703870385069176289928961332415738546163320553537003503052
899958618151442677115164286428357869657428895568599889992883611411
929421000790621865240492339437145108376424233854265824400866981470
086570759997412336403870346002237757482120509305874636318768011968
144314663880616024056632473777168572740211560895636420841168522765
674964292893977414662394104754511467555736790695411864644115114949
025888914750145249954729418383940109618809637159569650704554780224
014378686636939548110121442467493620785935691997710075325239021402
663221366377517772617172568214133836899846027950384239563984348431
109223848746741356389009972324997968078363652965442721364058282946
918187063308329281662632216019235403217627253506032940597704393617
742542690045382334436298972505667736513346008337071149974094079613
541963068818390670916760034097941624949803118708218586401443752663
808453178309511804328729468381882554208375454770168299455298243415
031427128586402927945841782582203160882958025363372386923569989472
675781207466294130465544026115987505645866914010183205266254946208
836286946514703878374197051951547125339451025034241314463031428262
941350053469608147097715390093570731591291626153877912639061169689
542581722796592299896766763688213577202873456201910996509903446644
925661788661368542829353394547736717371698953124196639226668363226
490423070579161215363474835676531612521164201095143707330520742593
996022025067676218897268895383049089638398106243214119257581660823
172555957207878496937505360452338798489113004693412285896535817462

433856862952999260259195004861004834957506523543305161519907328141
072464458372617812478675798778172194318631564793028721981651825359
493114454382883773600636449400987513542161843878596687480547170246
937122320365555634956670660570469697908146493943488902944725223328
275937526756816988835367125924611981005059503089253010711412663511
581601008152544845279227582714417820005900070728921663420746939972
765684933591491176082584138788540214124263905594442631332252838209
385520250330204467781500586286976852338399552796544823790414209557
630452177690632964170059792606934950800980422944490177054155555028
950080005113498937937028554125836442797306669129447837212667369652
353414207415673580888986512657739050101445243805549870948581445299
253988185297483166424330913536302804451211361180987168443149654766
681709386009018635864558890618814573660419543577275712739703110378
243253249503745589686030354690598045800905248052194751520652219263
580967819876566528951863094400132088571842769425153092667310354294
661072422642012417328124982734024471508893831097993799104191823362
760421232957120966489800441958144366626135667883844511635641210502
634991212373097510465036719484795801815756801864569611752860748748
706853045846984366064462651375659406794170630353795190395608929318
799334451539792106751859809749567339332814242220908104274547711587
760765878308609022029819679367422139756235343935480852579199846024
451450210139506819100753691818502346618664411019730441241908581028
592706457100876253638318638827314817878485046137842627353996844733
104327977555077361011654858961873856771819073134993538629615963029
905531295446134362263921716597956177390604440787507813754945211973
208478302763224798595456590555972379298056798288462477745031982125
326002723762738858202259871195150473447408908100214612208681652785
325032109973907089144542968791040634789063732355993282192137909935
716303107425377644524774881006706458813312053552738805715080858039
614691685116704240955588373493909588361182387348111589413513835293
078054067216557532640036939135084286736053291648090977893707678999
131288823496433142785435811801958492828753772545043183137753941016
461798268382531938115361916613172792805181395072679726871242890187
225076988464052596199163059247473463578164462584460739916830221792
926319031452664823790440943089391638579328364082214116261871962923
954843267499322484787543274961903554684886695745587239227025492415
603145538523835263508087523897301290709651288195785945165578160533
372782250384075401639348629865270314015907385889723535117042853138
424078503497352314654863100678526005215952814535083409330083904132
756577588672134490636402881732120192091357497333251704692219415001
144713269063552369796506095619514156658921390896624970432352828991
298050245126550646762131164362638879059706099788704131651884837060
488873005074786018889786672309118839311397065833302349621339728204
962186886162200940297090167685838620504649347813452249484783613055
140754395306043324658841839488556171861541893350376978471481878707
861852009396048662631159963019876765459325782053565286401082972451
369529098410908715489096308511017985549881918300839464500105304448
525482104109706908319100125811964904931430657358074492298979006460
713249997840973064838157604587257067354293213405977888986237058552
172372052056143500473157313501598234350726893415340602708378476532
675793464801910488308685467770611171458649509076620849504701685425
522710889373356784730209798472986028550216365546289580385076683886
766770022293816221494634697935735488963342068079540103477113287395
702090657532461445512500710373049125346262226777757242596072807298
481380996573893077709645518059552440606976380707282773800739929665
723916997901790484538398772684135340772759911540102065939534115201
429207990657805550524391062456472669508160166940521470513528271635
119446311241414226604370034965059326393604089572386378302467738004

1137984014732636100126343112639014092437547731781355313499620159730684894377456626978056430050255118427068288169956409967730713717940762982956544103576151968330865853908710989085721585148939793340113937163773929478767813670776597687154954704755433974508445935257703601870914490843430025566575907462274918178614846224436535051129160878187380172669403665183912771616142778560129703060419448026360571440628488209030491008746098907645502751733888193188798574803116829309655940501977914083664313638391363606574304129767187542886877363700186178489379957368925375950103232455467103307774186177651221507578548501560060046040380882176791613395888815348539053683583565733902411236542339765808854567374830505040204255847478889792907399541882672256645155999349789928008884849581494011811521155275089416840549768317158499115173426097722501201533938465987190582582286805813375461830454344059783445154148354681225064519785775976180368868589132320883312247988807326025224659879768710203978123447518247936676843669299658146540908878230841061184092889681600717125495179083650488547199918799764444790885553173715644639656332150367715335300638802695113006206412488059123553132943971871249767898146801230490442482948245367965774438392023907564533220677635438538794657115912889670227016436807098172416982801456570721475986698580651700221915946665494071410173391154901213524713527863123881487661427201320642225245484211871801057852375047923613800614587299993509931436429059061651593870487551561029050175257902362364805391546319586867238478920375669231291556513553790915757445397798406788278737045043731178285710587086932600597148218570298445744344636233956185234276769125253429202690654978773833228713427758269875374303686132476713333772534988430621253086148874537015879173216448091038872596682273059183584517566148730253443643182908382086601630427063692807111954994007619840415354159329323495267937603993500148119859977768046035140988128816827432112031275553263591195968193176043700022339577722782278967677675429374717566557032371664653252184136763539786379811525441691936041666642174401413493496409428397248626170690482107746574639468083376821647820555890935508529461002918517930449077055872562553775721205248978792914793360061469367846236499907555124735148531963732858715662291598818733149763257851772109482540871299537679352765869374321212378341167567433064923036804587174903789099967265137492703829544815303181832242417230891447367169024471699112453377223231390721226846962343899613542568462372702051691504155236503949540139070679196294024187034305484220489360393887701401336664820293581003902076131179762631998694075966280985179981923571681729727958172971584165194808477975542334618812337538254765197938659676560469448068835867509275617655240973271443355776899978990945475120729586246378371808736602065613994493389368017736227725372746427391512131987410589681487528774226140833676530174604073226518377660042609033365971676933602922020997701976817564801379653795218307356287379169115387396154863258571271817509516336487103991327042741654705351548584965459444435286801256652174952697969138994545310374330792467514298044566297050497881530751641474639821174057799629955145530874147995518171866747643092007954795853272636590218712994086792997624654570868423473300153262495302547647369074565097612103227183516760398710201897827736791872411592539270191289508243483511487229077611798226743343576697940736060382891246942313048359927651266304216545352176332127866323325971205838366627546783876592140669969380815199095671813145926230812216400398532988154658272075631186130167863018733685479390772588565368433198565280618771656406408460056268194377375899595961988069792882244457107797537205123513996701034145426655717142639790427467499775035171884902842000847336895604479149875903019794254226599624219445017982906650072997366987955870213620208256798950294870

0920632420126721173191214479949265005695575985546097239901804363275
5443242190255872452673653414722019854289754295454651592088626026995
2714022968047712268448228609893391420797042355114650295604164917403
4880579144210273078434860101268570334887273870496978872428247151158
8138618594251966864502153635314878908810201023670060412897255999
7469308259248387038064141637716166773093657702048731952554762825375
5376054103821030367996185905295370821790710104198511105716823024
2180385399371483109459596671797901197869665542642281944569245890045
6902223334892709684887032767000771761070524550371096015300654602948
4905100701031103481079918586367258432140180822748068385084131042054
7983774613879683657934736083098632914454751117702517380091562661
5988382456648730723951056117559905916171776163457985736230346152597
9635184347594293467605287016991404527432926437584041684646719079200
0311849547862922401257375085090444764300449532528621073103603959
1737450542409800452787755580818608277980385873818007253155720758643
9895125742954174625026978149499636329610129514565855942170953069822
9725189004831694843635825672315744829540008470195824491638174567
7287832173494462975756610628104032349019445804366301636854566402398
5395880213575199932095673198750858769084160072404742376180115832820
5265046238163901132972070377176818967652772464891967667461209253
9036805203406910423530239355970242860572250468175225285458771899341
4808896113738640905887112360779404531924235941028098759991840623606
9466151668836780465882227491841931580149190318191698802888487348
0304406230896532954760585083215080012403532920004935164461824565897
5413222432556732180264056143618541761808396295144217178837720679560
4118159420803325179436982251100851490209597157061510626230132971
9670289050862501262923472252326951792863479279694941341000084233646
9534969248712664157192437460954280475262673436589181707702917214571
3768812554103317351482946881989007918702265736018707384681649143
6999871069846001916890965937202418850479724357283763891387527531360
0298245893185888769256121988251672940271416627411010905705167040440
2408071406498828829856959197346104377331011447691475262910698853
8251370385357809746539047790672550164678033601816793298874314716309
8648057947836254965783376417688679087983527460233567625001817865629
4031767036627373023092372650150318692641076974688586843741406926
2171643466255329161462955332591820091868779652613725643563306569303
2800057156543535809233076565795772013063193887579325708692442805146
5871768974300069205330722032513886201409797823700948963305597855
8587849311423831386003901737861755220906235681003293744085341264003
8781539652055167556863904484472350354176691754806153804641474445076
5548385189949264172483381716509416349088134945512114655369978995
1451412303013648308865598433415767783030640765099929137596593773285
2848900951058617801653632638360346033958091117832929313860201356560
1390250579862845514783907063407148491454161331524588764228310105
5600622777141078266253896703605645481973177531073368375890351605009
1536723613251381280187161193079201225835976438373037059211705425795
3423358198015318515126042948982620100785924031693828033960472680
2585012932495605604246386400643332167482783972213605148402686805999
4282735984112876088411089350780405085800613234373880083980984059005
4293030177183800775190281710525966503917790960190831974926023203
5602916849270034654703150570048937755637111264094341561671575522414
9500162735696767253721992997363102773975492830266662742632525460584
0336874603732532129366191747964004550638388639389829482369837875
0924533977824317875197117984743193636816414301472705131405862057213
3494425048536528260864446164422843850298557364319120633565493935605
2822275137658330074985953051872917953824709460422985071101416790
1785555877648983826108043930731060045215916578730809590782763298805
6064229232120232077855561531050450270731776024483138549340474379

039904264721942450818106955864865739276241786138634024011060413520
264026627271350221161248387585409524008720142144620039293705834361
975764810192677363400221543166008141606116064099527089622921828859
309917875609031710835574973518173088363151729187373866980620905470
242896355892334545925711836955134396033536134644860351964938902552
793968536505340279812868030449962932546547117543058761079699954723
436116134935412340889294578340568585665972536731765572564976948571
330541422737975829848787053362431013263958798600086555691014600563
436978189159237904845041722722113861768272082601631493451053178962
300343085629979735752012942291203911357465973939370818627845483270
398494871095098736074492163796542706001436129890641716005788577607
330423076749635496485992931396971351284839382339109491675881276093
185034367300198112590697964874909012505497469768284720005538373482
414119319461440356240037409110070218002622089546554654127451270670
621697141587281108668922831797403566989246104048763262006219067713
336275204016367709738445715348304958919165088092755901140171005185
752481214835047670850201129205646241095097012456761601738432857332
720827731881723062474533683868936157383397529685780250250333171972
377739917403998578259835211795439130027404096670910532842650713398
052303400141034168316987686385495547039513393789654391538500250365
670100306722181126171157156524319661792492860657487862287697247742
007791288364989670949830388641728130423589811192782824748257469110
176326301171135288128010383143248028134936845239867413310477957423
683550887554957527348852696513576158314937567100700349013527760495
664579014166453199595749744699043359879719969505320655350259547251
195257244808040092477603296691757064631634475308646854748017404591
023985301455443577912973596109039397094497978038706329531898986642
473592236687891437455595946949680692811872994691277843237049337729
827197726017131970953633151726590403971328789040565119640618022914
271362204420070535396972871873840306546897497712935662389826638627
800826819004714124220031541582501701989079904303902918499277677402
311493835159961323599158960288975270303945815485546860589257166877
843655997730206854273338362517957364354887107643308668497616433935
958320183542453608084820857329181910563641117454638794945188349430
823162847739785652073689693343250502504369009098518528887492798729
472822410156953038796402166840957154133265393613784513955273529420
702030870054599227457545236788736869465308907649642839040576580952
293277066203525203321875827019372023291463211043956361634509569025
576556816053566235164378089306963732877853810232848646268466872663
256981983602455347463453973034838177027751740231464855906871363626
663477927559314759004478848620525299264285995872410864703926593870
167402930720752236247630137172477982013455146181595780891789012727
001891663730951184273061527446699426579188888910048207624325510448
131471615534251248894711714146042749912836511577492200770794725986
098649618591134332963175539433511093045128950757363062664246214278
087916901666723479767881056032558860010360230668658841369302266973
994304914560421746854517128429419049835865498248815492892302135513
293251567306991003125846376701238444995187755989942189280844517007
821503734702413704101909018500720820582272623998721238074101973880
239393205854196157438639548864764804664068368216621629550906246729
927754986847925514492845070621652298071180613730683578355244215158
704226012897954915522313551283114526669227357345680748526938868300
727960914320200661411390423938652493703631611122162012927657841053
773124170697441625667038944756172823629567284314477315294336670042
787790177694273831111055900679808321071609189941988850708211620278
852381370134306585094427192751855373256728119190147762363835935582
817811773041664180545304563097845136336138091634703879096755541301
073708098665019736648403052508169431912843956462437153928852666965

934993598341808997484084637774249351131282116157423068531785489493
607056281934694375954996717298258501610015024676578412642212682217
658109101129003956282556114331899516450270248330700747553654072247
602624990236105045323309714671132815979963943347185279912159480515
906073044606236374634188967670329214956153440578256662816028005644
923227622338673112775727098708365441661018481422933532988826492111
649091008743694921683602082034669625292658620591848141252715838918
693039129081270240872915926628039756356334399454314219461623542738
131287526814095614872224550458935817508911406285606102817357811107
439867231122332105994120119721236180675912354679401140026354569843
481267098280260432627593664621233132362108938871247808114613074828
381816583444719047220533122464448637432189896213644148703137443511
202510404442174578407407509281152308743238466562847887667417614595
971252975297151814451322497526738471337253596115516352313862031971
590017228429250069329123052315873290295184553726154798914016999584
676698510909400813266910612508193558097366628199654193584465774076
889163096882304996791530800535342427729281401576187467757182319073
659093587436895644484615176244700466869612359223621114738492436649
713583349472057884273861654627852054769551662598241910661104413503
879822793805573735903301590819929297939948013333587477675592267662
597393221138211519965835177471444457261687315890325250870687321937
3367750961227375728680549279733972905455545645436089950911173138558
705917551422948852285105001083734608565790029548118662961829997876
067297908752009459370548949359906569759535231618991122931174581660
344711105537997531595907177223728983534140421459789165569631123815
470116701172230674820579061378091908916399420996824900675609649803
572007589835261776009107167637097191388912818357972124874354205685
169235565886245951047824661072835461854056340735525188315758635762
151648873932239030655171426138997179683242928858270700952690547330
614737849111650248513094545091260330530549739644349170480990616788
446256767862007730077123260967538290593047293608966125133534456361
327907603159765861590101588440546086259330647952646337791879422529
002171845655502488072168429354673749029287220190690865545039609552
925976379534378894424994204806013393924287140347282014898387621020
883010654991802648170984845379785905252868611431601625257534584365
338274924205194392102290623004607365865497462922377007004745059948
466626752219072970743287585984699070928174667993446865230538642992
139713708083927437673121830831829451238641919475057263400735063892
469182711840584776390345505087969998833300440987918607218465357801
468285608419628135423348911437473969436353478564236917262978995421
270155332632843257236875018729457549643820264424317411526789396007
076848388601546355279893667582152343945023868109317982749075824869
622360611767111890871804342058292895506492775928982028552540268818
878592213177126118964115876216388284590901389318309486408786619308
170867966760211575690064200651397502604646116302603605974333875754
933295380822388618318246874265456305537601525846354442172303782549
105853467271136477905797268903722403321025838075919122795243804093
365072597877593090926338595008321182333415073444095853656184391234
223032060489868776007711121714602939663688393967191538659473154528
726896334164855636942811638115334847228313243448131392994345515193
015589835957055585929000746679942636116792144915459521961737201295
830225133417017195138870849901020760396924117949339475546946711764
529142140255642970376440434725992865973666261734627865400149386039
234793277288177113728517027414891921705077971065654302954736853151
878335749534928042388057889935402774490884786971241913848313069057
333595085718185409609513062323571982658487488317968856359452585390
453938831344333902946146826987360918034386975281657157343121270703
328979102068414347064025793501119824304090729618607741587079648616

7070584835028488167475387359956826856533564731357352229485434638727
969979859898917759092149932996926279857125220186093172430346006147
611882151071454251847365089427903413742392789887447528552031585023
189784807914643023280776404177362539367371119615953820270596314401
144787602012738484850207683442771410433362219945962625616410790660
115159931866817691837192988791620764800586214289542722420801882593
672614541340453093557226784257113677194348310324212801609265182166
888310526939418429236590238107933968663925968184677838187428006181
551188275820630027240883446535424860946681615209301308156428707434
491680750108008099024866037841831696875896040446122273178213289798
254272202737113535277676761054398717135793659150217437353989023827
850923853901210077110971738382659723363233072888640418317527664261
082949709927614437738876510950534260709903113070742844527939981914
267624443966587980561304742787813203745903538033823515965481278357
825917285601432354713591077761820681879055279450249933173864947742
938735779139550135675815958161334685823851230761413327449566884666
338269617289044063716757153326885311634709304302336321378872310800
694558453452697225551377394326460503521353167770130919168050239441
491874360421967720810156819159215888327075669172815732545003909939
149712426033988712021129562351858900109434465073068677569114113517
624136826156982119556810822225992186505173294802636533024714809317
558423805017780164199760727346146190989850008919026317174287145199
278169786452851098860787551467141880456306678758539361400281559779
627486705762352063106765276784720394692101309128183967105436449644
525644054730763947617555309858674890530160848727446301468568371878
950866128804994449630653404889447796956126730524483414556624735979
739657020120326604032930421463142708615363208528249952031472967565
236138095936020548395502758699906278542359153498752523192251171693
449655108836137419740740416746349609531798858007246350902204660760
787668130513696472407274108738748196422477581930774014072700338382
111024865078134259661704470725408694538416994622971545604844486809
109549542473143228748481272693736791124864089422013710015105439304
826048675764974583829582455476714186077974659662195515624995353289
911199406629797810714166049131693230231787135050175880451933757389
563666132359938654033563251318352332592850014862679700447289455441
822091819750126140960240726165280097203739563804098426446254586286
049995521975570503086218106386018640390531158249533258703759107218
623585994755589067087922004691177788542267053148400443314777587515
019912393482514532092303348289919998834594377620575652080936477362
276769704398854637140949001201245859910707026430706240601287455888
888053361585884329971232814199951252501388299458149615986209670644
068321705482266577498955007943188485049223829955284973895999006102
586441500150037619067647562720370920593072148528926181296820401646
208397900930402873942724051280764726137829652223557100445697022356
106983028902189916880853752141414683470106942029283706565238947987
043238385208038811989226430420817501046096475673095260914936148300
444974141717094356784508731683287183326694945298743680754421824097
947053404782493898173347424896657770249887705832147565395813252117
338243552536234815475257017247728914262793338972645293343453740161
237251861675209171562049584961946231131031566652196055291478205442
686377485484085521664178969965574614274207208859343201704983826729
503169885056865604465210277069387716734112990176081083508437077511
813386940462361390310224709435849893664205386512403456465690855784
142464428110459331539410568797352720406032720617225207503628646551
294371552276323797440411817185549769677052922220601360759429064233
041403587623965812697049372744237528612825674709867173025556981427
290214868900875289833708319136109211917707255689425045571978109258
535280858012461135455896843480218661013000901468975578569658383603

645065029182802582251135005484391094431855757472821881312816335546
895568632801257920823490692875842103638590181716773761028320915652
616758212001742422653991938100869162421467633815458052756090025771
834464652246989445082662181377355024891987620570701592876996029981
294715414776201516147515909220876890423370791487623510148097300897
517103553487538622423926213366203401868947686123547244011703003189
363168431640028188641489599187929545358166937826836935003180235457
164367589451809062645651348417483820310680554583060867122808239880
812810834805352390077292515609138280501243974516586651654704172711
119643125641331131671139304909830074956519804552401696669300337420
411033579680543853761715349052905168059068694837070131481421784663
481264412510127986373104710017215888066637427484884084081226311802
965810193000307535114361087086550728749208027443034987800727251736
292590550362681184670976430000336463694243860140702294492340822529
751199183923545079638790486210482396016735453178711060406063049914
742455529735142064186656026248945540152936697969772353240979549724
475765709885588179184885855387373318106470353947701265880134979700
548617889723872401933153822569636536378652026211388897384542739785
294836101688928109830764464125641473586561325694850537963797870100
693790618669655222087521049427554661353483123817443143588956662290
155417669327335088287665320833903436391927645172754110771965013156
703721684896170111351572207166661034345833658547597995856447448858
051644910536962256667057863401564603103435068287990600769337235705
622645749426633094635985748500044251048780216489108945503000793393
672017613556029153299789591178362046181200708688315865350046527379
985394341048898760228970515631091731618918201443634174527982980723
173759392751300646573573892090398841936808907534604901897588778017
794234284914356979393931884162263707630888951300934727294788010475
593766641770504047462525442623329668957154820869357833339603670529
059292085210491500484355144966808101926554838740620009146078013901
171718787267573028383534118645716459966929734794442249862237486444
417805912929851578201237503690478166824372770969637137761908699486
118349862650751387743264556041167257579088133538362091223835294467
700882121692826457492264324400704669135220561302271084666961497977
457611664415554434902436489776227382123941709716497782078790484036
254454537041062832227316965954678032555003874273731812320407075748
183036561550804978897266334767981258290356950975511575972395448219
033572300397992227431412859809984077196938291361091574592435214928
796609376864340459787578207602256034490918602368988014718645316706
705500206410662845023528453725915123961171923694303688786793094823
907998503769519520251992774399830917234178427492937877754870450366
207258173925554044566149405523441802417781271077074778684512827355
148583540792119803291370448203862419823875885296517784651900643991
307683395191718558250667354216804904355786507016395167190092616514
246599158245152812840035820112898777016001176401669478528632075650
887163996727188520401224254721884728396966464097232171067618760126
418199457222881524358329194824803186886998513302166341452922765172
309158889206448650242705691800808854941394946535516840966587486264
464762752203751081739064930534359643051286881901684961490638342850
861262943016376629078633672644770302172076924682976795818596972272
266046856963810452098543609955040795759374790950062277290678205638
717913259452200122461625631634457461348831131158730740180534387445
796408664100710065823876747501979016493312735279033816823407186847
872349707287388248396689986077818723632054829407210426097037072730
409507156582691372461731112328773085175426049499321511099157152949
889869665432445653787951494135086381990965341123863898793827217513
791840117654396560112427132730617476904777042340554409638185759825
344402460724625120566999307384159852380116316933115907425015639657

5988942043985778839049737916885671412838010123244458402326415414755
0710124930077264370554705437651844244425022596779999768549982872344
4764634376672921884244785255072685847300614235789059579653979457811
5687860616972183333645732545551379890158902563658320758048692580677
3572016991927191643199409118426643673049573912346998752156210652977
7150030399729326256422176004621510809557819992724137060306040383399
4092573023089166037987313806867580951191805064849162770490540506977
3903748035145877377006788749736309235009170269779162300195374159299
7564128053597419816840715699962602287894662875040865826886232821522
1507262158508662960652838638661733707048697059050094449458867326399
5697012915120391738721577475623868192252808227762868481773621806755
4316808570508490509393893874901498697998586469186828807296079400900
9994772237388560455012772678899406338724450046508703958028240541322
1591513176304326525360378362788086775579334999213685527302874066022
4022536003311102392988490221454569155095330503773989806397031775666
7503750557763521863660069025143389817284622021089036907396366902455
8727175579021615166749545514795017823939553881891804302677593705622
1972238910943063056102174537510146920644948953144841979889428286955
1624134270670154377292246056501086506957155031888607213774271840400
1219770060357610152497031847062493706886460166953555915984018377000
8180561014752343039096237421876690381094620457446198955123326020311
2878114906438691250166478712184171860417104374208153257306621680300
7742735209544882269128736081174559286962540699023428282182725059399
5202533286861145669170454684329244665577430529345209792486810142411
4975899660249588057368696921867766007785184602172461266785370960933
6263733651185869854390174177193280059961759156736366726748114090800
0980703474709238272071597529284189556545352508125231296733255748955
0057538855124780075693536437757035571048482769301587449220389469466
8197342419500500830568925363528982454676147095134860994743540092122
7412011999706600910849973383929312471311472993835295474964498122311
4481290485429793646051673362121817908982235707895914952677143271888
9213980523549899219408973807655378159066080129715037173540388888577
1846964627038814130397860000100393108386490345825353247331006788999
0142739772922049764890721650719781697429439701276742051695284627966
5647246533154210129678212732055480400042285251756295440386698336888
5521375564177524428615925520708024263125885092103905466770340800099
6232996852631337471785422860488388418595256551698091775347963889333
1170907952254979001031375476868821917069604160158152180853901067044
8232257956981278444478426749733139346210517898769762870253347064788
7129338884609305183765827108922653124733086085353788558057873517811
7669707270955365878977362959756928204452543388618213723301363068011
1746035558883365655850658870405956202835390465790666065667213062088
4889190710804888090483693416713011681287826774373111765198860572677
7395625708030905456075119762668346691587200297119028020886732950433
8689869333967816260915745547671955620737121324230971824434907236000
2445485832230286358950989660408582519482238337742274756361563323200
3447308612988722391934921068706265661948175674345865228571723335888
2493980500799036257840680702719231318776244743598136794623749679722
4430558332102044203336403929094862008542400129423347222798825925744
0799066148402160927938082941706006706811034224996903354272632175233
4100042274348183106684950205885277793974184248682719184690954168600
6226966507439850158548546996496105863130669510934615412725007738788
8825716466512409973628339496578743816623997266417379196717781061944
4471130546638165753372983582838173687527749385281657193452952885966
4720416682003666791085477115955673202293133701257914261437462199688
9638898386411176621888754756973984406626761226600442603198558544100
9140098025925859033836013550104925012070736490932744414506167627200
8656282359616377339410993872211311157596703996611305906569417643744

1357165725273632231106604334628872248545324425738182445440059675462
290906411609239085979829911834677592585505391058401687094028584878
138817615599900247852207732339781958037537813677105538986220790754
668542351639616721845548945473079537544069839874009834314204394992
709429249927560423284707905549213218874646256787807015914181755686
194659020580246934553411240320605675429917014313727400728304305878
018317723543079113669411266883267771782428021973929123473840086001
485605856436107558438843499707982651165267489988211027970785738465
812690922308475552461371343024650903881823005296769636134533274552
201858633509872127265883595787581254042101236549359731511074022113
036440770728889185893829542935897503918635115378153102297056990859
199522220087187065557797682729294527133629379148310933302834872965
788595038950110478304519597957577382393436958724743357320404497625
567417769750507694787916664366280202290911848490207478566288032867
555130995885189272298811174882382848178202590451528084055150496246
517380124249482470457285694943049215267986089890698048116578473968
654499410912566999448685295252981485121451494023355811305690563332
052355205963278462624762021264323998106056409714363952715894673129
632726812707043857166149848221268375071109360839748397551817567592
129596582845734701143536112022987242353524782948657586860031921375
247021222779332033566971180774078294841458528229946683163560922882
478699049935255617778482161472320546339204056500006993299888638354
937303026256652248397339924692286413269415971989885375370726966513
095289401739896902550403523001745611147076653001669696874120402969
046135314190602692607269746396298721301077419341769928325036470760
185893617660006793213869159186368884178610491113607120060903228563
237633702367831828321925742041946481527439055399334751100921050367
621545906143188271357086557079717301724596183830929007191382999059
461368054298572390228244510639239969244339523133326706484797544207
764193725557995677519110552571410396731928782740562582981884985107
213093441278552491781431993329597138643171214730216900361673276912
656035863882284366828791477426747893963833721233643877478284881862
538536237081752900320708622344391214918621011681071488822488273946
492483885752895187655363816610947688655529717962007975115038195065
471411871174753516724648003244020476555619456241785885922420319806
011945711865180366507165039449059234799759227389271437422600121337
739326804361297959667349405853137240387343896702232187862059857409
419731909054296375036984754974463934669538883094368692603304837758
550705160702449250735475148117117921211310266566391155507890793934
014245938604687643028234352469092256510732663809565796045219558644
445037185217339388195817201868146580174300521649237241077578877374
772458700992055360635200493253969090143354458581604961850166292839
345964793034834991526730922312770507644428089809606200401017335938
249027880769832901342355154534422006200591617782230712653531314974
198536071450714871777560084380404740997400976688961802903965683848
880895208663117496376222684361419548420840031764657119999254229181
239905084105245483765970325194161374269318845621820757807354971865
002776125443930665245222570815315053239040037944918366634699496628
801195119031092850282326599618003624583301942307649009600060452507
443058199868944536129056554854011756066301934984720407954895014512
091650441310594787472385449094226085874374499693554647606132970035
494930030006336980143060104979893499078952788185826715984807579505
612867543027679692770732779587204678455852348264022798325329642643
866207887155081147408141757874189336763518762236192240204582254133
244098141442384560765270080245062981039087109465244549468041922729
691721947169029851201960694238991434831198682987989275793146618177
806615813962005118867796736993826261371544639038352377109285552529
871300021912699633815109505427266919968186007916517857054117068487

916708535337331380454872380725005050693312742202394681131053447844
274444375015580051285281596148260455078383719802761785030923062108
537041548375358265173546591175496366225958969078489826262037407349
977257133192309673159380857425959953780992414115203249279305269670
370086733477824539301440844815986941383745397170519914949702557966
970846172266517050911494302018165341604241684299970483032089366212
136396379709470551496804950936575320472960746068515545399746701588
377711541435008757809888875038499481572131899854698800023879266745
765865443080449752730034669648295261974944095042195080219267585054
157487887222873835562578349287022314295093237448530509054235650657
921380998724517755389287893413737506428005163654597648447929323370
484371962578533502810234349290472878582810162095162873982002720118
449811180045124448271793877342001082629588279585046981323491480908
361307176066199433451820566470947560160278646308423988482619418493
736342700174831874408224577940643672632797268833895520693808380009
982504390259790248888098183137319550350541149389044314812788127001
348806994739590300952291409988026613089217180990859344669951490941
594208150697073625928963270954062811901175393947697449985476398987
550054629753704320804785087309734446572388680148108035968512283160
842244674226494434167195835944522974641516099516996268188058295924
574999364820556137264591800358533274959371918757895117434471727903
206417020713949494029308174984069248827126511314532885316460153561
184966264212649801881518995501898861641633098595856304573796202680
918400697601726141760698960366872383607693494250438279745778495884
914972375416123568086978787897809840196264073776691849427669421344
370977584174772740096975465937809500379800053186791024976770973017
390531995886671949029359000541013243398315004566766905880760425513
068611754941443679590909721241063392454359537875891716264706498827
652812065556662309557566225473798400553710450399207366842500403647
427024018036883906418764685842861909762112848291653350661176160788
160281948202337198669073378191687317581416602302400749292430956975
495574438521923874656132536008120277675587802386938236784411948539
441674783880933328886366632020622714713630871443966987733360961919
336184637037782862491869448788236199981235837588339495418151597647
465514255998941828302267942970293510653244825885510143423173866145
685717910190926936704224961854161229064777325403662367123126001580
940528193668718595470726706388949938363028291516671594154034358381
952807089474809761974444046422067931448110644716317848896778274704
662883085132382131584658917383912525213450909753239242523182435954
544561906119817359340376919518561349845465482341062280116602933870
592464781751433623807604771251728852036958391064588175708428116320
067951993932337854960437043040672853605405677135707196418004328316
831638300946682887603994837775965271815028949475254617093826381539
130709646718344195362544633789782299866665652833812427270423096729
031923525658098733277583071812942787516833908867057245514799526324
041953012048843647149086070096756313211049888322420532033263808144
836137209181885544198720742028850783018064302128431736408718908876
990175457612548285144256599574846683395715482452029552045282553074
868830658310075557952103182091636642717972505687611668603270149033
570403273450458149409520998205531610507289261428536131424231031424
636376716171955642183370345659152217574540808312778159564708177437
782292474620359008474007394402636961578192364240014026368115994148
534665743326197653626997589880510808104857562497592719939000000996
163264666683848149320937666783980061020747355417459694645114150267
967213147613509287788580193772462446468215997526583651948282985230
366493140589341525152401291708652418837168426052148436994261180495
830303185872472854533198920721285594747562217539159584527180667836
268628051268175882172325638965196946872952343682692685559419212147

340583065079911942310449766130569852897138191077714570815339381833
715537545299295279176111262751931450134084254851890314142119222658
138049293417674212747019201282245954695156088225036349234483206206
947635890849249125954491909219898413292439604938183885972476628998
697209158369134840621332210726946966417986855138519698652209056610
576060214618511323684977862315363795402442605265637240508769241592
843360512804576357130146624655139460548579004789201872562370424415
623842140430981277088495307069113314467221935421610744001661435534
897167938694035464899636209355647988610619078376842252145823612667
288680834994869210589537143220334807991765344381892572529059148324
241248667407021841713007050988462260582436802368933162632788041746
962259853946526937990841019518782311402301046320549772574540665384
992311488888713436795231632578934833278035097252254703318780803627
572702003774132454244358298690171476421479280910341055649619925644
514787609374717135326051296625897702682839348769681490164475177722
239714918951098290307932843108775964097354701892412390539226915752
651998988619106789955888957711207456511420485571754284045108382187
382045689055834350110927167983479216262886381054572909411937552275
519929002734578454679702006160113429637666630054244516317508708100
051536442961217878215926446333088948691867737604540970334283356623
440390786790141170773672686567349958954640523696619449597102668610
271925277912120529517959466238500521940948210923102391523361249654
710793265773037481227186083500831233172336810779130227396183349216
700294299347335994361071157537998584741658700528599129438130116932
743289130260300417029267625886050065353575315318730759301828339395
704367722207557461547456284928894514039379654463258255806272541783
180527060008855156382839546924007213099723857583826935338801955363
613204761969869325128429575241146319661558253690709544905920374653
770974589953079508600695544438921585991293645284650445514569102522
647777210176602400435485326611487645789339971563983960469643324901
870929375059462847401491761052052503923732522470990050650931725452
730524750526096851985253485581706948045633582245566183156424833732
913099239064610541690442645240972554536226685468330431279675055582
233110066908070379729482004756484047081936341689904569838704712941
032782266844631938944239326634419264462754175083825972650171812275
277911558116877225564835113590323769925848613853501583275417555150
873922836796948987151575881939223647218161431266457382710119228826
055773260323098256078942088138982919911529290375555569625991483334
516419524740757656789215139490598879609724229646922567968091657518
579374192551627112551198342990530629649417386255300220517321464565
188574932522942753216566558351618564049023282004555594135528909418
078559995555054990501266901121006376011248174583140978496681703606
041601496595447123073747468966947241396965052165862104988336828655
507813531551427778528796298274826979085645318330350425603177939722
079829736185209217842576219776792754919621107665533362710491065562
333930050101266236064086789407453741042799643162779419696140605372
078814795554799628029961549878226410661425324988284056318559967147
977453438075285334457925563652941264361234417200808655065711193364
968260084889524778468159770516427149356820335917928317716274807815
440154471992050204082987660242111582258095190501315343060101105365
509871575089531395354072725859167400667153339708308695555260213475
454909362263320745682613631450819415854273212949700674461636112970
976199601189219894094919647086541969224399749735954530619427913108
601429236903833480013799120514968068595282612546939388734364909293
047906246864998988493323503766723156005488940661236388908798891824
556253141892882330528425991872537282567637078603201569586093771736
369297635595212593814435311916092824182929041620117810398613608520
361316947657867599785928940426535050730607788445493689766839107198

206731176117063787485125211021501283733233543624370648744563326870
140729421412614157858381965551412994065092167014462801234332872584
095975423697196895295411218756653220425874852609276183499256523678
129502030467026990401891229972380646204423844800622913146423845148
960487282318045977418570058024178129492730324195249497404934156472
921834352848819672750811257678211973727605508444163693066720713225
322832939034866061222663900504560226668975661204561623396654722575
361625120067136583019777178344616730057404569665760591065710011416
473599323125793431091810123727995705943776159670989927685236536993
748165066442771751639159793366606733712626908118421693738206965086
933268567278367422377736381997997198578346419412651742119122166807
094141328451052283380540670898696278267940317872319008190509832567
070850850228121641355573897628408074405836892092611837502034836245
732778071659777817946163599471823403366493103179242461025404104498
066844959628375430763956943587460986385745695158537656574417862924
869533041661821749953596336670364159521613054299211994803165803345
233211598605666273557587861977141211361728149799961195385920622982
519726904609829963950718740157855751932607923348939164387044887445
174584261054658645100543068708741727032083891365852042328075371396
616412809442837041081272455439310796322520451554024107074270603294
709427393217234317948315190703586443190996209550863909841272646602
386712246718013467297159550018451457403207176733576166904104372338
794550943820776780816313104910800252177457824652170744652787910829
073390023953634071880147122052214021539910163122468998508619561004
862149317372169724539535218437453636881449794358137650622410815240
331585471385436580057212534789599241798496703729212532889231110280
180698268795596666193291061687613476012735710696141836251349147677
286411218585998276390801631779528380954558782949171306818942804812
162283691051455691962701836659235053351648330769475554207752915040
940519018103554019183917854781339979076569826761180942052936472885
371423043542649694682815292877823974063168821223732374456862315139
837258397068991093644998895037442166815744900656679808924052559042
170664193504881640959639162824316832143629361440108975585506769190
497702681496884636966283610029944263729375766795745728749139191760
314775321799111020937645101966794147869390383053398993493299339166
477259054417354904340287290298985610103594762034889459848681777527
974537676177573995965557530704049273167399967822325948787405942966
970181424300351254182902165212736321093082337506463162641492382359
545529206549277431887226249176373817133446518479808880151513554863
387914340862002425332359229689622123709008840261047825557058952996
610185602896063397328975472062743770013222079785882131260046886764
519007395937324331461137760857466389105837741473829226069341136447
344381801467108088925548874235344238144831374360124854401676688462
135052623476597766536469051567900511558925799763298111537628750719
588431793825817316692132984346887238157977124122450548790913954744
975728131947199653757472790042454031149466065801791768998114222415
723349332342522544914499033788984003537864534403546883448870170917
967519087806686565612770335075469325548773977178257498744815264893
330037030919549077337947025126191681053880745667467878612895349206
823990406122105092573938171844053161513839851413736403885280864089
750997255564565302536459282603124812026864254989319332304588529318
824485832343921700791479794490868385963075119447738560610401545243
436652996092366414604609827550307560637145911578925197862650285973
963723697632927991341497154354728028966377757464857956414270671832
393474328493919445524984052913469732055328661410108385636681825473
565446380574263855117726202262319821454156383651699940623200411583
174354920844609586155429471796615870340678071574739814417868852356
117225393747628939256626954153281526693867497031762515735111670916

6054490731505423659796963723533859198417724007176593889415905126O2
2119557237348275540370158755337029227667485430491731121687674216 29
538731482811932934103621399791419349169662671289665025402384951651
074720110803987979835631542736568943209086961691592208591854188743
873453521977006442167718349020707435589979648887971088152920445877
016792450210395591625422374900227337734540261692945761540998564748
609096279039786594587798487403357771100243230180059868806636273607
009566028915949753076109753036579363360983975089085951360115651737
131088306315209324906957352760947045135701701191892478888252281265
251264940726426810948762625080455824620474113626298437448074593613
788666218423172338973157649129623522632803649851880855328622573415
176213500375739158483748686415882440506156235330750447028600668907
437530573761864245216740300989960886603536489146093264618987311126
641396621683691648849093562717564027312907200770640870053097416379
828131310636651121902439991103008887827048548356942316317497907267
448494953858262417390771750869516976255583857051878800128286401925
158836702207581062777126604961179789527670325976997078642854207978
860423217138701984279664813506428483554103093876073207049081544309
074203012127159078133358664064943937949392443729770845492835970553
526540667708584932339070525724564490721748469442729004262343841886
334655498364767023238310729462562532651583877419252043723471610327
944214492430406908261481940114574652198403573869712540087163473411
645876077266346442531257015499038387315773429151445306616766492847
438195051219489488835954499981650366614650956693963832863283450099
516419280242146423557011400828689708243999476477353558989467091859
390181542568880135648419768618447193149642527100359307618926067013
104100978078096312544695495639975263899943050555407595887888594683
114939424740397674587705648941225855877984999604890303261172089492
798375405934741317038631667195098395724476892060282037286395942101
309369651055759152658687352748839061874959324237449262609378092608
310993599977043494595030797360442599422242327777304920981844920054
589783609758172160428492560566644617364308249758340295671081499230
962054007593379890472213080389392811273273546647614166233538913780
827866877196068464757848840162299215085163696394033355782428160898
953130344237774734871173163430391195977075812294480069642516002991
944436562077004079266465703481765156266921634499192916347423589684
084264480625728730720089559681019247228086768758948134745688592702
078459050171630529305872892590921378488844787798788589279472953542
179341203071798980648637254921815347886097699351808986778553108091
742920130091022507224614753366176580874681991616842585129096350964
608497608953675487101043182977699250243151942969125736091452134133
067074989629382965837797740848031573482315212853722401985857367268
474568820789138258613208602889741977339317522655729550603469072054
605595604624406066190622558525674392739096744317528103338395618247
978395832338622301667685513511048267768503705611953246668812162190
442276652160315504764045505345204074175135792624963420354489632638
787553166172166435369908592250313058248217307730386606474687001591
088707451176613047400431511439007786781193993924057970916012734287
814678586408507183707524193645474408062475312882054951958320339509
147061924092494697710716300853402836905917569370123796256894408826
975663952527777109248283196544339703201803694526541044517560657576
402722612471000745821248644627345477894408040361332825037035729298
003342518516140918137483474363831489743406467026400188258254082674
953758984047052882203449932089142955616689358556343024420859058622
460211304796522579316440541471074420976628165483612574542015626222
995616873818702087017425449899173027507607656122093037397074828984
458720344426442013511799272081880535702474558531914153746247499050
003106017103336890733101997056461975052174885479576206986208720612

701007837870657637482475629133777364258500135946671786898082543953
990256463963763513412006563140941023719314071544504457566525213861
934805668705558985148754786889119144361380875279343545891787138849
396800501035987359187370725316254904517211317709952660363074407047
146532205551527691255801723209829912564542260881795340187395094045
546329284921663705794615332028623017070696326030194347840556487878
395874550055086240704488674162067025020918613761997772889410621922
615892800886729387511411490722828040117888190324592282612271850785
410580748472744126798117773032881936940889067088167150568317475696
789368873153630387332281893033622479292684229146307785790951043864
318561172511253696842971115388234845119217033518807034662484920807
398363341492103097831141584347130881259952016452999117106418056381
616711318473289871153387057442022554699550593985735251204176262946
335151968806537127184362071646564699062530178428854041588604304276
712989825998123211926639024601650490243389400579706682275573554272
004795062139444516594432044390242287228935108197768906835116589921
248837033787441133525293254268604160291856276550440926959811350018
960611962086377084923442197782053652080823058482351431019979685981
861537501028099709278649433833746217157026709517330373829513995787
115919255216243775968386952314359910293323669982373844906653161236
704901242643663097984301218395616886287806294101834117510859568176
075899846656108617512010546018792618154020569598004241559468135411
627263387721612432535328842000207998526956160450334359925464517242
751695299622636525860319642484817549318860687763760686390245689764
588703197481132299338897926482145777341963920936313445140528446906
214122913558397514574004199992935149757830482922745362272006022057
871574453067700208885327596667914598160202282511564660360570087192
748289147593685501815575119004874843146176231898242455566029741239
055598103268203348692782209969701743045637369514647294994708560384
017916677975698260761230999791813953682842582226923074004068299272
129087763386122461908254903172883869030973607552560991478393285806
783580174932529488155954211167021668500998738687072708020315142396
770120056057146712085361797974687395457357788202645227932318826921
707201220248686029192267385042862454793379846398653877618763275393
362602122865288133588743980349974525217956792038772189689371710475
389118059194940746683503542006462308523975831629015580190865910420
028233040586040287444948482995571032329393219307147293724589666834
357999861257419741990314420832090605223875654862159289718265964941
128556699372160094945239349438967334087252077346205005725334728110
458787761805863706935718165891234836462975999810053436337310673593
024673903722787909789331695205458894546489381845386622715491547249
232065469991825396871411021410771134095823094046452162526052219639
922247950245983986683261977582966323139202414071187529638949585708
635284038990025284499285613884524375854567657317911874704193333823
909437600645450481127702514254903452141372669834488277499460901045
261698627963446438653814045422948054960832546435561837707032693637
536489703402041524440945710358880365246887545362347958558199670865
671354373182419300321410850461551760226141967948170892160333901162
100114661908828458235385656464872133926833651305281084863495691771
808119489008349946079330394415632575408915809234195779578355743500
347687589438707335629461355846346153677669639623512110583160714842
434440591412016715583059328070027410200617628721317417583797418165 4
680321778462030079221169009603451139799550544448892244298817839892
980754942915256501812386005940943120006907153046421806875422365106
401879879927311390793694416280982530474957292088590755525868457725
404772104141722452987512528491731138700517015249989176649726525353
361809623788799511879160774872012515751954759509696184113795830300
856373869364481128927499841243635038505944578004579945326279216877

374683010531319885374388395974802375599038597495494227753449528161
787683415449170094726069272194862906091315928670939467228737383354
050421426406881753363015501641691641062442904909320659090856696063
731066656275022470278732634216783580786257203314787288125635147790
984509919191690454444496028113562281361061920662235035607155270025
865186425652367594872143022036859135582062995219296072282512238190
082974809493244361191455451386149618842858749069701862451165088526
387991110271306243903531149774956957400164789060791340995446013337
586595189797303321671620241222297414444090948590025000948774775894
653620519037212647004166258356057218892718703145759919839697234607
677893540020681271824654448793765402902159648358353462048165535852
358403125987425330248743411901123763693169121637040612839172070987
753879472158909340143523176924837466518949722211363271197900082666
149787110563142251829378248216576829836176283943615250441047948817
204198151771479542234616443621086398628597670463277033180658908461
813887688936862894202698438989539066608760884183620316155392883868
427496872563656031337064408117108692891913569961023929613577063224
344702957418163476678442205086309522426151878042192073409049654026
199159503993929981948748572446597884755963255027034455776537515048
031422742169870564684485096233508900099230920166943241812334610721
635824815462588516776253933368652639649552936674927173134898860053
726047020861128898849016507844661027000202792761029491752827702999
939847316709902760569679040082217198958285575392569691109887664897
457107122476740568400902966020865812561278922676633084106578433096
810559700941721231800548706039368793936507367502660949817816985860
836665028082161560420050386979515195571273379491052634155471955464
085551170979585370314516814652781859773775552655726260570150482502
169805779856206073629697931328722640770188909280047617532312437443
403897291520237626197272995513633379225574023868142733810737978565
476004079687251178200870381594920540254889276040814662748785848609
762492632941982808919417031881536149156527075109164329155842197206
702596478884638872285539384875664254579343032858494645613633070163
173639034300467908640541079524423611526078357368701894884866961242
652515938065123121404403490537795179480102470630244436128459221366
501337531436611607474946412067947932009769928191322572472685982688
475865591153553804288956560876866329306411499691313825187546066494
132657536810851761793332676394402135677252255047826647388666809040
915661663203275857509374859768171738203258571452026994173082058345
748139663332208786791687951105093733268772675782305941681861305320
577476250511802087871684192170714862587071987548851868704507137095
239296386801785186729021707870379672150212851472453207884870357737
146618629936646407947346742498096712751711024335353657226104643631
733895178989388485314046485781303700469921470440011339758853279271
796522213024810311836542072530963395979258879794368773677616043389
417218504571713883992098347109928976546877583489783540995819301898
787456233321540068662116215276193892694894421622179251505368645419
898062675791772588957001355907083154174956972919641891387283117409
169588915041007081297677045058715395970215683588485594803258356113
717453099019209964728673859049939083496099407559488346680865643471
974926188139009738847125220541200552534642107280617025650363277070
073487263103630739650037559302604227359705639867681779660280933449
720361819396796497113068874651776818828033026112930222578539011976
359887452796954128684448046381160766800543580237886135522791951647
946029251531961275473031176636857193895675472325563964002187027465
853260009275974335177413996894510738965056517269243884131950191281
533953730259143131819646317659618225809561803637852707686371499915
220156016533208974439536397872509982846164425518689107673542019212
561988551627154996765544868256841268287765572681670626222895188851

103456198675883185534140084429449347113932843015199294995246823529
774616982539524280867737647045506171397835317374350418684036009737
557513567608949767018177925351305560686990584633164914675927244559
447291762783273595312986739114263634276888237492647266359990721986
964300818793021829984836208631728321600940800247729611959188491961
078440723129473547536441445170592106092526417940164647177204587458
737433612199012745614396085215461465440735891221345544260010361521
957264160295284381444283991086675653993206204012145341369513993718
838539562038547492453928534934609645166190069906310311769096761502
050401011476562203960005427180403931486186908547239694447871543138
770598329314194410596991787888437896009091539923472763672477076686
096659861912896465691342748155530911766948484318560198376315207090
121495832019807326750043626454085241369129545739404471678540809285
561302456641200461429026117508139679108783947664054270898136960318
014047631062632387578713764932419040228511191303750257654361046453
601458363130735767580852152336303565307051811932314376127490290993
239526724892336957015911157762298606122399085969753584856664506855
233767596735679146479160383404294838600822338853829578406772046688
270915648393222140086953445672147386771197868821722352502314823877
014520318045380086668413613573669015620889150694584674449752421186
854036457970870702649468086936900822659422450728564559436620874244
203428592325602082591535471253852285973206407454477712384930385248
989382562042264376354995841980847855388416643615171332098129257804
883140578101217409497449578163615226772215510131952096986746045836
859251543033613069476427494628640929431550955210744757227054057217
548957043431329046751158182928388878930093754765216369900123963473
862593986019540389078453894036300956443233192307356777204186506364
092793993300274214833453724285597383776383128947706327272896023340
545146430613766882211945676110008517036750674891945422676882214593
461150817120673729278384250982729801581797314204164769852495367199
214995155529794745165399988843822203893914069649615829591828866974
039308164830364653464910572416284560652107626944695342001343743063
652811537901131345508476219111419474112274045667138895106987583543
130956516393669745109846506171555568427805647007281747436135341268
021279436830685109309799295588500621420243227121790410833941415544
669066776295262498492950691922290574547817454632140757209870809471
229114949377076100849922835542850719832945090127428209286344262333
468965030878702143487309210001771856491147310740519435367469297157
303313750029525876679599834048568012053165889437159046214107210179
767814234487120049484789202904803416892613006532741793407540303048
609294809344989922348407294745659314261495891618102513634364935320
990484199140186499302985119699173266704445151973748855689152366981
644214718882465973411136062270479011618359596119082693413504649923
573305157362187016353058311582654874959582161961505900024005260855
513989350911142895846722251860989748408484485354465517940501755746
588514566606393775583441102658042460059062981785830222530761854061
824174035147020648975246915979478202164843105286121748501507386476
274658513972420772870390403431014007874105368961675421137132448385
466092836191855857666995460001017661747414172732250244836530696862
629726467489673885284803597957151121837006476672783279872205027925
802642684326693787362892651775663277621665034021836381700911317518
703255106404929602183527357927298470763505296402991497232274853951
262487134590879733736858323813225332567427423454977735533875079378
226977665195828289300613390250934132975140588293522660909842944393
705099086588857172406743360962110284912671280153289872414072149497
895880243761107952607200633290875312243068668157722167520480239336
897731830064281203214978471831043719601070786239570727733577773371
092334339361018150098318854061112901737735996905516945733574055039

419421467066596794807383149785772977118219165538987413667496287222
815532164871502354265043425933813605130656870981999104706638785252
401565847373750796136673052954354503593328213698160931378401316116
719925261469025305847806112260697316893716334976095667239022376222
010985270037277975714235865701000810275939587042664878788156979835
890064586249715012521655723622491643460883359147430271640142354587
218403458651109079681824315335158365676752155701158658413600158471
064031437212262170613168733659003378703005626245876476538554759754
209236189630826295123183106479957759663116824246047307025743345754
480649004469363506260718042370398875087645521891322356560363176789
839769609267927969422718762199012776484332931421283387345368898977
129883856274612293780076053600121837674145196884139981297628712900
742783424894197409226880693299409277141919647724638799118353141911
932299661259594807015149976978894998010819580639387278356468989252
059088536824264100032710140899210063994405568756532816001157531352
825966789229695578027355990665624198702580594961332882779250388169
056274408994602316456858039747696056884665695011672744942253403543
179744124711606810148528788785109848774548303522637342732079636021
220089959479629347104699481402084212549849053200501189079257229331
999716632135205859273856246073397153075007114601655592605129672252
391411268409518823438788125544895917209071669670184913815661996407
763687292757262153019947696057573767066207238588712870584924664848
242505409226442734243807287922548922536257183342878008834482696697
097285840193529587236465090531350623934831160585303184301818091468
900126808224333663302733944680537824646836110753792936275477679068
549759160894663419677345159041424780594694065506524719268392204344
675357735817658846351923217436124603242432742288574991848029630866
875945767928857209355458181640506208612237158297460052341207497853
902635369813990891620219827703117677999672744738992356434552729233
676892248332694899650571615908798694584505831728044382996730158911
980578869506662704352300821224075589327799041663398782670091080129
524284590129325441764120465171844611528620661837319398108853188492
364008429564081406524364762052068711610005391256527557835377144669
772753592336162439726529333519322532641308161797570215586254278886
330298240106483440809740327309503450718563936429663858636510607072
446596993229461487164695344524404452988997286553098620116453389968
379627801698867555057429260575613739053985353245785359098553852593
277593606005455428327736753893489084913231902780647964375179526186
509542607816264248964402882832982666153639701790378714487870124181
897381503656335210822210351682431552835884119830195248698972258842
667007991885579345054539877851097936097071506838347321826842805353
693097518288884464296345771880808168738136577980418353223094031348
597076272721306153305350111296163580811264326959355835097400470680
987410840834942263333453551727277279186245091896917767742876744741
488538692106419806790213858645585209907296808147364092844764127253
738996467052774406670537291296003984512625608160374176659623721486
731421183545237728753274697300622095378621557908346554034268493960
785556529313605887720008140136910285321125919031885628495946394849
986832564029199268591038747025072090070897796303977273827000542411
006292965160561020159702377826959262191676487010113432943487843851
480884288115593217198333101065335120000534818631716626256380574050
105772238331720165969596915370741660649880192589796715370873018000
900513889508429637004270775665999561758632337879766652006281340660
572305426531607016713800617498344212381673732141972806938718900192
618955201092467338506146151240941910093289041106094160073390131607
977037627550558341911570253389883170397269994199505509635147815968
480526028893569202196495992151292708992036577395851929498113994888
960213791942453965995761044629745264063774698221742030799302223419

931869715854112325556447312870844029549186746818306928502904452155
019605640002634158214345326065453014694378660808468298995187307960
141615789924404225417872531621451764621622521314266658278029546870
637751302238001946271980746888885885494921477450423603860706756074
544935129484912459894271166353042917390263989516318666637223775412
012889319103025358438618626408370345980121156632520931213943044452
707117131901424332348805201266041843288986445677506769713694709494
335717705446927728514789035897518626604701033293260929185465279017
368178883181913537675756462678519538772740508521864480724003526648
905557352139691642149135369562253638929326731617972536616877056553
227404086238488288043800711715845624559232275453743835765312931223
485671812987004871215591773006150156400495404237516975320430853572
844027027839960063562414125218661105481482283154805797062799807605
081622329663862802456977475868800969421644599653783414190406332560
478932254671165875479928442580730316476493620390858765365349793029
398496905455199574306360102289098129980273424906806901779005941496
692833298671324097636276046205597062279789347048124166728315689562
988392416859618695538766749727275987039989747589517980935759716084
115342737850267667609798267156690540692146409197228459569090836725
669992675017629783125865935286350183907917442008681431293524249549
102530040442435460250764568322066143339867286354779978409898860298
978511550483166226571764187785096856969167239493661574984186901571
245554114093897778944649528223681739240750166818242613183273491241
243278182581104483198793282164215213613870915833831624221761609564
406968584092923903403663044709672930155867583246482822105772422163
853502254512166349350343857862250295001017278727684893990079432918
317643020675654058970816829603969462587657802189974380236640495557
339845919334611895713616531236186535300340728987009639130811838008
255999804048344910321318862011908880965301631672755845145796279319
871659255522753590774088671582497911052269576283370778701640491783
593545509739621639226176852717932569163632014835171509086525989833
607544923110834964595087244687451128211642144220271852976726203107
818300000729250564437371551184484968541144855302464255791218421925
283826390732538720335895728226595495426501056373608189521930590962
089547974660189191287466488977618699712184107936037311085847885653
205271117909384439225204972886642685194674529737825163766209174480
261139478514172900282970371355403595948983652537675484555165589396
017911735658306047647605363314546623156234661630508626831816192452
196711131389800124408937214984714967795507606597376526677540277800
599156554754627865301317699167597781943029148167060285499914163010
429238843637049127488793995180133580361960510592522031218176456039
070674818801130237326732217013304543246072194397112878984837630168
003128660767750347464257251487177958573760627248881291288180644625
310281472672720121017258574332331728901072555858169951278618743211
679719368999727241839099066353864097424000423821320261074510996684
429881285258965355362185713027852351146373431000120593150477557843
630915825965743451169948985860831788153010990152627819802639173124
481926555606610119585263494452788267507217103308553823545855634780
883023723096950943594219349648595140922867178553494488439431526033
756280031821962856054524668745446130390204635944154069171682047014
167395716624267266205893282822191389391330989060740956373003165502
092355363146090357239359775070152315655016754073008145301851985388
252395136048221938563999326076465239592621943603701424674060001879
476971534368103793729480800552521079851889155416933156832057891317
469269960861876787874023697001724620687294032514512749640316655532
444732772818097237412634417742030388629192439963149121649465895064
865486774628204319753790313645198882087128483371662703404640055343
526161350794666638366225241439167806150945738341035530000880543050

119175673278302001138413107131040837428763549994583869487445294810
751344198021599378287697800677163142099704585444686395458108555702
800020415374787659172644941998873042816816433294168405167035093549
997338443134094365627457385754241050571974817748807967714168843160
299998515608106828195164610622660608138929154791861498370376252182
547094624581009288640674250758481420478785130655964610104397278463
139985468259782669867365837513605567552455237742523969705019685794
617197919289551149322228481133297451521334268798384166490972142890
825845478865903224451776718223443365104797005821888369860189107517
339391334757785645537785621064077325625488968854072639502225100401
930245918806223130553845895447923401297317078506484001251405001135
354627058099368797323153652971975205183627052206410069176964647911
126329272791864806992924562821527549906358135829298468942257267881
104567531238453592187451898711851266890253215547958296139245295129
594088756903257332648960092770395786447155413811989977005302217537
812670623521790024080850750079087381517144609815263542813218283409
726362356182638647291459245880859023450801485912150907060027336923
385969088689199475541932183274750018677560825550790879236210552204
409367771143785178227512212400009172523222185964995800459611190235
249014214991642566717749572872642056931588990126378080396385697050
771329139203412620272814585376668640930514537495886269105656416230
176873020067726947673689101899810325782519865912374518621985849515
310429798626743658110374157510630434902370417708595714755706900431
449676162577136785547663015533943713254133236249896963885922564017
381594520091656020244524216644645953552946581011718689771895302183
763798813049512691370407791369116538713469925500413764486572142927
757478618023007681907236352098180301365826109259042267011382959277
148404158071275501460164324682530918504358417541888768380777279114
779272446560668070502374757734838040433823934647246754960394225292
904030894287986342835278934854464428237264463349333884041090197651
090304042709474389405157392242114669990611865968148238501230789847
440408400130437571865853215339143333522717193748202402692394018106
219413718277459318359730756832998457867437049803061711405234179614
899816067920548197845420489493346064407518124078049703797893470788
105790260162864561419306883396047738524165845486304818054899758280
870942938554718228883687963059484800013910528370675780807153946634
761336867560217984811305297123363110534096348501293676930707434288
484681893225546520170204251865795856785417431962215301639987045850
695732657869917372631216968781688349866787992424935055528900625422
473172958903997336426963722125581917602495776217043835146382052186
592935462560570701079944470911720265801777486751556659204489063721
963699870384395517504081380221133220168617318706969191401827049043
480845894767708917550555367905615570744211629307587960490915128118
553963338304689299552310706602575619008552688172499684026175424165
853234412416153837638439477275039044611821562439853440631124904248
713573874667660456827833003498467883946400254757307556254165570202
087383439459770052788454519282099379308214694991119170437314958143
783704740857878352979149959652961329114646595684733729298759087817
612003954241264118368269815345154006391054515124047936525867587835
691585869383387839633265792494451936760060359037996534385775926377
256062175915818465229453356512162266339495796147401936877361438812
561561036777039710480282673038910756968652633866518183184936385 83
565211147387833770749576375767466502313257030006603535809187750278
682932097844529018832000777917882840297305208279219273372068780583
470481076365118002027106067485855439836892909804969006114600699760
899986598059473369897360269943513632339094627826696428469230956563
232746501297506729522958741477022372006360591489639654925523934859
624920948655177332242097739261690333522516339557405776183633463640

491001352322809654662285370678249176454794180646357639006269187033
372232723574184176087781736996681006815050958258782305945868131372
854570205137365545493090275284793370626508415707360087955570530181
949928502822045549108367004780139495046242179771824846604421975937
302972368591879397321085676576401021401679523932781572944082690782
096934059384586699422317465897860977263454148508768791307499877939
833869027417304664030524524665283202477640598424966622042354779418
166437753703512864491492581848329897877720348489617005731582971049
497336609311246371490982608935872934184153242433727698310797796145
981813280388869174639435485643212251173090233147351859097196373111
735361161170286370994225545308535901285233648977924131573251569688
726043411930180283139672596383200801989656237857611882418416676769
588787627290331708669874191654207519209661529248851196848108741523
014945039809422210926081240088558636204874097999121503295184837255
756586587327614014818364658944536013195126860764562183014941316324
351436895247487554615190284630614080093160331573809045193810263794
040476770662065161190588699383786067710447929145722743681566733573
519109949485671542355103535704350612302685267721602358576583371568
834261844713466152814311117091667017157296231388941814482475752109
603079610644760341752253608309646650314498608950218332711727332284
075423880089158318483360678347223256658774163347029835031747476800
473509319282026918268622333615734112156063160859838403831397683533
894463914675574270429332925776268342051232875752190820346686664718
324096539527614208282569517661474840628757934207768197051859781705
338269172135645531163056220567438927746211163573890629297468753857
023303439539705777207213985955297551966028632989690900252408050224
709676078672653766152736985982606270239700350068434066400443776990
045119504784644522710710402232605452382955966768390419247193812512
888744895771837142209896678510875555516690754466385018764046455573
938527057380031910402596312313854474417328885772836060857698777278
775524331031276632444042335685948364214307180616267467118943258243
590645052624626322172724980648470678061636901420892339727898653531
604579585243104020859931523967678057395807937299404492997006774397
852323350045589020590662891966828586756279926362088977422698066271
699423659001592525214449143436955312932349840122825860047237871261
156492799755843356501320831760143982523516042751974967291696362242
567357849419546043000868582801332463342137532616804749260479176411
354491887502754244559201310287402776218594893303654441802415849042
258701518471149844523461584461412806797656004928435244702366814355
853772358846402131766847595883666298429790594943942374405929261567
804849265423197469578656584574306889227204342907864884079613827730
726339059462856298605462332204533844617506492892047916884004011101
842343486808842235659117843854910802387769472917027354219156942669
856325465373637153039643461187749815755739176784967626434869404049
630461703141244104022024003702889230705722897750646277521746384759
095928562522130065760407246767686996299077718433468631945927623064
523096595587238556918887594095282013831692978972352625662102260321
175364330910291895966095983742887632335873507289046539470597332080
881385620432999309267670824617945431860901451491407984073306747382
497350317526395604426601786782485808848344654298563072394495628741
957249853665077414999159424579155143923625603836090088610747302163
553348761069720125458238189040464772213998613939373448160771398997
686380851117761455582466803538758400646890441076085258570790058142
183251438666326881588299460593227142834644677300827898038513642442
828125484731425568649741615469231023057074757019146460820185846930
464419989721345564440138075620694917707250147298433684921502981235
925376861334532672417973545398033648344069949836779267572156673533
665091804816549807749907528087290211876940980503566752845790762558

222305004770524079921730346086074093533388772079656921561535176201
068327280005260739858991640375825521710252734241871860021156701066
647385821663447231731937956451856778985670660749720973888235467242
787173710780916506609709184040648127486037429680511623649473231776
947570108726182049278471786633840788898283285418620048461898496699
801339784163762118747771814791397487667975009154070144883209448722
190866120351698020037968338620002233671434204483706729835930038798
955599988124100103492626854273181142219061613429098244982059544548
561478448543258078471733492040185442036887445495922558862019690825
550487432050324749193768745041724436141116279880039789611508155747
399210187644176195327232434792570810764802829905408738129447730914
012550436402135170996318106205900184289892462135005686852602532475
952010469422877007803996099680564101778692174063038013507705804889
374410171220517382099867582731056439297453676264510474565462510970
884287023966075177990979752620511344530040297205492822963398287909
534902752642866206655324963367840515253520915501426436762492746484
255409679146196285826195430859457390945282592904036212780871272342
444727713025455199887037081581948078336700768062459022068381821930
373534331070193379556406791179636344053285099328689346778180353626
999658105933444873533061832471949733558834386212165395217591965422
803825276049265700269200005287793118282753272223835096591377627391
949024105423093119876047173576900936379889299492228315574462299857
693419728628279334260127128588505295683237827483521052911193858639
121375287200905813899408939054248856202800678697916311995509899270
439702052461773486725842963593751401087202604367460401915412341601
401329207997023470406325880343147411861865680449090163115256854002
205997889144918746381015193534099600494282968522997403333801433294
283700306537187990668406089051068462972369252968106367914154834392
430872149341771029402273353603783813974732774293399224244789650804
958134365727277150755944107932055986291197114464739471811628886910
185548453626495007134441773736828364642560149650614019924077509262
310022336699854698205417021521601192169159198032241209657253874933
900945351603257556610609582469106305438924233616958139025723891957
778056441673081855006138008242734969182041013977132502274612301608
738328735376372902078646932312522480043301115225364483005433384541
188125264623990014178261339328141818348035594441508749930113897342
103876696086341360668758775414790543577738146785298293709491224332
532234397746027144257667575009698942619339959617757722445205559497
640371786866848989019121615667418643928437127970389603215742404610
669614502991993312607300335609688158526659829729084933994994382870
774414830000911904143103589424710119452431148988018462015933802980
910872131808235369143147440905312201148143298580916887236427530553
191695382695684705164636052245680233182626991156258289614085465595
634059369579066449938334073065777870826450193265435158885247477655
728355711143675289665035576576793120017534530838749686585912862253
532671284035818734212714185281387118400211781359672138843279808428
771351734950158258340014836795974319066049371780040709440046362691
157731731708864657022976116520261551919268908916717745425214606158
958618340247034636652433047486107481746916782283006652586700776703
455946602822778406289971241347904677959576222740328547328766975229
541138781885573485559882398166146679604795362413310312299785024305
802226192661962002063615935461235599519681496012760493087496650935
554285358361253025476436235741748441110638064503120100018947200557
138739745742374273667647748630339062884611696858213789482573974481
484975934478559561270327352624266595652434204076877558149000751225
712353159832749900351223303510989333614410736716919184017505810496
702713697597566632112141971983810563245462744602956926348314347045
256238859221126228558514173542177574610196355882912436528743082292

629136763837713344674192794844284428655726650064201019169288081094
828472530420784544048168020967875334010268746503666758324890644270
153697652384238780818375492746274223580236075427196879970909669050
440082893201340324338516081844707653620566424169535414128419966063
521570777796649568947737702081821985711876936117757667108698213149
353978244977850599264342613299874119954943696822561497455730053830
632929572944198881191777361951216050715779398571661174432198804871
696020924571140699106441566007241921148146369113096416948482844935
424162402332146918663276148037848546930281456988648856823880375523
822882779006285223066646904964003723157955050936876017028122677392
319955421832129930326294519553223693596996467926763214831482040310
210919921587080719235549825456119106963564608413123151115958198656
487210582728767771811527492926804605228069995273347689705820926589
729234500371737084349732147292841018919752472122017236204725316869
794255525924842921110222033067201186725993631955182844574488363012
612455604123891497630694407373885180196459935677057923887314413016
679210525734197513352181479567322031709133558187375639630972602608
959033439253216178809545887572525411050765201191589397575419941724
330649474127999646727165500039615743045503846747813702066346441798
736950028314712982101153732209840933981604152632892694637771377076
627889199846628634017239260886966471964882503991050266960532118415
290895014761731911740655960481518304885686981310452201092881852614
088918854238409593978951471105661555294514292199231381450865352307
147555787069916100261923994487249448029777376820908778144271177412
074966011923722399093383136198583154122217847926855673604995103395
890968987845715004852021644551117639293243070987913679124042792556
393431298649877943588740741265427213000273872982766305287930260423
879848691893609064843002317119669581333987730539378828779940500627
757143742246484585796036476867878733405238053098268643626654794507
559027525657851061792386544419354742125826286802883552824587172579
610649838177276162186019137407406553095412824955249470605917241409
619565763741554795587137560223063355149490946654121605612712517730
526579651116243501893551328143261552013483200582211341281311505550
483474554942444458426701362160028413942926141499435256277887551393
321814584645404039055272847700440043501976061691028889714060247007
636125633396834850831746495806837311456371596452244129619191538321
154503089842051303660838777208752150421560397486672323077919898875
159060424233249816580432944745364557992338832733156374067940518764
682106260341508313379518201769561278799418519294664753423652652156
548151069362221332813120802468126058876269836023666156798285980858
838085514794065963300845510815807684982036767734741706166338773148
314709046212994224012968816145470177227820020411768347789106328381
906061233225266513559580378355715038708358911962612600907819638699
314847483131996898523125739127337704172073141110301052781683998235
019833859991548097216236735822848488923140180894692219046010468727
059135642071588575329090675654798634354659241179257283002569645336
652468754562542491206760308992777274607489196844304786572332190854
987212285381697472182250206205912803431009323326257761074741406490
200033956068928058400225906486143606016193905362086574325304871568
337603408290115450348410686347557760407664178204135434388847571669
486259829656264564696917389669465434038167826456587040702567814734
333587560457577971311094481527106814171657687330019257801991709718
466859567348212668860979796352219056380974995258971382268848791033
877304199882065971096889275230387625898439887721665651198544396340
386032152651104298963335570202293972492975073498551626922762026105
043004135988463487851031175637657519162050962463226178880051502557
822536505080003956464122175712846166156391876681953738214573704447
771838611743241117591347372639541505250492890771263354153043501490

8136683603657172211634465631806846048041955759203683495012856234024
8746439388433955260763363054587511969742647449359376825327859030814
601359770107659625663991883361618458677546908954376055142460058114
459533255006410753120673565800497297325782430378844781331540831256
716637621299521550452304457438439297592665117066860426577353578751
530487474016836427585127572445256009531417920711428196857406822473
932053489170585846598378726206882980162384033248644598580521381918
864775891543362556682895132146805825854443904699647747226563605987
843172712166995012978466227498603384937832230912262145625334989365
409177631448644478546792732983943733421122732320978316426742265607
623124844251431905627528340535655499772246060731659182784669867881
514003092668157409560087437800921866593266273480813708353608993781
282213971121170536156861865918263939157620814999386421438243027654
162516984165156378164211159384286977333122608660905790147719246633
005553186700400267980679593235665802830928834462754255855516978718
878764903086584202351619329476516560356393014002048592818416887797
801859323376379958246873879613415144866346387883131043212242689531
984801988059238429468638263176235504998045679864307972964451219352
866145598336113446793872074981457891990124402609746090415605280736
218498283741055836446750761172378685932299889230684865278053276164
008812516245848880683444491713128516200435492550667080770840448866
454400743638388024024148447348259538385859022590824751638553570447
782527139700324002273892322884262561339944355254410262052294671271
538458885281610335973683405830616489195990220709525886768379291761
061551266307279807606737737630915269473635250507997108728493226339
531823006871346614376373587721076414923202817948037992426213433794
820334319114638848614981916601213030266337191196681461687109627049
258337104726377427390998735608159879424820244632121553750799271245
535941315823868220454136734504786146173854121977159308523975766444
495924728179089916753194005622672115773267436686997722935248086291
893321491995330069115845866228597450563299556008676353313825288541
857905131731458477279690917964668403740089971149331759423162395457
475445434877475115735596550178486230985219563288251593226302984152
912565022852400792936463801982538859746685340793549639052767210896
024072269021659869577010970775314521047109406641887552885697621729
441615858903671766492506793367403995128417240720068641402366479876
811252411751770284085934703017170673438101851855472196171537521374
183351111263444308878958984454740637783183586352245153623401434714
490793733021951873639973460402681697585089072311917450404327858687
197525880945375927310128849342859596456872086401872072845774383907
639012388672321871907584095248462917876246847081086816761684780841
884132865839067000000043294549524061173879355511459114574137088509
352716549231170689479090385364684603294956175353772323293785979665
913217025950083202753727324958839399747119536186214836728316226635
887129297617022843756237381507562064199317765673505941488906356408
742818151418735854692522395700376136542875539628225829963759399046
169672438989894083807247897862187001549734830970796294591891792608
057128228689028445696870131141659891388631277815937747235186829630
910588060109552901755566806757225496834972089590689548899654456814
917493250306140495078261878955391263562485865133515709899944578683
604274901959688015883856861348265436795033632524664642109589215196
263378204458043464758845020234168439117871711677937177679240479512
610294182246408621829468387844258097074760196627787651725417945109
073277493863489443728971097911394381130681188117355659044381658979
152700700805487145913767894164154690304327740505845415842174944293
407553337481101487270331260271636919020914174341146184584542001530
348751145664943170076322928098406452406667362667407973933310092898
961345041046306813701196173376599337350426982296810198520070192544

010492617960687384089472765390395679435353906509308703797335239558
739394787456656825585339014312057772739962568235688754816930753001
675331750107451670601682507558006462544029424961821208913135458097
369829435994383378274851643722220677181358392527851939272532838203
475766937071698580837406388750680785912338933506522592743863023564
450461828195298103104163547140052256266401058666382770473738054445
350928866481488822065966118390956573563252360365961803338988743455
153355748314675023469834220084131552120549495090918997365598355724
665153453996101044673867519871545256187517670888769752205282785272
125282060448546017122203725303644256814165664528092880055014376360
583107259964944140041968197311980878205323418212600020811321079206
804249996494275748166776252779259167391368097803739516663223286830
130190482666988009289862218775998757315965584161326487054034063551
897616168294742217035546322445192894786153122870681286301783422201
103451984501057864683248766088612969088297275218606718275763751132
932778657558648125940930872016004295472576208339838714628081477248
189402820552196065966514264787409536889916142560160646899990612992
215098553615765563535499376043153502857139976425347237632475771081
843013848872374031299707330498536430014072530977958107681987022293
878367145900925004968575455871090030161816478635517669763596305904
011236943321366610753726391158009018454887672888457125925109982661
103922078338275626936405860721771447534893416126284850997759082991
163935576373973765852914076461618421840996421226937943095776718961
162873282349982385225600507840209390062886971978220441691341907002
832678408290316405492255217704361494867334336172680904208602714138
489383821050488094600746603947365764560137746087900094401851222014
167515965762541595340098851811603334521922719882926058652038114649
215156720995497574657412184087226598290470981699769477046299060444
985059773743915379591172761787928258102751284708735792014653006403
998165314319391637815277208052937056104195040831563840441690982549
801169088693326739897357894664018186841569156982357563297682448222
401128792188424461857669915529464056629016690499755566941439352988
434425678542641651807658876787841127705446577002680652940846093246
418630808709119287726526314102184979683935939270588947728950992067
663622109790566298004914336283463940051569429057347712518015721155
820999691017707171923036011007043311588783883236629696654022264840
485477648283457567066890557190505051105218541543515469388393558197
737813891396811326137272434600593163145889031125429362290561559279
250174761961991019516778981690020792376225321008855847706871838501
276932772952804016585339723808971049745947381093404109119755813596
158155938968801980539937546346187277623121217923318769253807834302
983689638845898720049845908103324474786886338195053687727241926753
486838355943410854980054390336355685820638496426423465355060666815
731577170564728694352469779193180560544945707412091194967819566961
901723659458384647299401905601338791868367274449343425974312619778
047844159932175657848101107314350110578576083158285597068678523584
170501278307022282038045929208176649610664092749972988980526811118
391647886075598782342630520961510441320815075214240432450910967165
042124017110410625332621574492436133309235343158461698302458685749
860645243047337373151451836574934000607282641761656170583238497764
328652137029328735486249047720426920900414851478952205685628541128
590653373453469629638573396832328114441078496048198925550072133875
923680518868937526304891017986776363736891494769885842638756824112
776167987296526124264133885863924090284031728824496655022800162806
961287973754602491331216130681412703629449466684817775945662784049
819241359497309677514864486430892988720592364760463287458534882322
545867030494809787920232416573790119133641491107295498809053908396
302148301180237004742420920777008267185479760247522907545993257147

919511374924890091687684446200286999152392713417117055769687891561
782367956831021581964620217060526806284124709017696922242925060323
987321868397079371515046941603436673186344220750700256632057891475
568874755506471399800981139261314848373326458515230229842346444800
882973494215199445057253649665656310648246363116755307511897450201
413014321986183953224033495923969974764227550354851301994236117657
651587269976895782157905919022048349187765244083306349266436849441
229135123370126800299427994924158198854459872081715021925057275453
637483966859868973857571246556932990519250543008290693910041421988
650860339813230064596621813773076080882930242814716546785669902950
498843393881700458294020938683907753691574637744665299901040175526
716729777435811317634642655437300463814890756336104809214688843063
736751715890526297357477156095962726230215858555711737464232098875
253268603066118054794209091412136001419562237883723852853372872382
972863488207678121884460163860534327570128267154138339805376207368
039527170012437539655311557020162766969778168031964172156205221036
294629222128301610470109740744705766291014268713515508496715003222
094381109889611018490785275267739201063605907223788016686867416742
585209526204037719047354128986753795221665894381547838187387486082
013790472713714997198893922248235464819309953545151255389034845994
570933509846277002061218087901747444163067588391340038598741265963
874837286270125277211191440373012685659852571701959467226047154042
731086738050679363379825662084333142894277583069256251376006214247
468165814483471051054650387189623887138524198700646338066310754789
4031316424064154804535409924523961352622247968988263638175771497098
159319582507861035392106027775230521651067733984327531426645067401
048428267523433731495458009451525603298395629302254765233678082735
923290746184184347689103016134483334290175522624306351131969879205
084912697194727101824336442858787553529328426972982528248435948278
782183350605217795138560210804895840208012882953878379794205782240
084968562204851923721711754355361702513262435492722236295273580070
977292829947516658868924835799900405989458461278467568960959951557
090593111613785416019125155211005100527497713004787929201826037703
345793812516437548282372572073278295702104205741098367510922088792
743974801752188098840840925625324583432597386890875984211300089945
571858659872439399101250870516146734244487370607973834349484905168
380684060948071838306764449887601608859329131744048562001644552010
735532135704743305668668610294653297874361677647050188409474234148
276129512519742082498136631844413699644642310826179297998539899803
796066752198088011262677173926816446599365877913266104671182315599
977066885832935173540350371888525005894772863865357297949038055292
468112895685456575645972578974981946146990323669483573921958157003
074074634414172537592368753624956027440727966979928771979056836806
567575800251744645250899348532274467203630882154451784535958804186
665518640683052618702108751121812619136168336846624509864501367906
427706084227412724740368090914323500535305900384569644154743958816
789568269944518242080657304350122307995462351115892331466593876381
746591543714021067886373441050389565579804077089240867158031464114
943939437623537259993149415225079921730391232967886763418127110664
103313030796647830084208585063777476392156847246697969426481628860
878748008689613775969900754628118129577358030370624261307811923644
837997395470336228493556734478222739658444552113782752045137331783
285064219963367564717924651166131143573751249499769325215048323344
045223784981868634208718438720251400074114157185639735114473445880
398169968902345778991917490420832437760367356497386118406297863196
463025571847048076351844452370408089793661520014229794249825693024
049602272034015149268019708962994843578435612480184296214076190669
288264558412371014111131297927147218627673354278675877365414234391

340903853549416903703376579266601581116054751232768748621735110542
638966501384547233109710764464196595134724568959028105494278517059
590872122794972533279552453802146221398253295900327023130990024956
872901011062056829175414806738128466254712819544151110807691164588
781270498721432952166962118341313964582410857305819211212747544805
991860409819857550597862263700997495588476632568180223897898165934
385941785354489394269489476672314224992076343636565207256928365969
222436697421420958235538747604724915389947673686190096091202709337
536220039069929693103477112979396976489631718391532374435265215107
263244143792982145842878396709303285201882289327130673461189504428
540477018727813777078484863449672829823358070482408531422866612055
947751606243795044628670702970405535383912873321647855878474639256
473598022882823974649395950331837683392751176738580376773206165263
413563236799521583254046582298027058561227358491596435760050610521
600316345514105468794537147432734226571839918992769530890655617066
587936818566891211573331023120530819071546564847538938688857321524
853524669721022831623678920562143298182328387902750939084395316028
091171825357745384851241663769865846747487951405628007746831168997
967662397974702147894428139832023120113138952630952724396197672191
556641628777850543779825910070413520742994798194196041327082246594
211994727994050247512065238422998892781022715914854837569244042325
944668094935020502163673751205046373600821224998714720544824291226
939103013791673314956176449623284982899337413787176590742314052174
832901146043528651687669790103146978073849605272936918589322840748
675008554264508203662981442131839542180212076038583210000953417184
237052902202692703410654384892775275332579632425738246407532542841
528174803873345947319749016962201876895421500154027220602910204107
253270902619757656704584975011721480412519616407601867447793493704
546073225859089096041672412704171658087305877230179409992764393962
911626485949134768591630674368809901519453885273491484510674668993
386639978878351844493769868522785151729698344071138553266161451091
433346114535039180806923466624496914709696919530795316219884442480
784864058911479715245689161353457782757581602058382748491165323281
948354453474164031568449713652627836353807673776288508700458737891
194810402546635953839960433342579913237841321194215923764790729827
072535594881288270652357140477093047023246336115426757566003468832
187555430066867084412960050560442710326109588094507798357131487619
015080661905204536141672087418300464877109756240885367181651105240
436530333241334882464923846857033381744863327155661718944866483620
788709112023000467562162188907574302099521923801197829056987221322
463653088737751573399956660317687279848319662657376895230385324119
736070706521532483714729926443955992416130913725500899610383841689
048290479412631053879044143318885600767005282881238378128712229161
671752122005207035255110613425335489003168118292708286845864029211
862311798919708510125376652326858152269019281333206138739026298882
245875576623896158514288333087821759873037251025385123996851100843
653171826184137236322996909672704296835311027943238518699281400760
138234059431906157536315461255949014064353638215088679276596904332
792557720478647214942057306323084278055331197407691419535237122419
983069564562577219589708238351457940153638355487242272249180418095
570574408535570321778460395118801548165923358842696780726908716692
333879330414689888740739159426492649191039267780567328580307225539
489862856231478825338300920371257415928771392551735647133204503384
078890336536756118462081549230550205351442024254773847502230601402
244113780502443097389596733389693237730486743205665480336862103596
605503185411265287876914225622145127347497830034363227347949376360
281327973342173623305623330457390300549067727897176303893715322525
075325142331592551220761841595924569676481437373882236268449975004

710162758246454551098788751149513618573696167149690750473483702410
138925931505502067111283137279772548405466270208261808773520141128
354155245861172634531891690036646310194880773586830464776227639868
509388120460342500686840467168871778602558044055319793343037858216
286912081753268621409484702214660322996358166385208628165545645102
210422955203313249961122057302085752999004757399022470859293231830
094364573574703973200230625091357234770032356085209953421922279300
086884953062677432046703632315648379658084676980261014799047444134
166446283817495513788964634980336690697030910911846972972422278957
915236151274345309525523394715058033614242434832341816687367845116
292547632157304573382091658088710776726896882611390754505399455683
785188308869987442440987003289859284911534970877530604911331499782
603701722928648231877338308895790150298517195709635741003490524692
873174575843581367924760188264823827254082701540535894137472446602
331673416110917433378557666128022849465399430482049866609342646982
946769399079104038358167434690824764145510903070254241307262477668
437645115600688976903083267294901878829655882769805210088655425976
124400519059751449561286450785187612394025808736298229248935698519
804371001423515642306163002062527369620353183397762095754657263619
253343878638363167494062334932370967734212345933714657233513008014
083824795195761156301491933233195591888305291526224955919460827280
403275906144421715945292624626081919986903528856607451157495048427
562628606808172656941914098546946323581844306454991163937668842444
271392158352305973958525820971248160882171799851941759124940042364
789956151430305515582767486088789569307191534134890178811554624198
119742623958406581986006636257273068643092755197244562921941538531
311538348672617927357988695587983576263560430569775956094331220056
794400147047548034222501875705911168594375571108684804779552845544
250334662570388403894027755975919150223542801684540133410802959428
102916112161468997223161912288795222162159053788456606480134975713
950821497738054686830844094504384560680074614830962662351672963690
595241802674279911887215409303168887906206771247858987296316187919
629018056047575073717532797588052198875484196732597942451201905270
662870479490067969530088823441823766051096774830338054847211248619
778580123496494944437967387450147776946011765152666600955185146807
727726885974748923000943275293371935966316214468609153162868944231
368527044571316598038130926339752908878546732387691452736223608116
249364646935192793832353883937796826357412852956658228647451162224
754727118007819724056826162794119905266769274070579656215764155642
811360710454033024621728443473117445600889962314507667341883955457
093967221952834366493058330492921503066109298355333876646427291264
584281752768896259550620254204857523962627003932183499576842611491
197777514207678894142983100640011838255139109366693776775871352703
972320175142155302812561285704137152363961687583147128578707017167
335675597956570821044493301491149532343224353992675116437916497845
186686310300636014001685724953216647501741097447818368275459029957
137108386033900391172890100185316839043286584836833880656791995794
585425262349940891885783942721710708333995032880038636858757615370
036263803402974530935670974243112389709367502759588577417403903581
535724387061406851805718010980813152725063352026267948968693830227
360917348711416822194254326349957566853799963987156086621855132374
690956135128632534594066790328595896416532231542448403506905710288
350305297249364133355219517929100715666033821703938487074244305516
921873482171320654968673420316011426324972802979335653032643558238
476079234853767103340721454866591612010309793002278271554668865929
202952065977335229636339452485972445038740951602858543243965256444
610009632820457430265066079403920339688253988307745239296559995609
408822437044673734782908175552175822298366909531478479972485486131

607140048857566982852099867471364990905043437646212311077419227186
639916151536182870285038663408498647695221547679954821158132528646
377327825527872815677877936264773669451270285789618429171832914083
346938222057704613324123480722688895055971061984098456124940462373
447948547411356177782419304015724628386236174384960107078178089093
632534450658460385683744364184828221452276905818694447723028977707
312462854730542924132616256457199235807925111969150295132171340344
547548407067144196311060284267556641500461788405694181145770321667
406647139437050123837005545973804030898578063048272753024955474479
653626908865535177636301065242695708469743140891529358129641015448
737186035661955206519320789978599183323267156173000120156211375828
325027066871444187713710607740342977026859063889168920207691592900
528536334805249228409835362263133417254392594312021345759485497560
618285044399500565016095975134770758713854475429893935750581805050
286892425533709118055700562227736304793089629161053399212609542681
217449081968572024942547985089041041303641152429474920574465029020
449684270585592489374645334565909785234224423182126323411950921373
746651942929419631223160265254644474182956201892966880738006930869
482518414203050143414112920722489818295476229759682663248045627177
971891184763565237762263820036022881502608870251340317839739872485
317959319854566732256566897727833994852374500378637344288068490983
039802098757581286296368591265494226233320327140435535799329145992
975552620096443979509818286087477783490511341371712986858625678687
094648905313545052641339127717798189927319874697858047310872568757
300777775089558477360731213350220605148464006157020135476951272188
793259408315284359994865796178514794181592226485453009425878371929
767686745910079650473847692524061121829837479533289111366479926341
411408738468384169545811190041311660598965113951878441950772021679
405154729374931333683648091588481657159276512235986854487656797976
167837945873951572999025627683590022525372485622736433411728896630
598687917904310011504695856064354303399599691731589180939993861849
798608575118838931833782130713005588036151633259593306841151954211
926737311148423067391721043696293754924427572466227193000433399225
581309183083127692917900426565198818514179648288974459335853167528
762724329687943491596093329507886912934485286734135672174002853198
604155609017889087421177888097382379186756953928807137456382596940
674268573141545302416823525906011725540908677554479927815597556534
384865881169771642584781610448318684476957021174158128536036653434
549998202176254920122407301479898872165446540839683086918935342706
854647077627915157302938466746291149397889288459658555446674578011
430999730889128086924703078299038050986889994571758504449123036450
724192558363480359147776191140621953047208135845143183636244562974
126389098924189970534169914979437377668562775345769066631072121442
646815349751889219949519685619260245744256737791807088661522449386
136782502001654481452975152367757652252631888481990797923548629565
308091694299468432927109110844568134456106725498611285072240848593
060725918041469095515821513068912000756212895376983230306070645735
273008293953291122228944456715289010840403377818793857538329438097
243876297635712732125950557515719401509753773752744064005323685974
792751799426192999179473444362384925019211458168149929686167921532
451613522560379698541789434802274562218193207081294563145029622296
632241281020497054346348860603044162401739741657556486849649054983
080018016633804951009398403738913803032442983792685600537248147122
055330518857908783900727553121584433490470733680829438156451166875
325724169467734973618642129894004474650532893336519312410109124226
107237007785482449192454949943869973024559886358190316985355662902
519605930555734002197218707085065117742717233917584753277757094950
839333593552731964983991450219071829488185091771398671816074186187

817116523944460309731819942990521065119679023986303628732256013932
689702416645147265946830699147035348431344917134982850914079114883
245460571405757212400336224322651003009179203955724576902336116156
602995206506514149086984656064214402611958838283639073169206109056
909834961369185666023808033284718103702124440153389388572077529411
365655402081023924301824979208121832908986502041672542520955855322
835668458958043544269487582499524377970439430559940679411053595052
197851977060131324094855153688081230171804105388233951964683232111
120578057713291965385847420548929598511339696442705783939195894320
551658148279329302721862278917692618731607489315536730205753738514
665962960359174655191269892398169129568534243387105937098676130938
555066207474693175866554796470695335729794799167760379664349327037
862881136755393897255025103682047969094817164947298665795057963459
583646096047099199442818045847359527900834021322105656587995266232
203587749159039140813917818934848177494589301382484051122591025012
056569145771245761157944992944014386125458569047234360103894077784
380019187873174576541957135679572948090113915823955521667154702521
992256656111409174231506113678557954309663528777781024948079817164
537408197384039522026457082796124466831461142241707776645990114338
662716000072316776019133013294077279997802500020634108631365176305
505584324155012594575436037841715369664458275616276644968051424502
460055192006861408121257298460465053126619474868276310475878483428
655457516714747125993580202887356651264909384393485326331069472732
182847361993211737244434801245771357726746201293590862084335864882
741570448962727516132197552320408099356468781759102031220299420244
775364442950438015036516217881198984634262561413064571440070050241
258332808456897636295567209554646101882083252727097776183163139827
927624910181990546868328559576720308046356322841713545197943161206
384998405975836367245905496213263395106541329862314237386607058493
062963827756042052002397863095210709392675117101765982226025516043
565798652196358175518382186824186000919902841346059888491238138952
123198295082762253112412119604032653019792473078258039803140681143
864195234441712656467056483260642249740203432733442951524020998531
414074639518199937386035101255120459422906695045628370307476147631
128095812326138954212229347615880640112562119341657186223516372938
104852390812135883309043722535557181745383564646448062599653132050
900060294603665043486493699234493641091639841065080416148443891430
318155997394141619715102274060871730872204609647120643343147173862
814011368702010323417171921434748299780876036081933437248062489130
987452134223760946447152290225962155916369794715012965146264590310
914086561154336758502211246849743878469277397644031734933835502116
058740751259727212919247039343620926306000840575655308569000247263
193435105786075132233520576337060461446984925569430914914498130796
515797239820590844450579204947011680747464616975956386308166953669
838468298106923208257454883743239207101867206122338152806116612064
288419967288632442859887976342121968328527435202484038368983681596
580185129671608127591651527374824130733941114300795570457266832548
285289286628514189002655017853578972002742392239255593711947719113
576020931719632998442027242230615710835593197112690420593390970584
479720522760016722143878307016913983398331287560329478796934705997
719247551595861510289146344437885307677461746800988112259077544645
566087366707056295564010410011613926366369930088779704729504773130
373593018949327372960900689013555166980372628737208022717830068451
800976360625081059159064198000114284655236437389660541861953411195
857146775035224528182957428237236730644589778804635868950481775936
374541435451939399921868164658768574416202633744980092249013557773
260191135770086259916911855116294516710625920982412982358865939068
317690443286152647809990894053992592456299228818927368050762403791

2014677707046168833690345948433075280508338575048608376210781767988
8607640805136851140068761871489552838895075565621491998851928015866
3755709546340558823004455650489577977381199756175997675020632757422
5204845374838071886107917010694220218277401559004386142267299798599
3884121545892856287518482567145028100628795122830645939315080853177
3999925756411418507674543470208084088692145620582667375049502713044
1522789749812041863405833386802406333493988208966478082558789874655
7465179933553414305860085449275788522609483375658635623595265624977
9397245111337275092089168401824882701921132668303949312291434131611
6388803051992055714885079345780452654202001845365306595995538031244
8456246006559263579659260892361171470663129842074017708084938461155
7024656690601818602632362796165699487603519368288776106122399547888
5327323486730884781062237317389735506862783071453766853352247928533
4635558360480765505092093999410998196225401970224523473143482009644
6986373074426328419225719277682328344980741958841539828421249053666
6746526688353149997345231299475828412700805359649184652223241218499
7880771255632922708505922550982249878011084710990199327132302258011
3140753376013728890678242094211756100778010035492471418078734354833
7332835790933009899439522524894860613422026526780629853980899718477
3930284953676497167657241682177888905106857715926658386766632419199
5546076815297407362037096345979868978534311259849648752044957587044
0106871825123991316301514061733624566327203899773940706041938254455
0917083123574125443268221471975350517217213983564284740103540366199
8011170483960147876872719392629965632845127427912266960618039045899
2773782209529736197667320024447776753513454054437118826672896096699
8348697611945731977957952869855360034592912568121957142302578592588
0425526907023673568775514886516539135924595860291153732192184111633
2125056243060149876511178126088014744673499237182440559860570740400
4511201909780434376631494333648944848835998803124127060538611519255
4198406477335247375658728098874343336535662872300369179539457316444
7278732982909310897824467651749905971264114485151839367692473209855
5900082717942514698559452025465970282096520133283046514081714639066
0107897681665711509929670433646654827645653270093532924003816333844
7213928947931876556545324636354862063510383470686195316309864835066
5496781308127984091982071525932950487560795978133941952220297886888
4939041813727854095077277268648313251640311829006119933127504417500
2459431750816926596650723994424522063174445255440021361797923373999
5739178923632773787828514491222400061042129312539647507447835475388
0931516606487005466575728685485490474548626970314590821419556277522
5937224257519113728141202197400444056583220224478966026655163922555
0169114062047528421785182083062338389872726806838405868344957023022
7879203741930171645710381091244979519163422581479402653153774781000
1692172192771461450224463265430330064907454122403581830851834851444
0535140351939710790679822464935640913025446986283955333242275948200
9843094186470882956700692140178060262907381130440315627058123463166
9010109221342486294949304024358972806565660535631312376851134214388
4341513890883149191522727524803327578580237487834098209031986989511
0363909747241804423533958089753130703020102432720451029528063266188
3771798019915941779252799294131916839563668872938825423754268798699
9940887633982786640553586609298463131228032901997282042629515749811
6291213149015176593269685099344986114648349226949347654892158711066
1268312190931240115984162543314628046781658068099869208195051598022
1098982528227041739125693209314082735565564358734126803495697700700
2305161872011498761613432728087882214909738115757674619567564637822
0550050234304403339941396351304160166678494462053740077405418480977
7666221697913910445038378686482994203372593766743832564369145063355
6999074942547546496162404999976405331241216520288030792452155086877
3070345286768505638880214385950620885345644800388545519292556874099

349529366208319737579675456405618531159624403993036785952853936259
646669498291305221706790487239385855860286440426469378192291664141
412724364311023496415010032391205108157977615236477657734689198654
313767092951781271861010226827712534244874833664425774120604326619
177469791330886581122650076770584228082411248050298741986057473571
959163150333998390205833063062874906887933506876879280098081155287
954381207168543589906071040246759430126817336476240760962654847955
179751207093223799671447389038868284970748553689206108382856265066
745422553002528911261369607771140629854160243157238157271647775597
200438741847953462719086352643790116388768808512285341514112546302
345171157577956863364385195133215620669324846544291416256629114066
002892300517394635385646427643400706629339876650187254363235773665
568258136455684929237399126547884570998620973568870549679485917537
086837944385954447443944161689684157568781522739396598666055825295
896912884366453646033042452394225436991630883004414483649407787638
680064184044224535733401114469520823777521593286439841425112222024
562960364070496734791549725125494205249007431133957336227961236928
086384085304612596565339908785586799783759639539532058629921837746
459559026762253778726229144617760203585688648415019975922225452421
398173402840678211796896211020344743708275791906348375005135799132
680538174831391266233737509208648806299213188325393956459935567526
670322406958565168150117584717567501087107228627153602301969559981
877667576933932181141062097958336262714422335337854538894474808201
141251722054786956176201936826797761215575951673570313483365981481
947780585930318621777805442882640608284600900433758210041876953810
085509671444888955589401218054331046930034785856781206645222845475
504244613125261579556955756734296443744545093689517386710854166250
403187963786128404150712029561862091405101624216800903951591610109
599177237741591722967264629547400376222458993468841189155189843200
966258928516171619984133170468964394345022126503074133651030409447
190241865698258590315156338633170993683759592138723713201894656315
471224028221900331127895056475982822081462142715150867750122561332
963523764000067162476711302163443942032051565327346022693904198423
306394286002637997292169438332627436602900275150890837424455701840
673859254869774517718387847222412606699476356257062599492514812175
730140519058592218381110408362596415280785009890429542280676790296
530780798954065889305808392045624413024638903467849657177838436370
249059364732459885166919803804533806259831554452718809220133177606
302420859165885910539571118582482520443339109150701514450559178163
565816119708795101872718562437906098358169977209867612600753342963
614773579298894790725412579158082356994539209246860417573774347206
325525697471974751472552438664397969108062376939953364990580931572
692058244619319573983154828082022140313843748557810006697776143200
955044042297204642533875120875836155637716437578016587867503766862
171997277782509654797442731091236378219600820733362057803897287876
299080933013066579494460878476665556020494676856493018247738524196
318004325281467011973402657562255296602507316010859013787624298509
024983526493974533115204922040484496936681700391817370818699278067
320210467522958322799709229130783014659225165547600328625512191692
143158388195583645240862605105776407084747194177718187097378429714
715763418938254487516957471257358225531250861181906077227294327900
640685540959802672428956258321418502088788637885494128289102083275
339048446351737333246536920848238234977686085180219089549336300110
382575983651183088018787170513493642485414113946917750720232722694
700359163756376787343222910601423245899769574110272082501355467067
881871448681095038664849237811338114160977442528646132540782080364
649533883419626604208451773870226879910449959089758250625224543443
919539677703243468432464337732781369945985069198298545040328511255

8622997268891841997978307299650776997938274528903895796564962823O2
5273215613163240957521305606079866784921914574747455425494205457 28
1985930683717501233804778893683031028299846679306488049629671054 85
4738270248974954211296561367553522001414481285719631284529555336 94
9483321297536829735233322801500176855300043946477203637062784856 21
5419205298830224940967157816747544305907111310588662718078925456 05
2415778816888488771874527147223222580217485631529204454431092972 62
6955493405615043365506420979935727047726984820296600034933077172 93
1732653177779492277915301495251290013785383875441033272428817343 76
4130030935936848990249056071038999686830496554369363614668437767 11
1363495541209649713256128652152075984465126779817568821297057753 87
4512422635770771045530285210322441398095543546706218217793145267 32
0875232060548198066255523135351007669964908588025579183338895134 74
0709694158530072502675140574506771235779681844609879175269454637 13
1520834524716501354315933430194931335209105130942146847014611315 57
4022902509277403766484168525714095110279585026746820679038073911
2674430141398111509627054859654125110815085526788409465059473579 91
1434962297088318705291275250190486252702443527658684649907745831 16
6097923331079940464313440598338990400028303421981044957808286642 03
1137809222660479261940443554869497535343727497415335821545012638 05
2934678178840278869368209529017586498698728938902210103788055152 54
3574410085854442933169598743873490899686423883587872244967054980 11
1721235491041522090718055314449764904679568009773670657882581980 26
4252239560836866155988082374009957667686788842122064070592971601 14
7266826281892952861970564818833989585342230219951279023766792526 44
0663959165485070700647558004909140823551644393573082106349125164 48
9779725431973311017781018248317821167749277410742274309686776454 56
0664819356294759326356297390433314681927031876550074391829903226 83
3240523902861895330702879266947518675515693705253293820978001226 26
7637603311966282474762173533456620090003995333522528158163797287 01
2242090397273392106141573266440949180731774642665347803794714392 10
2563555842371579078722874896655956854738394223226607749433145584 00
5911857564207035494412139093024267004734579500174651542457180446 80
4859380465694346690968965999066749251613031575961756795780997934 88
2803438683752679397350955817285580749363775663011465015954692112 27
2436639615496441968241394576045956575669215415820024241628597228 01
8272781260710473850792698700739677033769854741379545924565485799 95
5317509543585957724512915131866272845657553918354429940399784913 05
2935136940989632182297907741739956421233797192326475236792491349 72
5845837402486687777802310582285907362392462146042524447162290473 47
4004735696047914651146233593055037500415468346616051182910139454 60
8503359294380285054797033421844928178178598516332483807697191040 45
6621209980231957307156560323588181511879533594610388067237512101 63
0937454975236383439480564807472852667379698641818393929182135842 79
3597110359220434926610527963206263970528201070553622288856157887 84
3399123696888159364437829645228716456476767107235053225208313211 44
4186764898615271327181441473251885471835300294454169050976185258 60
8698760635931100137861160063300997892763542621607448088282127126 13
7977155309699015315921866794102983931710896973722834024341628240 01
0854567982454131995101374730278316576133600960944042040141476355 93
3707716217297648576773021129291494910078743154706772135661825937 21
5229983627955767793563199133662685946080945209157436976185890287 65
8964092693186314310020485058378966804791221889480483039765246006 47
9743733996706129388785431982593885535093279794452979629060327578 26
7575782164562765989954872424453732052345337882017919189440502692 12
0129557162433575693840844658014242449606919053864743515718796598 61
4492041893919515117912619091080559810614835559935286690095286194 58
8558647002654880854774762984796160202061841493412306336474041106 65

790178571678215392619945290527641068306859626934759260525342717931
707212691919467483116573197156707024925375433896022854178202820417
009073531647665263474826851441686914548473915321336902835795456128
746862931861027907298757573252990705452781451897455860757085960056
721014694112864661176730901422242422772279470583217666580620108084
616802752870543892721254500214246065547114406412412124654074463772
680264588558963571408611265657219437752064013851731015841255427645
324366284776114927415765633602816456700282300492681248477500391161
834998671208639796898607627310725971850404242860529330261105303313
760071472323570534946757885983654314960777163731091460970920149066
572929091498322325081326947100938362742120226539895535144448360226
162854736477243818248102763028448213924556182712573256499849023194
788463971001486783559402415220313533428653153481423764813886869247
206194757377320615578516509610243526618447369799940440682356433010
113700692316170309362997931560533361927011076123698498064544109433
575273225015171484823557810800868482073754010994528600560799541431
860828214876884359410801428130685676465949671699525851213708657044
318350787747284450784354269992721357393978310303943324827312738893
091378029359457303947003340774642643374437784026912969384501573900
137653596154741978925982658759827926233842636177622103925990092985
553595066296971790382124486176234471479176105688520262117601050600
088381463173130875958195412990930052421474705629045886711324434699
236817187598098029382888956618063396463897916965382794406427521650
885242044177043762686660629330320461353870304380120358153881347378
733497748222216787906025186072592567073348421772133092432587604155
709687773275841895463769012963134332284473826375062298098404249600
157087001392406657221192603610003342518135165622508752092778995254
520210342064942697994483180199745250271455701000423357510895630892
428966754668977003011583255476623280962855298155173627856555285137
821374933249600043490452002484096398719951644353048555889216065572
032959979402647579471528196315469982609767150975852463073883009255
919065990618493963967121474279309787043087053484328992088184090986
363980775161187725145833026864113931868983607554237805954811106944
626559845340400573814505355662946923363663843426449065714467177158
615662709651034261886415283730219455589662029391738620156626817979
809420102916396278759658933102628792385550583875813669301969487534
747150104215707790880668792174897592922122438267623002406556514737
179308916292689831734149287305245877415772155273598052682307009965
921444250050147016094024056874389303658321794261048528907170188079
987713607805158010040405017752286721350466257264225639731340562195
182677081753311653659945691761461505682996659877541573656271200344
529331324671625666553259025325098063551265205980547619697759898171
802171106455401392949968153118907585036170827261410798393561582994
690645377660826856542154827427821184902212706062920413634097169912
562029637472624055937194514619721773275691689823356653721383619250
841507136522341889102369838702088117783834904793025628545558598951
247322338852579141581585176186778315906114112215928780510077125062
906425257746654525374178041125969982956518666182069166511667448054
236549929289766055408299153191636753744884791663425723308897605994
032644115184850224356981264976428935752322688446625446253419672802
702743777637243271977539900465467928760857711808013970307407271190
418993654172986618035807074150879272428624219159842677289093298993
792201385824460802138858918468711914236380211429036202394780103644
148019963119736987832713915919931774419870381721401679155221589181
623215154280678586955706517488473651675556759135965418254405480731
851324317211776922896875465413503543267573352558113061015291913827
118601513085223719002884141649145306731392959238090967064520232356
066793587604011675755062657024889116967375831762720179004604002676

766927496278621108998902463580203760714919435576636536822709946028
154126262879328529800288559749721794999346452971230881052580397660
471322470096447193654906843987350485087816301674168962669160726477
011672776551560400668347741381607878180123892126725194523637245378
083184688314338480308251671981406189680890524833205666874619014832
683677588187642278052456856579825134981895692345973403594569401132
271506381342976941040570729902623822971901278968452055858071579447
810590716939476396264189644359263506729821528791549112750476989551
878625808016396035739787347033718355535548818150332587009552289138
886387508994821107298691295023441319225784610547355358370151425405
237384778635290332416834781961787595917999446009873498441954951158
799930579878992903421577952896516260631742498725530958479132293262
504664081334848891179035032424483945467160491698446320463883822743
275380426923034651540705216879811119427581308554330082587684711634
809137564866412504872280721898537008630499312876689656682265412880
531388800434477408246784768102107267062839933250155044626686071734
008421166702046201529154254278411310691744575169512390098578235282
274420754499292819650004767892010781533101041834094440966632980717
740110857974649098995481315159606403480076055066420984937708465051
694088393412891983399885651999118005614729314266293063843863158893
862591858848287384971208691414261061143664179854823380323562875484
799946191347001989893405913891838493692447230234210046047376702332
952959359446530787206037165444238556509190590945095017451531292942
242149934796440032560191688143058947407526565053128469871744703334
757811783396928108350588539701951172308336620344907642257491172661
128529478933141844415554985700290931459975911187296313182247970335
266682887824680904168288213369038916899632210467438729539740195313
578071689878112695575558657587617169205868390457677602930131102446
022259372033564304629223590449458859046499582673604667133500661543
934669764348126666709351210911608333793933726799160318534800563199
298023527418703212225305158573303396278164155888388894940077054278
363529287047932933246477106445403736823559095913641872208579260840
797309553704461075676881640873789492880533877763661736602133549316
169092570617682630757128200108271532845593567781694955315775642386
521345637026956855822045326332889120440962728593476081780979666298
420883646929153989017034083554488470793592920127474314705416997057
172941287998748276240678067986053868029198671660581472242218383436
005139281646183163777074002859128366761136387288876668624510219596
398052949907526465383587004104155700553249172606066981838690609151
717688332025209367219649323031369090306135294572865839736803315698
725277875823977229701167027697798588324676848337304710308117839597
932042860871679305456470857044761882703297122614019264048613646095
430746814788366994977374152586060341346856086426836451894548806585
099541195454614193842715203157921617371415216283586705338884137039
063287846683679989733658076598059373623241066723488845984722111991
595002836170240450133587282708620331029467243772135100726030300793
931172448545088685826104819377899219937892037960792456877929314766
905590858178973274259265121561072615470988929983177479801465034439
187906812494962739681873531116657313732068220464047678707894840494
454489956484665160976060454735447005221682392004828431199239062654
860265044867152208276908294858949379157598937906854918798722873848
094801168303824328316268337650470011156743560423905239609337159594
607337407887090978619105863099970988625801211322685292755042921321
880861192952747633680665847779147545640478873215588800396666447800
324461521211794672545547634217045598643376565672916520322698526049
950690939458080643194724660999528147323605930923850550283193696807
928936590957935862756437701115841017926097773266192868105915725949
584136310628033076002696605710802014023326971631523605710143212706

591626002970851461577403173460938642486128413201574909559965411073
998413444734565069778589972475668508043400760143891592571837675018
584028752532395280732155815151881280907948271403883302497843698432
273263218522947502267693453402530666295664681539985113208060778593
855737400465264979685992835953476727781086346716178147367750448711
409727453145381962211887563762238999744153319398172565390490699807
241497993320035717290507989440763376561157806282220043949378359269
155754502692513213219429769044763601543343215098291913139143560159
925202000904313455645385366753018384561104590315774374795080753760
985519144340296914398147041751626973458084430027021669514456182970
111951318772082779432152048976137088478159525735204093965537683548
217429764571602591315513692669753367919747535771349770579240162241
994654185126371882351560583031471407641572701697274834010778398807
981810621249808603592464355868737162124351184525213924903782151102
863719473143340897521673854241960490946550437949283676460430447327
490906722846485880162913769711065527149160324061368409579680825716
719647309125880569870247245584879843399173378060311277685122263153
792522609622522056154326406444007865834953248491213943632525222745
165446040487191652377606800957311104825056289217535315391817351002
059641956742990348075618490234853141177979534123211237631988310250
516386314162286314744108930552547423721286845090689804705730879406
577564796534989346581167159518431286218184666816859930746386125799
818884030437489327243233628656981337819308822087746105448831206632
620190975816388169712782831826548442156817272244099004633207236090
588216381754886487720401653871245470740445265058552680022444843439
489721982943784438815625864616959484688497318108036585641174378085
118399949409064860957000738370555188930877036945506236506379037499
631824986373836689667941475778951038326471590885599646737834669803
527826867290195732706744548118535902390818000048294283568359341698
737033193733453711521561248327399465139680700004783900751062889993
566018270113985161596982528964655406475089969898480252875023018309
488665555600951498852027873305677874774322890782283437883857506908
005583599970123434085849381596915152608489508108999525188710667724
173169234449562380287600015051842911251092889741652319622142030592
696660982031805715009598539926140745758765621746521574111868844794
830963959229185629326765392501456061629878166326214106597404348409
744600756375251797650477483309184845905493205358281061140336751750
627080600521851659744508218660594276425435320785994882285536617210
059459805162635504511537781109921238375651345924721966850476941024
367672119380809453652455597628140121311837984709286136401312040516
384366096481940207549515494073072854729229387737894306768530564821
168712504428930124967466862161705343876990323486808868940792279219
742668791406951602782617223599731438821484901408071585794191391969
735729007904055454428498299013629703100501701862013507829441431399
160311928383706900065483409901459483738278176218203392334584767138
165440169530640339746016794493795072436219410405790880366029590530
495297744333750193912971339412337932785503255634850420444666268415
083566522451632809156180681310074669040720583172360476060228187288
522413913127250488909920880840605921148175731192861175207346380973
376739181536118126210614534370812604290424732841237584600761060447
394924978801789887947371276773186651161262325102830554003590611126
322196458053003448544088153067154660590816660767077261507873576340
559599385684884318207586414627586888301553365176043769624468716018
783109389717925559908077435545230248197133424368559911056887946949
239732398167994836118920355091043125960356036469469932561222612082
637422910545276834606686365193237605888270987265164494550728371067
621336166772140417942611395220379652417162473120593225991950113911
535845518877175719382694300701509480143303103664261928135603290121

465821962171272264366174293994893678094806922221819713655472101366
334424295133797071037941063342103271463169484284088692455955324758
113375160939375156088396917584527303259494589656469494880216947178
151013716782023422473281144677022654389369966736980832853832623227
733255415956366421470627963106784251279562819190985530120611587113
432645766815238245780656405035008880365998736967406780185443326426
216162820250308773264830931334130190665231669252831965493430327661
806514004045488810242928609389322174671387270196458655901941753991
621164946965818765366330316039189475064403343829841662203048840317
377394052257202938389273565433468631625163007724941320129834853991
766460576056682790449653546315236614730419300599862017523430805859
644431014842976268128442894609216047062946926659546597197803295097
705456963252408117167250627160308417398789316372703183833273203958
647813040488258019965699107385204701626081533057050379473728941188
428603751257351672215424744527307658778248738149532957895863016846
392649948029931809301508647439039597738694101807116514246786566392
133031984860143497024483877858929377027570478571924108907531885246
051424848173952956939829902212357160846355380856377573582547208379
006440437659951825147922262081771020763230658269270868743713618189
634759618235227259459302545590575055584876752960422540447238379797
953029476104962940664899632758231612228940203046368226649321005633
221086358879876472003872010074224935234941410035856202617451349185
427657944906749865507099669924433160629610461886591168403989140320
896127413961601370678335217142255986935921057005567181624621757161
715986543927419682635866129844288915304063926846644609284134269828
368522242985941316566816243272394012900795674018120124518714350001
792840711181834125755099824040140091423278917959539335373665962757
784112211164254608795083900433623989613182135054349385573501855794
315629975595349634789528259616261539588994907003300844012081545395
816885007542268375673078000013186113571914723146390084845329708852
145850570731823931205573300589129839766238970475590432120592631334
894985103462134120335751146735481705850280310966420252508712907655
924750499953226620106629916144978396279128849471750994893154192116
815094771918741127647820673102948422212862137649387365874402596874
370070080773208368583929617208477758093769718051426830409157871009
526204083579907636912032233822558947523299305100007255810548811084
638668962198237212750552590786453052618848767775668529029647332587
237020651796111437400386249330251460280678281673275872325018086231
769722196396515510054177028430520710754244633204559783957158335995
776462207484915109166490088450784620676998485523762880178658398262
985967104739676333354005587760466293822831479408640163613239583256
934856708573453216317374082555355420644120625085409758696478656852
234124565152108421803248583157926849976642987098557077690613415503
939868364726778059476585976839329523271827315724135473678605273364
330963686993914149321371178687118399236694764536457558965456751176
465225878734816604251892127710705464702578423753906655909765861718
670849335646036264492194577900576361954495929317791911721237704228
952656527144182878051962175507984378035230392136569236609338833797
100396974324954765258838359227093947131963173191894102117299673490
629214968426503551972853360725520286563210049589244100233453597174
421681320072462062742928898621807869899736836063008175137260213418
030987407964297009770988317861290098848426448754701533917488338156
997208675484665567497402580591609931912029828523799806539658803896
291531314886224458260294559745486250776157008659187252501078647939
948777937407292829225183081087099453928042730755945547793641021667
599783990403412974625897229362954969999744435849764079530719603302
240143627744645085106555109999875211216665390228003289111354112794
715221370828050460567167019824521451325228073925322537721240158353

292986309670687341068490531499763920047815086683384887874090578709
411654593601412873855613609842979950622728713573248906051064289044
573002750989441869834121967129878079822653531791424057289985077177
158245590265971848905723477682456882472647556207175621496076855361
647809894605556010517515466322602050577097001924600425466204435667
865145708411025933740873363219318562778135568267084750419501386098
627681072027766671325422042906203935592047140753573407113308736246
176810724279344273144786988307480882590991814179449361075760130874
780381929047569687212650740636359268556698681818030862670103176482
878301322924632727314517580495757050067862894814623006541121681644
643252192201980754183525678115943467572198779698269529582637725386
098274262350155940717477681413954498975637128089043607646564499633
138293064943053506238395863034429108036623779036256689248533582783
420703305021535934691896751818150150337182612577456441822953023028
850240506392938284218950329530421857794210302168753356637136773030
860624191245473990079684330946327044920316487462841314871988492237
251918340322794854769196551722148770817820518496285368815691074313
666408872387038885202671673147692013709800785429230280269477160793
285625143750986580021030782084543628673552727697382760971303809401
703710409864368361578350804610683200961234202849805494106680839886
270790588639397372634547879680922079619546484116660601523452749438
133992545360000394875857186181340868627952955892911246378330984841
725387525047171346605404460265187745230990471438365498619141855757
864333462011159873757017284578293898074842046339406274124394857030
091956432314240791526259144057532762712581678337753348290113893264
998667544072347020074411365348570201340166888751854964605234716649
190426291342693947105943700620845231429495847381394505830107541482
607211719035993418428455731984389454626991257948551070146327124594
684191803918103307769204652705880431159182644377678458250483138230
888510952541535070745348688824528794696004094058076362620342869199
934441484470600012369496782903822580441650367088587724378893713967
895981531969176882595708097061601662467123729779600548292987808469
608682355332577866299584817516783705459114267278728653908353309835
292673747825676368130473743125555543204052944348481752063327368461
841823621705522536665077055381961622868917246822359494323530516884
897979654352281381283825130127840876277494368715710625243094205256
981251981239530614344400345267389954733155084506557153979493873782
576931760960580366401579640356795038395767408582598465055293399034
254356573315677276301907920735535072002308399302957338949418151335
515657020924651296233604220838455494037858254021537299864036070851
956212629047102353132605939721094435139566504441085647966734375139
186581446664859566064200222304500537549749582488684869378892230513
502349387688775253327481757791669242261138168473589569089513216810
770280652033137283939688782600733585314597730443451389797044402487
662277166464126316364945038440461465575726244588849141364810487333
372443832170934222483749414105620951238790041528607034083342472258
820373068542618056779088136240640186210760833180637861250440488106
820178274158922660851809817031359024808367725801179658993107955735
929276723442435378668728636399713059977662663038147501609134144807
095007602736422263052282635083749086792070266190616333703331466608
627427714736179628807608912548585050286130456909792718364618356342
137694786881838741708330730003432130056069121397692824559703455319
422631921459396539413470351370099524345651285083076829206289334256
397565953746796328198655379670558398629660734910881286072093628431
922512209703381652919535730096929537286037032799187067069669043778
582861501186914897620636091029775073815034276702195472287348658049
963060023646793585095886310757415529936898788098644516208805736300
666288407540400748817146206701992188831643103683673924999535205202

814214309224988531778090369572557146909952382798860933631450457792
404552540136682040006695849893446219426260115494489324283165153418
485479462190650976672016424095542407010489602267532861395413261524
864414090557468435266745599887817899076602267743621702059645913244
980183436318259171263658644717385791999155144697145076392660303545
114901788438308178699509451718202883404756609735749387077897308463
812732681939748822144167996761996938740760249028639787943162990546
136267421269520605512026880927250375531804566730083671016378610608
639175291121261339609323465566102328113632444359035568440689055279
908814148246788844947022870543239341494118007830668014853657380311
310860131036197715740339587814707602895775920301082566005463312401
253101371778969707657600215304176313916963719566407225015253395763
045738114082398750730810606379439824331369081891398643122517351697
746441553505842244741507045331744873255072070436766484800266474875
553267254896885917618722435578318178828298578792890049658012205616
639321388029890149269273188008750734168595013131596635166647717579
273169849658325936060714676898091692808043857139840870622331743861
957193628000109967838155922060500432792825455948428085628234311585
452288034530832281799700491208471772957918808287708804436690000717
284249683093284853804161177453665635672972718129949555600716472729
503958285485223408776826749019852123565694962536146800949184952438
669434249917239265983153302964126825734170821449830971452883754603
467024794891257086715220439877537051995877212653108371327598522494
770512457872655250390311660394741312794913893817139133858375461118
718461282426510156593944076989316629018741095248579726860938459568
095358113917074793861010511221326417277315650981203191881751335175
975919296253908229053708897739868592487182252769875143141404614055
880615404792759249107989216541542914040602677907553038400785610340
983522658512838200247059396370405637560114289405753938864982022351
312853589587412472489136312815081577665076523264287115139479734543
141535151827784795806237065693532614461633560690210844000562573487
701617564862318156585078324018052167869410976976355337812666130571
731743277800099859285443437770206961803295746722038955889582084836
280073783354918024897478561715226059262396667005171455460164018461
736903128658610854065993553411642187488043406985023574327083487942
375569062871425734860058266887961598277404687330419492871963140534
222345792120464397497414311549818321839300564489598247440144067474
477152115682569578546810272736538819621906816045800293161448982099
069880541363677440892544577403894699646304365335053381625237522159
603972232782744480788121085737893344077901738538442167111281255460
677934193454358864589983688451404899069850086785080717968288943872
467900709546408741699063573810090274081342604316764077607586381746
448263278554975784232806245419965150936356148114073769623026528529
430717670430253902395247956665734505488988221405424140961977171784
099225849778377275016612267138427073857033870075408650746461534189
365184705585550152318754157494856120493798583434378459553655496294
567588900796928062129027699078155699252565663939543360622670385472
237198007182063154023574919078203249540785780862614799582732139473
771584330757591900819052198192963929523195103782118225842102580817
818492925818862861153092464795954329661112218666565914213138695791
713639104184417252456722800490768951776932231920950566383522603991
574612315423714379699511508966466511627115721594935490543048164558
073121933141240333883170550069192910164248453310423752353137076142
129340885560146730320108483477183039799862672765296082026727229547
459781648228000293415823568016793090290728863162425751418797898245
590023082782353044398073984241091357797753576202640488191153892965
667153596686611932498380518023913755520219093978285727595351176839
397689521071816603230854215746307575741804611198213308347961523527

2672412335720178167855927454640251175574735376495029380003230454557
7918155275354194787635441963569508796625937217127482785502023405600
3370439608555003458522663662536626186095061849824762519913313297722
5342401163385066164402230975277957130615100794156659051461930755811
9261900217815047277020390497762114346250437834036943226200874973822
1557268710057194332131395762922214477810441121293678807346835851644
7838574292967920002152429429726018147804843807196404774966099064500
7814225361845974663101967273620881869734143843279906705996805744966
2319630003255312490504041994356963237224542859187553468843908107977
9486662361120019758981656777806741233031283067755089185489507675822
5801129897979063217056037558997953308009696821846405472170103000077
7324617917831258390481017644087435707916643452569833099849983864666
6761273934668344420065476725253946693349831116780973949757296820877
4659478967796343821087135160183933954510678459565131882006695332077
9102771264437433503240378157612585147846548648438350488179524355022
5096753724719782920247509038697915027439347438356566344490817205288
4573539406364284904320084453702167638891443931712278449196455558011
8906048767088327216164764946052429111807617452752312858418615213577
2631617769656692330869786379799854641317003961050458504526889760633
1939795015292415120562016519479376883659611142108571420152836983911
6366945359036146731166168530597554574538491260113570864555334082977
8506882204151757749559188999443960495938761685887422560526781368655
4400519519733791443913095610571284053576246178334751787094025371988
0711719122332094662233012628533162205435961485823199123431155945688
0308917613879435531754966142393766699209593825149335468474765974900
5942409218685644030091166021124377366983301206761106982609089376200
9899579419980179906826655834324757017914118912142593980115961776944
4856964522183212580669914872489993365188734673904472714751701236788
2740519997315624345545847632849022413169449606389124658024322824055
2896769164183164759436727082704433190719397428124655585299360087988
1743952771378514939989634046257193560701899514401135867473342561188
2249750316779037499801569214280844675225201005113258240864514242044
9984327916081494976478024640847280123895355146087635295228779385722
8908578569853472948110309851650205370994932090806740438205998020277
0384550471751069136538348542001079937679606453673948109805387720755
7212286825831843887426232935980079710532951855145368843519904896722
0819552099487854872559103602853643089461020270095115071925371883288
0642000119575465024328498586407932354629550809802810597202436080388
3344410252508240537347508579254882578281307197230991641198268693388
4731466873390286086370527544041761681197874584732267354785730194944
1047884843862693040397732021508070004304603167746857185467687970266
7738278933363872771875174117436291362582041613411593628133786522666
1553862828060382223224409982374643859883283303646909304488092116066
8801815690722300217648463578767831934929743477528765679235568404433
7008186928436616473278701684986548883270859243776425595871414857688
4794303865559234068806572369223560423696638212996170399191948334911
7989004413483313243319393236741977171865052196175169012147015726633
1712596082289111785698715546271463117706773864622509895064609530566
8891304880303846831978840945133756309733323935911155208547101736922
5163390747671490141778463779184137474497982112032340260438020819499
6932113777291249318207280682232635309014185097382800224834085164611
2984529813976896881650017458902103531858440710987672387528400757855
7154195544539552048054094270717022127837700003047557470149895189622
6495684384123563911167503305093003215393628935530296281400004871300
3759002522605454887697715156321241879481058438274198000436857167977
9044881578408221712080293515878284985554867206953031485391355907600
6788698283230259764919336928325978490383241587721533783048141418511
5984809401448072133510155474656063808795258950871185624649946882533

1005889433896298158087010092649807106547756399731855545950470905101
1636829773444366001092603701487901177727932709591062744084604795081
6306123413610004559078828542616338175059486691807747905868349655951
4748658988417821195403173354141667905798954949377199016158001516621
5855013891501782189042752092871000567547864423162866930034662970351
9172518895041084990735307762724250657317451476164024704548265496331
4551225023352014262577859014266371973658986931061744138590744849471
4533765119165161242994594857805331328180155211000696693789548751681
8566490600537905682999217467527632177529704065014789759806514326911
3252140694443731007325518623190191823333179585907727492499166488821
7226588562269422902310063323839404378959121250539249662206990237491
5024718212208028104763887201622955395788946709489891962333637466541
0188948027915416643298290091880114493343730349876135918519565036491
8515976982237202249454378033879841299638315414401054952377428750631
8320651576418603210537438813942372770019329684339811234763501455961
9222926175114680150238847316433838643167307307112054909783671239531
2944573379860728018129090764199737183019755201457619473418717897471
0335574540105102918027999327645645742777598433615388952949918704141
2378147688520831462768795003867039806405353001936799198136601886281
9639215904185602031331547575103840918829499829122493612463649682281
7843993507228180054592742182853848517015501419813532590118506538861
4477549458542375651549551363044171587946532190868635731860282135731
4980900664838163906973290081552323141826649354383957690400911605301
9735807966330140198870255078053794034107823322413265140230409171741
6332472032772431346990666434125461962101534678535013210469080537541
7407665720893055253904805764501768342450824334642469533850333435221
4492172439828596591175174456142275144011851539696729512768703088131
3623842627766588957022450085530175899379962002676247023104582442031
6661263937734564421814676429975143026225715827190325962617158130161
5334700133954444797300701763551595122462960017334713664779728085881
5068949740016746893449355508397190724484224760146232735753510222781
4938652272072512223537146539655720047248654352767891084529375853081
2008374415342966539084340864920763456508176905278007222834257305541
6337940736049615020276689935235413821715986500130544837690499629341
4405008885022580341644488948672500790602944744676902294170361772231
9948097667214778772354331781733604282243916293897414315247465377861
9576057164377813744146591213895789779490898209406214858651358941181
5195604913982186101678199765750287063499561275065956279086221483951
2161154838116864535953522286374629870580308482205185071235164461361
0616268325998457063487780771106119568715232236195857980745427053551
4141308439116839788352626381733069593640440001215744670780633484341
4280266824335689928959442767694617023850168675649575188398443767991
6961400283200165526514548019510583064519419042867757831838388578391
6979358707548916237268159601399906486520512209802980995219808384251
7559888879526226824172646680902346809341093556771671772972779385991
5369916933462524362323539854504852258156518371349929014831264616741
1735779696584267666632414698099381905931676841730021346905706014161
3663435769953202131578211635156661199290457919325811836887309454181
5699710877023398289830389924845341254312942548173715415789795223611
2633900853801111099271286217980604598739845211117190534664234376211
8220406483368835344629234602528519069094255258548909925137275339851
3988784497437108747404395341863068806882457623918200804952389033101
2513305639304711204665037413854793555672312883667296679922949611841
7516205055137764950530174841225123222440249061027249735677616899161
2088767287141005344914770983415372814618453645261434087118384271461
7068469961127601150163392070939361887652309552685859907378585253641
9133849097994363002274481609627944802785314602438905934861033100311
6077765533312021413692456962276552223627648110075461114892099523211

3977133678768243107413188104031757198701388099296639387286604925222
7708305634424665595192369649035173838550012677733575139948092226661
0836237170510265686876712988698950225254472883272809782448835873688
4247917500779759704249312759228515781371055479793866689752407313277
6401075473192725890363716097973319786219416944124206383302793725733
5667176327722547055824808181153009561179863304300461781707317473888
3886899303106965650466528276396493041616020041405122930226354360244
5513660533573807623457639036318780256002845269500890302955212798066
5749593284527762057342147562968247909858152818573854236165145122855
5707104467331454613197372107140846694600394953548369325797546510866
0931513118385726579303235129966064430057158057408689445288558167955
3335305387021908823387586556659030137115381161561576610811823632799
2428386606892353884885249215775066270553180073658365098218007680233
6461588186855499785530604861250445857025339670328717180882433403444
0857556081468129786147009749292377879562191202023409074429791399911
1279475130920940440010195560660846546259799958407756509886083862033
6095076621008294441508265048624731657825232907768766811031200436099
2186667331447064025444019226263125308286562303966088326067964754455
3373867342220742324165664247728998397584366615667037440126757285177
0414869831592711329769060614801421428704027951046395949457466715422
5814912750910460488597255206553068192202260546277486306265659785355
1387639069836209325935963428616065507893668188364487998452505581677
5251085923352282172366526782664274200314032286537685673499741986677
0402720848224978140632936624150465305106500654541386890089842458833
6508058767077439574968259287920323634055062548837365587911632812366
5069996083689594709523468854738503579498580271758799226666663582611
9175371431299727413625551884676065266935772646061515378527413515822
9513166962125646576138366860222729145283900852947513783807229406699
6338927470845020518702027681063165000054932962678442881668771639122
9253683268854786585531468448469419951905052985371961417847810035011
8019134857111277341117298544275032683313023344037533395099238740866
2477232913073930729158730543736238698583252248013823658846791443944
4951467590743150209003785198367666424188770753581738763469298345999
8795380798854062561910610685229048152820575761034147616571817515344
1889266880900593358115513044454484764451376027524027823409145689455
4509188040627968303772795998122671504023731992367567845072939119766
5753144539068597477352042770618195927116484608926957036154260050233
6367531283230019091187621299885717939364673409928254807484064199744
4110881848137598176046983699457461301267036759490965695220023615199
4127042578893074396991383336609255050918629620513200785277908823699
5819847685866726688385672658431678505337094076274730467753056544299
9089679509192329901872273428397964485353410219183183941010320757944
1878273013501346219959190063481437991220970332249447718568246147544
3872621642791816584869995664382433771060546443189964156783763310477
7459526074926641326313082576248610133364335923166825758572779526455
7044197202323849377932215386947139242541176722124415793863107305611
0648008757802090233674817840504359106558974895987359178131372067544
0286099804582980270003977695343763153408936154786098550475693796644
8453151772816608812156702127203461926328378264477103327558057386988
6073143973176047589832909647316513342863356322827635434178453886522
7381850180856953711298808517199162604738160401001793787349418358388
0549650519414623844241562587244232664568349923205088214508852199633
7720471355732386339962334574008229079367190174899145746699087686888
1237298127176710790980153417127268143456826666880363974926473447811
7873269919203681565213595984347230499450534527551404922522067746799
0284697037771913010736590387428605484853105370712209921303111096666
2807213993193263132314518095696170062935330528648805063347096576866
8872182588959991037089536588904444602500626832569136037160415557033

9337111513585948366311865031913660924957447368926094658965466502066
674371981881763805778831202574266710596040368651949360968516818768
196730609520208375508373338699478609578644563993111870594596778642
2342356117174894629712746905292585318686837763065017647031845278555
6432444261184223638142895482147367274360243214653487208870458603133
7543608319210312841057951719059206139355204399558574820103471449303
4432663151653366368265158561195755966647432615219558879719623126000
2946053566177360900889407844696218866540115433791610638450411590544
5901222103065679593949970575537513214698695775697795130265489988300
9411217901399478903195248751029960046555155760508292403975199536611
2156037062081803643321249485987803928965074143135164425898026726477
6482663259339781312529953013243635637578658030615663761062529209322
9344446019332303640876899377645846377322358018408684358282908845677
9127375921528386103861841782364277390474101679067106925022953082166
0140122630898685035968624958424453518709111958448816735110918344966
7742519121588949672934817682627070185635882475326735113748693301422
2610418558520029214112072332342303196973674326790103854157141453344
1903313425506500151951430504955262667034842974420383298731739594788
0543875325839481180953506926699905637228970757697609141768047774222
8148066931225802363535833074048658350848000098478395112818606336833
8434580141389706878477592484247464200922494548034236476751324250122
3180219775545346762289443536120057151525535516698029318991263141600
5557710273284621744768929287289767843268073084712449493225529104711
8252980901737837394503152823281223778653312344046909653468647149055
6754852934607134498874322209672139481191329023366222039913556203622
0954485153164024611368376043262649378971035195331734825433474222377
4184651851757123919792340230875236654857788220556396868618606180888
2101160733488095953354819435941902244490783186299499211556036987122
8348779787393905921318615922461311433529132485333239506587857197311
4298437330730208537296965288724074703334099247476636014534030772255
9359240531902934584609272590979868514070461630361576616332260431177
8633182164706499781942714382646165330136825714193744426247066124588
8190053682209777777663603974393909721763933019692150577943002073577
2271043287172264975256741888554320432596036957987136875676258723644
4310660730398103351024157881242610317094595688295583520977125547233
7800548506021559529910962852775714962473940011021900057606189575699
0820351116127507916590069124633526229331329020030646499529615735499
3290243724021395785585502001809908760641390971234290962952055555111
6821787387394627999872021010881332332742478834543514937250794483599
5610975944643821534961458406537048705339024239191183934731360768211
4951079229106644628533485463729013259079097195711013284472667006233
1441095345628809149681254521547777988076463550432776508599376463655
8395950868991587993692582915736162027081490675757608802544363550577
5777976138674079046376248715256927192556008982534128954259562081944
2802139246492659797676472433674748870153564561207358519634731535411
6668833121898153302903166793458453823792073606138493688463434062255
7195637061537415307963429515185136668832641130357706432900664008899
0173642808602328370441720408819903597870664317160806665975665358633
3177807136453754884027258324602300454283748370471762043246992150144
8347087000955103029843042377259843889802605984380557697377632865866
7319968190887467764284132117999791834740778124802048444681935047700
9653730831847020566212970350057642455075328842302642138996435041333
5885928616631035828005193393837239865525802723859748155441093034633
4736550237231190897895345376617949145679855189491272244334250307277
0273785092907055084437433197963733331865401557632592061814859203099
0738266545905536657445500182843637384149851306897024092204572120466
9801787673754915346376518302866148038421524326506859405659892880655
2767075814737127706436511488679178001227432149897377232766937466122

810228400609952790761552974969302593145743110293467321296005437369
384865368842435002065608064896338585090070215366439105894721490986
554082720755346302305774021344519666678158828345434751241730529226
756363403071043801532208087664706935940298450961361631778058385949
229793933327384658689617473380292634599472391717791386665412753531
826570321050807067116531431271089227919507634029114601800372963385
830397171488009948751826991749252920492720848713391720709400203516
663104840209892799581594226466058110083923918384962313779863416615
310022521997465399078938544845268053542147788735203710380905949032
616670387262674312077987368952363209398901149523041066464545486119
529579789349836928211769065220213766871092031968326286451257531840
897285518524679187318566194094728174226384001834609765606711917220
419243827631629221589010753860101666194594125209819081263268168033
347878025852888483153300507557627544574331841056932866114541624155
516341343263712842954110382257381016427616167616814955568642930305
222546966691292720452292622086798927792474922669493658381515488588
010816703691274918644145242862286759523503721022867730295158577322
073523744262622291287958294577996346111198487748979509572647498541
291776512601211372425548957257658274936635838707569166561802767277
118140484827754795381746975085129831581474493901906505996721756396
964188400334339875891688965080395999096050617669573812309777444883
848220619558438601059267369830387169345399414321944435829325816648
014595894554104674642097443692974611914555745703925089652502063860
063933260960502271917480936775783596078489233919322112118433160563
715678857066228443575055809888269582046063096336944578578918952111
062607510022596709677669317533180923070111798638733454754845342568
019947629010625306190069798142752728762928225944031512511415719893
751530233039169555201337768042031535962444342373760956092466835100
902963936143298767556501208091070213740611294615215208282693539507
343746096887595589882725392650095684491795840397882980770553942640
946552162558306816076271136487751954998211272358071441112622547846
611403284192022404080265610610125123644100633595638633109787054313
054747069741416256788079529404265797716173529171028576205367960474
474938381324127868768571268680745304320510703941626127835212661880
751589788315569699379294473609016687932103410858742489134007414353
304342265577076991507526154747092975402890220020386697877006309478
538220282193612128511719692329357346710113610422005768107450032958
935392821862767713450076770164407463788372339883740806955060501549
754512210901386165611693435039570002930848784590572561761270244143
651775222845694370977595584233532423296460566116456738744130633863
773357400472799517760305994358436165200773759353404574768907542907
078687763863306378071995687533351868258258041194028282031474461122
821436404453146647027364337034127406680356790753961451925862176993
704490495061261533427908115808202865303756141115409643811662307124
030564137998618372157068313221533406334975469359063879187556117538
371398595860323977221968781243235886485977083717522141494616698574
377950513800742464939248881582513989783167808192426588344442486359
315979888954277807876499992569793160270067737239849812542316149589
446971174305751938907790228734746047282883555755105379071308814106
697065187726872536142661050616612619305332382796814620844062057937
163521938168191505354775009829323134806862328590704000960555103672
959127656670357587237568289389607163227512239642313111593435624683
032646934882110443282398738432272155345080468894346622162270202408
958784537699766882845602701553078611248894927100612402875032974371
160391380395495661803575380433966389451286981272152234520473901039
998767414134424624915312518710097722679967657873528858268412306300
845789531036409356918968770105873120221412943447251024852819442680
540654528750102881442898738238045406579064874726670608150140803024

4474515140469307077462462683339607099526623835525597629690108029865033459071260276811985349268482191652850356585616014817635050032806950402699518926148422796271864468252076542496372729857812418239011356678140279522869367952480766106203445029212392163431823035008137033835810151324623036855921787351051009220371557122466751789389654809060587517333988559887109322602825253557310306894520728254199454382501800505646922945754230552569998709287539010230488230170543936093930499834626250365449971333709407813372281547438378010854147861631815603748468885051754813604377409176659990479806013087438010287780682386451403020130027563359753218980719919445401157081507460827200120739025691740387107151905267725932472475907272582887644427752426184010149338328448130369265785368658857039574807944701397062115898940911012736387649495734961251784366948084002741057449219998433065809446189100668477444479616482454478132847458441928382102770000425925179610197556394738227317003708286656857177490107830016520826990257854346427334760906182371827279952705725934672552228558708719767341700859235321471197729889249946185701028123254371961941429491988787144230264098978091367843363638389270301041224174139206560116568558831787970572048366498697790214305806713022873024032108516605799721245070865042154896234907627307065537674025595955100222157918781324810514052745324773209454000210119874212429192896591956933312886215075719131138714180444574107118948326174837477692126428180245709677236714909612815353486367265151300809694516260715103912733002620557217009683547683686335918923786058288548391456897174906896751339274477936525640099500674120108377155429313344014690486243466556783097411041884255459762927762464924474998307269993926279669711602166370206119887383675904123533490661952217202212243545995574382223724831609839532258608062163339023736811589580477539439634169517120464290825406916520639650162697439867154009553856780616617096928055477936832878520438973193199241290389659758283150465900908123560957423028273344955698144442444938629357271776174709024838985848035065003646220678645282374132704808272727368886117860393278520827679352561776380316193093851529350098531273809496807899375286856807943026736158575972638872966886206779517424648150594921746093738684568670012260710706674578241336811692347188442311968717648856204850005728488175030109198119550332913396202111909637894797315570294828780870639707735324011997716585466964331504589372155694310270860878446948002508763121139432633807182735001852706229434659520858986565117170342178391569854086292196890948697435399503271131009709674407084602939494870962932744820056881786027822885761412287191689150658487027988321445894263442522219014054211607637935128170608397748190945936090845901405997137682149864720677727755829517926249633273735402603140124677061841918116390800909115176833482967946578753834753871138715806653768535073052032519664317068852142288498056682157927982989498796698257608036821165956094667813800364022251019413196531462617538665364664838364604876226823472054273354185650259991369120059237542660961151273038417340118951599600034805883593419407583595395159936912749844116532056306910427122788925100259527962248290241295675885963282886388793096509812188605407207125585256090297263121592479553592902298759601298674668557754044322112995351464994802036463611047376144656559614961668911011111709188246936246183955394232926728282067774804843878969442995877151019558718428063257699776416145943457389815193504427656261432982423365931182126479312564095509349976601388437093187016676091588658885189549423273106606244595218331208770486948995552771919287268167916771715932799702740339981506522551565682151577438678295543541637100615715418464087296882657939929504823349477350107880360218001355974649378592222689442147876507081622904512880579344855996485329447934440738837265533722194342507666649

7248422702897160581526305077461583626304840763616754493011806654775
5106539319236100243783303394744314319054771868499789417766928450875
1851886410549440352128357606511938434931663909275204375935781169097
8292573242313358545817176781847051629493448125066055472960685194487
0955187825952016525348956356228789254384776664063509181966135793127
3672861613404144576609940131744136813883817032141918317705862465087
9813257456357411562444053813528445702601310216502184297693224058547
1045891209938495806002753980599485698712796964951712706426867419747
0455216204367842380959966307204691048553648140461629826061302663187
4133419734976865214752479675757523781983250205049276214451880305967
7187800630063993626184289391887250034773555014856911410678684321537
0223451294333206172726526330981672385298175652165176644668819951697
1862403097654126409315006271206527652015556298043373515345685991557
1280973815964841827037975730586104993722584252093423165937564957897
9563095762694305389822626377001561582140653267549400031801317981737
4374186784759818553364364995777480868448363403786604956865123115767
7442697643177900221681154226382182405790934585191144876529313934057
3423357753325074397839579798020669936921468936875748086384179000687
3180733519481142884560089878302836299389994577386100468201914132057
8782484506024100601942885101246189888957280376238648596970141406407
6028750586607534343195311790310263056820070814887491565761685075787
7434534034434618760031760409511240758932957611588128327391914266447
3797299900446306057733763718123189238288011603090098054450631113077
4817498864154348456891018819581690167816307510447447666088327902357
3427318150779259115594966492850950121578049377056116545758496685617
8154908274959107372688983292084006280809535539846475677915818022707
2925850878912504088742720482492868153286855361593042073977322152897
5198861818350054258160002296902851146622666048538277578085276935577
0026310081018225636095388359538504117668228717077610610666298302817
2277332398291350739335494093854871791448167290830034981387352307187
1578182279604937070560617041540731895131744351377129532418929447187
4038018453002069075015883843727812647687966320110065948060223320697
7513964742795379875831976872713378285375142830552253114555661530857
0754400383237511084144217047902352193902030439916972937514285240847
2267643303835651104952543821069444100934943801890381608396336208307
1598299089080737784707490869160132859393691951870887328393809753687
7109918965750961555840722303865196840570260770825181842627876135777
9321150995081203159412512052653406405164573221854728605694538087287
6420279341641729415673170533917890244696441283673569883730876460767
8795670023540915797522969585585076734181523977727401001057537042537
1936479476414665801647376253008257941672905508196318406510688531547
9287825218727244859447071446286285198167286039570716869417567564387
6852406276009423734801850704403043833444475760975697201880156287247
1855439710858012020743726034454234762089534365939058341695538556917
2209537090590120867503455094621370041166906213786439463042219383737
7353558193655176308404248519390464322975652567173177647417619671867
9772392774893640838979350444533558694804973883237912311249705006637
7515822837080983795315686177901103966804402410802902747245560209117
6044730658179865392218282746907744320608055588878489854284018709797
6818510715084600515698193939845574528225436591253067096858482671087
0322597425476802355130012038568339758653247466570606004191295690707
9549761310185240689927881578670944183026267031002084065513923530197
4510415033650971579366303032101131133767828427763135491854608768497
6229107169623809869445991782740506543214492355788848024817794332567
9056396957648543085185614520458964386460539631935519391840175232137
4555027224774824030166797568400492247345499511050351766283711161817
6959545540623889446106505491363295707649755336161966780133576286927
8176274439536602855621582301531120996439056553860308125979028588467

286465950425973432147791281866683133690870110245900748147366054046
547710081618112969501411038347014746777833408383080193814942399482
822558848960508285511895309558404918877769255712745734838752096594
860038701491387254599053712154502834191539683645162555943536805837
472292618542687591863292079782242726425000632913888358990191709969
846407253456568545810764689107815291167793885081137855696657743660
106181607692447026588091511752197920028114744865093965142040888685
945478138214177085942421655396591988170408152511138106446512623566
285427707526387834240403433448222521461704631693498421263623194345
032311993261732311195672465249414197988008189092470030008917546473
292532982932194831112751637423418840925693173154715854379879003423
114397453374926755609590311145793638838288460303300716450143195928
222612218089180782562529041066103735230418999955618832098953825428
851312698935716803592199133892800772369988857895354402785793523422
614143517155473838375785483961836212788167473935250797126136355516
877378031685172090974565169313386449639703936607798396451116297763
078741115905629264789787331960416484367172805047275640399756210131
244170767618917028164698200434946451207789802080428508479869172339
141453491985042796646003475454775250628346157391228512619671307100
769452232545044947955334550537938772595379939934953871342603846351
164384834625984982603529179660866760869258464821052883384906978429
720126834334691949177206384631487675982681873622898076171214088806
868904690604988090132408283957981780013073986993513454887742617162
525269786043219160403146468810831282252675210253160075967248913074
060975280993444537560519651272310275671020061667363915337443686195
226821065608817849821379222060377981606850433370030303649707664607
266293011894007651486666016397368029437706423683145528616120033238
143552773028505188616232242889828707543050057091247317413278732010
112754441840688472235053796881290398757666069575539140088171683888
616352325754066461422640978412463796645581554822358040372434458506
721184863834473086706140454934177609983499668776938613790427780452
105234197329978758201100505766589675052819932646835309584324171992
612259560560343083321000048376761149732215370777143966158812504108
275875704597246615081353499258797404471381165332140458217368234675
501110109244238335934555872377074860466306528902407178631925440065
808042453929471822771883524970117533318555960126725404684526187026
981129738726725829016799646408963908306212613443997783702838563421
813865057035034044555419507166404061876067209073998371020561386339
496593698729756026978145295590428753030366136800743605013546629747
310807319049374607912499689999411548089935692711010277437426004025
413349531903597007535697753688173039321877405137616279346633198600
432130795437523622157858568167962622140828481833404825623045467540
746072964085684747269880982148492127525162810088532467026706984018
196837780898437361914811964386401015886829355822623806864931493601
324067389477105382104290600543143996402709996532725896589553007384
479689538920777814847166495638715930383781225439117726806314270498
617422390557078211252221526555998226214821826241572400257933604712
023725763875988032748200534266711165150370565245630720957052817934
362076923890084309588875620351970901350116228760188566867758347220
753438807986802970644543953960104655229537710065338099542062805891
719119526868441354422627339491859199450934766337960036547780056527
576726436703809853194355013531792514153207382273413840766169814011
628732096829454248730834883426694461333750600577508467581804386504
699081614810566256257288577493073745873129934109688832820097274390
590146919700228582357363964843053817629169291954174348772812670734
809704958248102789303722208860389306414221037149139374006044261379
937670221137464603243646094203855391219460428464549311067986930062
485868671034190731450059706348065967374029869736085376709472632623

1565600985282011369625490928600581357082387169391492234900190509585
5171616256730105854247240462371308742680119805943505468835136154 50
3954777181125603880749109296595991967387936161693947836479252693 08
0284820792437857454731943690567441451400540175134189421118023276 06
0738312000888214297459082745336618249079326322260454189032469808 94
0957638624479363498260878460263713291947166353410780991515978661 28
5859307431814390447750126877933685047064646862256956639125163805 80
0835301986675452492155451312096092439301970834816686252748703774 24
9770142034358585074208937288470600829744894119645427620564362662 42
9832953933610850107647439624399106234790911025264955052581666494 83
0571618932211318262177660384919253483098038601792563136092398792 92
2409287607246590284287153885596315619772578807471524755794249077 66
9981891427646345542837320609606440190597209522921405812331493405 75
1058703667894783121508364405021872866382786928131075999813196977 21
0784810701009527952151885864347764544226699284035283271509866295 74
8463697305999568228634404950643532235758046114598768122355216053 80
1303498948948439847549801336730868085580708590637629793615397345 21
4251843222105106329658160259084522208655010430647128150868083161 37
9482395003251610116527505045333013189549234784016373639785718426 81
7358382881847846948234059268503149830801950450278064855415436993 98
1722836634053128420645598542364163371952755022167584546528420714 36
5062496783818077328026973922596075367544881991083577256663293340 19
3035511877253261993893574401765054398629269809574875910147549252 62
8452114684463733873483641217559148369149672661223620369052794048 91
9071059116797574161831578486474533458000375991625041866655774162 93
8650677606438997462366121653306387852524135761526710069713922243 58
9238045896106289880614030968387638627746099623708835227941151150 86
2562442840239473856261858585618780476906201182077128527763927435 71
7292665691363408582940648898074414148571105147689695843113342958 90
0812699408302573185286920499598823316030094586440818252539298986 18
8714735206873307450787968912760493038785301098772176041441629054 19
1688285085414073181159897226867193188335239134596730233318608251 26
1630013002706713630627201871362675605510895473093555719566656587 47
6974938272286795385102812144134199328628229525558830960880764117 51
9847834308757060108341996825595038335246288576833352147978125554 73
1816686707446782429808051122104727782081163564900622026754519651 55
6346891895962078333852406784338377891261362417843676842171400354 45
8270422546506289048338223214800977568664278703358186930730669980 01
0387265391163616783385696128768361136226500035215574310069248336 47
9731086822206419906958117730265658826651865870836453024795921376 42
9392968612160261716009735394502595367393858880482557087738333333 44
1555589462685263165976219812370493966693624237046352464265900770 82
2997952596120775898275845590153713852179622279213396454300418217 77
3321067368352078913892206990022749903431843210361751848896021577 11
6448772228301753825121105711134638131377461492509199573199828914 14
4289069219603094071339782867527239653983492900700343384238019494 55
8570909781094649338233809658234200560003542280930178440448398870 64
7698946898376934808236097784954464168112744952875131782979302013 68
0356475742558053173516476701728915264326387538343988962484642126 17
2669297398807455228178946759317417981739934487043518725155289320 71
6238223751785641044902328501025541631925625889721192868168902093 49
1909136900594004192101945980920195838133522479068514282119048251 32
1694562070814948919036519369166202220306446220402980730198883075 00
0937807435958094581898326246967891596905158854604377129743719824 59
2830380353966969417216099070120034060174140004244007152172946423 16
7963537878975362185181074772800141825504427008500695583330975029 09
6109005943361811337653389660523337179832984378156183672900782525 10
5099968104655985015277929373878527158202988398823039601440974174 21

247671365058347787343948963364050770981195958362531209501966515049
920282412763847344991474072020178313238611301040067528706028501323
426475039516879077667601926524453987151817473862936480571586958225
354518912333276433535893565376418513437487659633239637227784556348
801260898087167082966262331577976279898835498226934639488399725753
074986240379769689597750789729963157850377363905476587976657087951
625556056698033970595044419470528060956839838391450780826785540194
868738780158225430291760755973322396902300138816270968501514885930
166547385106611634591759621459195252245537263136878313814617132424
537049902078364664184880241523794936450055741785335383122386456474
553168462588961469004095829533176888323628211944602544453486346191
962040410848147588360341919147377514295227102456531610102901757237
089289294090194811070754056417986020722820893038189878392550000769
849233823700446705138287445154668614328516377861872072120289628522
487502998413519195621203155600705406148230127334180683234989150273
439845730148365222604228256860714851516680742137662674277431964146
848157250365604171914226604164811384678959808541251429993074206208
901087684488495445529927983654838580551149514546844982650169015367
796933245730098634178789440082746500505587335079354508051019536724
619546393618925157229957836518963163110048074822189313285996193969
716975531247755201343040297831049646479205774988603342287010268838
890597659584122809698889075230174013907853236574801408783640144579
788852895332924809268630798583298659747947693021362092067705495388
176410603238864783209270631553750434034546739176006636558089636133
475691529236838820052450091010025645383149972487710444480592150703
198491921665039122784971271624887140727537213676381205579099167143
831396870341569065714766613865087667688989637024404700151549555001
383983911746003560040954834693066024932450129094294913551412858038
382903092427149171199636436780112266345428482846144505717070805731
981450410020194489559421198842161567541649392309125827383198521874
595404063834060756500346739852129739122522255113300930596174736326
175972880708623966269921398365797457303779029307639335372481853690
727106012120033851190955241945383033446914882966138106627692026559
160515042235816414045373562911039783624112950290650818233961046271
549809539979288663817463140156834149244076965569051907302242886084
945187132527536273193280201757919527871435072395590258944687910862
654643899261283508702089522647269673393830122987992964335680540192
519234866605579778480934967465607414242195132085224596758430864774
360130618507695797996393251645425065513842872336442616229194947972
908070070234029458390398059358452586996572100843397432291075562861
364280488432297939471782403643466692630235658160421260292323500941
018392210804109882155091198806771687010169368544960201869165110655
234993622008882221897569191964092408901689530677800277205611438629
718845870277918639779038419152191121520178405912152636197320851821
102319855327659093330894877527283591885299053299795893914388363283
373286929171873656476007224021442781118887741424041504680813200860
807452625653022991764049036172071578185970050253754243228106193944
910437260582466425554801364903068068453282063846520525149830571468
092600469506643018730184020175299959482453712450438719624557484277
136808207315397858387740374375989017774415052508553800731486295927
872664383822755302125068371375986007490479753092273651103892157420
109243392760332042592871942624956792651248988100962790412554306461
077389745723648556276869797956788216666534132099715497940088990216
928794349610661632535447227274840795123657447228813252622293215986
301509931022268523882747136181152125942570636686651799219050167415
232328115047806254217948027368319073860052940783081069343833736933
170903899790350107149295422633867746558294168421734101000869115756
597966310920215467507171864568410152206341943391809834914894381408

6798086009395288948110583966522467945114413464712561318164711188304536234038652139708324650287664718424523802267953435186005321117610818004360027765590733109442868380453002547269493436070463903166336768693205683658078533559015870217061271520746199842457200896308429627457910757525053753440868682053009502776219148263871884264141154811530463672714447148438525367661690745175337820533137985152635285243428147370051255225822919285780620511288953550114314911819913649158301250358335076717068133759137196356552654362575578807187317266645396305363060756749717684240213122016259962966014040890060692922576405074492917166614038177738151041157195172383184512607869862571066426967147818496205664840377415364607455700578194097616526021799958886307580836905578313757631807861164432060994274117298463367094615092992310743282471278429923182106899664491902014563399690296858230291663237879327690071524165225457229063887866335802188827292505248696534738000177837127273013386566880204284463564050572989172012860179495482718232098152244036474956151492710559046897017725166360211662785466317172796640894470106829063483763752506088196194197844005822612557621762892702556667689095155835141733411304404454429477017466501677506312778821789625223876968471191403181533775464233573151080356652915243252267341891172843760564359835180088596478531829277376935236363391359778728857815475008978180049702951345151961620716729817633841647642187918848360224022925403943876712000862533409535591063550816581999852879930829538254680241485664759924940974036633646661212657639792132554391795452146709985740531122351138519482889399294516494935647628383652945654746672339795514279146117785860736002423372828925419204068249689956996272541141153594588522474390359436886759948748901041044036328022722811675210205275654774570671427782638796692433810384160718958498630078753107949048863665572443823644671770699991751528309215631707053988968853509028490416941221339572078147532585978615682928372752658980027130899453350212386661097492308526729022244003916011424047404606249658777552554580616419268745441992592874302125853464598710518137462676469381648815755588991775679854623693197386704995839202180959568750057801796530453167534327278785313922320158239424845187261472867065585209919014832582136057160174504901423210197696313600002744890116606328595539998289257284185515710679199394527129570003803063095128975253191082536256955180915181977704788147641822234633228121202754290077307278745570602125735837367484393083962411303455656214590077178490296933649697723249452917415372272887271646458468659372640833544149809741632661723401421459028093304279604554761185888625108944115803079063907319753851596305389995869418071202106835013305676247554250213788919319247140274665090609915337327333875972735227520294950513046440462166397560878761068219612629237129656932186896246311211552031477120299605067112678170156780407342919545679157747917472674374722177837104897278600757603854831615553654334149996702954742841866607795279577083601215825893141897868286579188274034521199129834413644937520696134237952471823786712180176461335697453597250365888750756028581703219196093421559745967408505573058707295469264342519452973669741593005110714868786119407890192799397760839682382107277023168304381359612386588073895490476486449400052254674457457545144172807457911281188047555824086343145371605862958596872887208108512622058191242267126080274264355543658098900997597602249090533221066289349478925892128693966763437048270512743606505110923288546693096940139781977297187230349364141391068234616572291839092113439059461122254525933005539651869751071653570853374686188045247343166394024514150672342544247726250680967986634097830339030423464209234824922345030305943020846761045106363520597720256540874688166396681980006251275287472168793591933315927969524198256173987009577509608159692062695441052722

715196993222081415773761550747406451906379831485661146408923090199
397917174809712174534709654056356043312633391089380962798419734286
169742921878456272449752045977441592337029154534576768043314718517
030222692563357995461687382998964307681634225959132759724149324185
248285635595230317821683774255979460425753922412291512904515546280
642762578070065662846390594001991603452253592528421194468332768707
821077114667846256191852490519559743989502558853086122977712331049
162624434298898704927233826738594913382214415934072315775701210931
299494661345536729365665735951663268503260809154233058545266091125
991835050379783441254436582425251311638990593360157908285268314494
172220189700006109723735145150354538117461177746681278408514687438
450588481728349796402154939800676804251325064680641651109201223068
443332340637457748373366931816153431747516579112554750162542346599
504750678982401836203707661105554617857380980022299957716434569767
846514807149211660837744444796773846294507702983587624927875278514
582821582346582508772506598770099608584120922330265940231926247078
194505242411497399205259606345720037726964604644181325735732019480
639147774395184258514817866701638652458331121537894851977832733090
403491957615948534812377766478557045359620718065488551579409060476
297683173536431095546253143599234951305523850381473769734393595698
966430470202561613445404603514867282907594112759490485488811579949
347948625738858717475449672401099902719354182167076334622593608736
176661100190647945739794733155401032029075340221138411518425379902
260230441643985729702563786482547422194736576056477875537201552570
515919720759326165566996225188655243578681627843767994875337722423
006877976632530523916382018799906579830325873399291399437698960723
834954050477949465777379252279495905058999160136197433079908793564
826154745891883375909876952107820197650751718734381695716840613542
119346816378702625726445838118485587488241701976956909826930037404
515762308921950425915751159449141103617495990692331996001562380658
987414205871722166020489925901524291979711502787900333068760102944
892414823149157184968398913588272722992908495169709743885765155685
751232143847381359758474577009143813369305807577429534042922175751
968352329803092677736902051631979725234809035431868836643389850536
806617126690210225762351384725544397715187372642521290999490933037
216056141990065373900013749716538747497648484999563770686520970719
085256201738964947752069933021172712013926195927661223041422877299
492248368069078002318259766733850911257012845045174549621736388701
328945634271269658152046321314731191017913568958105599458385528085
450980483663719281381048190821578917175161197160041998530033759354
361362253406958972532518054575080505957415958674837243997199896842
233661488275854141827355752443091088654779107049240655327808905876
893694992633376169067039329702953169140681308979344731420363288189
433200711574081527534821049913269539997545595193989103667153405749
480974902349989155681571867647866560525310699147343018835469137707
487257779729362591121890139664510502702551630141702938035360273533
498360602512854283969753785522482632611466995254296937099514808696
373414360920147279066338661938852276077810472439328121756212790772
536297786750507823533011951547981831127152621707182507285400452542
091108704571899253343887744326672766948384917911102532196637736503
614390307241776195559728156091978302228069630126972917147208195762
971600157607626805222765693873794789818500247056104089154964743064
463179291384189427498488121191235867192540641958335545340637155148
873456902035738744869571693470189636304694003695032793070548657942
118832084708863374715650669064543833587403362125858012371735070389
336642287000769008277558701359226738276059959785557515245016544911
194136329464408531089061802689598984142638425756825010715296473648
288792613651493949616643536377481774322051881418977724359767185736

```
6775202588632214593063640253843480626818900896904934725653780507251
1896592654528221226869645903021315238237296717518237444915794243
7819994074516307626717363373941113606556396574529821779045495111648
9529180043885925285139590382569025120644530716500817265270920472617
7275766506943007238961358236135066098813075035235472461037000225047
2823592456571717989867372498987787677252482501306545354347857095929
875383039677631029698465067904613510020495486600862321004615897952
2460722440156616027388263344541488946969957872051052674347932327819
3510648565220246611584806631661201133699385458778365605920812586566
4305764184064664279594995457774149225022838464662899671072710308148
08251937618008881975889696384449132705863643483129243652802947491057
40791232224446304564697058404384281480273342972431690963314412877539
0936380829648660187482861034504003305477205792708373729005939875453
576040513177566682688473957310078507334123262528468151300009175315012
9831634012657798037620703450304608920558374261789263588379888241961
4089967412879124032488837105459914869160177128212798010505336837013
2640327523290047587401197417521119645956610654147502437433807424265
8587234098709181586051164152932326892778035355024708178122046167246
7014604379524159564739418015029633134881568488195790805511208052616
5743733038052895312715941466945542420876075955360455958606166216230
2210201004835543581896867503308433277558533263240325942590948550673
6208568101133108945593913412404870182506918212873530528721628183668
7723376564217739660875996201159611164724460145129948853025772486198
8317876060296609419508960035683011391502843694760076242185638538956
6632564333518584856680029758657002999755308108634695765926161584302
2495171427192079021183123025549248530802150707514262303047229930503
3880690462206738763446936731494911529003781516479022595500716156503
3381234059261201746992490311201337726317957302364874002628129178914
1814492962009327713737401194859293295595577035406327067105671055384
3776777331935422353125122104465885303797957495136065155169142923338
107643639908209371279815933501693343712231001796671258318227221326
6405283266191858994939053307557051814524049078513685914436892839112
8222692435697969406041714154585159996059493665563649660008105210373
975968823284335839586069492229156922848702089154244781054258119492
7995925443697578554823304719036241951535539382504892887722388944359
4605619943079723140763465876259844638228786945998065348316156199044466
6808032464919964416944081926020899437654498095869358943888061759306636
731691245550832688930426719918825436308974033603552688701296974925461
143871570086965217490006516077946047553434883793641419756886529259323
1363003742005305701357067408065771291583984381815537498122099135168849254
633030058050363529628740149173260756205690783842910512122015192990252686244
8841152201956636422412841496986658908242925426948154271752687326829655982
757845551917830816767313890163116429939317833665611647772874580386517637844
287522527974398283182131562205097365694577553120437100903712541466381988610466
72266495680582495421751909444301358388124502386192762823026480857181500110635
7752274077962533419957305042643492101516251349347193885358066010320758078127
1395163820242007136053639870134975835053458309406220643780323504447358133131
47799535474472134472281965693281122104954119286769357411339631673659537384447
666412710718698343678799444808421074704069878839366325291966459200005143668346
496199490796671645023296665824910010116879770752335958954598362484740770290872
0891069146956440011092312742861118191487209259284688767087160580722266916323945
9017872169460852320683250258665199895785425581505678883624047199054881446762269
27677348087709577455539862207812852680326440628610802806058467662150350001556
```

381582305902537145342756324208594583346695995855591584513691203514
605702019595742615053106608768045311675628858465545826163958713803
288244102561049077625180540885700626087705889386030335321058464632
156084772701522512390559491382442440115033813081127662342289809594
850787481653626253751042164332135701668464894465620664039771546526
313571443170118988266296083876181489497965016924348491709426331334
756270098020859962910110279748715332542415217083867853411312581160
000710184257663407089202472350530894656550062507070396723492803785
116540047257255114838210682322878985574859193763768063736676323391
4370986925552582615693677367422132675291950447458700891290160100902
200787998646675679618756224241993050536402665462751298490287199531
348467272599252304047164370772202944022224858822125165568129374205
624954104991770794263159382090514043418653976132174574065468662211
997350187729923470879657024742108666972050522600253050194282546523
040217028178768438532361785319506500922212419715348986495719862354
772431819090627999519048289343393100049052335051558297058015289510
419906401571328242935479202998969080258508526150612610931425330891
483045475723811888431500194984416292896862139450143603436498526174
714329119982550891380302560514037735460776305662968961599850449485
692508312316321342120066474028631472175641120547645952760611446237
301187768107574774756750817584390559603656238948018072186713097766
661531077884702219189971936354265396639740597826834176099460668169
147561774340014533715629782864827797095443992969906363515252879634
065315679983851347300178458572901168407733903672748351319628387500
39627368355860754438338428822881089340543413602058226472904501131
641063435252460820533935966195805309289065406618160636794628018798
886908363031393896223893674054956726031007635881837861836301085931
186908079569476810149948672442235293795592343286088712315548022378
563300699818218858630576799138269790664095306790490091908096019388
357928700496824756029891151491097500775200726485112091040260758068
393441012987267489779448369612604854627092244881897340098887261104
675678559481370470721653229508570847052513666033327533610434903113
455026957765380898665479471336831320110580824216139783111342624792
608864439053524237339325595691586662376696709825466962339508081276
145113851508930244631132250947522235992787344164526411274026974173
407860083293505358435831374408248646711433881760660681648109769778
454501232948519792628210313101055025332552295819687824359254126619
982095168117438629017944294651101655599128506246863981221620356549
991975589289431262651218404162784802308182519861377930722329398281
310340133947124613475711643573673998377744361842182892756470836626
493502953064011730808395061722284472779310451289440217091172437029
723195118785991780346763662985853854345064062521326462131832834919
499864980726432378461562662993553737174510456832371175157856118212
419236346399889330095210438991725258687498597005459287823650428587
220357554390878665830986013661054325784452103291982025269483919965
844950453739203591811577320508412426549014558985846584043138196318
725883378940205021919380790426344275429440074389955242171129050737
187846208862297613298012295858993829037499632039387154923940677020
109604808192936818484530855250428136959683618967432186278860237898
733105092136730575450432396900107395741543126869119459897322241977
354901317542436757092278925750389662735431530721557080171668208818
323217752715050553241677902599710129791428473494959704223544636408
367376031925154146253615879057901207175686296930192502854304758697
665003447009671440708467642992168313526298385469802847468394019493
712767406199394392015263910620260431324561535528204151224995117923
018408999423635914833940524792052591243621803585078022164543220221
928840245220850135693239360204984777319030454603129936943603232371
570737122855576789126565647032465918759929265290856389096832614371

626779902133790317677134227811522601809318732544413118956038632638
124478189322107970397808225177114012431650615697543119194038657695
763767316170761514218110307924163160281818012415572326995897641306
644745496984286776762499628884898899458542307121942645457678724516
868413624136779007318012596664414234612487544455783641065666151614
256613218413378254428918786820698215368785823236174392933281289593
958584774039138487218394433433515834117116834249191807596263308654
344690362047739728690343805485849640815947039980619474569111748618
447600911557373371119475277903932300072483931037636510402697550699
353492031336086693382203419116494667976698026193146112564322056683
016662602992608722324059478364007970761132445467410176078199079328
255132783063808005904028642723527625776004639327423561811135094175
089413993832598112694767756754358328980683597965653903462830461678
088507549952121727629516981772334227364422239092677532400783163214
905156078119176423981598563905596971042621020220348784779970564686
791384420419592391501357060919004119932868546816494521375357629857
001700741083644980336294746524881901651479613172052911164971062951
901088462515260556428893418743022525248671937441483080728641632286
549541534626980793968848772011069959674050034998271833636963269769
509276396227067492666921779996805581254007584294125205813365577137
175811407211582181487999195805199117352840471136921785952703305640
761116774340779439820407728033567288343129765775492395212567688343
240530958535836186390537823665010433703192173984022174731263783357
546435695731064095147296798448792016774704072681146748351151392255
174891211570364718019247193769419396656576443590759555648151215679
056765824917992678253585224744778864406300829679147886565470923114
687557688792555601060700788347339523432903033176662842161314861591
468277950370481715859655704657407387386312641812853877030502377895
286088475541923159908526300130953191655340290592988734647692839490
676407659725908330524136966549562074309226689526317230818063566483
199453970463405964168997447951572876675886629735385085361230967741
639731875052229243772146095323020470302095778530062105218417406135
761556681414301899650485233744264225890584769532668542184365478126
204592019423770166278367571877376337813129619744076407035840904187
039011089205021049078464182546630031885405204753794553603593640030
820088722703653707708527393402760259385119531265884930734062960905
394314556616651768679303848322939287327301691082456603462920963416
281001639885986449996654732755298769809216657616389070096878268306
247463951495744581771861790410319431156644300474453639907926697696
917088735444566075109133657120649605991395030172921982698367104477
562745699625387191837712796829565439866897371924021541666724994257
836037835416308935688213720132728406075267211705121340137534674198
224443866758979691228466319693329406092357024033831247290644120533
071219956410308554698290074653259903930978193412637880394961756231
664251999821884141207833761649425644459297039642321026340610693413
301711865811904559534652936139851553982302030826622895917807683453
234633195843990549249752505979666512685783447891031971185927646539
593727592933276582442573110281115168141179995494384455506398877662
444576127829627943376585936050362149872029573452820288490825788500
756183225864630818843591171472649812718037313913858972298540484001
808504649690893972145088219341452980167440518762657292904458078248
222722219041952745550254112542188310092898685857146081965279117416
276993380061023696678119932121593767692434237488695909932946958294
835737584771749352957692627931290539904111397678714051690904101444
976183298849362159270611979663469650722059913919338100548188515312
037402984045276633936964117696596189556420179142408140687826331634
746519043530297407421915703909907263053622457425075121784846363182
420728945600995823343440709047534480505928774744713308343297388574

365691948715731637845093972021305792610883406417126400183548099347
834960414259469455484599880076788026603426219906254945175343249619
418758909047637705842685956077983232161372520391300885480926371233
259635238426080062256844781902575027567757933593833924027742116916
685001980301891081185414430718621465530302530874395354598530349008
875353576446577107889373567403330613487754682035260517724849305508
481304389978020398978880332522626959286104576945778130759785915222
259654090218413420425478657480907355060675081890958161096307419362
389537565041789585133011130940743885760889230768132389734449083657
340390725086663908612335401295824274459320839327724834466544378431
410929633707044037893755259667901713669668107687478016546728892416
176197048280123555946188536297944217362440238143298724979488380996
573415026226857045753937618640793558817304189536056277669339421551
198496304824331600638370961579010717232737881176751846742967604690
260183087399984590943990897991506819771082181764482905012342204139
023443229373371569716930693800924144759611699145445183793902093575
224725791968819919903473479392573683217551096646645696142527743465
878085464103156988160339626543918599759131058221880352506890915915
798555339548306784396278857135072692433011331911593080177585009977
637901348754631194849690058999458259221919894493618160300612362919
552693645886903382663739625986732482623527581309467245795126415412
412333224109485209631491860603839354913143564757632340901893196839
427089353742576765205402409121635649144627424899370814921036632612
671055220278153190518120838578869906882868407676489401257918464457
335393942417816671722968123314509317551664070997893966375799162224
207214249604160798561861075546645192032231153174112441462325623048
205681535897413896597321145893400997992530885880960006646234601132
133940160175035982512267163355395923033608342753477231486044442438
576263675150079279550213540230485361368647550005570347499233841181
348175222302683487456072111770358072231509995929764353219569323709
661885842175593692971524628630010754082179814356289296381212314040
925114029980940402323490888855880564652027661459881978597766720690
268372754246299598391235207906845553590650245288496489679466923736
215623744201207894274831439336504915512617695583402317993005097138
414209255603380304526534147588999440762603213038627047720612443619
370777535000448723622343751397980383114151507549772043819552737108
044216678765545502989379840959464544556050978917321156337514714764
746841757639948573325933569601783467151221844480019046767555301279
039238968746424737300691852394143147360282410591109266449610979208
450327278154891164906013133850879613664306837903050955681593774462
162296689227532396333779844893818472628300472314627286511025782264
273782844838976097302514180719588049998035991739380712085611331271
550278558473260184921765260786685092148730642904189004924846021181
587501262449869393785908870029830889961310278167908341016249465705
921517492446726194694760392839047928909251029538311061935428244834
100675625824862851146843118999272381915878069021709654789240182171
504039382553675010424244890068537762906962467570285690579361570521
242533770146437439960599242938994412570196324119720706067572358522
529245988904681355176228361383975251535692452256654222427938203274
376179131549015506447412705344091962400099046834073646056869242740
612435588055201253814881296282056370142993530543726081574628624530
891239325295642963072313859333759556103774854510477647038349206442
125375003890163807672707750925950732728879830720381706143582065158
865531457885365532486508845696617160944113591633589449710048657345
982618108400122210911550277517790987716803999267975760526781096405
175303431378626872683037393006004129497702986201367467772202117432
062368089040212955273107682056986669490000532591808534180937809057
408679075297040784858937168738020559039904437266948407465513277990

993607002272336648823952762574956993379013733260275285775298539883
377462130112566854643836972619469763089870348100211259000564253706
049103533483969736063181859272227608175480152370312117832221949361
931761462752448826138710632928673754687346993297813469399886040485
438872243404170657812141249588244795048383024971760248590491747800
371587613917621179670219572783841842292334545899594387250309344787
576957851919956658483945216629794850864949140465667951180072310380
350014875371155604890875426744329862109219797475717987032187482617
407986452913028957450456687692557691329968857316295951540791316458
477845453548523488630512253400372102142367295133784985086903930875
770202492310358157533569157173565991981246952657736011879064040410
160183908155066268457597263198130969412139350454770177115377086668
195487613199559430096634289645507695441169124574533345763646473046
195654690055997476046306239418126580426810279026409854359176746549
566231024703806506612795529836218137819047800721428636880355322453
427566867003076246326001320881814932479631902196202759529717181516
210146749516116626518267875254622397163987030418685370808346894278
871553394627472265269889727110420561227910792589361050848755842649
550068584149726602535681515900503377024513441602998925360302025070
857167319977848998064659093567037826150903772871827721947705987743
363690383058594498290240367365982345056444318917544786852328031554
409687225838835221861594548376776102759226683804747601937063737158
519247511945118441558390827244426571257300010805628577141456464119
093498524354779736365746496741040795906832889784160814453506619753
768856440740381545993869640105709211053262947386716629306661693275
387712273018755196360852214596070454906146238066785918305177392883
838759436655194835635990606288079111870096893801382302793393841247
652757288565129975851941835544080524877020940851041725699998265759
881218864513610777658519255610110515884452152637152090663359054571
335050765270195801932947457129394495657969892745255133176900306736
899919824797563896841471400017861903490639168347091811252573196013
662586308974548716428722565516168724379892124491917554313145172685
685815099366793687171590489746742162179371385070100039684863497092
261036525785587639293532018670546035850533721423948689127590036583
662234113309595869911594687963500368182519556885278062799589315103
236049820093404102336335938877386723912294854841690715111594928954
193425111938249237541398007886900982943379409965710874601307757917
996477181136567813462457528648544638531775865137550706828261208681
841990855830666003809756049762217677464909690089609078269271819499
369083790254340279186471599013941499641251384097248205657047761921
094828365278009603870246121333069133522734831987983582192886885803
999437934721202064993092203063249569856920492475906249845603288022
280585269343621419582926497840270514770684230950741484245820591490
963522360008744914889887728615037365347643448091611748829429540580
659681736932271657821786137003523335758991636795690651609048206475
830925086898157361266580022846585157277124748610804916576008376267
822936590614908952363249698945799870000693307223396103693484093095
393580131571487439186650790178369800292739596715508139877948067149
378637293814498793996449485254565266914765877577459532012465025176
143157756196571329247976346347310452914606134934430214836096193732
506280380219081720221706051655298741066765847428410707934459375464
745324583857332760384663799682186535567695677607978650619851660055
136959264794406243959300225887920747628783293359073897229719409522
837968828491156446739896703956288207892582076789454435700415840320
115789429950026067010427367391499221688695902136362057105185540614
264614346948489810765215409411265451072532846582969993534358804358
404544871841108573908074048097208473217364763702830414205508140539
250456774004090488410875456114123651437424219813933456188708515395

909951446973731630085687234115702248553861272012343680004069074473
722881934750963815618735762883878372310423909699855059703435180448
005133787219358244569519209073306085570790600097916955060043482680
470766065530677302454945343052284197288377150851000077358921369202
900907713895637361031311332791254503817510694518687760790499390588
628912687562950438460717304743481537813571025521760587141189965508
115257317129091654132726887075636620916743740532566749860436912152
023820260897776038063603394825987359426171617617579590645022405715
675508462935164670319705223399491442380155437369963852689158779533
356452605362112531321383193698560732376981235340004417257209699386
639814037522842721736826101915275970810214351091621418825166007125
945055822492278572896523994150878493386581901441776332410634482382
070163274242294779343236679587878418971329341271077848503819285142
758818916711852082230914455008243615062921385732236038363216252692
473257025409558646659742218626161265629079258321607773463825056906
196858348628403083565305959962003788300496700316280058752693472872
029401450335318127435025468038309594163570998633591951385164523491
106095109988089015086853779154470950345375268795617570638912381181
153696495242564294775337946672704981667028487081203027208647634387
776527409983938221408578721000452167040681515668016516128469267581
265818247569295095345936210743166608821866068804215974235497923216
176949636207016958039007351303625785395741563187492833290872178403
575289877387591143849147438289805664899746189361772681116839247499
215156476282807600895034772751750422386980204858847081290741260091
435555243053320738988645976407822497374813499394322483629786733691
344897834268834900642869258377354641455718695573813007983364624024
076027351915386851377028048433669969896028750867761151131934184423
468766576034012106658161311292514596886528068686843269841021032461
813249663002381553726839077533353058072876094180677843698726199210
329075732147557419138871706834611646686541893268280066000343238472
829526318856758758451265401370894650244157122940134235302671470639
506242437520395253088841953187494176181120664650578568714029551145
327042548028092743653647008450634387239336258254389101101545913900
875188665507693121393488005055296754929410164421331571856941848875
372742325669089646848372641318116852153046142554867403623991764097
777456779058671969193808856852410640407252097369964210458692104677
218015023507910713622214163291696055551166195938868400487351081019
415557908065124642463652379392894010614462493392714588491985018631
899880750527376600432134022745989350180096308605531247570364407741
279670321931105427183944715364973872337796295717729330947450872193
838288921988691987730073693715567983204884615558108869948790020853
818472031198532704180065992820856076621159196853018554270099633503
924863125339716415353097156719373323102926850104532287995535325396
536089846321182030442952237322217874709832793435013119240447624064
455426915054430476307929044201311243875232777462035775455974090457
903928655912686911442640517906550734042364121506797875260333175824
907937277047764433424722252974197583489727467951455716947809850567
640483074886392963258564174358094830480854401513208698292399868612
948495355971831604967637081992841928190206754147068057517241608876
729058245707737846421143307643742297572470996403300314156511019093
302365209788985472543366670264063735738210480847635269988235443330
611985006347039121597508504568115178858505571473981910747504449835
400820796267077168256409525788853129294840309798068678964308133715
538122143584030544007112811514246138029646537550252625343917638022
445819887756398466642540971993286459185449980995834323608333893944
238799600447476938347306194276840372731720712378292969416545531765
063217715384844760726997773124279943515856861108745555947352363104
940384208436436297521003618589408053168430222337342527851369523342

5989245179481363603865888613210857485802585552604722356303522233330
7861287261532634304722990961270968867393119441880737470658102216642
9200000387233415797654070413174977759756614324155871348937038664456
7375814490658853608487443526931875924005181129023090799722574709866
0593941880647533873797574543564267692864221222719874404424576649899
0950371661913222516079762541091369137359838071269479136689424912221
4508524782330047186950071468876863759828264572985103957474113093778
4763560186680525151222779366094727416541509339708922146762677192336
4436422167922332025875801461632687890063119132031268623536004044055
6403766368994402333869441993578534383297859803406737260732796073224
4501454070738960925044793748831341530266189608829004920547225885555
5808327054111491554560277093743858539132154762573180254036199725446
0220107088504197530423608131747302784358784758583322048401339913888
9690132592992655921834762256264285443280821238558299776539758846991
4430515078591065092343999768154299464339637063096516272246461322440
2227690258283301867806246063368683980635704542731545511326840232773
3607524235534235237443436085277751969785056063581492813874068667006
2673963757681266119570669865242700996680844617041400798325575663556
7947576538827072754791372579991561173069920756397366275274686928008
3941801804728509579850603356926504452010621483831408376716756373446
5897693359351766742190106548359812066032855783179837616134233290998
2292397474629219754123014382446314348355507397350763336036193101661
0748206186113817693432787734128022264101309430159976219857444275008
2994215606206552795132642628173569016294967613946845049693469651333
0063781893412153033308155210031820285829866333652964048065042410884
4940690837386402838682966808723962443095171039365489036881730731228
1715625982395546102647334305911058096095317439972366234641563540003
6500645471459399488893930340171496584866929342259105214998823608223
1009867762751009328536116082264145693393834562833201563546529029009
3726593945590767846624332608850982140103349816948630721829889105777
6595171889582058160144545434545442757227645638872814720858022704444
1439214665657035351768599684698528206904126348768519692891995760110
2121308566148207565781660963996997620308081868458549422273635903996
6611591377284134226009094112199303884467664819068652549056918401336
5235335172116308435421480794996269405766208237193140059769625069114
2789991095753666919528889755327037437879645377405542782785722307555
1510820847692076961296208565721032860759400426684829855009618415552
3481983521596034349313883056651676962210216420386551087401238086998
9406539246302403479558004691822589766189194170285345118061588830115
6579708775222034872728326587814651725078872954097712866271895474335
1238362811035839448717919277508799533998821049131162655474230977663
4196721029145962349781183476018749920065173680979649743507437395220
7159238639728455399748933873614384686491005584972898244833079861991
9443192311041527651417432029677765598730233153259850394152596727882
6890349767340837156513478831522190915289925452469193245907084067771
3143699873933901161628033305688386466020742029156271803147569469885
9368671097518909096304656080945737576749450440852032163330374336775
1780819085238899480545090608023014153771330441213467883973327361005
2614538330434470604384383722232311703041148654369763944816052922335
6123730986303928884455605815707833162476823466253055354460474850112
9175529461208663589193567104200919639074574427357932462046645922442
5021014130583965649012480061810258494352695687291574309826397816773
0341189945858798449314271403133336294396964178104223793715832801993
7810985031270610283172818350964738060561737233172542293794085319337
0110961907033852772609422279433231524252502921491525103446190494550
9320637198364110713519310397122758107356375818839439541132291943003
9098834060724134269109912897419322065469987548999864212828218013008
8032902228719297798753756833649232410860526448782068821370414848224

100897574930504070074327121325729043584554690960477101931128459287
027688582277512097653810989196621293787719382435222429948889266624
546036542627245321134238417225241928089577420796867214498318376445
973390473537389570648418880353343164744017779415554420755001484557
987077012383396707733368087776877648508057094099060244846456784833
771206384070606019052821586039573320647632361254028189167009447527
644450483761384600394736883335653205618719890606035058457864489260
338621250720210832856743334284383500161758801070698123488828160270
128892563387773784314720320837840167130111273401094019056449667845
790626008717089549781806866796979385555988819750643994354754745034
495583796977073945898386100090889420389046359394857291959287451200
248650815915061144300974663567677016426795899444525618432971938857
831993037353331584446236294113968724651977764238457833453215939368
368799422474226533375562041422823198837304436486619014246491235827
592775934457711292324980074926590490193003270911160205058434359720
050532610070513737303987928582431462242748458279853683981520415061
977985527668374625659628190638546972553787674299158133335287245675
738930171600124923945448727007104849966909273461137142933299841005
245718510885647881494058716816709589082226023439316024388257609807
385722782995557746688854149916823248106992267007115737640499511588
699616023432383381640417849746159887895652955372090234045748944537
631511711765420356285809766913809269628570812272258944556971245547
234701926412994988413920937445444579388446120415118628064476951680
776452567012887821405379821630624894480593933044454688606140699327
704039530178647741856087743755641693870918607866459889053288067213
407635439550304131771468944098770355141383325312755193985445239029
484924017554805865085864065742348412394277946253568891702439376405
306989167898153993719903969007455171780260466048374664812688081666
944262940440477692651094912325377229987672312515094480015430637783
318753240395664015027178943941097843957254506916055315589103122933
048897353458159752208022813815515619873665301699815198643336232419
882875204653002581802823891948061914523254359915766988949539500546
966931586746790210490102002770601049829917799262331289125622887083
941260547911189417060692360670116147281697025564225043894778645090
907701105631067748339065594710020665814922128414119103926514381527
047422274024026764455225692239030823825360079782918528623139266850
865890191272107735259557658509537869683113263922701350738362522104
187443906814888185627790762761961138963296561955804601519119351662
053795879030411170969352645855779633371699679234386952672234474383
002850228115062126392627916568409357244483445371020044095021589930
214993364127587251491937799407386714001341492087360485423625756344
526560618974444687223218562184433420682070597668029748218421275409
808128069884169235614988732439935579506124220536137083543270071983
240770396844895924647791008578235825625867975720243611287950614667
378305227208527175210889635956314424474608536330689181465296392419
137935824357498226727583874218278445692980104693956946583854910054
146621815328252254174828775414681473224920743626565916272947957409
490240689196237870161266952537570735899291865427575484203916459509
669684088777454757416631817111481752757533619661522045013343733888
498310949691298883924221353613105336667914865370994780317010563302
892938286737970204572392662764586950046144583076159126333055813099
599336676280784456542123993202846837249444370606967186708023560211
696809766589385531375167285085268032423640525188704217732256212038
381864798041831984347189887627204511137414994839154161411342520728
693431507892352392001252753347552522022177703414118104227972077592
204192835228195131592024371143670185788072005404295897091155564900
682869134514492780063769237424386773813732586148492813976007223365
979037331773366200587050818873262164998740422835029463743898925342

562437078279091074530465917442575313277196313548194975616710670966
742883471068033843267373375977046729846760122798258110676761538930
510031548375035381959159345636790310306089401565178688570108642488
447516362844732523767537623039487865601983334467199674412707548533
993646969421268155739239998318759254458662734248328554773502358553
225671960910406411441430553406664459251747939725314409438432182742
378224517453424424846381765216831772144290029509709972519052388756
212248369980203682053257193107948776871921548398137173362531012824
747371680200852158860485933889748014502013853939806619762972107312
363775733060929707297652623225948635165799350418295787358098596121
470693331627374883792238051733778673209975229516772479924044766913
342197709869158847519512354794085255353161892271112387434194357251
436544636378447684952637642612675671270120247445655993474096335584
245929749909240681691133673759304884985267642950102999727136199520
190386707357294903404746855636222578729492194699492639600138478500
730291213479870511721279838872236057660995798594344885219428016758
570913855371229847337095607826400323989293435957708972890603849673
982387262823649486761708481147730099110563510819848462225123163161
604666796820549170630840617776087170129544896774246257389520691117
940575848612492430403473920992235182338985424196950479634655254376
814510250989088124110735136888629100051728129724541403044907815199
930037436764986656911633350853337573155536950749374480462353228523
387639811344125509682868071562239477762035932762579246903925550590
520576600376934389553024628542906628153313539913114245974576205874
362575647372274189534728556440697958167204790650605766903854620128
339834828578950251596914284886965999160778547319231523585280715542
129913116620618628524336926393954083693036241673576610775338576893
765415787289106429762881023015421194539615890055860074532852015825
570383138390190706007392110900091497678676538952854213005313915948
322752774202122023763785746322304553462828100919289512862720610491
867872771603665475187801764456469336505420615459553001039854289238
226192750231215183369890467451330711547878653266069693185139329609
762787383933692888194262597173509567135132229837902800512364146981
062916517033171038350783351785130962821754376320524260677326170263
060412848344846858178501563728073974099767744884594732220540746626
927211439744215369285476465877073674905705301562721581200055097947
542283094999096844237632221887444575591247486841569691547256779309
767291711394067169225139864877732534282696785691902696069987373270
253426415394933486445637776695461760555859948976608473346109064284
927965844645266300165818304556552562349235038718678212925880655522
992779142080143107874367438612580262380202261796939795666101155656
654353258402219277348964222406773262803420646305016189711098657313
117650294981746379823027511161837608793478454837294982097494556764
530249298519064128473280162657570650008969747107658608217524271505
827635636447615344109917471164246426804897634033724673990458388861
202223455921264418204872462233691452971293267773525231720119748111
900240979868412122864373401569243629307607813772013341381908585446
732304457557299395307020143513409259360300871246644859642488664114
225490433150290262555094714710583393676548749964401012059497076058
712529823966771872913810637870547331811893520139713996730857828576
793430834079459106328925507235892409185157211177464452686350878282
352207470430080819055846551957199398894030259207089803082826204505
431141173275127329754566256955515582957157647293119435291618772897
973853273368946469489880407810960418033435477400518967632297430262
781038482219241165771837496092001924970280696423760313579360494386
497368092401646021110770021311525993403121079855846182649043249748
796329435905170684029698663875122770548303086375315010237871482779
196928605246558873675221513508425685528407492994676644786421122054

211798388515521957259074920133293878254456650574821080722577976194
603016188083255604838189946789262403554997874011604075520806931193
262343242697920546216763003198638862290016117658876643969403504606
386896654921744394392540712427130168601121950953101567161013793816
184934341672530440689725901361973599001501740861281904930124963212
167141900995312306584256116732527490462250682264686913917818281963
865999869783816744856738070914305515313976163701542680376902614917
929541837949484132665057472869247820570341712511120726762829217169
300231829698301393075691037311653035096216922509045061163914987804
807032303150997385496025741128524471732030964222151322315585465241
869369453750581094875930938743990898016565658163393093972745063873
921462883205804133618221352806825571527870724660594854666259845854
292845413968566132365478233916158674876024865913184549396606448411
205311213453792414400085811964722617514100237307382450468324743591
031505894316034222279540477685417405548619544494457895823201451603
096576999488426564378718008594728151522405275421835606336631254390
579493922993760555368607376648245242781335213207352764339469261080
374073427362336314407885390742843143554142457390856619619904900897
937881981042135822749097417002198562104555456539070874422297963576
239020232929334977266496182079373357105882324918157342065673186264
205856524278525845152032746612506847077250718029910690292750233478
770022504087092708272511389359948386461785558444594390895963442158
364834989063090060457736750592164541391999702874825964841126116377
164535669247553695363736626818218648015740745150912717800691534534
842343489915808644706845272711936420942279976302051277704141636281
862268158107369658191209445626957254317623196843795668183065739222
669450720941606555339680053217419862791602349334342313640954691320
393613393895193553375887491529160915869388236136933093313269107174
973049250811082565671731731585039939200074181844160684167409902074
643253350067748795711660142996937758292977596886463497450452884766
490894518186381253213946002001724543868309586049575146734682880437
659412180999411933603134669889258501535826548414355344024378835955
454988471692265807929010450876395634137634678405282361931322871932
679702962607493170449845343320418334938949105015516554798583434145
591791924278101911679629737372186471046517024695061347830794201178
958240402977179627868301253877704964613771812644111093563069432170
176704083928570445703506876159568456110938888246000543187944762334
946415128353894585673790090999343194961504020710649676916394289197
035140456533072666340178102467957850335354065573367452536904657431
995821052066934570680929698277228257945222847532001358530910814284
779360478094191802991159458547337298823801889173864227155537337678
190613846189599394128165479384490729854651521781698624716251631773
351247105178604379775368957308234856160226447462251987808832648525
243034511747053646059778135989924003657161339435817224339579261209
823815120389168439154889807533831007073116556121187497436104635266
477653679103577942345636996398977003030522545595721780171009850035
291256486779400169569223838475569107596740863189966611764049507824
496553493227975824451116970700334106982927779196896263005572692662
826633845389608249700959778112594517031787408154467819742247936899
685602350120491172122661190368797977833379007013734774623937064010
527524806900939933719849862605607636878164471949872561905723677667
636865589053083226229298856022733853268741119640148903303471630861
923130178943545966540253679788125274547513784826633703403394227395
912592177253096629778198034941182694324148958257042902811634613664
721147105621624761687365757341833536785164515484704823247598679089
696828667647234428065500799820195080226504490085101085046944423497
347317022301697034526896061620412339412377815493654197097275455311
756544762487684172540005119706912220085177219456211989161912143977

12755815618317477414214461848989538244390791153891137028376927613
538548416444857682291265891990691971565014135085804898180126267046
224911027091171825380064126453394928113048722825975388100428039386
180079439060519403777684666736116110522646592892365714765809060866
253220742158894868329134838086038069908050337926205938989405047430
822471332402755747104026359805025581509356900996816173822101113194
984531686862426260023087726426068923777151945624321659128049286662
377309781519864981696562031877497763972401459044260017320558190972
217540611067049621475452895620628536299396692443783149172730768415
942786968251933158780723333084651335175096565788013899344589547848
777591718214170721847676353179377342226547603928656546943670204795
246732917691219572339889747651151838945326670640516875389576887109
189388471964083219410960419802419896296438959847695680086619988135
087875933994771289870707288805655600295807733334426354239058475146
177281957538481084906859478237249733070798561845588170384775743017
932086643384799853699796756234033808202409247159926474884064511646
046196194493130495275047789311355004979298424554812724868317431785
838392697398834528811335262308980698709569247839954853796404090609
689414075222405449192108706476375049253087893651887846225854333473
103256914272007113730339545573515087994605307694238245770397590011
073653828254283692940714108370389939610261880939442418387215806316
755013747412933984670566939122121809855626221446507896112359693851
095894858433645300521693495594497611972668901720814880639626403475
629589679478386069327075341018589466407267888675595283841150149024
903100325782625038048018163855207986285050624747396449608864750835
312304082445150826827375606335417453636857566729240880890281603840
394324190985145989659244278794289089289307980252222895411581805323
357966337157956299527059156581925827422473478507224728086243723112
322237708835804232799726569761834571847572096113618861643064193549
008208078954035722597816527103664349542483517822148338040109928070
685765288337806597142144243781191476453837400916692309791536572602
605291961098182805414453135552820901681461962489053625117304098124
521050479827223076648243514276234463056762692615661100958838390670
719471560970440740088686862839553781752965462529035279945805138830
028160675280536282036318284523971927224436343288214813864990974774
8156519849933408935170309238953538198030015712622268124854475138133
951872482231606530812743302674236287763188018603812319191222849818
523573130769708946922846257295520810477433267575878305088752505570
734618433197018952764793767755217215464448874440307303862458571588
845359711368016251063726858893282790852687070109785515825531864100
397480134817596167607806319485531226049376232014085536851989455227
536778327529975978101772802830372967687932527155807208758325947289
535939167466336300026908236195304264291567644984200764059427047291
192447323727128977960275097378217049574903632365369642001657072245
901158972511872803321536963586666601087818579552498491387337979253
920197378143325487581080985247028623980380792464260724113336467236
158957343810694201463968211897640351832337160142282227975047811048
642840704636334448476842714148748673561921378379029587100878467374
691464130845805595732938731541375057992937324000498239795938143475
486030969839648674214609373456315747022549077612689021851822481142
925644995841543660081434586444916928848345819034035171110004037534
397637621517457835931030802532846181783691894109762374675594643365
032550905062991756613241320781387384205187946107878984156740430737
165641344508039676475985127139938523503635249058025390572743421373
625715283037476193936998175385744384303696019329966634123663291485
592542369028388847429039006167866314610934639559729448720601001974
545130538813566537229818393222863507640766966926285840374649378380
495718705608206996624024394533795119731539300977376214587429408284

533332737981564214675693976723703976315662789400424364716027645802
909048489353293717907334950508106255047780603991438604314828510242
239618219660140126859718566361499928190533123039101099277888679829
252338999270171277671858394477473405782247880622762844771054918666
045173702701312477004084051596924027144678091861316083020068896430
936702842298771378861197277925468805501288676170444759294144575334
215086704317791244468207571657581521890120500435038399581908290900
385749887468831703843501271230433923479663069479063369783131770961
963367862123508858315427118825520938880927808233103386095395796355
490683911753698093456028724733862041661064018228657152806529111995
386109134136526216797992092312050777633991096014683477605539340094
504773110491623231120257268494316621753265488994855962686619233545
380259108622402061216448700226333688131169702998762733079936724815
700609201460185554759435973347856574396702673716109651793024931200
202477142105109996580960966881636556093098545323163230403473738355
391864054965634313025043403835789988824268508377193407930301741440
731124629055243775243284454032108086252448943818395568062413876078
541524424001577843814355470592460752802293799923413741855185434350
626888382338754065704675397849956431702578832118442601515253744218
074702646834293579454724631289825201372524676353366282009664551874
440650434186303103037806128720065988799978991148261286785955967801
994210989815871840159420781980536513523519556386569703171395832943
588624060462839747788437941470245875315519281623982559976172162346
043652391035726662483089671489303720647593008826147714949516111086
561371305529030061737202892389904334032897813936726157421756215977
705879806570518993164903335978919349052384043658363592166311503240
260381145947251288284751071279663604130351241251840186586396789274
674124394867696402657599772129493306835033160253613405085989465597
331748587275598200583546836690953920417190060065387483512021488672
807668735235693155205052937712570616508012129143804626265147784352
887777974075118847035414558929309431496299102452548038323153668636
331126318042988388481572425438309873031888560158130378923286189377
344342946795957770854336166424143706541190797398942222137998167376
547715233095754251219536883603644192311832547048244836289701037861
370266437138590420099752137072209068404891078636369939871585586845
570589170193784998557202222850502836483771928999471141104219185510
676700744157514564484059704869905398921538218279474935623752543106
630561151486810325708241725022168275215364228827429356110161287687
902326790359190701275660611969404515725834565506867660106176834745
615099856027185657132442156569334526134295681861939542235952840218
319319058206413322669363195710215542620531758756112001628792497230
817956393483137458421906926194963369843756208586325555123968158738
830934490394975199715443661837140798995999620325437257963479455036
322847539240985045748307984647464602475375452212277977730245955238
767525014016117602636344707992299061879813296659000708066206335295
205657446618944620710383836131253485272645123786016214063306126658
119030688862875156311503179447141603627116980293117746224806818346
444882543456668205099775330651008428207230417435191105790140939557
590750279056653619716768576484418412325042111504963817313931990921
475973185563002229606733805828619425025527901660752043750602682889
844427421681923198909864947888195415548590600801751140883687958957
761452008198705663103068287169201744305146594216682429611213719704
386179019226219105806843479203252196003859194413551091619910703598
958648585335054453651824025865704202381212093889178754313700342525
716999031955716873612973605800541175744749525279105145741810095746
904780998738821193632517481522211030053025284863966050045749577669
523042077317895759463551341818367792388493538164279487201861349173
227229996710957884788878581307490458235991994278184047085100827264

637710590326081791082266951829303241312454161786902092200722913726
206288416627427126454396156623532903793196710774172764356054792811
489085169582084382553721983195668833292593516935935200752296120803
079665123250512033045724288071173080936911854294238275625269783458
965974289806865215490548377353113219751540472343087678041251742790
038558764757753259073673983107666007960136956515960048443020669835
492076568830380388568948440313562273608912034890199873511812071214
077868632529958944691335513412987815305425603698374399414740432101
128518411101679957352700086573212978414376694382395960410903156435
504612094808331532522888813107938482210439422022193431529094751148
814110260813043774479959007102333014763577612224010506228264281139
994842191051753473305328433819717255231367836278965215786918708946
170562775035778489251738155960963676949428142872917436481593046466
210118613088466207218176605883809532477726705093998815957171387560
027025653995096050954866877593950888321283388943792865124824281395
643115676203188591743624000496259204174603398185800996779838328333
588889430588723930874946616067961161956457549891972541234176324750
355702036448911599413371403805166587645839834800460393937807833355
846708697598267526054576417463946444505176440083155855374304927587
627469019374913106178521462595623035725324132305510242893440436016
753858816469739710217111853862407651202460103680764095898891535694
422530033534995737600776355923282849038891148750432656353587065016
619591526216061639590105309139936721988696975948781796685141310023
771954511650361026472340456407299326233585158540298398667538051902
251650052518398336430176464469536575128858950409463295745357082070
309976601404105090718192595639776125697777852566903964902900100362
222803664975756763220955430998386280461087068649192028480768356444
355386050378524424716405586487644326817832957852496570333991207217
324442819092299668987692853021175533719552032681451612672776693968
515150210937638957825681474919826770213384739467481575729035920336
723103131821785156706487484479349609661987527651069497639651819412
372692059130379662287920662889124983553781374642262776527283989092
953694770809104020712370312830073672924115339164314237400633698398
111717453438423146922338002052633166795507731559181027237112143873
469345911916863644904294483790225719317523206755174006117411394278
313365246852835226678466374221049465266794065866380108549933184751
127075692280443020199082615985528019310050594513322911806458062876
895649189096100851468600871722361668644174507898367322174940329617
495739694280648610424684256974935367036808078168088115093220388298
758868613998483332557902142846543868221607824009414250304441167833
341541760057591688191667775396683896408302775493650516802419941486
653927507528119097152206409639838564851854441666134336727390150740
574194882643075864937769101199072076701183378714082125647340782611
612372123839093027517671158066134967642899078527110367915000764504
086099766004897077556378588153867917258390784385883986923188863788
250918696106412097133906234177719298111055743370843112128635295541
209272321219187961268189415283326269597094039427715577330025501604
184025952476231542292040397655115032023064858273339425533555835253
859310382670877098128068520901463824298996156515322330830976227942
308776877860371418040701762423342525414247423669062209543413747585
425483566395739907290133932698526768178156509212032144569259934055
048291305272314357515080212673978295876808057884397853775830754350
169363604120163421512082933539940314164638983192992216655345054359
106448483196177780951481596909294297705163082379683427005901548736
441275970455708146690432315621620224218834373167294361981393603750
635930757032906500152376284879379082558533971346919411666724207840
799411327513009803584946554906610942588507525995589613145647668221
009808777064730516992543377717778150968861727321027772426439061567

376530107935562420463134784006092840188452013796691989379181538128
543573049249370638479818846385272474795297195450677611189522383150
716730989823909262882446887119736222736036947984079881961954956617
823990157095362904093940220082326290962495520849334116278405970222
491319926215737025366947777528939781603271904359932237348100880205
792674629943935450965226397178908755737227954471741072073382064051
072655136345780979294119947745222823139810299863039752049626867628
553613755218250268209287957602371210470984121491843548655763182243
275883111782109806647610713220780638404050988189476350070176832760
441165722109457881795287977944294381396187859580240995317056296320
058738209465743005680025261683265844601194299422335675654565709125
249534692764467157150880863531857890463437866885392280489869493713
072641120561036226619148007348794555392314578534198384658319180589
141204699421019723861179927034049084483286789622500602048026808617
692925966576756078095081281433830389998247497874128369483753470950
487363298076734349462018260457537358159561632738493815342136403224
834627253272249333392440026489592313945375381404604665204431719613
268508812496397233681486170231254424870551857147729030328172883242
663807575476183136975642130198361556508897126044683626510232975265
341428117480345399829753917427137291833545275569350411206448837969
609124112332206918268077477811480699494643362444767413568164627294
078053050925637509397776411755525753903812069716022806771111136071
796932906028016962819596008458275832199737631302603402202757652321
837740649061655120929791069362894819109100895588574676706973733489
289125931672620052580026505780988900254195048586050711549471684424
354820377534585305158807630519501067320752730439102184737266518782
075381255453834179332344967978765971638193281141243463877477450190
115462497805790935781425620054894637302634537541823705113279176531
058065083464568019487046970037318644365095623708816647564039983022
344318506685997310843506915891203292740978629674512047716795498857
957296507129737040573166502266728631854476537226903895563954279926
780135110989414046257768453978422859156179090636226306547699218389
942903232307921192482483223830213914538672300836640555235145630777
943593816450644688063009934897137056138036223066541432170121132877
802046119782178135770666162417795206401565284733255085249886782416
654403770815261152658113892395832065480323909508537177939031310627
120642917283581491714920769856495701791270690338863878874689012305
641253533354454845223426122808685925299256830406391771022840338030
973756772313664214674715847456187918755170247611614300415525181714
828693797977831016414200249678781241833976917157315077970703038334
201049326151147389217535240863274805184227506368332156368855656819
961324245930475420460811070946935768274663843935076770423290121101
816731531336821146118446822631567384059790849226525701002864549609
311680359780215148454423330311551743399473194127838344216445246622
631256225182638596441083649738294995499537585593039733455625632111
769137398571054896742765851911077867436908183579568894561126736195
690062155716538406888969191812461544350949145089772752985146627548
394149177193061806134895881283913776320157857643790677933447907470
040213138444468929470798267216633425592357782853827495799974818797
190038502765553004101951060957864307844052739505749759769986169247
289622740432950086852688886658759913008316806292758711801073082778
239655308964782555414977530310630672129218448832966343477045236750
060384554950783686158865916888568840077724738279243576043138464172
977819567940707270023635351073616646918041069455087847223271512147
570722790114662605356315611490950170911012337049467876305252520267
961222313919712831365025700337404546952130623855440825402696937934
432536764173468393050140129024349499795459636236280534649153689243
295652537879271369060745560180479690140368273177160396786954531675

771132485058561098234357100351945455956725997913577443838041632532
2097908768432800756481322121551380158696572973446495382790133353 83
3548277790429875765076532626802493349347260456840129482246782027 22
3817430894544487353297118065836879361586634071891190356834236416 69
1431188193225925052300834401674569298854395518453313000329340134 53
5082950670310274557151949049340723275937342961871034452030834736 93
8697984231684797386364906025228038096088880960471295942537506371 12
4422779490409255349298465521535848632573209904573674109777820249 11
7077272524427057456779394727324946826589156671246051703308796326 66
7584646176288106512331731711852978689152411300804941291519309613 60
2696757172973220961031226445657857686385015126229189870658224294 34
6698464291945690957821493585205819903720977319691721498702495615 39
7174389758548568845777399789964966008566178001552307455610854105 41
7181957335641580873305471165718902008361863473523827073510596187 92
7432960921171491287914844600263876385771512422403906695846863594 26
2695711644623970322936114756880431339151523768104787051569573440 70
9140316186679211882825064477206969415598431987614717745325215753 85
0097601571405378484520278233495125237638678109708877627629824143 34
4969491851746433623997331585098267444840550319344702936553630042 46
1482092831127280160544066443169115574859737134703075358126364509 70
9999690838846594221073377031196404291236910507120275776778215426 45
1436137871085325600590304559553424187375015178736968874172683493 92
1706236672979597527516612096226588059293087957596138590067714712 73
0645615269538655891263575691627603686026168267511808118115783163 21
8628164863185070745714213640536096219503716581140522085127687105 04
3802884473652556920467329222017530437297540533967498858797890045 14
3228975583926649731965769277663776481043002658551153330634114472 63
8891499127453237657585560228345942211193863046421137252236091119 05
8394292920631822445599823003617728488832854560457088988296259344 79
7456369155146483031100855157618396324331887316070621108062151477 04
5899169975254022884226110765601597204724517471469232115809286058 68
4085381406298697672998634252216653824764130860511640912205043121 01
0663801386142150348799551003884589078026869783605755776563045923 35
7961231740471533214791899305749021042475467982032301237194306644 92
2087850804151879078984628416188863993078212095193275777845971204 42
5473602315096877133543527647626669085848223762577880825249794517 60
3981960431645575534473038295620137533948529626262774610804038156 51
7179953578307327986196143129288911440328993607942687971208302164 28
5033601556213506628338143436256429103520658924039275367616650919 59
6441677684578192722078241475178427814351980021491146894437394337 43
1943262138366889518516726743716803007470708248922875294987915662 19
4149364319073859756227657044475336818854089962328837341887086952 35
4473715727014867021962910410843198125559823760529205920105782844 56
2032707415928975421975658185551411897935960015837786613113071599 98
1360071961985600643039476615047103055517473970986186283082461233 68
9937072010922350165590163387931117916621797153095475890678170058 97
6602482925877148116156797015946041821127627108143695463549620874 87
3399305966616970980897274354268321032315543699684985549888562296 53
9058080480574374730170930071609317604048534336688839314526173593 75
7713753040697041824137894951010163393685062438535914343126409781 06
2248728269780589374577595251986091540916859241991186013330701690 11
7768094758191640835200455293315541051041642492683968087544432031 52
9266056427481701840814773846172941838437704870049822278721928306 48
3443798282459600969633762398922528944239850033508927467956982240 25
0639842360360625543741737320250900031050722629970929405605436429 32
0284994296985386705534731906030083479555472952632664859614696778 63
1555038758837829403005283098996098429664622408319497788419228645 84
3526521992998241184857038709076788914121477189400096180669492421 79

0659615344023054676023753976649027493901041654976112582081797510971
1797507874820390227407078442777837878722595224232878252544814968700
576979194302144744463639380956402007993235223418629406432422443659
167226194788042571951743497917550092814883360111224900504356753075
593263916205086219354591360624956273286339902173488045997232380530
171291604027614222320195662615055816861374877007621777475027585018
129947956462975457833460379257184298256412130593897161215435651346
539985301662387813495075313126213012052341044293609876327229177351
284221163053019578794625767910269020372366957244181543949795205282
220022678752841576635513898908495150834619755593588174485939738410
893556950325364073806134282324431379283902350728712486501609182634
980845846816365007843325899699157827374372371632751207243414425116
907673303272241617653432105999836918263574393617446078828972931711
120127670490996932647020568490466500898660600273531016768270247770
164126115591993077234415726942639423129642327461391532288349425199
447905094332122065651331255492443834777217413422540147746233258522
535781948839398903981863921739605832824296857009579157889673037428
686888392707632729057847517057592486708539666854335779664383159634
300741521827270640714589098268556753460081654571885870949772899544
072952053976540993951054808440936370759552766334050737600741662473
659731435326587680808233354905809139489524255974830864090896898520
302365003701990105969322080099025741769368152126909792272915242534
518017045412253605407229888901589109033907768952783445590172362572
202193043627867201006947997390266505514691936790479595835913014863
425213743913509539479471141691484127328413756387889166889056430345
855496645836850746645640724556535429890419154493466329338175328330
367063592585167202505995321340853379429251981151389114540174898504
222590754014192442535638555092560037356789143066589662761304147766
446283565605863173372497904503880172358695793352404951097027563721
487695005178015101189125856270586047978527428184977418031816532776
222818518122790266629594272831535018970811804857632563033489880648
162864427893222534199698472599033250509694393749715284735935500397
451302458556182537277845998168447405804907621459012089389346976348
061003960735017237323584598663132565861927607164849817531096791067
167263009894183997466911141043418874919610274018876878666786642905
879955065077060270729203016142279613210167081723205657760758564153
809346487494194516673362370962285310231803088982718055385965646857
723709052051975393778494059415608426116606422552105971645633611784
214629347009135482222862845640680357842786550383453940894023902076
460352750027898157686686518330402772968541179175281572530435660456
016077643403674095567383041965030695700302662552526923829654736017
554460462257733210152140683444243793605381058177549125641777562917
772374126305022780138245648762155268809285697278224847945870006071
781494641272624395582410548209017057706646939940596883437224263450
670404831312251927674343347409076740228010934554786883848494317218
050063032639809501717590860646556044379612610979268716529272472415
196376326705729771007713654611537834258883709699301565991371403386
966681241560606305108710084516502784882727945516389288827419604396
140084847260070766304641200594884089901444287023061776726399081359
526260516943199020519719650522269177869468659222691023262591261553
969781643389448151310315167207610512352328503215908186800408472650
285558099862936767632702100455695689840132430292854596981739151369
550030603570540193946473220531160498377527666020598463757785155846
314926056349343778432358614423827891827195931599224262355372865366
532876134117734811355718629796253074780591388357119407351940420537
748387662048875298466865469030690500041329131326447601951954348277
678246422805479576487110335025983258674120294750763222499344170297
948250151167225981094200601255270303817115328307073797673100599254

054514215210420761394627647093302740977875737676392280809437167325
973998085252835756358624411166796905227937663800059448701577626052
157434516218571721034622989085553905538162124329139853417646686292
641986500126633218445069667169158281267111916132672921211553853776
353601372713963587338347254161485018247526189390456432958132372703
750950178097341799650046062046012023672756875229585484536739441785
141630080949834313951258045323844171255847254104244715183666585796
799864675864849812550595248781549198156302118060604371403617991945
454814182186857323777013262890617636725290324939585717222722996900
650373610987215621918265922436647047377635117398266802198628105088
521748412082297364240247662461652614327478874529492808345545093096
883993198576456366197815555359201927448581083694291971794870774529
846761012034794086334911576889342434723975184650357335848853663911
465583286510382839768272273892776022048808759962695933672264807971
034553733016098398698884144358865758603010854761938117486975518361
049950412288087336040040353509500409145909052021192303540316682757
296014831044644863432040342585052448427028808886223665580416457104
769707291439243386475215023506400622318602838103846482969298761579
442424300100029087808435261586075964881927431219777638537057825778
525781598558187802080600956174547357164959799050802163306381928093
137378222442424347985462344826617950420898194936645482331555173365
342935525936371871188671066661629952454231303107305850796146325847
628721000348467198224056372787545503695676515032814243039936316577
944121132761213501821322271229418809043925788066972937305437004031
568154016801482186828301403805008635974767803958867851123800665385
850086690551244914720335795078974917231821608811593031500535021243
223549504624301770174183598718000134055204564428236235677176726508
784318879339709265639081699038259760511252148966681646349362526894
092955800835635295201131073504032039304589042228742055851494373368
044804822142297008600383674926104865003153682819050585085850386149
573047897412162522226379172174866387706031332566403974828195804938
356298934675019494725758270608492855840001777807698696114670423073
022545111912069288536599878927385205434944412993220128760209694521
053059850718308041342448447378276811327543760478620364673027400447
515961625378024683155065375564891912018398089911499002269380550345
552681871441149518136465549580231815652732268961535960195525516631
472088507767211027653317393874805166440038268409261600774429973012
302920369783006832954113305911492501891604167380974803479382409249
359765638408591693873352298111725985266057516325282955328667957240
115072967248853699906517024025306671986358740773555360320128229275
122109753992023754612459732324852672583771467895711339969466585068
577281835381113229675328542353318650716282077925397165914794583687
543716887450258089503617484830121840758809481474115834043984370225
808249449337987439102215989003752887318340901370844409159627408461
439133405111714417111841660607736502271752724569822325797525489346
767599543804404004506369675442407320820091437664030349113291267368
830378281137836659511611345830382967277106837832639870778430293255
458438361480492566222971320835346149770313256162342380891946880479
263554425889886452898006360567571985818009472856472741482902587295
419330845001148137105762028105245405074848643303982560355008321147
583695121628021567209959722669539704680086174379598323739192072456
475745800299652448543097585748857718809862356669658290930054455246
376405185812550767155376083554121355156283745959014113368447066869
196594087578697848757698297621990244474929941848499656887118737182
737063870288236648289027636156281879851709196436411892005933302900
229284985239635865283815762148171489630529744129653026235327449511
273409475113364328814590086920067393872558570570522960771399635351
239505849432921752354775351907345501148745901866611586064511133938

883941495450503792549036347171013615609463469098515817573155784143
0202798127734730633728455075840251688196469494347732775080173331 75
0841105256648420203667179943523029966056060818191333535261568444 31
9084452196439107279259504809527732148675593201203848267413369947 77
8839269505268450361801338463387923026963015958811334059164199488 00
4540008656968257237751497409898078692226691867238915325872184227 60
0152977032147547040090773043820857822358924072314168165283399884 10
0078245323805191378104609189923887580747655272787746709449733185 20
7181976125158309092212052166233309247799065149651183473393703038 81
3946489970682159249980215954294457303350927245431756181480695049 82
7061485480394466381547872938600832377066508605628441144935514754 94
0587872504324820626653516985637747610049462691838923893561250893 67
5562832584169198656942887017287822611989266698097592885024351362 47
3765034496640162945997818786763476187062825333669759537044840768 46
2029786727746527470795025929424954876805198367757262425097651572 98
8021227873098283818509632570139669758469607901090569603202316044 91
7025643901041914836851673612835929138140836216413965330049137954 25
0408007663097402554564645782000645347163971503518376087633897483 89
5189009155994633726521025551898796484720627780992846041599319455 61
9174845482557901238631193081855003087679159775427482731221984022 53
3157919680528518057965141926338407187767910453204499248484919239 25
2685505865085545743620736004445541914188780016890678782725658114 28
7832584988429787810048879660253640021119753445868729353094071622 11
0715667899289006611979307496039721344317081791053202563481057545 17
6404767672302658585003514383607752682098166120224100705673175600 16
6005542558212280346718220615113878428617994266509917226909384404 32
0719485375493778791711795405391412702079855677844976872111043388 17
6648883548147267413938166666829713753501598380918869606147497100 74
3957762003062680615991653421397329322277540947898435881027087560 52
3374378461774757750436774311796047875934719226929773908063656754 56
8532635883523835531652756825940871684604808985575298747379899216 82
6916117658667893487479768724656145873538160325213436741908635365 87
3860157216989662648100589788452337106162823423698104452839508546 94
0391931704887086143968634520783136046799845685238210768378613900 72
2827842702688184438444029445120972433176746676707548325198673733 89
6865824495009550829744600485572545801982072776132323228811448318 12
3442826993376662644406691558925711150268105167844806974465134292 59
5621624485939963180594882532696899390814863895624221186291624045 81
2643329255294448885786716854140608923047195423632485717699933509 68
9882172467862572707005848993083460999048020496637119573203041426 33
9827106869102576658552628239713268819339759951546318888242374133 91
5352722314226621332391618142976247419313899431154298401264222922 69
3605289813932613551686539220144508604197934776402367499783154179 73
1978352956924802985978549865632548064010868492191473472140866674 02
4627070869301139140430974175308367426223231366354652465174206348 59
3667059711489812760127267650686307489466992892233220644337954056 72
0923220351459050767727336044605563014928698546294072636210104544 53
8514362227966204440825020226639934361896998129521306819103275490 66
3868479077994844131392347840353199859221520293622427072899591599 39
3970275297314031984332840042371593054318428616767023476482119386 24
2602897006343620400115923978461296906702255970720710482460987585 09
5677742746359574809476042790847716261833745793112700921831857351 84
6285031204385521226921951931661447230185138656002177820317912782 14
5789885530096170824616702702627748660581572456660281441194160466 01
2047286424042115047271451666811751667317658988242929338472257397 16
2435052899223297392575474700241084833029592427705294764558974690 44
9358195568064397095722632083815663245098431350266153396079514035 70
4803047174593998215234938755594830307949604443793685784343496877 07

308391896139018597768708975448424372018934491684411120512872499869
909364767644665045386902665488819799675117777717405880346956960001
691586772342161013434990099696427067577492178589254964470616587445
196999657238594698056459335918968279731947755628631590418381290122
521650847669327580544412749814530809248263978285297855200705648496
829965115973571861091293928865004103403972184838914143524196033604
931001507499640034696902555960240570068252936797488779282682507016
563154427978416713977703415976804956306229506606166662998491144411
576738504605273647290962463458024289272849530298710710461825068398
501263598571738892406983791596836327931159759990187088958039765122
906261122134224548890272435814490129875608745516311989585767623434
923810318815320807735909564643955028097420047654106469154929113852
616889730951717757572384683920045760956563590209349695986088366340
277624143836821837594777970822425987300986180541688046461945933111
026201132443812459466149920321690055606953979590283882395418639183
441901624950424670904463698701618537286435887185547782501547119307
840191398499296460450355687876233541937666833809949237864033626200
486904291473144683166932936446336610662876074979105993531241679636
612585471701240758261546056546423463844867344736598922090501735099
700893886346956241925864753508366193195778924688275936566973249685
243669501140062182072300590802028369813644953921111905416295212663
729906770369012925746165346122337935307300334609172752925745032251
443943138141765165616402104245414223514034819264459355796837362449
867885789900599914561876611242310706104172854194568537617583972711
302829701872557828758178521347280893197049955364542107497241815741
338848753294704478109775632150740540881852069292969981482404640190
372842236956877010696042243305786939093549156276351020767488399026
126773759570451744797064662812379831933482378701220660068399849267
573991465237970692855913780519174286360783241047726796961763236011
977101633949476749330654234803552862757002996359277112325959959103
156287032537230648132649576011410227785824507057714982498120833531
120355554285640793349800994371634851563604371705770197058096269887
074455259323352945604960412864111863563553413118849402436802037381
002536865614485897825381735659359009758067996349269357438712252832
906591792338106182538567112276788235131554834273893101607886870001
546993001567898052177068459717049569017577976457833308477747828045
291078202694481910161954427925753605515560005589803854310072371158
703237122700337369061133064975970051876875594864817357172870447540
411512718013222890370200761443258485894604717115618279484922301954
167366460650929627158050808191401791958252733674768036051262864490
064589680660149731573019090888606981119710223219615635268130543142
434369918299704292845916548154435297795852152310963397224850743563
177613806076532338614797264894175618271070820686743243753866891962
170606251673848035466213644172744979862722811219080840756234999867
894991000253107508333309884830742195833136158594965506434448771477
159169684644350804917025998301616673983930493195736674998247831659
924382209668398776682624534332606555052470619954276734317920142043
085791564538420214884185974342832150881601581760488141831911197717
266683947218915982515519489656532479100767966887822366200756668539
133245408807395736009639249354408795403758907416793408988006169831
603324726328218786585487550727027935293034536874041159355064640854
347375390029219847429135565405056224407190798859056522870447015940
103610223896642334143553695078580528055396563581593182729704362132
722465839526377830130998921627268488343042865066204158077275603241
377129150139799628665063170035025063964031167383154123253164874940
939698687474852665005698898208483902062443645341200763947930679928
781680014865600174202299545788882260956496088501617365989066400940
099652858379744182456393075892816458729735592682863697073027697933

875284667224367425949738248082826701258312539916919215122526626009
8996540992127714038704169529892603363324340842679089515219708487 70
815804244569296376708197250126955756971906809391685839538448057640
845996891652833912862882747149936488380519143173404424296767308181
144203014194157528905525658830559409785944557248371151680795811788
374423367356776590141485200757912409171900708564469596484449168800
433573516621251641162335460046256194768114725616328751129567435679
200279149016524863828596150575677990996601596020154734074853639588
934537291238575018510239848602399163503050468826311417679080697977
237294579823001758899611726202618617231633309842953362953106994752
233643411411469191233488994228275945005434145103587579080530947457
966931914186010730454768757915387123504880976312881893733472938060
793261749505653883822647725905358346153412545220726898323684157744
882166404725831516674853687814268723871511980681225891343921434856
082201752111255575696225232968360946381187007013435637555326661249
627708302266791368481672126408061000345883190456468897560774054800
731728411607444714985004465756734136937411286747409854099106427508
920376003865632501625329377668849158971090296046186603361795017959
809292170457169234605063636872791689093371723308224073640136262956
951945583111580856192347245969641804097947246844795435008161551169
611341591550690442915014037091606976503567906440513143839049528928
252246850120696222586218113524892689062617641187467307744763360941
280352682996944169246809908849435475369067888683345575463081201974
965467677304350580063333178001553796257772780054213478505242015433
137151361555110412769895007605903425501326894062257449235514303566
379611361615331102974240930952368195329663054058133173421394839281
361143654785366173764334748789008591994600184938766217774307952070
978100699620379139490999724199877542952643108344180319523992808810
993921455120782933849028810514143537295521867031469159881077680709
864863080381465696417652156742067991403377375025752142066429732078
941696541343855660267481142994729217292554756515180272320537112871
497226481400333222157597178165394699221984041747835000053714877645
728638021389651896936773785576328108897737697479409167753858139258
641082515587360379794055576991068721268021911312283555114116509802
461079340388813573897641259613382152761748851508306908701399478458
783717677763352619506676881327927353803722768970898514011065403346
788180733921152892662172747967987523822905329905049267282082560244
760508182215964332016226464044021468755003665985110241869163095981
679610388562171124856211541666103723297209808625117144814226509715
287438796969452458256209742407132342135292698067313486151282503146
751428012923319935549936010978027985356180479453942399221829584116
741128678903803363555795981358018927195590199258775434174653292262
220088428080421793065205736007817666251120871621246261439867676694
132106095727452485127757676908503777681335286497623032390963336026
143451319202537694122826711510946320146036578799427615401902571290
484001251272533845175619104740089275872164982922262603473531745112 3
314462940539897489926909716952550856443119912952085914494496605235
800599047994989754629409007745232395362860485423947124605148238843
833375419793508905221422643444436585429151210774163562116364208930
938368056199768393849113726233057405840493591925443639059717695705
260090426395167932145864875766015069659163204476905807997869760197
908810610861068013308124564920428654833272945841960274553100694141
985792658101282278065255959393123922023205564570888809518343136873
700698285262991243891536971330705968355679941677365746812274039172
036491699215652084431004389409581177219132083647663251037635599687
918534311831410377902197587791151416757889570960667164337253348927
098907344061828975599516196075219672921049052497703066699806940749
389345688669772750248678841708352262765054591143510120578304492372

083491628921933021147534224660367352426850716661308848530396330115
023586234025917682542861183290516430882068081751893720623160546527
875597683914965684509516421045314471059854656159220765133316630638
012050803917013681268468837768356512078056408761290295917693827158
643631091076670688751630783425553859185306855876394739785713390390
835126699907521686760135136823756997561309273416635713813876419976
259973945987884175453615694166069262263038364810824130721893393873
323012326438241930652691525439277196119362044433961232611443721038
604326842030568647877786583474288581774670104589019694988420964658
355304448779075716065626371372337190706584905502399037184680894234
378812490002112341496956913748309265707535469374788947623380536485
718538639701144439607390459854233298677866229634297462461693847060
115947428607476144809188603428765396099134311046573756336568542619
915621377014832473499995642232953818263849323013831237104996463471
982531696551836948785894294214360206021562490292999490721874423438
599871327166097436675031702886147296349963719532916911000889713533
263754685795688693502253411458210518849771688924485907589575535582
242366824378198420675537343029388270166713667180050892252810275167
027682740841588040260519384294054032351415561957972093158020227938
297042918647213840225876214262546000437300738983396417655322726024
355755065340963202621930626095812310221323006372943513577538994164
078211791421576081017989098574927727541071076226284219764424600655
581943925028246384982555583914345116129544959740569909600002399762
296223100856684232380880117443005509141329736476050572960903938994
757621348949255816061603619338521605575367523645378522512640632639
546450571116656619589102813667620219996827923272795332560341333800
059746226310934507618917889551162333559244482816829998698254677427
885268958553887296938303307299757034635893501757944838332839647442
166359569581034565934852797230842563617373886760153914987699230516
641495060508522445110629279062712501897742321330118016050342146289
348748054635922392064263556708416511321775700247717454450216677922
854654039292337924215342900339702471041127307656221411207355863993
711638732184820796713094060670758832807703785747113466848396647913
605300591371441694457802064850721829176158672680326642504497603270
566770634479232725469981233823470739865481908242622151765805640871
262941460229441573439562638281147111841030528151397768638309259495
369868387928234149796767959783281757627225692809267627292493825150
525430235656417580242377830184624140373169716007769539177041415726
944245091802702791971325311977095285096442117435621113449218559741
500321733183539364505311682408952555872355677699960066163435367120
443093178899361430322313976319954581899286845188676014502878616404
963989632238559728099920963864361483445496797630000015712190166789
585328731317149198400924192083727951465600012067738510910345927044
196942126806811952713924642888104975418255940212979109375911016923
900698537757777671638638210805879768820801350423974877085430687260
553207417836823666143831530028466291687355033960108231704332603565
601910422645100148385714246420754761346799072002722244701354425718
624944057220391456668041704413073678564340408235443382489085320534
158354957293636488468560741629102910247528112524258859084808924771
742796007884896160383921888744792690619394073125801730817174102420
494563652036681461959516125112278518569457865511747390114058030577
989627821632054951679819687983882499014318861038308919638776549200
026320638321113345961936169979991301244158726971711999608266564325
417930021418139455633934284352232898092961497061174988218582940185
802127769727579860977469851490804292343144606895285947181867179524
646227378003067407929010931923409568196587442257242387518725617283
041830569577600169299634407551603472845700027543236046358662520256
232875442115506369841375985734794296116461076027366381279660688101

546954770493616117480189372585442504683597759119006156454659707598
442085064958861567469302718299108979057734808037144385354043012867
069180065612787398870802855609324327787045269631806307490045395080
624251047475019593746805111136959358104761550476397982618634442833
735582899939921113764659011796953747742732780192552591935349907210
255472529861963176900777960775231069758439926599532685900225753361
148223689859933354371977434305686386649140010704590833334434274059
574449983405521983957135778276332706757246052056631336334466929248
000019336230850320815531849491480334473896354790728349804135514056
466803279607021178580344372885029898448466323304332588955540292000
963158176314580346057222359559871405885097004759397597941034612584
048852547879993914841137968728991591204362771185815256085694043971
011145788493313136234080535376727147305601647455354601670668797799
978099662510343719283863274433363748926776560370202634758321395295
365666285057603456237613236095966594538210823208629266493946266748
607111777678541242246856321710966432025800652710026370855243187134
723259666851482026374136402716858164413326940617221317784054191850
110879527844704286089204038083706186556610588547430559274613038270
294390650371456433297798397826468821213448967798255745974631247046
379667828281400027084538882401062921266069060163731382498916783834
657390244215941101504738872011436232804649095992372157110119200653
647291543668788490173776108115773797979214070933391554051974872092
904338406779693867704936842626963147523868481307020249480534248761
467485875279287464914424684183617204622732012033834353997595943623
547907030242857658560305483010847036891658615571111284744293718959
958876644182018425599625422458461819740785269992795926652989604506
927024261770575324165827737087918370706290597680471064709241130430
277812811549491819140176645855548796758427543069758893599287709702
604283353443252018463890947665291274877159444319942730949873494374
850145357087171243727474955590416899117521391309918673531210873862
517201382049651350511796527960739604183007547236265382874902697962
683417132719046331680836683466646429616778740430984768426561699851
244341044802843543746945573306218795025601656731983710510714676042
269948995401989443333940658488931628313529757885937032984944788516
716291920305474921264365226117615489601786271418144218263593589880
501674538947116832216625332626232806037918480042269406631041692014
597407452378775906058992685800894122313718759699517897546232806222
949962002452137826616808938019108557306014384730803461051147123589
469208953064644688349000762245429399189039422337172448402911240010
287308279693251904811327032204396188816221256771701491656952680557
633883975257551089710005422359181456334305690875650996507429883818
070477537721649535351393419694770420308765795760416010780580751142
453889388183203725094851810111542628545883776352059537786013576732
524495829652190195527331660193644996018068415899826600532391233931
506403014495594638560861861883024564263784342140732260666123958487
573472727238358655911599906539015459932015804587615337388331230331
174834769822876292202157069217153767258529916401868429795977101331
448115725807292776615923743706455225098107308233132604818769051888
381668647420343544741377332950307627839697464442701506107431465258
605465664375603193141530980759656494008957592901023787496747970385
971304617299364709911882337594028327297224547333665192763449521706
305380065935354434414664305270571625580183599139214700328679653064
790892817835646693687268114602619780391496524676323126824044581694
570951028157227077157423817999562005522808853013944564423819559528
586002071900950518519866764161959365051514932828103189025812467053
066783119746398189250102015126488662695728532619359367571810966747
313517158991266012004457928155779392590589948050106901123778633973
918423155298948373148318232096311984944523808189174897689029267685

7576989284533263786978614832264338577831583707583265610514981603000
3992103590510605210784922630023950630756578662420012275919566888887
0483949859037632396030002464175034058617325478861417280674739378000
4100973024145250000014882562992735580068474833223279536024897667322
5240993882715414672241881027814802085486305799814552668657260919244
5367204447124509811955281850092665428379446893655824940768198579922
2304827339614204675846604959168520635770420881046080157507884966388
7935688305018482164433127306153518255074888608714300044040471428422
2492254110807215739579294071439987039560020117252705481342216781133
6773036676414186445256903010417209683238183123372962768100486957033
9703425986161620265710337780287383618348180669279377803347175199255
1427202479473087595944905797454532032532522149915750711995530111888
3715253435848065833014830516182562880428000567122388048220282330900
1276265002798531675402690250720047878821181722859199744560859463055
9548072137455310805232909321397540913497617530027279988963667980577
6919893307765570666309760299424018503925611893778142931969641190755
5586980916489217557127500043535506958781197265649402254101918634055
8516529326591923398126462262580475284861641242219242584985275362500
2018644409839916815323258012390274331700041573028348438464894726911
1647780933965299638176148967935947310594669351686084300725901480611
7764680142121587115995774535490914089343746394924273412384525861699
0592437276307653437970175828523385339842764248586224988039977550777
4653875239938386885749031898767683523169374935431129408270170161188
6643615589205708131264689479034301233157681651205834337219801942222
3430682360147354043059138859518121274417848879272902022028329429333
5087961962721599405991426984412626538883395657152063512399545888233
8453740702704303217731239927262911070705622089304056443887365758099
6486655594216592468126622292428109983412458707799244466501125918166
6802899600259480630944648808457152906650821397782061527556445213722
4381262475796114457204236540764163717602436916971191829227510990499
9083633787962747821538989377905710798983254101632629267144317623877
4420136034276405937267228100006194257187728066070565495626565836544
4024815542523193353598310759250913866465336883044586529442402441811
2414612788009581283243859025543221885096693724491025215544382292544
7941121084326644247298550371516280293624699467688721542657676230144
9156254471817594302807956040482463896114739124401995502817826288522
9265346661156706768699943171564389567621522771262507987474161723644
1144516584821539402545582036753473477615694452918469719398149786011
3049814623004819841849692813630293003896670362451300622454545100900
8494477175259742655468005810464402933928769181959059296682688367755
6139225360614240731527442011582625613820368835026431102226256520344
1932453864505799773146739672425496457535953162013855894142785161188
0185000676649232889953889716422838713525311421468833514479409164988
3845608309288013900651303210931150823486576750517691736565901182166
9011381264258691293081174943021119782322306445815430915154937982411
8092926949012258158026714908499671631903506916957859478433620936722
7890624842364405031732352943760905102128358969336240913087789920177
0781122228934423450487238314935015014524196345155091723523343279444
9425688306751055130181647729316638952903179902176488220331290793422
0827461512273627190858877614567598151231976152913443674026478676711
6062954968223282346343196832704389010184094670133928941990783505422
8221437727035533334092472812771671233379447486569063395980452077299
1190910355561580246911380847996657317496662056715604859774274231977
1496999845068431538720642565876031811690841338177066394759883378299
6118592758452607247821023535623547571452460333260616052451384227722
1572727764973983956533423746369212365275373088262137771321081740999
8401575314536925446385311879267960488479491035110582057830081075000
6054545749480547016132445124971653042180417532121226468453564399311

483768238875780938758520326808753213525690289144614698326358534742
860312473614162764389088985940874026779572371288069023553404790316
040847249352311644625720418878652722474748254095302792058087458122
631068778714487586534758543478050822509733509366067407626711137275
821697304755667430252150117136686345446077709647165618893036561139
837040205025121993244967156218763899660577339675321382431318705969
326129507043238547472811900460521943705529459103325321919534198466
424785806926167971271234225621240569016619696299766422423040227186
212046543547976597198136188485275562577337331424343569391503044382
664427974084777020667959896506686382910473100606504798589472662781
033837077493911888740462418343959051672434166891873803183385611096
456754831949119653054760582069520597537377872799695599808113129969
549065704515239906463748490332351313172006686313791825068691071649
130744417746957422325226494978817531934833864141538616859890645581
262511935652457295350667377283646402165452746663944318459742337144
310536832507224850637843782481018646205715763218250621368485322551
665213716821683266021054894550498775888759417225611700174416694084
213912014017625671140599869234069598323361509718275598833878135330
123925785764115895118619412808913923103122143521328944659066844104
166289090881594983482886162614213379247506761179389018867329576496
103014689500945823234932588518533026412820132652106736935963083400
604162887837423100719365651370099284312699860074066865214429629597
695295624424581205396539076490660250823998624968133989057371875776
532224920684642912208171738475364705311892348308643067617627505864
863953253923664790067220915168513660615304715286262002451516866558
694092628875005123265558548758099288417203226526924089637646953663
539882603350231873745523245505344812966326500081997175120389381025
934087512353482511358338763859557623321441821851946554029361536577
358708064904124818326570687620973418587109718909839032538389644146
190020799091536794472978680687397990966855811369765271053068527617
807044533843297602911153025354941106567345657966965663422279581251
681494499176716416814058599860574296121068715065134929540235334146
988887458549167518269054881199897801068136904875464456187814511656
564392096144659300938884604500672426923088847655528562816914493513
309732635612437410321785972197583237714575773202845438061804655779
772283334521003211767023229217643365986554035820577972905823424558
117670516872882952454879236418448952876522512885047808762567045808
001281244037687401694921335807292739448150979914757719561879589276
253048616366852791308189106438917028775981565341253670234200369487
652133027268195356618641215204849101020771575204387478450001152267
791808064624112034549940997916806987512513710719797069391359269883
346477152031962116928538442698222293996963907795705644191509106496
425346480059793092854378598681383356270194766738065661688635225690
313986837737038764612214982990406838915649079373946475695943468852
731045052971288818773442617122536818738539898350572123172919902288
928229413092205107223993128477049604452273180148594804904313993265
390115677850524744785620564670254170606207401055740039571353076277
814116542262897935234798011390614854226600729563377495025990243220
502390594363581141718605388209292196167399061829697521937169417610
928928803997273146698253552570641999807891940830403734763234190413
682967936732668121803241680268676373703999399272492141431673150862
061139390679405715869113708304363278281895490019642377947298188389
506403295869348226564169971745439720443409163068355369715895449065
096925850049666278804813270762209324969756222629955568438223135878
097365592550532741161001752591390021386204081923590453368102009180
620874304711687159389689646273441608595762010678692321578625654758
059240572306424613484610566667205918399108016628476466044936925616
322928425989891320621814897816721742924375587684685729778480900985

838734265415048236105366626422709864967420695819437374831271588731
4743873002930614530717893249151569331672025651060561486138326158 63
2220846313384323781655732135778614964915077265841209081898783534 61
5622787891868744857739791485719653471983757659285696162716316325 92
8231242137562744461159344902193899916578954954505043163603971124 47
8956564720944639564570641643818898225437846673019267359500154406 75
3586975635741437385657799133075370797350950150560536376725745401 13
3652355103599223478363496804213959464322699264139284247218032211 61
7840186707854070675693335567158741802085905598942651602968957735 19
1157534530389709651933918800495583209532797785710484584994245497 16
3269632131437791316753106404077435435745857870804729211896596063 98
4009865335949773456353454316842616922061153154974736100772837872 37
6399911821260738910023029484759159504204258788317933645929389284 37
5034857814015051180780778427271219388855627372850125450780874767 25
1121982022703405547945394935026683247602983586415540752882546367 42
4444887906530385276174557838883680606933610639749258875932900372 17
5196238367143631541242077201447900609345051547326412431704029441 26
3412733541826441428632606393550226755527331554292774630621572564 39
8218489862380633284988299485292778941658972402289638335800787604 33
8558629437796418615364155683466708554414813755140596800080551944 29
1260491951181979565585028796061899904130800241080140942509525500 77
7183707849026742805169256190865165704160809631231429688543530200 00
2209803320782772890383598702922437907639396254093780824091279224 46
5091057114222435121039570521714064087711454184803470125393597815 94
6969772968514232508459206081938358682694571412777885607520742180 32
4515856697216254096255343047911260954235672197426194847430409234 35
9211205688704632127511335396516813829093080954442474318534419962 07
9490474147161569571036906988773574665954633234499417677037281984 78
2753974898008411955754332055438267014277172962253193290594970535 47
7451965665759640391208715661085175576412307028579662436658892411 94
1759227248163264822360328087064032352561945527440388289843727677 95
7309024384171481046778603296388121527344758149953540728150529699 07
8902628315918668262881564559766055274345191567075364944194991572 83
3805087479435636124889838076892864634417380297659765477430299611 35
6275995041521405369099559568670737994737004663597801820392083042 61
3301793062617303256386685895180747454780055244499001052071464457 26
9583556394371568740171344032685024796460890116076899376900987790 21
2792376311885493910115127109921773179104372793478735020971903338 14
4350629281120006357430968199686180040291680814854872932935081981 52
5248786598496678601621996047168864328670592568677653628534734982 70
9445552933884788978589423614413183828373612487260984974603358974 80
7588706299882282467458075824187153076268360200886831950110604752 54
1813889675421870066476096520301422142299866008661810458580463193 90
5332217595390529481915799626236542941992222371913107586849978856 17
4918007038774554093509085697606819027223518493338489894743277003 97
8744319036394812672315531905361174281732885966688286910205801895 95
5118159330774570303621371551603465625653873545666999279710919711 32
8596550923784785936176549513512446093396597621683378076720614032 04
0497303466814233408521204471641670398884535365485467638673801779 14
8380601104671229707000957313742563205861567311009446453823361856 22
9918745049597905574212900113390807312589385291132075609060425914 44
5702432260166033138610460270274127500601376244641378828499985885 29
3286198737083699813942793745177603656220123399374853021588368312 18
2654365964600376257813048130847970773310928329334278159533853589 20
9161353906795381209572636346571154148823729718258817886350671274 22
5256818961823600065572422444163665135420472318552146828124947107 38
5741767379027251369668102257803310069251481020183093550133753037 94
8844960989428676847329400661727414668387254128733864643936018339 32

370175583452190577583697585430155032066547144320237046568025665918
344946738816801419213315213050815290013567373907274893056398889822
098195207677836121868647069789614950202996275555517619939425064266
037375318954862761445829495259065139981915540889846548808135260356
130989040921393176680937038100759348752900635211071768325982077273
354672067535306727707165423541202301876274523946068609289513887817
940696121016555148820322978284154987208366946194379913331516603441
607358945377641694150003816711474924273561577233528569791008472088
539777093702513258379338933239425526261406530897422997008781295715
327715887002168137448837493646349028809118212781194349936975572375
546627445036189167986230675375329891559137441701232614503137582888
081840676078090276855738111384294076774588999328321084598151495072
149085847347010155872838684643208104362736504299831465464593961285
930443740528201085007780827243833627893296184662600353421209225091
503814056943761716310862840814860959726008267695832995659757038301
118508067248998704264932885222349757822176142531801105559246400285
008008314722561191940823397555157203147344493965205757195995621028
535341109347854955385155720167454106442901595527395755807779688508
914747261394324266773913042135457385276276793496144256267447395623
941670386721416114462710048608804413012781119699589541997774825451
404818698808157540225593044163210932630579137856366049164196218222
193356619042499099880190140265147738328361623555216619389816223359
152983319403312781971173106181228645521693044958159672030617441463
255947555346812011780998705655266607636640577927675428907321597937
445110847142548202803553577553330847722944674408783138222635340308
721858616673937498069107468097110956159063040016954099307900657841
673692991325744650921877851208008098732127731522773794343804702397
740110255298881190032714390107608335145571425505825995441741310012
000466642722363665048834213429036810127266096493663725292019208092
708860431877797799873922078398032075565821687439209522356978963624
025795491869883154432552864381549076262421319701964889092093646377
564086610121302469937959756399943923505142745836438428494030125202
346097431997471834540732307802426203228431397292790017975212743076
391095402321914501557580744772293677488247863792415739611274922245
183187932939997309788277850837142401596043257202668595065491796368
606058879941708066522775020014899532773104414961930880840714498740
210224100493803078899674136175240529369001755446078540158381875559
142190632385263807921854796226518060331577754843461332975803604846
517439488739847675528907354041676104934308863194591993590292373557
143089910445951100192151605946719059201540634742539228900072823171
923870809593838595532082572901150332692063501716544004680433100104
380085910690431937731630540526858992451189498894608259977036536993
746888992992870207235331525599411878953342753106902330731489450683
325152394612774255805124938500755886868662837698548194264947137084
073794100663140388457625794858843539827517575592977073725571100653
416938701302549730030898724278188182705629104857738462010931317149
802677527349423283986987975104204344893975217539385331860551727327
971882567609055051396033755571905413073342497215563927226186569339
117878603934996755448630570523315750207780724815874932755677943176
353019809219986158661707218928879185877145008852606652489303832954
066659210330659004024135791091286478613534902730187189024904822714
311432814632265860523093544198173205262311355321828867242115910764
140461478696723337424880238927295168641061415219699435384563535203
679413984647748301930471467459304695157048634758267897654447062932
974832633043072644839018789474144062710581212804796002604297785025
223746546251444273431568870494732647095466544370267342908661205328
024871389868828087983494391021736990092310244381495874798187685091
011139447941717596014960376784062810158985417650193692781958375043

075964142370228385782449368678664210400781934859127503471935983144
696434801026691874508773760727541563764411933796661638823288278620
417395126773568407690651031037293206261923420935820435010710903021
502596657141649252958907861753517349557836379017253092578627323916
275132673868517947643676541555307877804481581311096791588578008212
086294482732397601033246752058322122805104801768918032739810733718
273459432292848036745600909525954440245032612729191932901387643744
579682254033853398418391978504736844001178698016024880728815779052
782664374242992770777845392422457004499571361762472197075422414722
622990862218063552525577995127296504007209879749967853818587420517
347390971772791199321712967502782169024374955381292224743457585306
502678401492302978488527579705105243932820323527809633448969360569
616975443588376086202033464659405864552996647268957120572217397395
360554061012793632568389523521600180119980505308226563956053759604
357663604113986250383604510346296278416062891946462275535354339388
231978480731635983306319087405301602250532133176722415981130690323
042257547725377114954398071840647267775252245323225934416437980906
622475044357984367642876528330029530189202946971131942832769535641
160553536437050944509808426123390491793992238132429645888816547838
545285012691974760333948220955311815136801221440025229935366439555
773233119221233871734724394891298018716975602657615281040038178685
613407455755316917099149418707373405400998500072160278126619794540
335011572616778933214763212890404755828534748727923977233956730411
356357880261508558976416000468972330470732348387793883137857830681
035775913141515196536124024286942153672497961170741044279452867235
677389374261342475186729365548111247250287907951791639089802084146
510390022309746365346287184886692923760380302538430272483553157144
478568778643232741052357857999855115235793688002299531324306551791
874634201821119848855120120450396475250317686306480863497270511360
466551718477269768627721058597390274066673257544998241730786235225
028460425798906433852197587526164415798740901061586106943346276874
917594857070399448547987822484745482129826057181565075513709789856
010983165589031704182083680789911748476462485137135784858532573997
024793532299678399460711146218796032740450552015417426472532451027
071711495819930536110636045624686399213296237378973938269908269476
194237323149174213482430840533916959713904951532504763973836445413
014731492741052269028134519644467962445239294180088451480094316322
018426059929353216202327989996714726620585727755318882394052383922
190479136250902712655180709863447712118149153672942276368351729924
626979350807158248979050557765793307851684827623233637715526243883
436131495496098089994892091011166834557049512041593946406388354514
371552789455595190684867767566977004647007408580065887533760242223
750960849595339582024229417150408659285172289971213197066807961956
137891422196493562955640404393133536485444808529388830399857073054
123772081134087856313625121592669374182663374652426223614019095866
742758720758239213276213903365476702909347995825193116597949572011
697113117246971553132016011895454246431250907874939347654154846498
033813271878072490770747606713769357484742996848439275878159542167
622870903678567912162652800381105749694353271542303686347648256680
124099273056833792622173744449974854734605772526464587978007468015
820480094367009450893765771883362641458132655508853918314174085293
124660403928008906381788117922414330553445942271246572512529982549
143630365860250846721885298069396135445858924351673743268434840529
622185708061384966814191280737156808754003150516310467056384735936
825479439798878000980741895741494569738244089574486602136136597799
798046784104307076953951318018296306412963070359472023274225066364
848581340458269625019431454098407853251619353784523507747554820805
178044813324520855095525715083355330660884410739123511373875522474

868632821440142899823270172392279373540051689702111987819232815267
981467627184969789710540232635303959376494722737678565767352742910
098163467216743242107760502944022583763823150721036432339832436480
848096745167298660885986779170418675612197201448129439335436149888
499026371094411438039570410121124628678475101220096713263979039029
910024715971301265894759147675893775163729807985991700762362485162
600033568871370072560643916392469164228511488687920662720801093956
590597906842816732363402860806793303241385899186169238169227861039
192769103941409580435815594388903960703089070016417605462671339141
685009323802942498048489966296755693125290095959086473147339784937
630217577305217040453298774913323517019051725739569682897813322427
892163805629187727697698075121487758147765491287503349944615574526
903929485508508277875911742733300207922055201562839378040221073785
935490757760288195957825391983903833125644640979748524754628722097
366338787124945332239760421365912995324453983435689366563570191348
136425400229662982034675542289129337631174427895190587108193991794
620606197532853321803663574596558870094569774272092853484439954462
636830402909648876782878824956793256647635359535912998343917001821
914289028334430573560913308915344883786887093427697493531332489960
214895147318625551035546994503382267997147627631537795056021431179
379546103882884112885460159412320269907519363338622738383875307323
204093751761596008944026902836972789203453833981658057737959711518
880923152296875752196266398014111766966168262173311570908691421899
156199967839352562369953481546551054202483683010513761874109734291
153448460642855301591527222451492494236529636136866100406343167005
888314494771565036900110309962639538054831153339282269848436905759
274136389124751991615802787850786883760955916300876229871415085124
256110246006953522616029100483065703439747626118535073206221931184
908722779309863933060322823953452220583273989171223786631389246098
021275546299458617472929973675911754222497972791577817298614489398
710234581982102296376448522597298600468382363889292350484196130154
183520436052075257103041912083744591355562143011000908750577047781
992188011731892042090754106982758872805927003002943515162008229520
720165605440858120622092458576086983450411702364508152642477311812
734470341915088148633709958761378098855635855828492513929817276610
951960686047698159472534300768450779939597952669401400771581779942
808160137282330408853748988066335181933174346443406499668879260398
990540303140521856812781712483123670325580771578721263775122551550
478588081508766682646811227212961700196278768848372044308328034179
946982956536377153852716553866992694960437886130961610241834798549
747783063991262638166623253583048965520948244667841658757533644462
299171226880315296282752278891151226846596051303585307545460708695
057766804605833959679690307845886956038705284630221195005610917183
907644032772678969484614617390307752774229968192455395489741471499
590555215175364469098710622678332167426144271709583786524215855281
033970886825368444104252720783811270405699067325650835918105481906
601709194930366444548704459301726222083097246084003036588249558243
060518201800532123747433354886433216340175235692904644018679270767
162012802338372887722491351445809981380549607227680865345222490765
852736126343905983111761248582921877146621497169955794980051001132
768410032786743790375823273610926511306478911345369925378470567058
073695952411850343522668328334389365082049721537904179515011444723
446812568207430436662614650446763082107990791686191747463197547097
651690122667413580456247344557931399751781600362252091683142606527
335183689226367453671508957043115997306410177688802204647508195308
854527188480740662679756664722308590762961250807071552694556812355
994163914714236673639837667497000296467480434759556288583153310371
852186819562901571658049623167394365872464920403775452117348537229

6068405738625994043102895837238815385567844499503664483970255273933
3774917177259034769757228642950012837950973992329385429847952986669
6709064029113015563608816696295934083406228592747434044917258940544
9901342685240420963204079667716819887060603637681970637432312307922
0434444868591740431875940346000227180093814022977516627082225874933
9058702679476246793305059232167970110695245562032452154288152891299
9937353839853763469488740149420027354315535278305223345685384587911
2440330229104250375476137478247650741509382777377941366226692301011
6834604753384537579827982323290242371489861262451571064920156743322
9964178615849644034290880428126568858636970420962759738775817381211
2168216673399662551016897608129216787203727698773147991480788905033
7697305715102781255201612561453291622621338020060764771630330284299
8440422267505414705630997859870184476121354645755949156963124035133
4114086628810448565452010851914481956554804002561880707811540401899
7059980203909545076566434043376295255237818540225561173396730053322
8886032776820922633715319230747086822491363986658591481491209608633
7661486925771584509152430618573202351432071687961423159046131786611
8560281720394756718850512189612916934592255590010009684489028845166
0592470107091774207262861154741467249090478477796808579195901783999
4896771463224826669437247828166709313966367800282611537841813786588
1221328553991467370863478001432858856907682633572026269581223831322
8907931573756044868449988066584899926189326318985031986636685710522
7085369596579598388377288607363195438430371599479805914928635942677
0476781113608158491335608138475208697102423757534913490491043638588
0463560067039582186937352120273210763111703339712978021667195596333
0821165561372436681395080772107392817175572484444007708899791612066
0131779564795470711884279430779479867401871061739824769556679192333
8897936613908455722707088386931307811352405984078021279205272315922
1785944299000858501336874341557467521204107267658638211314139735922
0094942666232624674115932190720333006757882489077186603721113094522
4760245393232687377978635375980545241042087137879600156793992372177
6973037957987934436143222355196177439498208489661460042198996600988
2128418496518838626949711835355830396486556517570190564882089491455
9179256094124175463428561656708417148436831993533728096394528933866
4179146743479067076638598478128445639940606466510687136864242668044
8364841470388722111932673917134613743354916920210450403244380908755
3467833133959356767377982327795532319607570132761030641783369517922
4997094568633327870154076472833802781791832227040020094470146101788
4626651677279778775567390315678458983004500026299995030003784437700
9987994338153544955743914852676804236839788693074931336060730284133
3674669372899766074863940517774840692206970120057936899790704144433
8766031148927531193013585941961133410715719869193722034483997393788
0650281228382424505257872013661912421797950208042503658611727360377
1953894995456413456445526313058203358397576304643246041525458172099
4698280235632436401714948621659766495238560651131401809663947912622
7910176945808303222922354124763406088905918414908421250058046331866
8578277781885446973621764851053532012786220142366827154888020399922
4677886477249749797116609741986516861826828333268928706801761795433
7688859075177394692716797515071377954816990652385529701080390338477
1795312585181928203921303267814806796498685194557750243923140847622
7931270574309708349524938842830076571779167942808525717831883152200
3750742294900846275088898239409798056091275050284399324080936960433
5278594636557748073788913154638092495776765014273785534417077471911
5699448994705736229618371618776918396586547629448104839570933429777
2465963945763916542480767665336674052750676707676598822029981224800
6960533289872599849346398092793928922278798173033420946889359686055
2145821629406381887494522891593843429850320046052542472817813726422
5880448041893773035935508548988139973526024220839981846153967118366

980767055470503508988333854321388958753664338783049639599117833548
550713827508623093676613475494990466141084960316113683991814451855
878572028263464534079342501589512391944964596678051060721944152527
853149030075668965551375906404676579059621453862826243849351315463
725671174889169746237102040478886658331565967043501572452835602413
625523320676890043965075874878578341728686425040109576108833419626
984576238051381202370889045956435541210380772219011531375100164439
003699678954763352179287119135690889050315984289230803993836592933
831333474558647030382508196850426785936375131288632307811009920206
591179994018453287185246304178754673722908539545911243821970821322
954108592430535593238865360643790840217534320609321838559992379233
195072503989144941883893699838345866982366731360180522407728805039
954787393218376272410488544851867947477748087369900644782888113450
139119213036937804368199768423694957223564020011914799238266419708
377952748684032234604813498637136652224539793015127772722345967546
898849704725984541829379322541347771193497123286040516939120252253
128526488795159969849642603615148236106899260619308411027405492925
650249201805828968279590144481920848139949388621567222259694948561
664791331853790981919105806963496420496802349178082174069314271440
611206453391354424362523234265527030619748861651054683268263063155
971233965696048888281346045328698787859539421299446378326801409914
056548763574854741869795981282384690861421456838572308295651286207
138868234255073386468387028755624074629346762147903776926640133346
753617868052292871377068137427765119279147538184137431893632561898
425950168663424901645408235018330599477378413875226355405208853643
585519855349270988666979370891243796941538983928816792684373252601
310921366837568299523505763079375837645417518432097376493447683489
928834438271072222747488202215411029354422792185524604432405347830
329956079948145295711453558725655787312906275597160475849047778742
947862232232492910574622675568754295686560084648207328421249489831
887010190418727652437208864119488519409469288518030184851534687927
529429188190542922085754016195720533289613718728115044101911346409
602033111868187711831953577610797923718771679000876727517123802080
979135704277414973609226831143560576621319571048000756741949695574
394795496953790093999990840434225025140348537578098387427168070654
614945176697470090020098305915465299792065275027919592985747830319
040877254387524923935282808349919308879813420693638998594646526189
567893324181995283370882245590435301154692468701917681378791561268
526948857656469713567315856043870370690443310957786922175507531962
971479794796674724360883070274507365510196309946995135987243588486
763858699749294496659374732550886786625722992535012112960175686906
773238956011506621521168869391488016690437008812832571840723450728
505110930992159732877233841999789412150316807027042751972130612059
666969214207179347711761118120828715821238716794798146086324727794
791998074334226081295863165296324835568105491588679674857318859527
860504427044659389707390968052840298506298308662398014045017833016
587876504152554884923754578203702168627148996488656933224422103440
770122158892478704151366500309638594230528618991811519404943235243
765268152427614154508267463702840221624301212322522382907077848759
660106848866057327298165445747158115858475370251160632139271800818
516170340249555588977499867295504177497241104870859730725527964507
205253331715819411507403109603120536648132310758903566813539071334
055510494126350565127507438759164095367609031191475509536721558549
231143092330693543283090011803633227948025326601680799221141860042
276548509781454293527915134130982535685754247574868766126842459903
988894910736302625680669525277541943820789686305046418477215929093
631275770821233820093357699610540014442157022932283902032454512115
083141909482683788690098571975331065977845571196983854025896409129

7582023238096743140655410717797621482066006037232877509234480971O4
115030072436037838315756873763358175465349993607586165593468633857
754132221279839768122575562637503108381959939553992848595837358067
224044471635180153824191368264165610011177414554753238437967178325
679163847622964008429889193021627671276169662582605872977338222963
967855583995463911630179325172432684976006355692478576250349432502
882986016078242144938402780575896792830534145813993634117905348937
961784478334670570220681128095620571911508864161672526064635299236
996281114504452105291007441706893930573387498138372706097805588752
465620602170301702331128183291223047474128019665083168421162399620
888599190859419986588252621076034699365272557818916471027444584394
945611596922822769660827157239615990900620660623367728828962451661
544512516297938267981789754424141235382840745094598883282737742334
592924576282896188499864964698454915282555949784271924808429875453
657261432391983451116836306213965725393202022836223898771099721699
712159507412111669578236767662019597749871577824651534104845357293
942018615218235772067602830409587894758066674950989526876804090644
614720921965154314625137756549347433415446487875536488477923469939
443703217219561835448481003951593475845981996812634354748275624005
537884358208667815155151852870905553501934762292715167032543346333
153437276465068364394096235602872778004793599598170411871551358220
568362682243505066039246535844519816958528474414028273234005765193
292144328136670311271856419123220414878093510998392570763109003951
901050644177864480010127284001750821031467428245957185762324473088
060371467744408449169044647957667788277945124429340633091424673862
899688903618420332658961907826512991498762944149674781791896141540
802286060430465399521398026256043519092812152852622195355944670772
502912714509126224222581165627072193043153104214229746395395383325
398880689789302342978314785370830991230428668753207966279036606310
804811308858050006037442168702968455149157056641132585163272328867
865044871126223506292414244435989610068782876847549050216239061391
101653431139261170890236679299910065798818531823269418703491214257
301915213472108420794516922461649497596138122907130248939166596018
194331701833434776351813246278201886376521925526315287009998308262
881814795659814301421168422999252407425537235615500510251907484319
753453599657791916243570613302807534005051951962957266898769515418
337921291805616628337099378255709433531221753464609346553493393290
994431314951665520860496545504839669665708476682073741097814070464
112135421602256298477569817188244180570212058409963668886534001158
133044154576556135914743615593331425754493946341447214291146943399
856118050319145237961537705495100777012255726916525112334558313397
126634399043471698794445258822842028849064190440895006302009187476
526265778503583945987585948144985843689247911891309776065181036039
502576751772182167363607717061605361346309379605268307710190118100
709009993783959124949890981773222747054293272771762942059862768371
091123701071303831441478271680542855768599206974652900323809284247
989205280041294357551906716813528430374074699943266415620716947700
846925612448276026677330324967811898464839070032615807983730214284
611714209349500876230888716683135049780959654462785610906782487110
903527713503077238248690302440768018365097213130475706899630496484
904838278384318266418922240283142190716733545963841377769508635913
555217305070038586663024806733874543841395900275569907921069694697
146539648163231781476925615151162312547799314166840116523063005961
422702543190828838890283590369235738825436885039115168096541042585
548765165055311130106097336853531521801973162349763322336831598106
397443192285618164787237517257996853606893970722363076502080286719
931740771736679490759153196154217404234662054268774019623986330912
127803870100532146079564540880312842144097212252911165568407562207

8267223957109054053345710248973509806078810791856308983291501279194
4068137328744175782426778829584400142664560921540042534827676135520
9673977653019107397128740391755896900800052460338008981996405333720
0005103226230720087892858747687291586102134285590277972022602964180
5072078870883697472857167470334038322105788833455922797202759124740
0529794402895652003333919448727756212033165644798564452485273787840
8909299884031856047913071780148998101617263975132255835421555376890
5401255674207107798972079911702072553981642337176566915902047207510
5136296059198173316347758462546918890702877731740527482432806306020
3792877560785274591690472328011583213150370488063739736213794622630
2267443786409171840139888747787302610226109824928695753781848686020
4096918340610267874623283837234252332119169379085945502139876683330
1842205227922759811290537285766397021868418420787521785934663006010
6117968351974059251226804137904137436348512347676832297275170967030
2580116249413474930998552808755123274511520113031452323595772951850
5963442794885924396755041069316393975365304948500149898740984202900
8687281048712192491620907268440842353435458518179383447566772087120
9339339875697969302744068625030415051943196070532963710350435152580
8154299147507542962218113474839725236415740936277201882392234769630
3812514493990550723764086256090814876213093496841160426100843151840
0815712828265408728200770445580569185530643287867186893892890889260
4323348866719411938418304431493377597457800305623264385802653655100
8295051179968324229449571639455322373723459421087574187258275367160
5754558737904889678829729901401591369353953193970107937511413828620
3701975926081821749286595541080824140982752819203809785436860428380
6879225105735070666879704603761195484657936324995502568767472021080
5564147198366373257311453668486597668116011865633402794803546475390
1707848824818119256873351413710804754644526705771337341471247482600
1901938700583019629345031244058588864417735078999532220453202137870
6799176631433504265986037205049757590212086590830826958790790387720
1273733353530679138309182966293454419755757889351024265538213429020
4960098233817595689795598845803904693228258258411245164026293779290
4287724266645859072129057159068356538131930159433358457071873784240
7313219303708172956412690942498324684649020015920141494509124322620
9289405268923825382082609015250928192837012823346192142531729747680
5089663405677404581908266662550414190110800982076828673534430274510
2179025981489576307657286808351608407135624363308317669890513777900
1959237841476603099844282300901905040992558501163820861643689960720
4891795871337246597229366441177512612790690901723151471770823791780
6339824416270044927820737173464651361206184965572692143740022348010
2171152935847676024135244972749262826187588537734298212350886220940
2282032156996388917510381814829455480408596034717968166049398653
9863980459331973733244205358155224419375713159574622820508405034070
3775974811616216949069330862982117053261632069226315617899005694110
8324066126855826927937633402116220133700068436927139506296554274590
3893670409562053703085408605019164323908244172315477126203399260970
2436800598159280406490046321491088424300669949109656503208879248010
1530901725935554188336518262144242824009835812783985294308547169290
6321999105244182863706619906955110165011203072877190873894269269150
3283946458187369954423238752741661571728606249787569519500126283680
2766648765092246832121182173536929472636053766626137835673528876970
9748410337710731354704347194648890880833384757798749484643048783840
8303286907918416841924787586417884528133705126782014125749189949110
0356958585048904036995666708148029172995397608172169516886087583290
3682374425135735976560792674578153740701355774651803179515957899150
6172633842755001776894250213506710293790678222080191380585245730680
2207674836966407295744032089727786847495358153365129553820817957570
5640459253143564418484378805652578133539401474378157210906975693020

667974636613049712884389853868179466745491921293354100592389044263
202207404593395584313429193090286388187009699317956668290730672796
696890550469085703840055702011144044367838430617933206814292076724
336107236901452925778359163030151331345299539355983951359774601939
943195697910631973382900860422458387696799370994066184796731577943
259861739832191810851132861581678272825638582372393955431721649025
375755278077145824504568320980659014920822553952834920455601739613
262430209014743800117954693446307779329880417192322364144764797058
605960277862062385569547983212689745357825076005726984398998755808
303030282178249510789695199452104779855389306385449279050075205658
540046042189345083930885477949954509487011944145000123398927052413
231324261598185264245443059450828590476817258500209193754308131088
254281793322903526057391313601886926053150584649470788503378677002
478666593545811648878052386595159782844484366023266622323566661428
102006633515634558767855381803998262248347916724567049271370337939
534620020664470963560702926234022807975885312527726915287729652184
662209407508223326350357040912488759087215756892649107354343855924
073782904238110155866294491535364600834751269729709475508496751680
748271699872808995911420397683637046279032963658757748301048540309
097433231170681088132492293225068476420923688761416451633952264279
925052018463499654736332836380292848060199436128054781587680540836
504058572932143712838105720643062824217511804525894208982991600927
046503933725122055231793861149950987631646507005539805601337570813
309808860597721674274339615054942904211348605733669088651477983641
025364296979632623488626943901113210147997182716298823453288482019
757902343936349162284440431352134422026636876284860674701466175488
932233260087084205304402182197186141119491176853813701920852881216
339976904494711800143405560446675901267417602850578550777923195858
983955702572511368855361873441886137642815690110942909775510649189
329845995022543340195349762949592807584990204641043036180480552846
598966725812354097950230690217736911930552669573053304521028057539
915712524627345492275109852754360809645442668339094790392465179909
725805133528928038019170605600464420293464483963715761795997640389
993815150689116567605841021041094722137350923657545564064261753234
189684700520270198721364533076338765137143414392818530581078640243
307020963411594542155679792965273561643333637489734282045183799309
556898907607324621307141557512257912083553442995178465789737198319
942705762294957897530161486251213379783428093181120169802066197316
798267692767544576435797047296215131494024229180462946106521581504
568939595585958052050089324282843154751756472733862253391027363282
356809227466390483224023706499708202015996017585433141993834581678
073721239882164259592852708413549423727958892894779228087837587154
196991751406258031589105443245918398850410011842593896358562667374
871856430108421525228996103671661607317805818536742553016885361921
938573861299885457472415078613144893257852414619661040636218513029
462406176724253850994057613454932319042002343698899407483972271184
083205642273441306217397303342335928684939813638896873008758197963
387659669922367677770253790591698193584460637281319589018160715405
279676371125147898256929514499637150164240770280896024814121924797
715524532451965787792663305182458040734934572268564945561912886251
718046396646443334791491971144199154500585852867724303630914866673
721422846782122730602887042868766140264549764690281617045243381903
337046458294722108963830594117930864244287256596097390299944379766
609039708610353106119442394363314314518406074706345469527263080030
021822688818519190250385209541885978545993805635769213962958662923
961183455943245575301380227083874889306422420470925245161922696595
412538142119162541220721061273040042744190713079295366819566670852
734968201866314901833669205134419964852285839745309233425860392409

3445533985320085465173631054300060209028702406065499415329451467520467396780192689986923985154643353556188443980258567821368441825505208782939966808647081534989822437028192353815778285559757483407176804170661050421991660599978409477024758857990747302437955814223728376798766387533636181472743347906381163590371153934888511092458803125169532072945082252575019024083719401585739851104690757516727033496211025646638611562937485064404768343826553812609115027549993749980145126612143789152815285449020671124485227723783928796847126076686157260697869378870414354247181740530353521368250856388248476343396837659921413943110093740499300866233598406368446493710465279733369761456447351596031440099434672059237578912534211630072797060106004147776018710201394368376269632387593156065443212744483902463278631372178783747239133637270101333641904312930584004063716780316650486038546697648311374160718065901693237896781766223163536880695343106707730400606005368984468596528387972969634129608971112623681982942755970828038238893510777258016735948080026187792254656782060299683805569018773062426316224035144285558300024513285804005725134593555095163420882740022922112243721625345430479788874648039662142755788035674783843185884280264511124766209417351293512889477685875129944870409070639807229312543919086972500196942685697477077076187790196510644515784640203628090632539591172221883388439437553233992340682674337063606568105708864550176338702905356051770989389301297439978382876790419359416142959800184040812433392243344259480401431010263265374954108357675078434217269103719327803958051396955592278164606862362519750595474337556362196588838289208863596429999037241714143785129415138608475730630157949507828404034947361326799997101929644213486119810036430715266558987767733756750587723790692647844789295629662086396572559749227973863209930300651386380792027468097436207354416427687571107678759566779581823385239018040938030070362296834029059231185681571092306734979012321544515828356945190807311572819838036952289091896168964002204421171618737513445350053979780830857482748020942964460248096980318798240815314068498815762646261026012766922821076571902020909984460545782198875529775779280543762636420745822610596873217970008612386187349311585232717375959803679364412162208525315509586591162211091538695403536388500721590658700483443385075375643484951372710231325063588511234725878533437501036915220926192799443014634464559536840890935894275503969846716935728000762053703272232037610240628897689638769493856454408645854177910221511161291344629029942956199767453229520643331972494489083483037242575687074815577856398230269810006932022211359251704810126194590622812109827135240719938520293137070426907579478259275583477934967624233310983376833460658609439508910499812940089274168133329282737362484326253790880727679340196923763661171844163365231643648365520553805385675804320707534233834592767993419637869868615929577966371810574989588659126846097265529988028759473926419404563821859682400492054451391609418338321827990081097474148605668868355553596356859671278546803394513654000237325052997535292060482563566622664921947858437866786859477362580932046811402915547573835680864625950695357195105575374362390983411932434096610042539359351179302724779778104149322855224036919815367212108471707934051583291874597438844304184004124747860938688924868658936831846504591446987546879297361152839771696620278587495634438963030956315203832742368290499570528778594973244229358667178892725064022813421219636928761101632975328552681733201139876437508010341299339323535702450374673062938487906655522090533952090144902786934140902210290465259566074785799775057974027591535432898878532843228735059743108326032344400466898385822835393199992740091202921430435321611273094571224850654648884120776056958387605147016098891412516764188240909837148649690826758136655260927588

761375655305201579098321726712010880759301816500320997737363366386
981705418599125673424159337306958689361517250046149411845047128342
863433482948953900659982491811068895433185916855963107345225858799
083072403376504019808840327525407438050215766827588652226503509016
580683357911972486322425715712323064153834190616890549840850268724
932106784998532422663194071881144258659240272477279746237058238276
432401086066738063548238007034848892393222426969091048104990962197
507231930374537091615071223065441376889923973616514235570315123888
687767500304036856404447692517557722505498709649034290116122691635
620410207709074025150580570585075094018031905929075658258899580247
564186031341819936955267541104224057178533532842900485532525581106
817131029147282194894641528546013004472433128480821674705269898051
900333820769137683481110235203300553349115028136850779307042173096
480130429662272865054068655324634369599645705722386013637067268967
240974094212715755203888098337005602479864873644875052503573323004
506942573704605229676559740314098731027836318620390913516861308702
303336452147900007944297675590712106521396542545939640872290934816
663137328514947427501694930495316487029044642048789031976014171513
525546862646759935757670040055439818051148674192929895997731246778
637628434006394763050107538372461040643150528764498661660970862791
917717036949230710720955134004066804444923066959080565676453444873
366458312883482640983561827010411435780020503950673456049481924507
227734077869052799761532604130541035994910392634221421969460032499
812198348429711320517745672801514387771849339351235174901229896238
410717774900065695210334507444168324517805990595763870490844975796
998436027763248126226839092668600263310849223620650347057993429336
831238542863633590239512928856166375409080311085468301393866162378
299296419293592717301523401442989033666825873511779074381604656569
870983369596376297165634785517090293410234290587173092004146818557
854227197503240140063287014264106804310934322336523150448120634953
286374043917728994185369310427283678570511305941761201193205057755
390628786137179294077165669030942763699071550440087075072179588137
800114076745911857264437936630731522027416030327275181043340793553
987890424393659294940493071229077598929025778793898083570321048806
599160934674415844445257762335392087901408554824062846590606836137
736327068060659180153774056812615556774406395454261122138901109364
990004162674231793020609217810743907109711169345716758918532768721
501998209608045727890476639126926661149382985544115782417130859781
852679934088990613071963764266881133725660542822981951734083394008
039830064088879972239554137690654006763104369507283056583744372677
429521157826530412848982789843318188803106413580861228428022374428
757549794838021660157482459497968355104815065807650413553158533020
697245658768048822749503142484464037689364761763800948449763634900
591476347810411644453328974593248357002055463395060376521261873931
647052649784971651396500942107562309776859954560162714165624682140
939603140574237694974469156905588150719706788490125628579181688025
897289799974298833183210970327920806136096052303273484319186009150
250032634832867474399332628630584219405079618821066934699665042805
408594630354474343122103521058504530042228420177714557243723819444
309443023681839467593776543224532667257959364357559760515553745824
500680267236913487569339016208036582027815733517432177309633888889
322995272884742869334199477608204811172091003959259269682775720820
746302345741732418237191115919739031014015843126394518694819768077
502837859867015597602994419046293734183971628234018047759051757370
654528591858148305327080457688720144123978748536990902182935948343
758200622667473523197835664141613923272308495542457064065672544154
997788425749211250649615763473048888048436346221717426137467663804
087226210817209265907622175785702808778355300392529390653782082986

362915628599644787618111798886865686158862234045040231469055336692
722635604419543356291057367401312356198733095517917543832204183691
039691310786696728807626618113150654319998722861349745565617734111
013421914649447000540198954842941320881893013158350137307276704843
319596739517394941172835544003305193367833968260469969384215681758
260491680352390468042222145064215923357976698824161254573304470079
005479053492071675817921193861105992599425124642803016077960672294
507482403626932701862562430772770824467647665710714437858940196386
288155434371512115962068992880974495609069118569355536440615041009
915444115058884303417230111023389409614266620172859782436443732899
721153052808364981514746288932768752427964971655894072367899592036
362596655457313970778939994777785388532018602939212873804596050323
616958807927427939016160603722419168171748830035039956776721144485
743061730795774748328192086272091910433503179306477310873507413299
206655975527505805776742120464464533562109967310515536366845212433
956153832960767209569161202552181229151677670795364681551993275246
651766759006001077522592890303524842156250768791258186307547368419
198952626227690129616402649857422604990193011655201552220504971155
614019821669517346186690741978202755044340334624478166018995734174
371281098293807478209693705810448462883086665349658335846842866106
531793621967050308613685993332507269856818551366047282642608893025
932216242771998872454803223994072300416409829345833798180211962386
137503588042527953582959156998130039238164325017714114082862125087
364623023939683965946892543307223449372479268910790099671348614758
252432163193403799025670883917143120273260725193333417839622847593
470444209863170446298543835936453207545358583538393438816239179426
277576861082586962055828913919878727462092593103918162396640112367
131402398964534632355889708189324604142670439426281225039620113596
788342277090352438694316412674432467811314571392278941952687382127
745088525382738732639524543501921012417868196591250299759090514053
366117174805052617296172847604325411902788919232974275445070060931
380354388166578842846408431103687214531287600036593791598674962964
826276185593529327881613673120746914995885779133305911545106403874
638840535203639099658028656912899913528626668608440243121897484836
927716327395003005354086258385476189980350451718921938062826820719
576855526567815060272314597804712383186854395751711481541385200527
076496498177057417952202779148202666009172329735744490991128380912
163092157854831820899898721825416614357386081623106062432400228427
255761409592864032250091857523354025209484470868144599615077038259
300993556219910524473368753015062311612560721758420612737320533151
095319964460829770096537324530485112627140325473545298457725952339
582954570019374214167802286357546932610901358436540859938740155655
597628296021908069343361983013667801884071662800432838458433562038
700884755121775921862264509171082954563505733114673029600618571420
965013956330155239045990518143967491295381872752494168161177606770
948640166001566040696855906829258003724079828598343223217144242758
299157991803674457427472947155700918279065009444798765017110165940
272723868007884189148252431324331612695153786435276280689545605629
054105687462378263792489784087740373960465008623838051739987631160
953527798171450174992324413563695131532160019744455813741239705949
079491676380746712752636802460984939034098283895707617114093481462
393261997475879131885397140478840774409707874434373786895044613604
794854628519932430230699051751338913877488135192529695736718327703
104296314792222353404580579588110233563589262921433964184921854006
273746248382340577189769049924088821003688420733770717568287084588
753581573313345220556781981564311318390249014368879365233012267657
615807387689897577387984289955676005103228142057180058511057501560
794418019452111573556623008114176623597120572948671415659103604067

469867408794593749693419946143065674352931858264957761337948217521
608118737633792349918459381357808839365306934420302966315701802346
222901726404678458594337692614619768670225274540397152546873341546
090460569622864979435484915359543050548685069367954799771058978221
047860455769490189931232316177208825124498312649980452367232672525
736304248407867992124943801573371863455077359899000758965689860512
542127966684169173243674279697752598363823302255293110755331734613
227693160981496740844124917634682178610959025326076837698242546703
237183595135749796804266002177656504422100160680606245986795907713
664937447187224269238921239056670398877844100957575913145464076461
170637253829984761510053868214643768424053541038591434735596407718
932425686188207310945216941713737523330579527831687833934771007633
710501310900069248128647840811410130366111533875376705954449563190
962689035709506420294118407617121956038455199168484041506585802692
426216628867434364783362030455257007308097241591429979290715863270
641460737908156637435714038729860444587861990162831909869103107429
066745417766817730039643359693451910305529784741457955978341065551
646316799868408784986413480552713580457235911561796435152758820132
832056567181622225596027275194928733209619806631434203676145581672
084663948544127988867619505014524374233642868953408846691464694011
958708282556534210094178099931017535567035995883964522164957138517
710121628072387931415040181626880132677060686488913889020326183409
472388103701287322715853400948856118709238689169327612674773203973
726203701013288450096565750257159880106849056678153345172704195911
720500400308342943777685728463354262719169650285655468006861006339
254260708517872543178209826701196342205969078065172301551975177709
294772590755015145915793077746614326985151510871599824052665277420
503427875032407827035436939327577929562472434502989563115406459399
427863283307030372375220893936694863916665114515076193454869699737
9176086131116549617788075843556053652666350404985085577728804969297
376339713066397879659773368779652190214669193798722877743558672908
815195787587956272466510961820784115043279672960789881491062691288
559960488056462981551582260693779860299775666902579737891978906454
505133884365994720672423495137907513040124509684830902012729180247
809756009708012699102755491597047094035260597820755417691021972236
573350494086160872866023374551796156152556597547240352029337422288
610201748739576568655642230790779753001473317708885415425791807263
475727875564719357213491053286993481564069044012749996412353704054
019325942982259362274242834233605953289876551058789086010266566880
878647205727790115877843760986325358966304580570293925627462808730
264057636977202866233076906522269398247261183992898391923634507340
428323405664850667239826041216361199445545373058164601587044606172
117458095818867994453963504519488099445982546694155841496443694978
178213384029033406255044282922555835815547207890004080198302785793
429488468307154676837938395710633631014064388812942517792235189595
216495145822954378251280319521446997850455346904018431111667210490
396989325545803437266407385993384955987164239972320079876818494905
553064852951674380838106700783325232030453663022236905911567446070
605096647381534524028986170711627146968607848937313454406473470857
432403467976989833741201956463994729247154854146288263490304105045
073447742876815278510101526942715965290023091176681098151511260790
807987747592222035878350897590760134775120741518212917205050664687
556014514361373438702489519990395755997028047108746372560334693564
930963929121070821092396664870317862465563979376475542916746764890
553930221116038602984693345241410062662570480227982440771420409523
331925994360649570282168987822215008745880686780900031304897715449
846181505546131321476771842001457533510215252337002666991336809506
864881470835048462157831539584692092974922398482833111723402239215

2522575864055129160712958192579493938882479078249044341287832581 47
8031198409337796450608998480631389867494798952697350188194198312 5
7713332910492577756920195962381711913229997741845153979436212211 36
5734503846644805615283610328361698784671926163368135204759412764 5
0238738415050147654159515741653466932602467794793660570323858742 29
9937010137452115772475124612077825526650869550137907936823853472 61
9780038139002499622178873778562872642965108300568604257655917641 8
7110911832543800101038786675046969357096107761245845595577463801 37
6908251665284095105209106405417951907452728587888869966088937151 08
8131043656879192105432843276719698840358632538079111930642336839 29
1935699772671171135739910790207923627426767385201223448701704339 39
5054553308122609644243498552371897031358579690895852945489697309 92
8987364557036094609175802655657061855753354812018784612953982279 18
9936887352240484526902163572904037356151477116117836812106611920 05
7171234285195658068846300688561416230222782908158404735079886623 7
6095053372564843957245942868553179812427385619727063447745790916 88
6492351985590858451135064811753875738496564844362148914526897333 71
9306263903365147173689432798256098641371728421626758766231655554 63
8821209673543609224006128981820707988212588505301650450690179492 11
4333665241344353950044176850246151795393254452216922685215089424 84
6222980298330537713883226871924859357118661918616427328734341561 18
2871917231024164502113232143715261850766722397307299819747840513 95
2443004729125128714540958494620921101999188008002301357267155012 50
0058695894980176919246521975297787421827791187540533677228088160 92
6833213306982309802674123392016330019940531272549894413827730175 0
7113384939976401178222779979894431965008951830676841214542318107 16
6771565625913578203220088874757996397902714956793866480808576888 08
6724562429665289697796156520542197666457545875433953255107882452 18
3628195336657314201587377634517458688719710760061990825612372754 92
8904882382900587491533878839736881876332048115688745664647073289 68
1354830317699195324001758217695138128401830603824078255108239251
7608817425686187439473575756337491896210971617290520741957473082 17
5624007512859341471024748359769171571877441816761464751921201668 59
2679879086787276550853414716111697480074486107975441494941810033 20
8194939137027736182981974371397133264854837799738816757722594765 32
4984488520176919866671481904699899063444786040654005642307925379 26
5694224486578347698540324185981877212365760407119284460916208610 2
8076094213849138215118291932070152749724373502185055765985141977 98
8914478795380911315713426912282537971732056774399390666450888199 46
4542663345363730268919662918948278666518701410898097500745030847 62
9310104462571250682857284235365008741419639916538684062964223356 86
5566936792221342825524475278756087315889703206014636782338428606 82
7736354871180003766792622529196098912101367227986749228696306191 15
2842076457934010525326773220307350549097515014170639078298751036 73
3471476615431569915468782335565966069310010987614680288323335340 50
1409980875729835839701127970488163841650754673062353155016392552 90
3571795668539216187505987717153927587109185814580210163859338522 7
1600512909481196841253376796634271148161662428740705164498297516 11
1736932203493013684869656952962775974159459547413452513013464624 51
9563390977890379546725695659548942854325970315080899704781724521 89
3950220941868085828108574686267772380534604954673217571373249880 78
1809030711245051263991207315679230260626809214927449841417441454 31
9617800246975410233791125440716171709808411470177528392944923702 84
7245627424859169718486402215915836202471789253283342609297452363 2
9724101245944287914553645252658397773398205978784467934142058548 62
2121708544397056214549986401442501717283756978033881651635955275 05

409693266807804700939508165940833018295273349375577344320344065408
538122607508317134673151101913975534525339876123234723294592135298
314327461731927769550437191220452223958967898965863428240230737024
442128209304981579285205396253085325961910036634353241219237278910
024337729709961196296742834095520642727781616039090855971447105219
179266983963716954603262943333818420439470351709569812776589643410
110713457684086219157324655404512397799475813347921023818975204059
031106229113191508222215668028878587898024022810347586125670516772
659768699220984210744497429974825588672053548497086308375325523604
670694826182977877079856359181657680766896984291286387593122205423
831218945944990490187776787813595932964057291863568387048995197978
123105755446608681946795295063374953671272976286652902716550577082
872719488775777715512532874673133166925266279153637649645409182317
574368448138686141798147808553716429000917009375027402800293942676
544677372305535216252814455216514344951891354005130275322146461344
633323106422348204789911232999541156223682156171003834698193153061
937447799483977361767154356549649546077190539570559850332578809477
149728111155224896334811004890355857046528011521196733680972741860
161746762923698232957375306843220141088469766841294989775354421838
538202946271418446502415093724856520101165800444076540704894132161
632987977566792675679544908170465699302936205829177186268314922132
590972902312738193597341183273903326784806018809040671714531697745
248611821059986766218583996755114547095861221219439867083942538885
480073071965599199497657935507113691593609042250549274805440624069
354224707613515088681289743676138105662457293205962675313924289436
325618103762299858893293510789999000557516593177959712255116527435
070187161011551794478301004646788840861219560958080286104365428804
996786631127638803271509105743805010000285487699077973509527234720
737702377945613065426499147743471495533774905364672541569813300083
154425123843842137580043479529003721492074124575775892976130380644
627136670015384320386680005835317897371203006663670167371521285201
776547246168557142045651751972321178324335340968897590385750792885
854159181229256248051456904079334012795416007439183753158938998826
021224234158343936177190010147844991538395963367976548758437188074
516102472543190626608920005793064225207897102358062194635995464072
531491585968214826488192212745343890357750236328956302117079433277
068935811897270160165670828365851597039069803769461835178425151341
884554618580360951048827707031390495466806586668053825899827382306
032610477332949296119775946305397373662401004027349746911074260471
718792302234570752792009890844809496581427610805064520670538804448
304019398250635434288532287712413985062947985885307038010883542961
909547998000510295456041881963263387661774019890806718630137980663
739266644775134600899798006559169851705755473263032453784769427697
433172894057181414413391583000290127962648752035598377899024956950
072374621615813807766726566245010427736194059754159169163392946060
893153721629762637508695904016261415157961633541870253885147017083
187888601968720165759339049341311105699098927114099466174634586307
776281594334204292645584736010729588178641910162545276955391350506
833554867145464641342497551124941132749554441252453143562736872786
828282666978213377379407288261157553087533541257721696646824553250
888345568683632488685539911669920755970367891808268582402504636486
053273612586891677136105605473644969881241176341471440316525098193
217026835930268360757635405575485477689473433056668473036865098702
523253383014283081133719946443245941458200204103364713572778270245
156201501945287150779405626486150547311959021496658257348494890849
015202914320823653539920246999027818570100222340366713663845683521
121334597031885933578780448400754122219420040458394530993739203834
578462786274054481666495197711111420353500418102055516070129484059

811457134483875709680496686620324645954794717387821144027754517414
273234508735454606015360532514461498279790020788739443202288906405
438617879984141594302843064814191777863024725404173011106112804013
940267612320226828912018239454350412047653684294093023607463437759
595430620716778519941727207986685091626693772904238360648823613353
629841707318314245266763476916556594057649384387776724591234277350
652196650935144388495382040940377696373720365509664316120866406548
656310774364734885508315296719151588757015490330045035337729603098
109670208829034863360090064901668890225456011236265801200541178784
296228700398571866958625129918889329891282226190579994573625397076
491057835908582294698469235387416823742902061442177392289388238384
475091039308381426435800120652912712273377279740259679294197147847
098686388101755504600149109481680104757962688812628830368464886923
260798773107614186596571262402067336979853649717029298401515209252
642031653912469542485830004767538952564554581194674782470494711856
999203134816616746270173330674835650213370431738732297926650001919
269834727365689597501953300164569055783229664888384325457583022924
934663718182666678124655951411209059547154296104210591482776949485
411032678803029824936656345945972310459059896219157636969236883249
235707617055901014798166166292432129640508329169209247622759981009
366040708677554064733819728699821268694693185851465735510535814459
988385379525418419455131329677547385739451602491598562774392567402
274770923986607731700817239200008639570543595463601999311837428013
500215915390619708417409107742480637558961666881089318397777109457
706994885712000145516545419946600126760511003668385045953290224295
451427923882670972596243472259012881609314275492715393554542093109
168577009280194988876326286824848792323662287599071527693992933685
377191167712633090771903802303723077655678230220778565371713430877
951629120425159289265791462463265400901581818645031327749581589889
671284256497088243556466118274653684707850708016694224803970725961
943394690628380451199407950028259290848106699047373076898998891847
170957744177404441165041569711396081646001380802330899617680981088
384565375584041012600204328052767062448993462652310686096699307671
919673492488049537600806066057302648075256238073794182907871231678
372104374311967348870638250379417671238906060079588591136286898865
957580624210315771846523535613396300234587548409082392653283590341
153963523605164987561689820685430895577778191094197498589791314138
627001327690264694000974346382858340183619530853179670773453681614
061027843616301884101612893355381695728179169708454070366919886102
247143603311781302208260738587400358742705719062222928547890222895
934049921042647519729070697291826712858340998405696739485868591511
218932271134559884203328608039626418750245939879719888433209887449
354390882663727929192563433776409121526343058026193289830349997990
280754252914254948600278821029579480513575916447748114421473979936
506355237010814034165341261782418303812830604691725014305696044466
842547910439555007862658153269882453066836912589306240761616566916
219746350549665420652792798614629773401097288406873433944529946016
895622408681163534165643081041610252761849229327096090304446857646
431414220190328728488843892016470201619268470920309657655967960876
570126361307801210544903990702317839722864727106799294452472126298
634434487873126315260070121339463514325482360456005216276071884942
211612963864784525918361471951514811566842073640941941083340448261
521210736831047317054164462931335363794416840094941503958430999282
264187143071523217864719654254136270340733898948520330007097345797
739359624286060368455836890724931367817118884735945141462694081985
427831166679197929070480617685887492123181756611550358080526705738
555836354154285583866073196000371591827881308152062389067803906931
920838677716677543671224973127599653460302256920164118484019409845

714529347951276932743528313421602664618491104571453692276652090637
933230313292348332927601946001731697104927127041820944788663127172
665648355861137170599969619544269038818022367452031969340992552453
346017315537158603329393450911966137096134952314411461898862230817
521230597330217516477980143673669779904464291251569466008707759104
572931857106712540923960077666939522418767799256103441239021458950
505618283058497020706078420154806373212851732727529724815001662116
837296552388010012457148410716445827998345944100984828415328626727
589433549461500196876115367892762029974081912426776376227628387387
298799299774907451257865261559319634580005411046354850535992505223
142231159860657782881261287098270870186184364993140692313657104034
792287492342410868139607304633340424512944548716526183149971976407
743924221508248874921544281612968330295798910403266953671050063750
476749847106262246527934980950710535685017013024388266553591542362
015824133414350650247549532411438285857297660715088135703973894167
054454535601998966063666319786910058106368525639276421850588199301
31435816525019999326054757205319781555135618734200669485025185194
292358554736747885108211396042601207700697392122258755094976976440
836793020687082025906788052406675671398803382773132522190161620877
507058781037513425288250793094562292807158298971156198266744922375
770680926804957119580293637580253717267079219373451228745830382148
951016202281745024486751885487384199237612739085030674237842826380
815759657891924264098717274045973940926027440447784261539817840530
041468362631601844525604424909238527837846347285546502366639505281
219763255182215184336214247487908312606536255835803225317335955814
222311728322406325693122078648216631641329756327970713760029576218
437378183718341307982953047572632183794691496789228129437687162693
079030598465898945724062228518105869738018247295457109089821871769
750514785467546052594692869761724353043855883190888020077891780606
486355148656482989246712092824962857657515782918942062656557930465
126871750371905767479542415479227976241597980117327709134538211323
392997111653729654316331400901229253547341414725770122315201311707
122504621997745316356788768464659577361680734557772369302145194871
491820337298950975012812295514304713867808573107588757477606540460
497181746441021903419654569912313101214506034689400051526701207390
362376659174624722777444025395530712369630706973005279584000996422
783465267549297379633377230318150277729892538411462527097053961114
784119033993887485375121545168531346616329653082456290845187097409
714728164944714841814464857488053136399932901353355514233603875269
565456457279815097084432655290415262393431309520647085595331288086
137477077175791856838401030473304337189407809082302871464768023705
011830268077403210666601712770753319195365202640302389002630777268
220891196402099101476752144976111029718754020290491744941298591721
479014235277211225465985814600697205437122231168773005687179940830
081585363351860309962800311649864590319394795439823403147339512942
270361857916637874105278068972142775764125264084229245037580632279
190973785221582775080503003679094195681717366839715001842381694916
592547688836877310991425230925439917475481554221832067888907321478
358870791939878308788820558677593246698760602283734344592239306516
005285674278422438865350275495543351534875033996859717751042714148
993154953806162860775855027687329634844915643269852749792044260575
296417516334738440486713858289008900152810635407441901741706541343
570384204362642304289486842993656857665324790854063751738366086844
242826451754837952845154748793750475502526511255415907663562583964
254450417235037532745157650012991813473361202228480172602662506112
753003339319081856087810541768727389281317106611002049260506406729
571644116290546447574888724280538920095285194518709076461710880939
562456225496217346396303823171318045950136471088025283006118832760

913982650912317401523404387997194096117135630149740253617820231875
320094974852670943258934502743423253721844588235781177800764715680
462767348005817690977375366671633928205675654946935082425907566031
501869075602672713665463965475734602822183416378782156932459098778
404150854301844973502259213532609329592652757543233767246625876415
213420932500880326375668260111700987810929961966053109748112105827
997235238486960278114842913321668694476393533058965772336994674324
878202548005179315597900823586039653649281639408651266602924950798
332421217738324594627788393013157865568093488905197706293002229146
281930775749521474678141135558845374315086860947680878104834320345
179863294972605389407005622284929211241294093831013679646235513119
460523210723592895648052413876766937188612335897481649614884875772
245465354400700456955029695054751175769189844516393204348982133221
889955117777580732016664169023701086084799686087586601224795843388
239218070526165535480235826757864969866327007594108845676125478180
171337572894105691685300367828713780861678438910123101743580863546
822295956888488639290348828248186479720816718816370667135084267967
074299056085040289239760677252442323848426382065830435368117928397
735061207971093075041188145752904354219579868819885486126992945412
842302852981967614685160616044283558894343013137617191461573471891
805754212690511015602677202406119579101132797449215938088821322789
064311242106392776673305905547715203079515317966732439192071033096
318099468936119568373326775258605467104636124315528950865404618112
421465120725643415896123485889496984439890410283247945196356803461
459930863207156977310972430227120151536385589184253388470959897718
270845274856668167742369481481372503211994742844222187970514980496
216341264832226717428377255397346763920415334546610930432648982848
098536627701607474776801824449251987038907861529017108698310737482
267660091826952686401716029511511746470119544371520203443681627410
340485186250036651476430281180914778965055745818887352739647028650
993667928638631775811537705039973166523683379205178273638792397743
063208051568871252121592031171716674591037384901859959683252722312
442629720906085097698474903380776843988128831381696828310093218802
057077700339933305807600885317251246596920594740868561822715139194
533522001385046845593878441522235963805543666781139163665825908318
455381629361940563955576947620037594173968216601124776604819020167
858663627229226375209044390269460608083364752569698836922780647259
087871953711047883979745420859642582011289323748129193279696792774
316155504203880209260052753869277584539559538135268202166578890114
248508271382092786721858460009385637248933481283056036489545938616
153372367618263106598624320184406284836440298607355469592429899553
369851389248896960177204953314727555164292464951203571613124058047
813499246594287445601046212794832429949742379794094059382477597438
995176272661845129121058128042840340260279492812011508021919743823
728175153436950763763889664807762891354605370876429719094150254282
706090258729811332378512243006329541870698236209150294027706920739
169454090334826155373156337155232855199877280965119920690592796867
816167629738639126024725244647438720052236596716056885166678625642
015788790068742026756644327513503173044961569743694511883068795992
226597382795957583977197153906219040032711938145268107527528729754
740101832396518451399959842541814719344924290267861626276209791099
370977101814691224810865857187666075034994834964638904039480535372
245294342210673541716899226322856693320178317985853141006115323256
155981500000863131786301768469295376791740199987179866351910945818
913102361931991102694141758487337175011330663346542122342673770493
650816076281002853147482005131790537380006566376922615651531100030
519849547818776366602022057972873945338152707372027732314083221270
278588855480958688900016540068621892214781755113665746784694755323

1905805516835331380997590760224103754363478962281775841727329436 49
887568156495677644036771355095056308747613520288046177726896605464
072663009855568683335766305281480982035892833700164132557937794580
011948967603467053015594260622626089103388188994423821677348032869
110240258878566552130285760860716480585460304233478685294596939023
340475302043550471725831370701412886200796799066738253130116139413
003320295451905921940254020106565924109072808392699799539263467526
018178669677529478780325955745745446468269376409246227155085888210
378132246086848766347264055401234933322893726523488177698791941327
436159286675200549284311835558252203290992414318834135567460903781
491551306517605142650528990319717150290610503120711619243010278933
895237686139253711541465094306987785302695352832190645653248456278
113883029314010146741906924496110756996311127617536622715475443365
636215551367975990405233846673503028522115735084844722640105125628
467305028374813083221192694228700313723148721850070271166472416117
352088562301640569898849131642661441622536383327061566185118685454
793836838545846306928249963895796269094245712703788387412783998176
369774766174715248808285952530824492069672891098016842492628203776
433674698379212342152220725842755303947933150366216986445554053087
779995013780827011327272058376746230039695529828184563920645401910
038836532857507029708825403972276622084831844508334249878581415106
119006486845910332822238291026402377498472391039746913093937727316
601802795646800756428462093028503923786952914906466040378953274889
069888236403344123620438397922659517382563351588808275175980783142
336614409327975115106001296082848781746942048283422939426112803939
248615559282044704421998846020605557748226729009296537607769534190
962067683647936612432840347677220471955078037408289990795475514116
919320704079582393119708806934952018042755876285799883127284893356
489380473305319457727914400790560140541718856304915360618849460164
541961705309562336750757106923040079237107741110726335316676211425
361873045039604195393138620238137019190762502265345669452215892573
612991322399384820608151862990296559520923348054735330869036728951
264019286313067837414454243096867744510732173169111948074521237618
869983887107807134135733703924657480354463608742223227197919201336
395175302251201514108335872902055916021015175811432990227059395439
635133935813509492865839458758987784306962312685814068610830679536
054808171452149546697461449102744180148269847409747302880273670341
712832753311613411531904962957296479914880522026438218084403278188
722949627002383560694986562208174627048757528875683283345558356904
655947767801773145531363791889722822674859408546972159244596244213
935294411987284846624620420870098658767599651856009277539317154466
008365444754141491708883175041625651248513935344147615022498446773
052592558641395372958518304671352251202698858919690331114958509710
156352615479256579011483274330055067435897081867491302901560948677
239549727310044366501270514395355007125391546813764768779157499068
232686072380246630484114076955990848493574593089690724738725620959
915729561285007773619283634373624061452352114032588515162096563586
885784712316875446664666695954633250804137882343069134697614252759
144113529416523738992974933601720926064426926587285548880548862327
203655281109824005845654202048008533488411600186984252929262957792
200459613735856858181148935802033724474280972884777464150430956871
657943139596240751904133467690816654428041598740346007131200847219
703809401585504509817296508121827576876205942958077197498261446472
786521741325615911922612501532989781207804435759243374818699212049
381852779096694658541776867131140516279084174675556840328480093400
886837561305790769468106445203547318723582090280250889951304499548
120160442564035768904563450005912180087592014775602521521223611540
018396179372721563651973686580946671061361157228584858408133933168

32066280835051058490802953823168886876191198190294661098253914030 4
07081257473189695485609404468335522035653898193897597237027092492 2
14258688865129532864225384944450261204291591617635747320943296766 3
38547648969877015463224856647711739232063854096384672416984504971 6
71620141489023133683069642080562442169186382411573324366899361787 7
66712913492184631748664115636014855768680283924210976387556707165 0
64850406576941371022766886472549300780856385586183081280244494295 5
26697374973449126591196378060718869537405062379484739312116335714 0
46221474615734877242406851812742264241894254786719461893190548241 6
47213697863220241519805711915977378259145416298232085354135257909 4
64026636272417894293323350320017539070000108454710379385688134561
62462034698704766933615090011282630800074897078721708321182360714 3
25185231977196549424194129227658495186267859939314684012255618941 3
17246836113473529539617743781248068790058152471584396140115901857 0
24443112185896403934393966208318499711449177873579608115797056464 5
50917764064436273045921206132408643975067088379213670469556075125 1
68800929663195796981035293676323952965435229438291818085765211830 8
69805786087096350860120547117801614226752320958537373101141484662 6
89861475506033714975226100611586208199313073665837306708586837727 0
01706987677784581189730068344923064126236973006656662335056146604 4
25476975358104888964202805348869029608088923885099658119647512222 4
82735903388255170940514491362381745574394470351556399694247911660 3
99731190418516353384305653521710840884321916047697464926203013516 8
97027520516774999442871293335959870811904749227428646687486521821 23
97858015780476386856133535188911790594841013301247436301008634325 2
83283105817285902058046293705533580959415336088628265335436938311 7
57140757598309657439389786543254212304005253871750772715354337078 0
46596493446738828684759330464208238286757174085757821941694400213 3
27829840692646038463470716847941396650970307112235446700236488762 5
09532458756560270269181840156307173785993190165221395103755208729 4
66654669356336316315666302012689691775084967358766202112966419595 7
74497378007752902726041343846502705336320092598955151663819133591 04
18238001778560475334123140358911583195327380512604666215920955232 2
88036656499794264558354267798218960538870757781858770843369557554 3
17643637412942282747426254603815172500826779346629612371765065876 6
93313527039616593479104423977954020406465617424161406023558324625 5
72881151217882165857343737316399257147234950150717520786567012111 2
47787740566569755055603393759650657908744554372790443435568944474 2
71722828686349205004751622926668220975339690521967807904086345446 1
18248618099072528257361865483605029782222921548457126273571736423
20224947297644622708521545255257884940832661412500458978319995278 8
90566646059569290971980093530342400169432182809745466224438950072 5
59516332442356570093560163957130252190108435543627646784432127094 9
22319765162259370011112081419489240123611222819014445581307215857 4
05781742149709132566248273540156921371654216138126094650589681850 8
12962589875807428380235273807525065415124645317012718709742173506 4
94796022793366052369646605145567088054397680674047133711568647065 3
75010412866559140670972055997184374369625986276109025654553824139 6
25007123424211369469863446297105019722836098117639026712892918114 9
85186020371031631650620173849504055077700304940400247727753184486
51591523151890143417264377970163054683309881692049777571953187972
78854165205683976771664183064530511945352823501681909324347419324 5
66406458032448169467633048277663930380330295233679884724590660688
24857425488762055638375118284364152318631025678296848011164294244 3
80294407160534072114076287726089089407733988690128926955743475120 5
27647969118823568870912408383699214360147055618034994379459536317 8

902111486033853109833277828764207318554566246963564061737524685164
626972521047672874689345755357891032934676179995664124157468678369
949083413313724187359370687880167264571716923684774324182359267633
293925340839934304992634690892421868436146495319926250055169711032
198656434846244562983147384979849665832685293998202705793249405953
374775141033297934044296338696203178992912122819637934045438449803
480787133148304987594398163936978874217942822662013849755790106535
477236459798130391999385146484391872559895051883577751271968679008
818808034969354702426946578109620141272840808441332170787622436033
862712745543013314487099362737455302063366438098007951374172083551
826560602432815794078337018648968015179783719867806132297426653331
782603228529985738036297049248654269251684482340254741217093949938
686335077396086940206029136693926360245805413550326471262353641082
770758723968431041809425244528666227759088309207603290319914872053
950585314315408385032122996526660617035024300835057717585138954341
528565190821644652078375127330834524621614298507753362389648569528
875572282051577045846477875835457950735054282289609475707508566961
469175248513457149791207869077669450514753503056303598247488667408
868198681250666544091483972679393499422305527961731434535731195196
944168908019994245788241125546910384277956163042623827434405081856
044480399024308910973050682063547857614436674151290581621146323590
683960789157239136258890762585004004595201309987413356695835307196
570868108602512878341085700985416400794571140940929211890658590299
408076592997107944823737684171340104260216600106601612704793570517
051800839394158002601039297450066752746346079762517439174307785075
801709053319518095934873596600317968683823001983248466450416365516
946180164327516552482445447445854886758918260011394814705832485814
108093512846513927859319545908857108940103269983889534607068012000
322322352783454180659510427031844034464851542448077052147777019884
203557026643374926256971184228011850521095004859217647962967811790
126015401344991485183112955346249379910362808759172779310892691004
600824478140825971873121161869725453625173068683268689915445202788
152656159179234807924498114746084896297478769250233974869453525194
763462985412909066981061760001845864959642555206387247739046306866
034265012716485197858104226100219542221285965562938299580645760717
061501888119179797139592431799114335935160476795988080728103868348
833026033486782803258925436391932548028003732016904598033722729165
326792092594680773886858410430774494877792987583353921412700158136
961273078972537891285465804569994131901599342607243963002207494820
094809271472596699252587340102759216758383353698482825914437472071
460291193877276161580512633073861347143346212541876376924099839298
408539162475755528471650982327743689480509132603261889177282869955
646178539356090006956301890068623766744309495875103773433290353261
768200330649082709383462493709474619028538292969458149869045076060
372652522846936078318086286970741229738431140470788445647770265422
455020499044434417581191186666168573825406650635562940150805748274
923709092540022193399716553043380062836076467645915728621607467435
635162001307315913886106138660279350512819595990284256753175968021
768086975187551277333782425558721917350380551574849493131825929691
667100638110572178312352870471848194540769313254950924991445864516
358119860243637537360776092688767850730949885924023343036281644126
541654266307339884502582219648870987576927233692968774521888128107
606872214551910241156052469839531524288834583733464676765920086438
037306108665825493388429889043024894223463098665790162943957480540
430932208603020583691757382180065237252010702089695593615915399878
699999724225126396959064045149571430034828931537506887945207514135
085839404607905607324031770704861959058858134346433556214251696161
219290869693300762747256160557799923438893282192941459089629025757

039741636916490401537359715738258577953047189553265846383849075815
823255612274880059945542028618890496385851408610967246708042343039
046617193055251006201345970876142144737086389014190585246867244244
155154951205486388163876997175094067418580707701950187538007658456
758747364207058141997275322385736053312499481238070993932544613519
694560725907349449642283550444082490080455182104119880237711315484
140781533461833641269086722850209911110180711279578172715312916416
428261537771609306331324466267026864307667512931997908770072786140
310209488347165159334896387055417374067687910974744373253684493438
001356914076326855494915715615097738142772828932992251728057070380
958335147316753251095253185840314831650798871605272194174480377880
791704293985855786322882647373213943489351355440460058607077526188
603313154500683736955120325526768572241458279726714752253870249282
730779790701333261166702067600212781115946542139000971984410066707
622157787709864947605352720396473662402221308632061897182944095633
544205665293686487060056991123497551683909030385703450093033847457
481554144138798362762613018868975834338273711884143897729151227747
610679472119586442769496055574763341305483065460034675650734642900
452747849324173674016607524127449024026562527440024743213540897256
357004429927977005391301457968176433392003563831283026380637877916
118759939416257887886280513354212674958626535893562095959325651336
188106922821731756547240788583551463310541065004606663021810887118
845324901442439240526562591503055907146365383011145358535575057274
261102392294710259666386903227128371398825781265748626361583754282
944771228687201119598416125600283781538244190122052094093759589905
742043450338015214813227652605425078490966450105861310069074033303
954277263018813674875339278658831422624941985491230361503978963940
989878116863873011633724624808675250038585484284138966513601504617
573081675031926464878904594773690412161808537763800590545901787542
577393925645752111525093073692242953417966773538101140636537338192
403453484352214230803051669970628623661343725545908890941972611420
377232637850839652773161405292799521013322950275248039717866729266
140327952108326231861861534567398239883945340643323089346880673750
688710231693862538117340671533218489719942924164474820422892989241
654470622931734956483003128351813097183367724057707728848130984206
934853417171996367371652700286812200873875190608251169728636392995
060525816141154253462861686975560070132361561340710711151260852840
512228335292998737517647413043257841679154087702960978909164782794
958988962702642284267736067150095648333632280513471880897588332258
968236908078591088960527256267173574954124611219457126385320729281
240327904761174551072262821416094801860757501249846374766078262672
132154597792609285269013565677607725824119024243784332756453751095
901140971681623753100152643888325623253904544515552195923459451140
327486943771689372718717011878728477491755344963712550567025217845
762259412178335887326333500910554099952637434444020688858356014382
517532843330867849574092118090906023065412870116318635267406690319
616564488361456909058813221174157371549170675201065191287350978301
861678494817019517507559590174225471753369060431423415118849737113
099443962044897013124941396305237284314495198835477375801687505334
359588820668258294120159740838704274329974352891810960595836437820
488364208544632264930704181213403672964787213811937134049543988485
636109695820184494583359375235610934798660174227222544259849314224
126385946063007498505929671088410269520622755557927973966519115290
497249540364961354092680784933221492681851995801505445937534812091
231676952513249595969407272743600970568519751323432513160959271271
857307689585615207990334258760679908246829068231364103257492162227
330285097013013492475065355561248161681870355641637513504999106427
067594652296058711917145907205322350973799309319445826336889073119

540178024783352195923896138217421790337357362242628720334015315347
745562585119864694175971741811084820010884862621027415089138257377
056189448518820507981097684271851246830314135996389767872357967538
602140198060614127220567613004289661965976310978419359217986640833
157124680117837733724496077201236301802667314486537942964989159073
316710700884667209368706036259003766850477813967039042205647076042
457021345436645511549857092624497441680485480418440458009452652857
593876486817814799682699101346959660875009527878556986348510651 2
013420189763579118897698890078429733496175949482355259965523020653
735847612569802344800934438309435586066929495679032148110260371172
515772241726110463242826388343572800016009202774796079812972646867
041362932041587650590395232940128393457391482774338643928300178102
184537065876704004122314350378433847456922574543943615498958431147
215079328831191717528735346149484251668580830212627137096682302432
541759471277365345395368853667912515173789616594402110213383829907
845419358613366695672964173192437798867132450634360130074295176257
216472896481872837082483422143635779964730780886239827308317562246
601562596690780084605186559074556287480287384088772196597858394093
550189511636092582778835494789770668559482784067805903517606789522
645536417063007834953133974347971831296035083781027619419407571227
123116586547876087277067869394661127339715721259956950171521744573
126116047635458062817554361050308800318862264763085261940896111543
731242016271673491654422231620585995947975284865114116279783779429
342220338837025767101737322671474738198058740121991423764980643168
659327205815544991962353640005685344861697454528428480378672658245
000335819474490700676693339807541974022529676803668992637920142861
365059689251795449491540871346374811319776368585878392297357356447
878395877091154036265318399289246844675442480559503646233169890587
233426836921002825568593920023995244522898240167929212017678050878
807002812499691095479083519492243842998269871969029681884524446651
721219129071471667619354308470199763693235638502419576595781449064
599820579931821336861685856805949157649633860505204452198360445060
893317318973777222467081868437305431592267192641466545343398845954
785282029924892192838478413739673319015069944247327111332482688104
178992690400809142177445844026668116137983874220835178966934451381
049013197991824405341457265519938168671741083289539733208730651898
836926745723768685793761104473905930006978957750382264702742460631
397849055711198090839239036695211636256410115334624200122539301609
933899206934923904947739731687962072511141757681825838870296083562
678663616002402718680422923839506452182262279359780483497627988491
280003098582086798487432353379754558097554501505271231811582840791
745973925164861026633635885779496255759415198694995564614414237800
522242373983376858104786319840054062250378062316309846117866779404
205952530756066753112813677729403396582936960450775376141563795049
325019601547022807176700703103750353313147858150096360307701347885
278725129045944831273482468594271402930317493820010852171481963375
111271974146491110569627287361491324620514249298252495175023596823
377971593491491224256349072582125144306715718215596296437462171997
712509356827489008892974047962838414687684432776954970904610430694
935384189389528005385304179318977177433418189912938655480359404775
956730218357836507094184725060240263352960406369382746190317692326
807526201276276341741181821066648178710827361497379182159302542055
244347849551965942660213872785512880575166241527242716386342367647
220428331101805125983849677030792479434802652814003852355438087505
225550222717728337587896778790053975999116610799160585748129523854
503754580842101060922749899866413970180557417981087671857168082048
754081271349353113642006501281527975698259447936802032096492259805
214147249849626732952129570324603621182583447125834088575204357242

906018076703479841082479434200624726643686634076325711541586009396
560030220703842067092656802524343777046833490289311196490569672891
785552469746093809936564363238287736970222816387225943870903589168
502353884900168619589830471205576749524748789783404032811060769671
215723981284279859938833304628905203107593227541801524803635159261
512292268477750064357031197158089588342725506682387478907311620830
213736067728494035395682778109057201953952909149530156781169203428
787307240511387080777073007607281494199515842115705497432355826173
904590060031235476344722678208293878949672382732189598577876686315
657140734913584679133308915241276322105830109449142717636522226277
213779502527996747060465789146047206804918359330205999834996693096
821969845847490656633341043149512562459760800377658916537508069334
687611742884646827960548872431063275504354797566456581740641254904
555171799840343268595979836235004980315726592138952998489773250865
936434807370256993939951803888896219655906855662761883561052141784
297264375870037418435819491135484993931201722831728534263093985363
684696181010717095603239027589822850434071258088091459519732862600
553651238205162114785607306122532675104605884930503952409319713662
670330970331026205564073689291189342011645141826348133292487969813
310388174047908802280378945600619441218882681379891476861906602967
979062552836887871910637641204818594628312878213514671839113797057
276992366586571425661507296088895996870172270946632373526456829038
244005695196399030391492556977628246558557050304649717537398002963
696978676871955832772810182026046730310927247840823424243111262533
147887713186767075520332399930854492585093070154158028910364327252
172031163371328107972944231466763266839435322128994299210919369070
926992685143891556724594729676085609371690042868216977060566661095
538995523997849175223916698884238285576944549512113576668579074284
983175023497096670677678124586123061777972634014581026274048295422
897384861339329688119080106661525075203786936014539417772031218165
946258170696257519634072194544639867263710556863483527135697371905
779684389507752429480188317816497833047316017713812240882228984639
947266096966653075692214997372644770529270147223743744863351338994
928367526111859777956314339450761009655371809603257955072272491848
768041681065329774827440174160603629003594376556872810687377444610
094422950833121089826472862641190403983574426886481812663380009175
971227925691695599619542968230100628102523497608766442655474939140
507776092794447919302748674652973989859594299918257432518314044570
387551600597885882909644385234675297495384552513956240146183018111
212823187502678957898549012733553097397071154600644657038144093553
627385445368618652369698702639276459517392904820283747413092219552
807293018524092139398554762634651737607797379024051839893732985482
091897452126037893038487161939671006955595477846791520126689670885
888164957424285750669429007212201065937447961978790046394326131842
462798565837919057886174317949574053288872007750802600370076780831
751921994834225365246642396446312332633201210322184951932361931341
874955252793870954066921723667743568471662400317236573866022576253
312713454199022142457293943395533310145315281562872843423032458605
047564960095005995695627219263059936222870376847626030556562128010
751285008835864671201684305815249324264832767987814893587562635356
377486205399493405272279120129365465900023787384416938155084231939
701877489422075708378935000790005957446930869492081323836199051638
499131217287540754057038743108205576988803640956397280379142215468
712820678496046911831428971146446655555900660649131391658590556697
461733364367939316110630435351694752466322405335373214659001570835
233109026733489154709158468690865781199606605360087836748877247228
873119950789052518378162015950837911076262245111319892099477340902
116930096439376438652079910950722685230623494487440613898052368059

034543564354578183136137376233115025730740454270630450896265316029
219002639411191291548778442535362866026860399848238231676947240267
079519536594513421927032706780587613615475376815667919703323082590
654139512171544388154082708765323591140931275137746383078690823170
710854343186471257338202930691052627029987107524160507149768390020
040432008163045600624239285668379478004033380042857899108152890233
629519407830139627717826606500455255292862190622531004167129918352
359797401011946877595176622507252173911650938062637808191539514264
650931356658462380026028794698905070604032707197905648677646017343
954343333098717940514666366882436614735485462766919179469237566647
040925866565191133276667139649515482714301769101077874149484271597
358163353096594710269455103031593873791950822804101713906290485565
114924609394813532738576359941691787695561604104994668991089520243
067478573479366421131373370699152544901437477126293788012276568561
112701491425115040910800381103520770157071853424724960433112418179
976862462630625365833015231945045884558548911257230831892150169622
446869249884145460702408798920541501491680124084271727255081169452
449120876895309622779554184683634444201817437619493823912662358781
861314147731407684591061384509143493649354641047219164574880993919
264645468354213959119977127806698768053105760469287791246079948351
224023001544129374521910974370246741893583002935497577387027508269
559446611936606783774698146409983663816239991832646970425967964450
687246071351805145427493445791096406285794158135795777436151174597
640879292325861826236867078910839744356881126223161852705768647222
667461845517480634905533689549184790297693657222077813748874957146
133152705601168549639299428825847191429732984298307921813609846775
382642689996329675608681305765181956496690965397741225052476706272
818973005064652321424273657896516495026865834223857779356516906936
054548971990988594310338402150978591637142166756464865601001127895
519395068926533408538571957151462857604182988423435534025503270661
511328866857260328951250134295432054117569528851446179590123883560
305904986842178798308685257067780717426099997389754639534449452463
761205721177238473128000688319825673332502190814942079672480226472
619134199780408051017423350927448457104906700026006758761688981251
183649762823804931847682786459880329458651414442948885069616240291
051577710456971849836954269531055512533840399004920120123573032836
116659116645309146073306505685510623357926563348375000497180574162
148060993804176795527103173921525516463748061008431777231271367331
791229637376670002188235887162755033554731060287893911150680760814
652931367979571619845106183341010182297303903148760264605310430876
337560658665877069074002787433069366621123140420131540675441371562
281899036055550768757604185283271706806620937213508105385389758898
197190176879920705024097140984150247205517137059494376767888008835
348929011528788437425218995409150946500494530623497473723800570481
116856202096277439934695004551060285385857494874769094689336861835
074212384891521677483036973540591076106923951808529287263573840722
118248090777666809680769243006769566790818806264987739161169189977
003207505757488226132127524024946748168795253277560132960456824256
638569877313359313442859172862485292881540372261706185500540921792
124155233792441939337423899155543684475480324377517757497286768652
535905477681219755829701279765779100708243762020705208241771047044
016031107609926838290052777256230380995582227229123565769727924023
670649722990645816038193822236021352889787541845430250046080763278
239722173889342587339610661567753315315556550536090034361880060996
347423218637269099807249409728684741162834293835751366890015603265
732368192491410334894243351742781902176186576921116577970704707405
209061770941832613142810322996423319876004876436569089247787563236
333158242066851799433103561245931218977070115648708469302134655597

450623934438985247614674099630168460326570907806107766959537307458
761401481558446587597696684383022503776694554639384806364213819826
838621186936868097001786527368514783451381733976471835635160723462
110355128508625785907256878698541658781190305106122470044066787481
983856304133488514601540777193386948610491311588604772286835691138
490469758829228852025749201990018469839972263174373036310793319478
297346979250460283610001404911733167045800582440048658019692087998
573181930808795097619823939271387674418668974820630996165704295351
243543222230389264239953524697280972748122682112600055927892655660
666047573823639892553179223192366847788836733970309823344632083394
815151261189572842189231058404066121521096948807710533939428461182
965070201431043729419253995142255465763053815547001051941215561983
401966720133760583826429275247652847706143533231497297276394057027
756828253231726033503701166775772334972962705427491262033600877243
238857072419342972509996211156007603729533547040229812852863418428
247988555351201995907822522647667654802526574942043745259733793841
249405656556508210190164219837378487844715749909476322627416187805
740440079678689060540547505013972374613771376192477641694005746613
592661348020313945918727310993094012458900607264587257622214798403
642197231157347149311573599934661828538077031994411739243825856821
787923211161583926871693029655915238727556523918933063006071424567
550583811780733522126315327887317560956432564970650619152328577689
943807822484438481556076734297963662795523327337310724842133180228
004611827694943058449948843694231174471509500984603918456394447931
058445513201298675607206304255785478145981675252873209404961483613
763644818953743261717829538025808079849788714647710949779797722008
176157538957506888146130387854585501814302516595349340565181454l6
500030190775151439758397375701006189906046441734424632905013019345
638914265665387164558154752027504567287424347694802390294900742675
740249449749223795543561615088305311570895053169448365866373484285
420975871644767250355150349284774285415005051797560314167852279968
373494774563422579432055021956452587921874302286770210420782321050
079007069783687424066613347100557317558519014275014255310121733298
418380133684739755848901387202120106835429531522607705574271034591
002265044891190206787768287599888860359417003643561046896283650758
495940719467331045382697832219698648315853673143624468303103294479
343704666894407726260996029673839955695373836263406461742575222577
015230917605860826306294935143804173492942542920646484422473562563
529990020662112067973839661826357824702302967426416472305836457380
095357642972990248026573694444187297370241981803419495429524673640
117947034813509149208428461406232042030531723293868692690226631866
079392147531097879725040411092647935387988450296165452119132851530
868924792904898481518547685761624184494068362443676122378819206678
110361738120627029655192910394870710643216120418334248125597045498
050239688770520084382857704145051148145236045821969439633036020504
550223438710572435888494258805945794953464181493815600344973433293
209736135901053838640257227565299041425687342916602108187541473695
432248362718098727463365966288958604934921544664750843136048510367
961102610082382325668172042655110897149559191868200140630862553549
511395666358972856673508134343862895219010168830827301166888481014
904714584075301003145646509525866878878400409026273684378271248805
710840607466941085840483181169179329391239276397462816664580157974
684631917257794520666220648046258841427736179156809414826057230034
382785459519968872038304070945048347552163980963263868820434908913
445031799220553353296527123852656343102730788162687831849279036469
006131503550420747923635581952372281952834063802082706888817532853
619357102040885988994887052522928403470958956507901936747871279173
137784712946586310635733405695121376540817679546643116068623305728

133677724720479829997190367582489092089944656678063534380226115291
9283179609451019506688407329178690179988356220498472705225172811 04
924331950320055147722531212897466767487976088130969126705300523676
592895072520615749256950217613817565858622643117740073727821852683
971655090824566523465364922733355544880890180374758248951475087456
555140996088218839401670390462530999724698656462367366125819814710
870278036975810726005375983006133367859676625460046627532311831924
854175944488869856879798308274258976654914204258095869230082126537
104755177764107797933694933651224251007104277039694698974082195149
619561143308175433798434996554335179669566308483755925220713296718
975814964263934808185533421120725514086319929097268903289884186821
837603537293100368458995925233520718904917587369647731224473521172
912126625165309096216622055361085773498075066406478313429237194445
450817580626939868569901724510313388404581660652992319892254169164
305499306150657003822216182954916323359849906997492286089464320719
496210809475794218087876812752666745782406388310546489589721163189
565627349553714344927347619257801820951140973817370806934241601539
265296752174431370287143283063025802226475559324996586590636600280
220786610989441162720027265055736735763751016329139748510940037023
497783360624985836069097996811187188799177786468192178532759040474
228847055230185680525563000174623270616619636172684458763724637164
407041318459988944186765870636962892394641114551540992629111990549
267370694692881259616713917849436471923308504413924820437479800450
106692505278447018496387150835605499973405580434304954822518451462
023951322876951458591203116804381452223359788114636411121908318650
734628365254116729680573590479010975281533297174360124810128245003
760026923513864973985868109967665312440270077982597566383000093739
733570331670872858633111521545481623736984008172683399335184869952
666256171525739529579860169911811767884121196748950091175267338997
575622385770748724785716567236827087476273227894114360786188980413
895057542430740552413940036345374201799503942110683596888574400488
361920039554332380899627382096137351401230994612116380705367441090
420442095891142916195754434153063786309906566472504177313214103290
097971521817117606194907895439489418079867147669454023499871853192
779434925337403781122043783002511506315492496268716930736187628783
838639348021638948252561232947504362965633331619822627003116983652
399465263214810512847103459085339259924373662150802951165991091024
225276976295948165814977633251409874752160358152301494079899598446
933920706903383304049158865757774955694208902617954320490260055862
715801492034284540791024324473442164868539970068580151827973829994
543966758463534681905471371840324741048915805335161650205413653343
057126341766551920590379062712818272770667156522878529870286922037
495495312843265358767731273203921725401333403826109870033693511879
500290543204485735226607624095297116513881558004812605564741245950
649202132334669218420697221773851392484063946478671413399718389277
369677912716578308876302740277349418128206047053973033286287593720
055141048750997778356460631357002360003822675372279481887812876580
440700954242558613564932738995253294801807186257887780799160684179
238426262436721806655558586625215080816509350961884840102738870425
659822971664571350798413188005390378527498663223735868934103130770
724449176365869927009830695731853189365015398106840062658720461784
071068258835174703582997077355722434049561777532733994285647221119
868492155858099858962545325245225245198964892902580508162814714288
769809925113363567937592319336228136109630502465231115845833982740
282965239870205995770758759942002526883589779507442978189091223766
260696282429468494633128663545976028888417672071304500759649254689
716434312227229874096700108377244268112793395932954663705816005694
646487845799236277109595064706215833007327667615503516775065022207

265014583981751101725587005098667011508169513746055515841886861513
078274032211618842806234297627389028255591708466280266517535654509
964295574563448167201807212405683329158344480476018851729864886914
170613422495058586095659094542444105802291890022205119134147460455
831753050933646451146440583816135301216458470080953081972386273019
840942150176966122056783439285147331674153272668685076033561455221
873059179748805140715201040502464516417175269498957288623143614759
355056901231923721968902194713028498861498586152653593394047672351
161323994773871319885910171572700926740806343527002293075707002573
604592001074504662473671235408302571905661533495577653524262301913
209349452563894564495549238696640362517342134140939992142152922055
593723795058328293261545850833736727257740251262501001996926503420
728093005451772983150634908014257505657970127883993328675897860488
561021944742118193166344946065810046920034310977821260342211274289
279134029963523839913949837479987720945274337669138858105427821376
206215649192701336700704525538238565377376330027511189067788984062
224883492727120801582174421135528392381615217335542777805315929931
555045360980358303534507683980937255542202929146244965041460869237
362575196716744402508781600518729706077472908246624970938805606020
850128023845047310149235001431904435020759191706114366376865972992
371025170177284964393554453050060933980975272092394646810678022792
894565100683173422164595194981828154483768791051726473059671940516
032534077880300216709008352443517027433556924376657028907565471369
264981117198031278909098484168728505061841342992074778695527151454
176949185851944549500764408162359814938184238443247149531362966645
690315893506329858158317156890573673800450372360415757487956127862
447585196182614093228462108880762145772793036266792478292620800438
417437395742127717471630889622607389934217532286607256761842947619
701909542462612089210158236014617573225101084063991633543047788205
002425093552768866927020786677299714593971306269621345260783971928
724477943582348665004968709348012414922532326655423866268221227642
912493520001191462311697607825743516345532088322436196313568266689
949486405800646577501969485939705681550010624849377626852097648486
867612203571100489957966896403407639251923283688763400316106256193
370465297973684615527664120701520443435813751036389696212096560660
278511208768407324099221453857788863299700880944827991436518043943
964706805590040841970755779211109295256962590736177589788651815406
844692473350349110858003114840149523814295993631631177026708127566
624175189273044757035019537094044140937450948266913281289655866747
905550111045768111407108766799315307960916199936705125123226022965
898030280779936350193046430846181563068156632436409287316320656186
544595153717933923561741630145085841332216940449082747868006138846
536975072008770863512592986571993457795795327639825211281535153178
979148220931734424394476914404405833116819015016099329906502587819
241698064281463457955258729639277544665940640319233141521860060997
300510475749507184589685194993937189621622813646801915692731255950
671451633074324463395406341412606588416633712109057197093965260754
887679776094448890801053316502623229328458553699222639692849551623
648691111497578971653483122070661666454722656650394103665236097401
725874525751761362500429247477632685809695110384984137760207683682
549892430324451485852104278462153190331938563925716067237176467672
586123337706812529139636128733716843468418936271757884975427142101
436182594602014704228403891879393624624290161141170066243087947674
570838802262502503145389404861992463058375049229240659546101288630
688871883059538234071632839241603620752755736953947753033454001421
080853119337644319014852884770893097504895340564103151863666656116
689677791937991825899894553777072294114992929557790255733552743701
355352046615093198788073582111059073993236028611247680661363395792

401455488503083535456065652224706329165331169322927497859275183633
137694272168038769392886939241371919906459881732494503249025658187
258489910315052928111982072775491770540178522982728688676542940260
501495678428262935669038697972697545648771808091670660671147353770
042778731308958056337542357845834623520081723919355189525760943638
903349970596634915848385632490215636165298498510407624052052703865
708113901828625090440106592432437992286759630258961774912620286547
076160819547659530439988893947379264874289002524101278507069841502
002256029559008864038882623742029027509100807673202671610874213694
039996693996769484373482613888922799417753389060166342029908596684
646428566643237813285657159896212810754716336084537369273176881141
527031888375035789302513402558946472764173278971387492839428899920
869714387517716526802789605610254042730290616484146166397925285968
878993479965571579094773515671039498473808254114107008154004189359
024408319670007112556692617102824782589729787670392168514360816073
750761320700448559489962056656771717452152154203916826508733954131
707795007848568954121208481360641080321219470136523538673911890336
724182123707753789228155168617377181712963358868664886871151121091
591992844471264619638114716029223304107932796230393973761262613880
733784883218093112166251281144585421424157529311117507193185260849
680150517666032242827371868696127908931535465153246052458740453762
585761317859079655513988269204007880353981911483021595643220528525
408885047715065592820941273421906237590514708429781424899448257406
433155749819631583270724974381181457359478042998198286740184346680
261904945163137372856217386780933476306707393757304132961614736558
838913106243889576303094964772322184119063679201644864910917683873
41410877700091751591084263165189558299876220898226750775600143589
641941219880614564906835357721321107742483007677205056171954373783
869236831214778191209184204783505835497183359582807229850294194705
765221506927493556064016856641490364989009498196197570507469276485
990387837638454976282764693086141672083223239725447809492426454901
609501075613953691837849192184243676944610345952601512403984784608
337054536463746564882923071939930713272164532403939918456887011629
124364604969921718983080998629152664812671397119478057207222559473
482736140891692019452950257999341259989810345491730088327958625811
700505632977295329192639552242309825573380380499798606483084415766
692411926954476575252071332666255299488874349711414045051292866604
699961511009132025553683688016222506010503855502598639177070490469
256474498039722047091287382819366876839422664781349828509970765486
076230219034432229584211391014020056017239520941901106045409750534
321434202621831485369763009075093202535913559957209923230464805928
819167602193125371084903107030597283116920089143411665181389191585
771384976443563356350578377913537214333406496022909513995324667787
150303728743811422601673032274305023513544881143481351191988469142
084723347541428678361736457548460606422535013546211599510006613869
703676089600440951449401553611420807197782530114502928448050269912
185961814085614231229963617339111303399404668641431457037767832080
789171168966683849117289393073012854943240145809633924781751154305
874379308740192976068216799714494954426374500187647652530981435106
032550916788591813985500999589492729059259707253708396084654503553
303279510461339808206592209906921716549682608683395025217566293070
788674501418173822578464614261610802067042979280586979719436973478
282643207131533806591074898848988995252977178290199375466322355794
205933064471201461798314709846399809463551890709367072246426158964
364950160703304487004263269261187334513127461069432661557912076854
266292525887332874949340726438257088262669304106640955604901721359
523059693945097674806126135659966666173278044638504357874787855142
497685521308891254473909204928103324842026215407700178818079030444

613698728869242924739870782358846518056643086527821103858834453695
860298835444941768725866649011609632923166027690718871073444985142
642608202733829363546585292903029921616254491022524676514725290845
175402158472493801475492129983529898696147580105110548341991057288
633139544884227573148210715520000568754907913963167659424554221046
524343906059774692233797184717055399711518124183363438303360790044
502919234913222426387371866380076712756477828011132654543800496343
551329808643474345748316333259096180566236355118811363270223895861
271319723862702516967002915237209275035938259587616807807380077544
023700114819299767963401558365817767568601678277061133544220095115
691932494479829257874584709067094891825518486467582471333849288453
095679180784039714506826028454369071970812687530744970236755421541
651136317503867821879725137250367662602429454866579979529996513032
403952230386187438329222946598207850652508385034527516686806693476
441159033575608981816681860061945585372852320855678553835844715782
190589216519305181257910603639754287072252477877891298876713322295
607840486797405900969031466152931314283833262823581689509935793876
327688918752076227826411922971560295821028691147486119423072358992
185942905762057478154132846168740241179679798054051469190874439086
453682521129504039955641938193012596561307860369994099284472926932
234011807884495789394673813330625896393405577292162849884437622666
086493504470061552384885720114090978276140256677148155411444454780
818747022662832234918234914644221623054700563762669005608255052206
621812778515563862154326861849256043930977021734746061248519535558
107444291837682694792386184451869030192217203928288574055778324236
653819357574865714711261136474742842484983871951155844878444278333
633300010771187955075199361207814928201787142808895983613512374646
493402007456239745007979441940527042976076791342981456263501584027
022381311065177641788421637844133514019150549916061201969266475180
647572355475996883011725462238676614966204874826059277386979056535
939970591275036932333420412195462572750606113950809339340476042815
679526398659936145466166999501232291785987019081897492413501891391
436845965945416084821012345930908602861893173336108363164858780275
225172836839644034831185941762060663689236853366954013180584518422
509746396217658331330534710062439859991817983440475094957934103067
010052873859484335375566469246518107147078218287254462133378158931
903142873180023011180775882668836019450311325405528444763210447368
050068411286676395391170426327676555211180131488251145180106597744
661485774166750371604610783090483434463836616589346744417397315700
332292443747689830271427798140815084034169653434281356529060515610
038724746752419724914728851951876177603990631918154935969142573829
302380599174260150198046072807425888009057806421470678568365785656
338239729246142010296146152617614519364755031241409747735429238059
394538101539399022057050895544770098919326745136868381407085803846
169827799344172318155802017764359811009556289049227727075265157824
222835493163861960684643523972006781486288845168780229529676435149
573829213356987312242330210331419777921629002024418020921562516960
647504934763113144043856990805350585452140508425576345518472750357
804059496574125015175714585873045446698119372434946188573028497356
006911782835641731623605076163791721258082496312759538189412034897
575233689748497197636350437620548135430682861191415259461455334525
570157035441735277310737083871112316497852841971475018468109174742
473758788227583387233545270090545227461330710911409615151054200398
718518731847880489126923207619130209809973078715604792225958398667
392062340184779690099386022186465940345377822601440065830490643893
965389712215079446408345218383213779107041014775796634782388744903
793302282823992375452236041880340947595909383710272661372000195110
454109616038270816408444479517122082044121588031831942382957743135

8675346516863347301226743904158278160967576551711991659162637592 73
3679877859241125446012599224866667981218041891277937513632438579 91
9677577496578090987397489034486985038708211520729440935354610558 14
4219114726373352102982454024648292029970410962339632659215965533 75
9246091840057194367988584346704098138608759486030021416119184478 53
0242200208141156626160332256453713722744276169720536339762382387 06
7893167893913173334253378140078457967950041071190025803913968212 94
8450245020160891534429508272658108336250231813981171813025664835 03
6835267038137152908685654465152276476125392398016228479810287302 29
9174296323921140358341049175680168311427481038122342266029554349 16
2474767659771156786866570764254883064997937595794681238145070549 59
9648932865700149942073412457193718534086173647566676219939903451 32
7479764095470307400632353016027319021509603531901885230129815528 02
1750308481721393530770873512181661873968918062447447260406084199 57
0222327130899120074788363573172162698410173682397152683262890376 15
9584573060234058485494682619019143447167618285097744394409214091 21
8194950470985383606776643698917598179701128338510925419212634261 37
1777985003011506962813570628763958793965642402890614197186856889 14
1132194455731818074016563983794061594381452430193352117334879069 61
6359576053282189408007675267248254521172818213651900751439633669 39
2294224459369532903748583823506396041415937365805149325045538674 28
2050802873058138722656365780816157951018193451546882105540325635 90
1383756655255736569632808364545197344063828803859380367748890702 17
4048915596320796138962049584718060588704526537837336950162990044 10
7596143699190662195306126835354800798088930450517072801360282788 39
9932401321527021775199658263447214982785811187081793407781655300 41
2610771925163633647573490428415651139307153617683597579369043249 50
8639199854225904440326005898952687759110440583316520121187232425 69
9919659582920849008017632093436374454609489851583894011439420125 28
9183999575805043785090569162765631658537281566211783253895109447 29
3438525467526602923689517795045246446278774616788488519756458410 01
3564132079685421622379236538288457756654477167833923939689380149 77
3625918145462547688955108379232578743602867543698247774210022440 47
5149056387077077350706233945778671547603565569480428512347110730 87
4890451405089053734278811282967299382262951119775983891715155666 91
6759634753028320434743478907993572788754127763041774752843491869 50
8622613198703140773291196016437155071580277758483189347601902332 98
4686240989756710238252446451105201946329469401767572376110268354 11
8272017137211129095988743893508562023271753052676156903378568219 67
6091889701616295769842701076894495238597619000208524611066059283 26
9226587727096344870418842342965071712464620698502224744364475917 13
6591549425396830772342130669565596877328825097632414427921526514 94
9926588492394271224497192552770676033706420970688139275561663310 74
6822184632226977121490344695573691954883132076996927330172882563 52
5631730154471153519565444663536635018399475970023767297890882617 35
6478383611344767779152633056437848808476274866191496865657474011 29
0713010683488020245209979138229312157458007629271946023043840098 14
2832355641238387202894273597413440055045552891291344349682514817 54
3673638136132341629379589929361327284156863288551811684133721906 44
9944684393051036803079993891575189751257200400930624322252900854 59
0038203185679243443180420966221356045113567676002151063057744934 10
1042395428140559201985688571178632248466548754495205695490237428 76
0608292635109202946679498824977659225937523148712999305496801268 71
0372687574174633715298338833496404229525874763279045123919843468 56
8121962953005194018083114743631689001486211683338804683589937918 67
2669313130237734439713389910318145043368517828010656704709323265 94
9733589133491199818627376634783970073341224934770444767765180534 77
5390091140077694554870998669416112698945431351739473520535575304 70

618923481630244137582358973465160052919307784070280576878239390083
934484907613733121506212986847193776418954902803589656257539403323
949478387894760372352814227150254435588858297948476474061842321331
028483750220313406090816395095053996835115493243333724618021715659
675092176449804107117545442677020521443023563890528350271399088251
900566363333641024436454177204565279405661647037258180672555788406
696825201991903047628502417213522594607273064849502199183760132606
429069397452871572233903769372787546840660021723324474564968982112
090763226199318304917013015775598331223095837530950322451807534633
472183839570907831402041443508755323968920364622423948343066902438
928300152033552291615240571053468203503620203799657983060558254183
222403782987003796038546804457940577642786473403062080128118509265
320026536106131530948968555382375508043407308918716632833474431356
060208765834584124153761748200080212677758529826342167639911218212
902785027122702252380390338179579689239481915563740500446492049289
236790620130081269432348773725352365960880651929588362910989955846
724423528625070861684883713184625785774414811840241799153273295177
379637012145555482778396123521444313794090282835127451784405813909
355078570665872251542739814518191557785592349835258129116197120349
373878953391524569087951536695296867970923400009231081737741738852
551953302750795031403007556141408391720439815358044071040315001870
982036954058282873987173684099455729493264205960757980941572697028
825495366329669599525450713248762848781393768386247896240047965120
200425636077882219740422419839207490870683378113838479473586453121
896216573328764994929122114295317253878039866012630755858246403157
412567893705539171846180240294863399230113760648620641927138718731
043821615965327578902844724561461127880204793715636135319502907830
745845379895316277217685781582286828985119530895736208475022052363
548200277912141541496092287719404827791062000377308362991046515603
698989685614995740946244370076098203038999020310060713845331591523
743572981051479574391788966737853399772515112653309315687068825676
864177084434525397216706969286404921904995056534057263234715699741
084970919049315075133948152194825193178267786073465573584122177332
494948787187934771403409173287470719038204365873703495101086843953
679252493971821282473030315588505726150640020473330524038024917633
864261752024694201982639255688043041992225193918162625804944924993
752991744490507211797608674008838413059977899895216240288066155011
638841717801260544688792670484234828300630552604137741719522218590
438207165202102909539904876213405624541730531019748524971636995174
324704567604440614002068120041263178386835107374214787108584087219
221583865880854805246975125951851461980247864493528256986200217495
934585885832672114386691384487422488538853230737586091781287197805
429558527293681894387788465395189946048459927868762715431597898759
061252721819871179198708612446266002343965613911515748350051240998
035372921089723505117167731653546746001336284784481565979746795145
887112564777558046769305833277762949657320609268989952635652348178
418964139016679882199691282876166010968468742924254069778978019520
572081192919591403838426573154399188733156918179704647377641304749
850377515464815184709537390596582623201457548920132870980685186996
068609498693548365096995261771597962091436865324362921257435523475
631872594161096828029131906361598051491504408488759217377779462173
510100595099075466942625615062383242236420310814597732083511639951
973079340708060565869474185693080744886603101674999259023229166827
931095216338324892947060962032222637973965449144570589979569556732
302977871120185196972552961751017563536001532170054547722373017421
078370739545387206885381955509762831511275714313954954314395581916
187079051826161947795078929845104689761961679616231011595824118524
350039795808684971957337547163134294927428050272476857569829524698

712088555354905906697533143979365626133073578423161618396060466753
7650555664262933403130578103923158555899019070590524289481754540647
0897879860071371925570326979735571652175381855617286597179454836 32
6287255303011793731407382950264559533573455188868348684226355772 88
7878046246000342565699947054996954628303279231528524930581074164 05
0513512737154320116465211996962910660255776167144874023719881345 53
9154746495250425198719576910353766320337700195288171399416706534 84
7912138843337242568275994791334146575552411801595876558570764072 24
4349716490966015778871359440029158032054988446189457708668116598 54
8562094346436213775004031274510475292099933438741552913329696052 07
9718097783494437036235417855344807634093490547628731022103485852 50
6660769733349909446590985110246903445330587680737148760384614767 11
2602997380184795590800929050760810787044075645224546465508052342 01
9204453365156477775807506401371083453424032352604690707916742119 44
5458749622099314345637447820689453464673166634419471877875985568 54
1813385941763404241623857036898032442398770042340307080434319921 19
5863379307161372660280821583731923627747112450998884415107362814 77
1670822898020595835777338384853426585326707619835073273085634460 15
2541699030139434066854533430688042316306847759617969056003703783 11
6747754312770067295679689844653254901475618410941192277780778481 67
3734066389806738595192392308216466584092179673401584882850694438 64
7226653609101324079292543512097333689809646832877105859655931368 70
7977745481869471289562080939357893150298101946930150254954933563 08
6747549421972188615254920501713828160275513887319766370881738045 29
6719788760954026232956712384815624943455406774705343539508573750 91
6354824236720894981237895461903382410712867169959080532767740149 43
4830648832483603144200028599027235756598979981820599359913971620 15
2819529399378733445680309093003923395719821168059742314766742136 76
0450289829533462642803751200934896773648656630098621265019263864 64
9500682721205530513258333012440491367675785838085624654728359547 57
7718275988086135568301745753318056017308454480416356151966238873 14
5036723928469017191434459822486277681784673048755682512077724449 88
8796638627783888866025232823510702500278657877905244991663409417 11
2860792993518034981259907946449123663172203502423894902459526783 20
7868904367176865810960735666858596685176029563851556537472352581 51
5861174184278218150556409179592479805770620296336192473915937592 12
5186845460536868909220744743374997307406055070045507388040547562 31
1250189369080727119835984811533583884437258612294517151676901464 95
9854710825656734154444465597261678250384267736871279506242483209 30
5221148388761378541244029432406143843764587009001940706646998368 25
3117803166576785155146872830883690603935581754524879903899827957 41
7405727219916190433921025022964867375639913962288865960601816396 44
5395400824409048262634019726096610296187185246821073831135531363 89
8412123846748760868808361274277314998660385587883971379599614944 29
1431668867339803097519744906159603074630224633246576020763505149 17
4653697477084593311877513785783273462415976071743182415944014256 67
9270658691351027988686856909980025594563188272218987602292478724 88
6928001144962527258988371960306783504914237861471400746327060327 41
2191953218045575555111251377204002246990597792515966951474361409 76
5867058871920777976634686287054961556199798693780629489206128883 73
0161301600890866998649932941463894285006725135275004726389507894 91
5212569659946912530302192669276179478598448363263934791316537195 16
3817195904569676938546700776078665418734285496065653102876451211 46
7239245121545140107504694852454609672442098446767106869738633289 20
8696372425125684214443796647359391663446955600125361980404004096 05
8573527082975342761818801258290220873662151481040031577518431719 53
0517125999072014980128991175879273057018379783714159125140357799 53
9843517963908242612998625380484416655274494810098333214891039072 09

1025341708229832487162813659183673692087741663668103618753684456470
0033982321981111185684282605010666597485045222281179313284805402570
6778914501617505881805810694885607005648209690370043793547804048040
2153937190812848618080755833422984586273879873132690330281511247510
7345928640390009520196439787038803894765678019670245792461460170200
0398521481117680120141968258659437701989592270669983506276957246810
8209665641271308007866982948897845121223481350313581850065358286970
2225202218486909133373790695655354273114413089296241439046901450890
2954797312841519966209791635669705350195377923829588478810126154680
1282515165329071590041642203965973386522013551927698653192827262170
5964652698522859531529799653881748397486238984174336645361503916140
2884656739290458101478395414218389891084741830266001845892361578520
1026273923335824873173476542791063628830370010074116812294617538980
3639631606244452870275042267454054606067483471412955858758473102720
3470765467406448727857769725122042414124113537184026463181570336740
4633352041298713449514122324222055981854058823444231807334624016330
4790478341781903472302517071429720120869639351784565330599876349670
8784198817630050322854847856834952089678360809337997394346978144960
9934329965047850730639840405640606541955408529952176279498862300120
1229215425874871748466010595838015215791009175267597045606699170030
4889562833028943523868141026437964936317596285699432750136861067200
0165798484638017024534793775075235792601660006180887276743519766620
3617840948673392428372087093989511056478353179622077005503103987700
3321819740910981515443601281011172012007343912427687735739914713010
8527609840617469606897148443145795573300360654376338549407921678860
0535259512807125453054755415303562920887295960622954972161983893920
7434772585906728656081373663099858786966879872654456650566988992810
9242888526990664844688340392944515296179239173125565309756146947320
9320419575443162310405236084962734292686229923706260635006977723740
5649509301795917026896333152362870121416811750917502877780575215690
5454420829881379457454162557916156463267619211454573794434089555860
2509967197397081951119680112823341765606605643960856725336915053540
3246737773093251202864027105138200415876303458035224434005480735800
9950657079783312649479443918833680511390211014879737043125341432700
1711756242103501642149051921845499277243463964686773333184617194510
6016354390610141373328192688735199511030474986639140674699153784010
1486303469441229974815786751767951935165472012812761027475176687160
5103605242232624046644215186505465084823661279858924452599342500510
1207811607223450036667385535098260440170015426327846701910550239840
3050893193939682006869641512146769958189207363337570051715913889910
3915819097861784783651244958267152658959684750277757686244956305770
7382006974681709523325635149215542793305408053200167267229737883650
2701354651308705512786021489662645049843541495662749682965484550790
9687730134873767765887200091142744374693628835401306604913440621140
9623645654539784721087762029194392012507314058019197767635779697970
4378405268485454018811280072692206375040649634085483815203870959270
4266352518408410471303861961701117672536135858064877654316805515690
5447023349700653709078694076382935718826617125194634947499379265850
5524965052173808895956404669173209009048307180219554839853073026920
3037241034863871185916553644671519674632515867363479661627475761280
6368109903662262227981705752545468100814993673535813040830430677920
4427661279809493752246385574142471134148351490266694565625959172580
4545721628873876687422108468950997355269807961374898318768721483340
7299806878553729012175444778082401885961878670837883129531351611670
2386079804708108477703207422729933623729075836391492710191982415350
5769798394944235026992597759386211803472545471163980729904102209650
8887793624240875540045365752262314460622973504600418112541191097240
4288835958377102679429633047330300991334088846280219549374826101440

681982020868211025564492347498691365898251594691388582908357601164
373450780286683693266408145605974566464457885927039922974850025790
051246099145116954941066460148961564237043307111305124903670429798
339302876782033620667911071098794813633686708146677784257189065912
842395180306041144883478989272413106478805555066197873818497143888
491250286501705562939046785903045045135161033683512696040604607364
317668458638337529144935025468288758145173542063223400843291306898
497595480020534138200634532494713402531003368772604089876027177337
571829783702629929550063106558960154950868889290621597332172547316
686112589976255384101225612384766191913386012987170671963890330938
598411891729872586818747649718570367017232213969825412791533745388
859942586492094800048494076686995251982850861694417054440683867317
987148646915059231063581110952977296370945941100007601585022288879
332687466509055423164439223454737595895160582499992538777767956139
300327323319293068837034887868786756405577320591935045213257682850
583926398226617251579561931295486416035758951150552417356412893658
506730919263558435591547724994476169851464661475585842519789456519
628675924314651661909060406124893454390423306781566137498608844738
679593283521922933728270258683810324150127456186784470994877648078
691655658660585454996636576959619229337779912197669015583820635000
637303489053336338517875826132648474726973190624059469278821852596
010144861288823745783348650576281938480679630055283108116676257359
161391281134438766054180919518745836838849073347706855441027029675
695956530113000328792321846651386019410590887359221328973140713577
256895211021825662353787087871835004354060708002654324328213637684
052798234437142606528012755645349017016486713824511991621924070407
917734895941538136293025424318349963071585856237809319743208490650
873355353309338837222864969295756670190349752736462706941322589250
463535311289938802734555499273389825561073426329527342647786393027
361758377356847134033429296454754251031427748715291593268068806873
088482349868645334185673092397973565454826107229362325660532481833
795571078528433700514676251590468812386402125332158396052997200291
122808727222621867783909109033971628921992002631921330803389546739
961002694616867112893396535431012962449240793275054705062143969527
747959741353556545228270968615543113028139491316544876415892976516
683475501205308022188303579567066205743863569832465716643108451576
609995127488097462159329067720631836959158832027387616281010521054
777138453874696363689693131236684056947396989588400860717877598997
199835160477700553685286987322796269953737305039663813103313975175
117028415799042803289977485125108202780906285876179997542666367957
883913536655743988267567964913194842972667318805202974026365312346
033905468913683854617631282753393220942056668587657588863554009924
077281079158791896728193848387866158672379049629539903661757986712
670373892194459680714979061475458619634105928522223615050606552597
895753995329587844601220109724818610272448391474393431835562139573
399054713508433665733909905940739848029996185504977535502818793851
197115749565875670021275764387140845731232196369997929620935851920
953135865106354193200891142793670522556147803465585548593923101303
587586502796484850848188429744731830099273042651595886824630862036
305073716535129343311513428628983758958492532136197360116354311350
999913509475167334613544220436826329945245431032345475768553681987
482311953391003289374814397847672626377620439346144875057324761587
011757788355538426335276762241311657387590277017241092110143017845
435409987274620132427693360447497654059738100364471372453776515977
371947545176880715766533964984779367265072528486886139180789749014
807421700430645415948367256083287928943908103038956357217794185249
571634632763692089798231696655510419008507829456639390242631728041
214230354419514207860784271248206337581103805093535585047925249923

241701515885236499695672722180236730935018398783424582365853881544
2599401284027690385322548991192592826672718787231408060506756081113
240896015266395080779287934226706247271930943768464840757447211668
699420945364818741048505659979598782983077469982471401855571824705
914895853004822212089523558914597381496407047993985618952804430179
298927181559453258581360114665409966306009453564711479482124161371
053802447406317301152365647359814053224715879398095918223404201921
739501755879115086784172787190828056076044262483191795522905382926
160583803180366695056278253351109401474385272401651151291154862398
502927070497198220937057745182808120469349478989457366845606400787
525886081860846211413434451543803326311226421170251580820866210117
614333371361814645017266069708890990032143753172963177011868182316
455594429487039317663479338946951628196458800892105779297652665321
879856596957369794675244627901079883166452172240725783942417823008
877811311358435021254612767932239610205270174362216991560948221098
184714753763773588754170488318570682406515955926043450798791291306
186272271870382379312161055499627559647327536117045089748499179605
034913325319337781171165309786791245148027589806096381341423585185
583354415599893638300396324683053732697386875632406108768956235206
689348884155378112241230133476808068162794265703846202895975786158
276970520575397567098041092312867009495624237948388117688972705283
326005203141070186579376697299915568070661157684084665875035555729
524088105916676204546324594083773981891311193738934961645225894970
346127605742613600741031994518922548078322326025961194019645697798
988135841602639913314385148595106535810337954056089399067603545067
285995525978213042506710281116949258442232648103557059933388050988
584303832454649382285387718550163383002763797179464729697257291589
134886025361203713899917701399650264474535471170464677556204818115
442629361424503317352794550621505876855970025933376622900679230445
271238307430009533287264071811787812925912114495409016357043263084
620521563117571723695996393518113664266630134856612262212306715071
760011095977881308705418207792728918351157367375914984078661015144
393469885267389101422036476947244707373506348980283317746642946911
238617301824575539388997669342163349602016000159523223220318007604
733182510580041893631936426374123341831564673538755274185791676750
146618763122872623288135186775652513885390601870753647094556384036
226423188519789641811713186723845671220356515234881224436159342874
030413486773532181181990271504492917487492947899956597905364100636
125593638779955883465278602271289862940998474797377181040572553283
658100654693272092645470563282115482344819457194927405910365729895
527478916830799723324685124498211077782291157448982157631421986341
191690922591720552427458393095113839787945509689211914978859148306
260259292781624035353528789126274347692708557913146993495772833369
328279424601976171244217345704118070360693538331108216936571246193
901298806951616957737375095807534775364995625316871371598809701011
690884060624188905125126837514499199223554027154858908492928798410
901990268072453135411823618328411227764674972157810901823346765222
853044644783075219253263740178891516278239545238717432453401331435
798459601830687612761124050005885847190288691224384706224976940885
890894412562192384555961001563740818159914310313890516906661575046
387548713271352196942810968709464119770985772746039227871877270307
400559949899569807915501011600332723894276782801224788620424246906
729744499768893953171988287663417831019772536805935950902751115313
307002930377594026844094042527869498578005102945838829097288910322
582865509787773583552896307806105650032418609019343128873481154185
815078547754776719137333405254667326208288924122452200818237942570
847323380542740238726780558949745277841769588417184871772869435456
749621862740238979052773735682558067519988420781092167243700440304

021168678129320940749356689705667410954323756012757722763260430634
147769712720469822099384579282075835627003165207185180709872176179
382804171909406346038271716962705875208867716606318544799516313587
892282084292946255969613391598007577523086534430652098647446262773
944031833219166017966696366979310621562267431077237165123880772171
904579161525120053562153315888673969227151746027506466332491472275
569224833502642894727861922154912596175760103494351616914728143583
665856968924102267224423342034904428407234203238111448778030236708
003168173675921695392651453620473844649833514118985015594483683867
291296341265729846153536393191214409209277033967859147125456209628
432938465971358539538580978683796081052472974076278395353310917155
986901503780101119494737088899943585354925041810825971511460850410
168063853423559113957144237310086218942961619885519657663045238460
625044755074879396944459771018840563261411606533597673411176507458
105689278593324880205732522074422600596857987429936655340276365277
301616129987267493414385734633663617129746486547968181837476204684
416296765830681517747688964079826882571513929061747483822540413001
696768677804508763892221876491901387034908892111737767497549393766
028582639977233753272680072480306845232735312185976102619212755320
891628386437149646760425188398069891989953286644576382429094339468
945723955632726378446466662321232039302428316484732310285579849137
433569185581103326023876775542945484691878154310181416704712036181
826320226613978888060130361665300851461071659241253314447768965760
442386520252877456375744881990551997997444727132952961241984165669
892977495890953833563958305956046605269627542098862705395812411289
472954955530557164932575420085702718574298439263522964865732581146
559648483193461239889712914144011787011993310532416757638814973143
969757595395311422964625706923530805929485573970935740339803352858
661285694213043460328356547770265872303858354939578909817248773484
046610352944938492918358200445946293178467568364915292084305794852
803056279125768990473567877421007576846005835053712621157594470074
608003120596718005216151553366136725577721389147941023910912543549
482976254124480683318796435811202958557354924315301241399203086481
916214777844207065460174032830492750242493693017697642217829814517
811182209882878018776347180983092823651810708792408730356936816152
718198708722583589944298174190266769277345694413397445036447997046
861705232519352090243060734085960388265854237368372484528823514682
630141995493850383808848259186724579794030027561914724699987083480
606222841755340173892726659526469320852630623519148642232806648800
767680027561127418896704235888165090567086045976165645166575511705
254555255306405795799844422211696169104672721601431457338998614195
535639729490593218844806300746566278341117991918272811995101650468
788638203291480598721554159739883679940990591322804422181494396039
174908950552186058083234299351086481153761137718890421826748773766
631752097311907460692313323726969343942222412224984932038851220103
828885885525981344970391938907545592235313026345545706563757376761
242758972725558074079665161753609647052979733691382355812547649622
641771632208559985186528042634284363250573175580349444667517540254
304148489982377729632739300010939514406905409344542167035067082074
441544580447886983304075752894112575518448294819729986496130386828
114259238141424451883768274273499658076137484697097035599860688374
432674603069429340467641157515581935444489156228834807001220577578
434352386301671664544697683445701647971282077715859255172459339300
246528675552425149647913562922414938544906926089473869831522298899
044488427224415696882214377901348945440492696551969838250341743878
291756479638793668312988090150366015348565825559854297517981845678
365897739363401827356835988464757130703908711730053235636938554313
571530233229580703013621324758743660841137651717513152108192531898

121324028862993455501016088637360505178542009138293801361263273496
416700756502572811092096631130976115017064950907079533630318180943
181546777120706720544080094557244968021173975168995589045698972781
687614343367130472012646057350903090510693849800937639876629402360
364103225051727889277936029464070608864256886103017520247386682061
040153329610274840794933986058643031423633303712572216176781754397
023935589931188284896198936689306530953551047480315166514461134741
871819830138074989589448982575496259543169432371159267523330784851
788278689582598901592828230006846682803786517012893494411226835207
127385869571059321094724752586939733221141435534160382364269906947
327083758723463525610842110159064969702944961310616865895674265923
276377126283375719365896132088330578424785105617685375568500206409
749575747720992249574045230710359166628371038250386225355392560505
002132695936257913299247436338171524718617229275859275503779248648
612046813445909381118655188990291388337276490068187558298516249664
103584569041211783329729729462850238326216283882301869364121739086
758554325619245107966028438426261829293544450441761231292901047215
307886042253390868113406282962370712045908582654600087993519085676
611639033656228536998121181743182810187669868531889595762571536497
198555693811098877078604766878874177992555435323842339153868244681
163347048336536944413096221561558183639502798454251066650059342285
158563182845841939258920898005251410234639963409750018506417401145
353402799695586430482912030362691208465975464196492154305755320335
532868969535516213732429221970228158894020316012653305550685350059
114766740595725372016542532633363217012880544311047503245561800399
566123264101863036985945788003541324654169823380220623714982619319
872557621523654262748422581306423520521527538361844086703859423155
452358304415428786711483387262176833444646559193780763868541538641
338837166591028588778351035054767270746794680616977103225093262439
624778553577775298666833623822712055366399810759197142993513591285
355393472490187829772627433099552429828322063862608017168612841295
105274786922570926242542923184277472786226443838466857637643174523
443752571284507433675653555908754911010192261553225701908571264949
081315599803551343506075458650998231396030319846908912865055673168
477215010078518930262759253965575699763019770266082156496477593876
297391577107527711170257187733415253890748634007197176527575206620
927046866033899587387030196140129136350258657882078712821425886801
115742456520402529980614383412412133846279600599615564389613871710
671854001341500240990890951240896574976948853022876303653917947437
436943602635184046640567657800039465174767903458156320859644306014
821757076088601987307294418178716737549630717336620691323417406672
582479057005444935038915787108913406903217843135026555315418648882
124487302397076677579979778202399995079351222026229430017466031538
9659596999873427652055586057814242886228700682792776593706393352131
100388600300158269374818045804993429778223804478625393333205822005
617530753600799179576758884211522994989058336357695348665395391013
563950322996336498094575574472152314295375624322103596999404176715
707760061462720912155444407658940017437054180405375069470921334019
413879368484073553477481718093395255531982290260687052718842440449
756419863763572011663551331387175328472648215130791614409962858445
064297480766731924384578743093519589882331180535167238157736943645
073229024809106961873698190760260300434307856237684079579582612074
385915475644784125863709772165954548421589978672004530334946057986
931220451453140579041736302456517045263435718556752589890010380078
170583595119803401296926639470741340673494583274136889932620117740
911022348975991632798378732390230335130028047996599898827778199302
025173206832604428234990781202011346227857583983174686175040146320
426392451161563731878899886793739566435690770149352815918664820512

941247379420034833381789614916575801741371255529263720071918339797
189385530894798610508553653572987953244841322280209145552916038082
640975497207511760406721409091553764650882506590880686668891621788
054165542523667578748617366198364190537931605081829427889193498722
028202218572025024650811280446727366402203091572099848622760418170
260480324907020332043511803242095281643860792797467335666701013150
455123630198275190000272965115178146179418214223937258455677643549
606700132673075955775722915821379847171245494216522100217297205476
685929356654959871713193064133495806089916667588739872176286767229
751198580663565904768131924322441275420360140792036576836986901976
250885379951882777851168700752991827949510632352379815291748840460
755970821174394200055646954027057557035572391103651277893570882677
244640063767564723875414113063482461627683232078364036550187468843
270394057337620752967961525669008183298142748373993851284143509284
872835861057963010890566808142688529292709468527892100830957693717
592668978608881129386842310791306035314540359422605203763492984591
628555037555187805102586777744337817108038764819811577992207600158
714829616687580303135801992413413095056389697013328469231814564354
327720107985725256536076519447581298503472858062478519556542939095
645216285480717032019423668658033309886498685923946071502916762961
983971794761860886254024735752831994819518606097465152584908060690
125676082305576847744093539183173636116074252272465721021230872873
216480004978078576939648232169842860404150189971305095232227183153
444189562324825156307428608918214913108514364328489427796192398636
630408146114336128799226905303186664851179409077174839317136822471
015911756738468754126713339544564178940695119424728942385703896194
629064179421971600803865977594171100053418954726097863672708403642
614356645531023725520847733828399784182019279208856371491390163171
997734393175320979836837954241931804762242090798064955108340032078
863584886768868413145714821035257260331134994267193084823581179105
120762094861946056769546682927969458432427798872034930589313307569
196566910207236914648253566868131935511409206563226303515957354506
891143391355993972994037584017785091245059722459901730137462628489
689965450532616124006129226547936886832156922146209005902635064446
783730850953341187748687649452144329766613086522828668447273683238
178695478127167304105198848408552785226454583171696678730525973094
494388090713529917716111791067046123639579242531813019300419892119
193670380421054172824514548459530030788217814577243250802902641700
668749546286593275418676247391938979705013965691898455432594677533
016095495772681765763610199488688510870777727463557876983666813992
089122283229482924648987197722977959671709802886946271826167109703
697673128128936957757677443162860597398760874405109555835474275085
555572582870832440947577491751510222235090264289723344544626903456
793982529277731276065546278946040512053420710034882367027004821801
634556617778283643453045025556955202151128665504465527764691279237
278213016850118324043990068388652795523794531313920750135258832292
021631942835200419748917237118105209031300742082038650609326669201
859134933236830782853240903841779178500459802907913749421139406443
550766021575567386355813286848864007442228528391422287308763415860
638682617737330105410575722190403213759006522084525364795087049317
506989244348924426108498251746874185984997888455424915457488836620
529715899362353056188988815689819105272583938160542587852006786010
372793222867216512355121099180628834374472995956742164460647666334
833092252651174194609077208243317681222314335557435101347682787373
120478045193279351446287053903915211695666012089181120367123706524
686377023060197143388149421127253190920439130293692447201875997828
114552562858809232756326392692824101369820327992502494672128412456
924462900616592980962335217082376200659529497950961424521923049924

745973094917440322583250177729930985645932832993240771485667738676
081029817458495089209192901521732042316189217335690541654628382326
887950590783541237753443060815511803888995173051349038240796606743
406677472465635144118567824301798042211805851451920414199575909758
065019854825277466509165138626008213357941046096007359644220022870
455676029986044105998999623601523489727899351928274782824158900126
752774492383261487628363365874949542393016384644673198395708091834
994738060462884129020193016558143703139542954861942737211978863727
866118116391759672210930006456108857856203178915755489682751691188
460613550622531547252850195816399290460033653430864856960463022155
825380798338617277095101387977290565072105158163529550906253378150
799003971294487345785842475751361153744309840646409860286308631669
797082601424457039810693991254837130626895989001424085189702483484
439385010823685797747674542122440488749021629661158616578793476126
301698398780189982285977801442822341803196435686364577534903724426
944261653753903100873420262587922084696095595286466976989015583444
969439444061907101745843077420238953016141068771215110900698793731
295312573567080202789532028301663399820017589071129994837643557970
417716854702097724293913465124491944896244727900383212690005113629
292969019383408498680086109658672999644476960851455383168833592997
135699435306704344878722087144161138956438544615186525864335865796
828502524469741939596997517268839335472892879531550838830425235598
881202637366072156517182157787129391422551106240219053604249856571
691073167223208777301538522469229723998074777274204344828250719543
884713474050553768384815896845586013716361496157034205380932217228
106365889407684282937469774598485226763202919752166499846747746754
992311701510915940877268304041864968685215355193563342676380965706
675787005606828575334183054005668466684563864891520912482264926546
550166426987588362136417085540529315496548895675725736800530886182
155106082485597713782784082943622837492935714082385706359654570964
445002132336768493962208601253014987971792738469858042055126209476
239909621990740074285564750411081677096678804712519577010664605117
809814247617929279322851388551149930968290745412458237784652638297
494680198939717360624434796673871092504976466279765554277916823913
438936432470104846635852158424666198299032486453908067174176482568
354127368117370103161248358170402954119994335722440118070091567672
630706240681089232322468100703580722549120962879398106678883757761
155502957681903701510082751814932503085936591255972139500448328081
644260961076431397151450161747532676720313892022770934870631375058
596709608818489657832911867549491531259394477113544193737487773998
053282341289580883232012401299511357544938368879865162390871573728
288410801247837236313938214889994646324387081384131154104793671743
470856853594520301116777405858831744490077072362022279777863331141
809413684809851985210831531006919152391030520417201731215191712828
624961893655356249535242515384164948480904603986617750371842390575
155941257945110730500603123075863349228266456211816377871709089481
417277740837364727856666871210731179457443528417145689617354927799
782932153758540360368725894108716531552242868875848914580224065120
722134381575531361446657995123890042500146530919802014904156555533
607332252628153984305416687099147218501751417717148434988160817790
143665960687841503996868025715471341284120420208818918029782399889
917820515910765200470163693188462061748851553646973674113495154449
682958262681800559615547729798983998399039560171327921989244308939
970950396699662446245719644907666765096564248288217817687305235196
242436337885513691518794726877399490000370340740078490706911791256
690212319923839180793141267392268327080816007435257164969889471809
430805625200338152005034150734500727434905752674719490978904292452
813497866721743486414205529674116307581427307047552828270587218524

077222719820930315157917505439024172456194171102616642916346784626
658089220183184951066398097800909137269288458086063406438811955997
216008258642333257664658669077386966015618903696067812564457981657
592720751089540157762033438177775464059196422836257657823518420252
810240551435106143891104921360577572580383825408981627859401585405
471306974998264925726364102451414822387589292293748114086917113573
087250028197363569051336471490406693055786952697592485426547421770
590552738773294299974367725348132167106332936980537949861936589571
069728817126332241581921244590368004467293753739485721867165595142
936747986083533607159288284881427075753011248024151913816292110105
678849202167540017243640007881705046747727918909226477478241542295
516236836093329989911253772119818819883383284455863360047498696935
250952400239520295444278401722003609751508832191044715273806100141
480095663268837012955553368675876764136873221822298672575422913122
561826114095403846491360157904389400218208641612536622235876990635
949517792485345644518913160437530673249501261285854448901677713257
746829313594361083768576684627021118124636460427951568425290532283
318328406574458995719522013996359086528851119519959807565743451340
814078944026378648951255407847888640113938689584123128853116831663
456494229654296032876704053795526989094807632341541688004768381065
613797127431628072782361018950655255974169658716400826849155649103
525168134125162459596796735476611944674526373636474494144842154960
920722937696359099650169475102710515117730923017079225400632181461
986791458734400998498372489346539188198732367042792462719268785957
435874734666263312020846872030821051036728314026001116882939080242
741495823019334034935218776372073046222359963784537494497628882355
850374685595594097477714658328350542997199731339675652264290766410
844940864577234519343210492394704316013141746703556858195471776462
856822202218739817081619455920111575856865750921361562171026983197
873007375541048151254680808750995035785630266915601780337946369240
524122116388422078355535636087777460304165331587912217865544327012
318089345362290942217986576268224057549859817727451642718276755554
956983004442337947251480417136958912310092420571300583443578679216
739205807957658015633913308757533460381533930614325391070778420933
550974130274451104819634358178504271463731190203550014083489217926
055978952494005401851927886378235162002240038780862658710732260068
719127150642226400333701937173493799117829290165380791246007229683
397630397599464029859008489785753079280239431092505157057297904448
430166948051526032917861848970329437264630158050398260853134940495
286960822038638345364365340130998592537438443512341580610272426753
974871308841255321749233215501089998809982328851458399637314198917
439016094930432464976707243738260881832140289907042790055682613282
867379684118300123618963221316071422819763613967249707786562357350
459021450250204636192453689117269567764423272840462635850582604777
940192534281242989923448736661180520046757550260942514230760086532
817065620758225542594274413462479453593529812497245316281071735727
652017907686473995199934567505300144996003158151269062442454455216
373972540754505450337852070246223842130220861219362758158491787248
981420021850462839789131039959757601476066389789896145730800743545
199365625983145720807234662741476876547437345115344159046940515507
523720347107727661531914653634731430081640670020188094346268908083
311950226536062553913900795468176866287616904971817653657539687445
013193763740624739990896924937961792319309127139162287430236030402
514069554082770524280272873082815352179520097550015925416575396816
656350293184179214952149727436239571740572432546946333859286191730
548208272620927419502129674324356365945520611572573280384015107264
064505146680558616982569455644495246824484331480653913915261937406
845687648776028407037379201881380101995328164296697852434215396091

625501548319447058450557014069366756017359329344616671366500763920
339696429927828057812697718066093394561896812626967474388399556835
766704566196041330771628480930623880336024291818172098786231864390
648235301245195680092659813714283956011433592274181096473803652504
746920353965207093913807493085845192964618361105108850329761204862
816087155240699146266180794107311046402429625099240549493376483953
029037130492629403717301082294089593827531456871752852545496563114
661321843008148925109603832079502584681277409378183205750655983384
634634585295521513388982801725392894150896233216319019979219368200
169450185843145894438602273115877118311538806388125844166875200374
118569186934821265662113804910345461780763992429068698253526982171
691961489210672052100323326011343765431755947233692734894996164099
345614231551068655815353918761129073069814641341841759355498544255
770887514792584610772260164958828751742640175294460472676433367061
754833043032987141360387383387069613144362896993772408113048463974
617808943591860084625935149471849890829634916336348048498181866006
653181084041317165911898211827713362322917569275990433573536850031
025198673227849750607146486766643038423843355806172867485967257585
606593175387734268280272670469858517412234175210397509952259606469
054117110293958073583841207016472670915634398331820687704406895564
773153254628486379033700463866496239758061977244691933948791546085
360768701401336947544048307618276457464168372099967254010391652289
881217772180887021915611111276672463687362849017957394715213749584
081184834627815776363437953354802338759594712188723684656245390557
827165407009007149174847600603508623540494604847422643043909785731
315698372935735599081153147657710562401647436278268539918472080034
280243568253125622744755198659387595634964884756545877607160650585
187169966459473067073894414961012659183836903979890100015385394742
757898216292861528029392174594239834874732797259086272421572619444
420206344171303748626000299085689153537932840136278538416446281401
656535646815927197853948967170132794709027494926489524714363320839
508825354307030384950082117177430414011563291458323762487008914792
236284169002374308108397875777369467585147714582020452465804037677
532221005846033120578958240797022561964722001357466023105060599017
340537385035368286554360037046670378112790578516478988473410334112
872460490648596746655161228612906421414498862542473027628351657294
639213963219490406885814504457055347206053131004389531844991698828
889013616003871463597393090382448374053143792976996601402800805665
068079265847019300505885728935018412417474294791065011463189789773
330333183415918657879063443727170755202513150074381296886403218932
204739877902846949882744854176358086808354970486968637405737008030
322928517004086984152527872647289791871946683180927913411025814730
439863116791594137284181651232128058466378287376317425227033916072
555030985033941099725695533570568292835395340403320129977293330232
950259508401276588756753482862510148086608894214393499198071640669
194047245413682417233547080744002830162845317256390345936408918983
748647545965577391361120271036389166217730049538527667539356121497
604893243448194289239161327539608291322777245377092607084790878100
189447719161223257884293928375380925179486186581189817163099734098
656142786485274633847841909981282551340405962789642377885919583748
310928598678929715881356706540454613837557876333344044064341549983
774866496205003802979092147436638653263551647369562420827246097544
669417852479602139463097010825516892137936859390448817230687887923
896436653594042394835361481266030474818721693945604343268750001016
223369320109418879890571366004323498698392300213836176801049799267
491557782664789808506280894374658461816030371530810848879885301886
140268311922969565262258151906392911487441008319100384835704471008
493735713200012656979441454416046954207251786972177069029711358871

2131983432005898973089090825604301801066750563090222326183659333761328281915874572341158200680688597529440745466478066003217078303828500399851202328416734797447863817545016807019736482672273432359898131972110304293321574477695742705017360418509559460498322294811430739011205480719007864521323788592519468870761296072015603074816023169082844622546917306141576464669157431013877530526545932336805027593921415444968896417113771254940563078166452621025915144001219153122686856269903572357702252366090189881722421471530248767344303748568184234334739439485224331457477242314990398179879999778492730613449769608122457464281068301663070145244794718682050944869666375525111594304677288400125870334562284546116974791333468631401319353015212555569520149963410279991821117699012881957133781305516401423051361928940661766661284348012471126666983383535547252644442826096530372877620565850129999394224950497239390108112936527522004836350885003943984336779970740954888196234465296377604403354584605488021866966121716283773461619819954626817514986782194970770350405283135386126824251324318444496997578127409778304532165848019789178601143121476353687390164519497183296126510372529561767493239745076543720473683243809534576748978113610836349073963860441327806258087255447204660265173374337940067216612501981978461473203603423605808592029526257372910136276182089074651954466368005607623006192263650642904875173762019887372487660568280868529258748358196716420275465520038892660023280303907254876155879600138332871870173979532227712356562672088295743815946596104890440539043378611438831003186387142292439784468318462899365882997183332902295878526339021727204482011129974849376669005858115485037246815801620224749241792668910426901038248786615501239595418767617181210828198407734522925994254586116848196359941569538612784649663103018277778491796855283454710482224028956836851954116367866880673136525065561762014238489996846245599356656739796313067625944378856147429033774751677231575831084660736300597401468644516751982504016510570573729981026756346785968515680032554296790887887000345930081833111140211998569331989126978745359648589203493804603862570739992770644394461568845617648191504599691504004067436664301232980459902038895127941434191489549364310800702184876326947289977110189426104529716822930325658546968029532846390040832536767778517874991501139965558863998596206909583242723424686691226272422040668900313846741495756282590380677604347124098346606658117223854655666528068175633932554499244019509697595179803495526248908353007748330133278685126317788472738812852310504245521951300902126908334360505783882706186537088253147922203033638440376971961470845053296505308168390603123236645701663692245627680589189759712743331727032351280026191261176463025688727305915822067391917881309529972319383690907054615768822774149739090803132497602002232935277715449395796238840294039742664938256368806204264613481643136559774059634234586768347922267931510546870560177174492813338465764337830713921973206590805535279153665802702894390155219839298483969246291747729051223866398563960955021582255080581849131885966833859690299482153189918517318907189799498729155005308538611661151957808566690889204133927831407888587611178178068738926992968277480022165858380776622110585582480320830013122423650847482368615535118244383319507722197283925790367138091658971497970915239242899923299066517733779877997234626002948612605986283994823143915836524223574280993478246227755977808502042963437965843644016280120838505458123040473851021749233056444137412229952982334786577626900692952865737766619116401857506546302279067159924754947822941933108044689617271042110264555233035424687860008442330062756897701608075089781691271966570062436696787247166432039174192792578705161145431766630465110244184383685210106113272419709013168131357729790400212776157455127199099622470899622277

519981646066953658684059030325130220979543796441668946154076088416
960111677554739217337908156089243836199429518619531191969827814688
247010063502452281221200948709163159251337549959608150908371537389
884845383246508598837054788721217101746452828869486757868591945114
376675902153484298268726033665657066522920112067610448984332182154
705762810928503381221634504022324996721965240531943128016703549235
357294483601343318980358170737016950266460177552101412360591290844
151262738637579435691738002463070408875279399500481124620984755817
556796222415885176755400330178398784284572881502314234380879019221
942100040827272353129379085176981050167692865845288128603675289733
893081332261489985274302924245415706595957305041282878494513198154
743849152608017107035753651998770118366350935746868585595573264864
397394716783508475899844180879231062130249693668185299615318741646
434876649875418210418545875239390199669917605378736925289391223352
913966743470608882866841968451782200108520861380064579910683725026
263259403975863597801058916098737244302844092810280514688647675229
747322377107723604513268993356219913195100330181742102530521827683
970191164782775652491725666476131377403024126628679497571509685711
574401666201059394099154721604796073572455948840779770739168593800
250020238843380591486087156205444340856505387244821433133437495877
658020791409715214130749238325523574255187870665998811602995917932
031508540792981401358621880465216319038209278958235355459365129610
389326682498911940965109403399560907528673813911261484176798906182
199050539021536750643714999048308508821277160683043333583714745477
277797915567952702464447418203262747019215094053620953669698777976
001419938956767796191533017444687187482411560280509589751094324839
647594627826473224884906453765346787507487533044159586615619946311
338020995805681869928631660553477836931998633220332629176531704828
516233434050485206337800776706666902813522529848277596743226800062
567037140781648966875848483058497474274381408736835885033119996144
525960552583036453992483219623996388822858845351312806373592008389
402895223385896699306686797559425716571399148881602893604112281866
341972756931700287977550174335569415677011941264408766812697619513
350495934623282260069557156342035955988579371562575659791663752534
282958144379238845568392719511098757590474842598021640443769588502
604952677163590958023225430862401314336778620523565387952190904017
668350574800115182339983701084039412372709826525506246538217944990
403747660906025767784754618015462180660226521884134241862327280905
214003545019402701240844008677869098658661475316270957271153546105
773552246253316586319256387405927530193113606392681717068943971013
585386302594365655602034059285928439563877622779766032988579487991
238095244254892727787101862118358854405906563422077660040688974033
145737410328120586960044504940173340423597795773580188382490590000
124587259262608034758863179572810453270286158511399620020989085463
828391871527132482775377834731335482528724162627349924688335389055
225898255584018248761486299123382006347855411043462015661297847156
889200927601139799040838529334383986286458198694943320081772538952
387756714560650942027525305907851267343313479790264229452331365333
697452869264322720758550127346065015736915545450569450217973622827
406774228105295234385100752247903982310436831833714133088956414401
237856468534854934950695312566104674418789503818443066378430459896
241404053683107955363598027663213784935840820043620681507207137301
020008745716300587116431939454219598993725717011779253453796835862
280654737841044591124686894072224904568871710249030711136480761682
849845183008620548684089544188804213030429817712254721026801015956
827169639022739913110704729284456983813268083026011023258718663182
774912438225993939415075013442740561792422752117788705008204510517
148341312958175959888162906012051160932938130316513384013033647121

846203041901655999926858596222913369656427040211274813991609621989
447018474697530162379473426250619109937625954927432560617489886673
630524315222523867209802989972999666857686573527217857708652270836
200937356700773266338507739737121183290302935802794179214401424643
312502100126542220078047833452497588311111452224971103049854897773
582917258963361106792902566899821458878643128576518506892629865464
215500792421348328385295288903428745025579814283848522537542438841
933914055218463495447720356868454524827785985338964877098312064258
838564661594788193911356130730656641002863525481336784760323817050
333946051991463523680294761142682048911337106221411253434516818613
307355651306254238920959371802259897024190302393405239342854197707
024285847166938925116334408666419074780517174105433547569314771005
703685652677813704288074849655249904083943394956653378440912988369
626106028554671381728903491180807471303354404694348819593849475677
970410218211009485929214317871424561446652547587582847637415454746
929825974281460687599396996158758236495818955186998326606897012356
098963032144783772118951587542053277857068904885588541176077999307
856528277895362970908609217983084339999578983256556655655670458857
269072986621777519098288412635324130636718284962228156870755772894
363719616985508057912464245337437722457005872426072103327544175079
591278733282146809434634277086164721956299896781885771807511063651
264330413167978279767220470640451645395276699554103602085051547550
794405940095882603374231338493802088010635860114586464271154126718
665847757070321648024069680746538435374369813422662357336612663584
722291617307783563077375747218389534403508730456803823208056996535
143666277497075419901396598651339078981572921625176988508027912394
418152445995422765746878093715993436494043008459344226974694909019
963734420488652219369865191748691253239431218748961279617332193354
402780987314718840214515148716038063036834051083698156991205757579
688722728244498267387978227648767103401927951359957548463315151155
300809978642553217170627252084334775402770727899722455918397988002
294699397897555292126096804123399497974955169341206898184158747605
675666220588231239163392478043498450424924430845547455614099663756
630181598943631873101238291456668225684379175724460858913018297290
564452237489124900295730133198569682157227329054234450286420648029
059800688453745135351318855766245415200093372500499289243385152026
978228937403626041686088263084037399665322397577581828104040445330
195421939726335573306999488614586980820981477529013868702736171129
780739135687617330387167524263121381103223954306008854076349888690
771937229899172235325990777663205934652213683133045481345551728967
599891977844284100712659356305537881314728460364523632910006062158
627464067554049068398368527605532159551822416156033914049216968198
693993715998138091862466983177427471789722725630981081114393123552
635283662103388267786731149933638451895462596638269958440218626867
501186199078437466939719507494872410482715446691313459445039643431
680164090823527062117925640569670397825100839204119266310715802937
018264420348910301604136241551769274821685483467664087009117485456
757450622888607181286195050062761414974731524778960805213413052777
894467820474591457865622651928774774295681765570790446501177396108
981043158934473591357374782884469587326955943884676016864704189142
426081456001970263937616594798627912534115991625271157931162828608
428410916430050436379538797711047307484268884099349658901097488466
776838906561252548170518240323594277704013245124583665663276421486
106473881006795566093257330572692271387936019774046305822770288803
763739646007470929930404946914955756742639993110119557177801854732
440032524013837702999047389397677393165844182594724523639103967992
569550331001704942652479781619911007355016616169353140531797684227
532851048749917834787215904774221531658411700657645996657358789332

5014817978407418880357358814253209621530450474161910644372878437773
142421847074357371200095550869374665523568892138864899749303818346
254234000327204000218483767006698873380959119043733070408728190310
359506427915949227733196472171894463249953797806672427068365413296
598815701873003196978056533166970455913351010213523897913982973621
965736576855598117594877967732979440856333162655945422110211178622
997311408374768225830743790807950710761561510903314350986899929059
093099801540897755446655912919307428367774609701030567516236370977
756118693269036003676748906691597752224393659174526891873628033845
813296895009933243846537619948408371738309401286364793320482902642
257356778867335605931832069459713523165925981162439010051784261077
112339060962545524863141333710365957210020637481910687420492270816
047256551204202585042909783631757045475322480018769887758658296589
282655861589645480543820309844495698792943649580376159957678070518
200216910137465829858119768445966612419166181355449785230698636684
265299690343285169747214152605943552155906562898315318443287641454
269992738499540058289910657747474197344241172635282220037216504639
472395791712505276408553234388118045931283358960352124563354150119
828491902265614818413290430625301566931933194946742763638373560190
633668661626770468755729253453061319927246354929137882688801456343
684392518008662740161074997337479359704003858338518985971432057154
651524107693877798834200900780930233172709150688212018342971073402
096045786522959507270654012503983408940133878102434006946911931397
656442663261898353669188241357969319145127640898047652335118692335
397259396993099257299866838154785136078384417609553200318576884203
591356784098476449526017457925144867312106283388707283295893647241
975107027055784446380668406544544322116834855392134948415456719940
112110680077535115902724127736998752470443415668434543733415167839
467346086520208929535782030719467828226312669630825954096987650973
994001423317178219936144457285466877119855262850794623928658711826
658159706843177033398198287650511086810405178769050775210272755580
672553711325180124500161150038602665576951129215317749754819283013
375012400327610013456462219634664132378790569577962358651680772180
128599912938392471713812118820973461987900131739746431335583122309
555156817944015883104793959232813097460426736058728509125834366524
039691111211873783677652666511555011428808469717438977483198938720
480072904426085411448117419214265859265833884768337104985742862671
775654822409579035194410358211898750728899608193814520472733048902
255404548738801833135083819470966133346078047735822384436380601601
671220535872104759648445170180009220533249408384235346148950281752
808654358872885474161837661230081909327809303436942480218064507587
770284189959620373421343179334330901783607166259917610238065206840
792947676553507268204655048659449808340295466341310325093126128989
956554020994611493969221879913173845299867368243733041623877431022
167688670304405408261322995909103428066307011973798151936090800268
602177625245115164654447167973976151837791336685373174566978217114
659062517235693329488698146839452464091360391410041638497762871613
396995394745051697870004635233482136657247374665091520392671156183
624662240457219412692342703885045274706138157110181523320314696810
203930371677948775018400337880350275593631163540009567097936507847
557447369391267571188579754993118669348802878996406464090318723726
203922334551496476788925528479261777658299585929898266511132374295
938788985907482488655894933669865624011610048401374373226865029594
202276568094617923406465631035809383261243365204351841488980481208
072015732947882015294552598018641109895650376038203654573446828238
571225789224893403872921716696136836700403353585424948516546723741
760533265338994677998865935848731841530451305507975122460617784544
828724711599428122531794199202429146957497749335740334897929564887

142895429984568673829911229739413715013628781845003514766637548505
503753497348674421092838808320577138367026716200749798669543389519
740871442810088842016941493634068203701004936601181318048979245710
239234837029462882721540493905687940260987447391885746982128526667
654496532025326843663382992880755947578680402720822539577251290177
656957840723828462405092426831389796843420152432704771396978712180
438672811643639066536561721704495992006399355724447763502902664522
131923364250818212114618178660640850411732064108108782399058489697
019010152555912554148095942899535812131334339395324341313770516051
034953188531413956393620948838197166705215825964547260296676724927
572108262589322776640067603650959935523150061846386725454879141494
440709622097563431429575690477590066966122338599208573238347632193
308228843362992161536018807131128888169513798454885776408008642501
806184957322465452453741536483302506440450498364041565909345925467
317793254680682223212570616684374237562240273554281236699582294708
891114232076831925575555627275235959395523354733106763277921484206
493634195899811858077509489749178338479262108533529463363226092183
864297168410104468523923534573790219974963873992121221080343129488
456429835460476020289761731807680285408718656707401003662996122759
316276589795005844515655844961779627346225689213379620442229385706
204197538282831844029392997534811648037872688859168037499038447908
378672783895949937734552646444087816483444251929471348669383676806
027248348230590017685907669054838598981975031925284157899840082954
915275731455461258811720764613428280327131985883248413567564617561
338356493425613513454128608397323162778395030412011625530055760757
014554801896845718273810447927826912879532293072310544928077314444
766010555058665976433324704703745118098953549394969445311136525935
077443522162196583187390702021790346442771571878883111558664699252
215367980514749285222571272431631112635401342454478992239610379713
388587299230845213439991778947193714819765129413485638558510093927
322217529044510639295622427342063356913892002147936652686254237678
046459591816558267797569682343088907460353749950477933592021054937
236632162686034461047320693776014810316223074177080590257735750698
409513420495160816680645551880051376660955190403172941191545349557
660830794488114821279419677992291784252253530640323505584759787448
728895990223947284544084272702898605690600579529824936683066837398
585063641099554469414948643504134319309555901980999739340858811534
361980376754826246305056223144279902429418479550279857353604729785
593885237179523570803874489623929443133220046788226432259163130403
095783070527014436529083342940767677212628487306173555638620960647
461325458940486847546193267443807642228641529615043412096250540300
595564721475795421638106662571344651051634513619789072419934204693
648947465333367611820634605441427099563412889260845513159612794964
824572950194074520646936426599505970656041406480248406691278610125
818171706427123227942779982790742740334722485387062514649354164155
680829027971722257486497824912171392985090275354310852785198372280
848908572164689215592489510786792060141438084168241133676331527667
906307556744506264133697803008318655234764618002819142993156352334
585378901214581736469543499806062041583954373886296758067176412059
925332826606260913225727445451397734566388159735326781473041243784
733328794365530482999773414560923897691298167159143852182571173151
003850500689599736228992898103564153690669140487202789008767465389
850070179022482084449191576606165324341455514515906553741118878294
518531575712409757090723388561361446785881587772683084559042410104
536688895177785703886869093432017113645722514101291209637641379081
399648747980716262300513750313628898707005609278465558936110670983
774175636485902089443996323475921170238227878056181373562558935092
397510340475977643713013800654262916810838805260849950863771025427

578784661432873031130302010924151928454448715023062621109569210229
491180101710231561476253096182579449953232643531103832570606214372
632524414479483200582868456130887090282183486032320243552398623759
099816640042829599603227907396098538665159514652404842507523787476
407285567289302194360217692483224264346895549585321237936620671918
911782927747841609666733876031110879913135335985188020187447641676
193453200525032683173119987348232301842573854309794501847574004945
128540232695177070524647177957391095556102536705649299264771116173
684092339552862128456919381163607411528160231294259266122224650320
836459140178612003072038226248472584177345771541855285737807145698
146394266642898653204602574187546011692971812655717227125306808351
179354986036189177469622860062776681493557068009558813552258461648
414808983839804332555859688823336704474922170426606282606633155960
816503829497895230883044906122701681938343404658374893150745750723
586550234665454860608369566344510524130731974737972383121108770332
341347790868312344091039610134809681286711463875293991454001139796
571831370207667195554849528157791806083992245817543758512854802655
841806846575984202314355816752747762806357997236156413349581144079
666321710197187911078574642949297142822614774650069416050892830302
957631272063769528570129675625290152075064123007683771664407920286
754106708451199814008376221661660704504299894696858750814698283732
837239375173315734900345298010050319839262068444973242849337623732
841160139050427480258337744420197008294575418244793432571016771695
853343874633714710120215114113519968079378218336028521212724606224
813319606825455009018459787492812854545580927000860227112209290010
097974002636767322833920875631190003555851382039960687629631349926
397324456273872311124963442747448729486732236300851556208404459725
924188332023696374373236965690643565948498537842670732656936653955
074066059638709424248313520128000190172551422985659066712955132205
273287692595656409390609299072880064485945993915428936375032650171
001262670878705196616911883698902449681209280820119189225633515728
761691727476448221030838454038762815560958082392267003956753528173
380981488087188026754929625584896680085956200422180608755192871515
766004575381584773202228707971225814240389896160246574283751935949
377255791885354768090386923516900743504571681919796572395531813997
168626847940291291465567252079922260220401002179034440075775699193
255253339632287777531714668452701300323269589855351387383334425 29
082539347367860450412669215785356848533717468845167329028624696162
337707512736607963508400652643842597903603620257767990370264339422
984065408504987486483393547487787000000546998875934445473455747774
778561262677697759524845133397109672186052403992653733189217420240
075677196613115757325801946604899456955718419284578663577430944621
924314149438583850260401158095179074399863045007412088433967767852
748045685680205740595480406201238104172596058249547843462703739079
503869777281485213011066529063071767716574669566825065287986228741
397058009671564606150338555210582303114187330274412448079305717984
133933887434365837879123816856927890316339298335400844038431048950
540979784070017286999608569433566374242456915341646857062285745508
363865433768508994626498910592859807518175065265363627505033293320
854451060220823098521793688388849584950075982433148937058584373845
228682455307777435423052441937398611215070674587236409583623473291
975320951731947369598548039413115592110080726173449152275620774656
870173372209840162995608937199116231422806123499552475025364788035
544518561352143801588879611248752127261370445815291977755673287668
422643017190085140764096376843909699412983364684492712510853075195
993655548418487437382697821368396158646664648102775484552096039743
711760333328606931328622684333519056043118294494185411559312111708
410347157284607124570706016573386723793192145758311083188987447359

799307320316219592135662790426497581083354850014177843063443055714
385985608731402811854574833050489319697320842537037862089239089894
436934301656075212210981424110263403150364236166958808403720162040
373304878708433479186329430967760026713039934892373226706445668792
340126952876928820063102291656296038768452883392134756698308628235
078722567019612096237496563444766470613281554887172780407587431516
795177117324537751384914925689061202182920231960903057584939878930
359118127613033933032104957748129372747200086232419760305922322167
727833363964260503397982859408640951949752030071331457498005556729
790970156896115635456302606550663665343580922649791502649959212480
621962505770307477548497089754452993094351930367914064175364825670
633416790602041225117328766299970583381062474604895611285424270257
933330628988477218779385445929919922949764461258660311545759977930
193280024243216873022547921909467835940569761940897766035691333262
328347912525258717535047386241203721751498758124745649052389813222
023380467384677909559849843040211605878401861127084471853521407151
278720248392856798882973200115871056448605759412653610236055945438
726904246755285529830987009964268668535851115260752145061176594795
032251253200960973602368909178040174142810272484343441226448303272
776049947453101743146159989062342004213056872101017575510453024326
566011251511270827409658805442106667360069691322399051884037406226
382892737526054805693882093754682035893109838542899959585427167360
381239144529131118922959604971987265219953271170997986671946858935
713748275217034704122922042599732932608759155939469850134136614381
566271704068557445120261619676675697567755607380271375639380033424
488280831471953456901602305142843074489050935843205499098909591523
104776663664827244460255329751300772156107105279867924544202998233
145983118571614641507784712414351543339723065369679384424131624513
079885047916470094556037385725744915198511770495253450078117211673
159416211415112239337197718695534565980123885780516898037345792748
572923683897462222018471364229009965317585238381710578061223324396
717609706380684944097174411504698970115342571214529730398949660091
503844778546332291464814468620936312474399843820072687148510525787
008862698613585683681770692731547902266321474161445533203153227630
714854697234542830930647528395978520205921426113702111416263544041
042404686891744169119545354589902817107349223234789185945901596651
097471346332759114095233034389185506783734974380243486421946035264
787171863570626099690744365005850337289877693529508194301709504251
559475799065389226625172481157212928699057724723032091149943686004
644715336008520052163518631909454078853328588895260816269911019223
674774008490789522943178275873340804505400678448695805389635059160
381951477381349929416940810089634922340186600532246499423053756973
724265570491776651721253483788552766942632781523054579247466191662
707038049727293558060517357108747298884499966109284954519232334623
163956242195731615718088098029881671873412277771985624528419358268
759166160118482262582772316724344261865564499940453622936963560670
990301899127077308450055453890414011575727438066331676783712133307
890414088409423798422823571781681351468712277564863816829186047198
012688993616953950722595482376275274985400399221987702501940396756
540507443423973190671805195990120463073414245856554810287312599571
396686817816569508990771141685192120426040403292008335668906240452
203195458756720827519185261630629602871330108960022240550597552892
750089631974588409553198317887543029103218023953889249275091155158
204409599950874111531620494977295018878545765756770119537873643746
253897159388816004069038762797610883615681145039168018531460318919
763406950300446130462223718908775438001846435227398397948300786277
406403081383288989609873396179188168585981917551015934859963354984
231515894582736462025431214574396287683421813075693642387419987909

391082701396095342612486316881302741041355509930082351124035230239
276046678338615057428827857794359778419615929406609420436357265995
724205863188875840649938577587076348609012555956373496419398273515
814105003753390935127718312238414695376978465624897917927121663208
075828367474189757336923481877896667272209434021331897724483888644
538932167547617813312855765790431438869426679103709259854700881991
790692449365299695544755131315475854324722646387381202992394373886
025930664207423865074174228011541394504155138712469508842629801141
039411349722071850755583523056516749653783096961535243688722033801
172212557726042858101606529009599620853729938790374069617931944600
606617231052354115867364244083980471447022333164020515544077820397
871705551985281695808879079381222690240843903176583459842788686896
888494451505876585852468657305863588014092501343583402298501258321
230337669977552757347336744859009708437500260488956808673089356183
617030589738525380213401004113419471418098837606052711010565178497
891085983965099681643782000250218869831925290763401149622924898757
681630821350629830621187023136338066753578289955714935429076994776
392497515600960219218957711966540628503788359934826133720779099209
654212094075633909032006895770774740945835247243921777946307455290
834984363600250329966450592924647795515673918071680015062774244797
043647568238168705933141776946743062013975953591080048095766288373
832187083800225000040813623181113667381741854881326751012612953093
260828400889035765083142763583450773323774379734311170153712100373
326673244512219979333608830063278164644675704724717559420737332921
711897328195325430540194784870401991987546930619161382003361656510
980836361480345478843897301688601619978607009618373263690231292129
264328838837132740633317753084608616898924023521583529886065155313
309366302848439506291769532844670142415803909249615685460034488728
867346452771173737899973608569566955500974293096234640410356668855
329222833148559352293334113369403937171865708862781703750433999728
014665180333388589984983127259023651533271136952111995842499732788
896500842524549305558854649421676627035812747972997571618874972166
790129666780861377454966133199979333692845343588476618994038600721
813236184527528150256975268579997807992986578211235498185169298319
683071011853126006636830759673338487081491867868940118156125942350
844389678744304143692295145322910441515254991525064278361778139876
604962600908031807304348230880455768603845266691286267085521903672
928937475257742285471143235265214234833016378591643115189933037343
481684082153653126972849089532794167284625813534588808685657995650
392816275279316299285859090909901213101604300069657473633293843578
415371149390175486125865208963645736475802256029620052666793055473
067850541150303842421406399309606883007126246789754264462614919585
987720896401173644836475222412865265221956530840271910502191083988
784623187650700939937726971673046431160036773845696217284777369608
553704362905601414423071547445296053108333740480950705159788788771
126468496947961536987994889816722965857336390820797213011015096988
766879277339434941047159864656618083883980266715929741623033511024
888200513868597485750553974840925441865868560756402584179182516308
948132772012390938307884083709707562142761416566416625601149168359
444049897093676111731896335190303750275247473361112945676646970803
467669829791743077968613541657137108971641688097830189834207404124
681630799966035431356305079904240703010682325482504711776262274952
037348033276312668102598528499667134495108664569408115705650576972
177364694257770799175205779840073567898795033849204649868776632282
930217555904246555661450483155443406554233749558922631548561858560
941877211154154964366217136596348498970616008549575631782904357451
518362829927704874146263310015271662603505756722727544633995157147
115610003276282055377467212851377198081357030798657373497147357653

273407248571664074209420221307914803773608092725354150413380468118
756936499199811941002689412730034309844075068837299799409682309282
861297762507351973945712465928453175882490987071215592250099447943
793627161198731017571817675387666516229855846021269313288504572273
795949817989442325013516449245544684121262604625518249031981067160
859328629156762086572725209446919477064712024078908325975191575967
875186360629271004083615345223032871294985046101545633827105752256
393350309736364954281224608215627413006585694059625451225984564496
877951067520082183682447563127486263104094222590719252493211833105
070136952015140116302494953499269659366034702040568633763377674053
522739493434652662130736137244021750986284676041857569140527377295
908875459831427746016957227471284131591417179015517671916474795965
774680768825848395278810081099155039012881116365202923704380532565
955966842391334858912745886541708713003797573736928013462247086330
946825629765769657690607300757229386697765150820823933796779784180
785374713805450041186874266932224892545405487069969216812372627243
893083612736166472787124441376681828905890521382672563625189124381
524279434751935553187005035901113432218043793940442034758584486604
746523253620424589750536573122475953609668622440612958644842228999
293688439861352107808087679455172498370075157230223119794267475334
415758804853230152803462507071751817540490324731594063778458881396
316441059887069821206008729489152480269678107160497068534135329964
993796866660527624679459945316887987194105647429428587382700112888
416731775223660707128961882585264608764596225629107514348697920507
451839391643924091603253614786351871031901384966258942296629624317
679261239676233722713879174767519022579342893535489619901757819427
817933593161744595360665638332847918392927659955066495641924641441
093907302519384576926654307356251850184875331866110170943318627558
698235413075997723787451461876379861991523921319469302737645796131
131902538970790061114326787943118411465433173122941399914171444069
211255769235155386410860736931599720005933289721089672594870918820
784498976268490001636997503708595166526264717906435880491631963574
761396746980084683339351849619422971681256835435096326011848789480
232032492998090724425651232754775131804537735483747148393467844960
670663959742050559401405116978505143354351297571864505637850605670
594828257352703204372921169282393677893880038489311179880361269267
975794325820437048309783433076724567126394849681198367222750283468
625309169479256013739355858190501186263793894102085801231150741100
856381949971113216269700627741316417464326504654111974238383994615
519978581513509145089890491602188152983532939107247663596488857093
183995115015246426189985287506422006388028981905723747804925005396
767479408894855251022203967810710565254719717629379964488192929081
394527868110446577482435519439270750408387096604813314892331516777
642423979397525725333381939527717017164936429467820599828859551076
468306636450267307973300922124472278208289671031033436209170447793
647906845854796002505789440932648047289887511639497799029421754840
107880555939207095629443316909000537632663845173865973553908681399
848999068860340073833326860832636730188972413482306523753846177202
535377407930801061076110586075844156469892409324733017532341832575
663499892399052517016767139851876803691791999632561102921719396739
474049764749194970869989666433612162354356649131158800500258369288
493278034648565214378341232978854151569124473069754197927080182190
606224687794896482595684623819177663672704358438514383120475500099
073849819232104517612816108082534660658707228886863057945546339979
626612693371105637207047878301532343313721688689585307394131820925
496857472082526374324951498085042624871011207681259226553229833431
433870440641859980968616888256284601569219695540703766744240807212
415449110535233627154321006911075188830206090038301832340876173910

340465572492450679569677202013015271255154843532031976103471121682
463134153185657194557259656281095976916781662492760201745173016210
171899080518790938074486615586976854865872634049176316855646895186
224524704448452494462442547739254307863306235368554149243177070148
615302747175121962209233799786020804874696407210659122918909947864
384659594379040059755313885964857275722720566416938427047335498442
642226264638782352890201340490629761599022549027778123680771890806
673284015186359100679251184185241529290862764073570691275197566315
664305284947017637218114598604716331761684059509022549514939834826
213632332612770140600746959879293826382062969078708081619864963059
370145876479459371195955151917159825983722953228733923206659457347
582468256328381216542416160115829329207476150007135358018337732406
522077220741014001415853637643528123923532260692994178353616834742
429945501119004317612062990951152662205911116341700214553410575344
823491043504578875830473592064008848261791512318970295049266757215
779515377620747907317871305028416770948343717593250658517838540960
937042936927319009580929192523972706385220709376283832256831539608
354504523509117804427489392569964055919890683912294044082979339704
157743879243810221539233954058355041136217686560128829922435760952
981212209263729851756570813992122093694690694715052328077459229864
228802826691663732038393091735460239003176018105496752302588882031
353514553890163755138161669782250564807700621959942869416952786829
887478753140212139998473883119786393577874591772486860312671628268
083600027669552432991228440207446373531463385311809602295643152796
469593931153310461126252911880488436452716624901692931313843640555
528055220215938629825067679738446746997160462117301788465036921382
010072482321852304396886407266624343463175549936680725326876465707
431296054649657420147888587246423430684918049908687891262743226830
983449564193022689464187915082860849298593546532013424279174874714
925827478475925183917605261506165976617674102070800222106231073571
455306554016445689334764347519281791798470631383914982038685414204
365746374385926388279117330639041778218904168557232721953604043659
584725034467565938077563496127307805179119531944892597650712879431
631194138505992994323917823527258765690107451538624193759842327481
821986397431559810766094479394385509857150183427508632159811107088
894614481063158821943948622105813974976640633464542387856406138832
786046277033452607057425996733921274136364848877618643820395683167
724710909811550720988487009280479082886280724014562943571340699146
780953798412303895325877144722435482447280212115649022645292269273
333505508019364513909123534641768229486581271163414884464871389404
383837963115598489640878724792941967896017048828204682167661834998
248072593851853562748543710045361375358075475937360984404829982513
746149857434320496948153908318865262555301372780855322652968254330
610329116915712261880921349298791035451283992973173936168724209013
741053794421961379256273372512851988002560065639065266863278940456
902283648518061542594724961253689548843469558035037758290683977922
534665895505296126402786481442640429141437663771124986133839163750
355519479692496764183860762888540604234449177947266985151630853471
023288898337446012779578241258449183459392834716926530762282560489
169993590442687461014301090026056871037561995809163191668707351331
265555170951651809993839524437888179706960083078503068038846262126
599257807712607758808800343978346133099725900596031834762781505339
333500886524280041528529854443080395333745013207173989349516763527
663268951219615973031083195747610274987427625787481248856771095790
059275024912592107834128753027900551374524760746339353860959092224
433102444982052983235321721183797190916628906109390500402623348585
681650527343821854679856425946898029924257891484989803170295732026
503142823893677165131142822540680034288951042652723736343632704397

4713859929557191427410041772166514787864806235786095198757165264350673599768531817026536271897216064812956543255780841609191199586106598379839906828921815633766300414496379518772181497754460656741512259061168841693645807319848617450164353491704003767367703282339817242787641863756003199001521726127959422377791151153872534748019892958076662795090705642519676967452131089086547914473182218421069455481777570442946865351605123203642820288539716842931782850510041759907372745740296984221711084119710170795111922643843072817024975273651155030905669860202871615617910147902158628559745993928794208178934508872981175579247329676942683585199304164996729022318615637788929649449115734862814477723127202692621186149838937817470626354694173222422816015319757146885533485406721211391333621919638585559445669434487492837730460747918788271139283493151635521021154616782929011988481625595829761615193054472850510333374151147662706878119810924586600307766117237265754996908922780108687324358788964095236664475180760795087874878456630271175092829135106672040865553916873806527994779872704403685680310190579525132472810774268278737087538852652742896724891252959605683983088711526501068467551331864007459154855298189914172568472931033297155171244619221937580068291749655694980416611800606616464183021434819849515433410228578600407557372222238268351687241541872612279353391594949844745132531193938867638372995140482301408460171432412340982666996028219426687746020350044408561234738448991486705378311063033742063237538401816044149506685700686029181245557286166945572310428612741157967685536778128206918967256517641753398835589262000472498978310175868480641610687703190538574166896210995789931198136355484623556164489591079062157506552240940611658083781224928523934441970722023972642148584485089383381694875320011027860559749041688359808212722099488984378790364212326400912372213693750132432493974804617571757318556149336969647571514501041018221146281930432319948779124063524332978388702146975588570358755337230435794215414762594815677813428945007956940921752750539100497919602265149678936535041785816488747663628892316450621579212447705387748592968365934001526434788456571919933245593447476107669238013936911878717169703816380325557345480738473100962804766538057641962818616469031498958907345168625541207039556507681803380032142532213096914627713517750206324999327986922859678426298922232731273992315129744007286908240456583701062955945982745437687283745873262054960522585453869197047242795525870105666549927616979123038028924252736343083785533879912282317871914450095373911424489420662465052046213326402923007729130906133149600196485485852688850409052454582385896686074207768163395409597090615133351892172830374266426121079535392084497657075880070000955964349777295834342960399998712660021240978688962774299341613339760764036280423807407950909113048612831085802309899401977660325207462932266528544231523100197722265814642195271211368498610516080496507903198323067900863014064195631943731368714017032507853278251222984684804768053505153309986414466256880421007291874674425630405462217987280878798802070524812628707532521858657133684441738397141690975995029561521127395162140028090516754535991135406009835656694030607246357374576134868049425375416708106637601342107586690778255195770118504914900325523866373672820421812129352579424522593045636706296101588967636955997692351752775407406392275525689335798999163766006287681324280702001972863163938392443332176318527470678835307662056060553927218608887926980194155380443271130329839948009332199919350095397012054003992211780906801516319538972969302942665110515464718454083576601353232069228947526007579538714001885801150068713456314067277263581820410866203448650592835690722157189169681783875350899806818840774541815848328749749452617742532327265671688022435848866738309000909541417642746174414018815

983326065692281224853605340612136782189503820883343696456682051211
456982174261869108491611143500965949566925024531728704596022798192
658835585777657850862906410871932315167405088483293371575513622993
033943427222548430156049886855791326901606872143815448408977297208
602502628701747276974283685649028705897972966701240278445898679710
664095590357943526213458731841714638552958004262630991469108253447
820609322621516227356451330937306062659179975281426567504161762843
877771060003598604476148241021467006519037090973838924180978947798
461757188017987790284840595432602930190803132976336394556332258558
770351367923434782799263460182262438370102967548913435809360623380
902755114498389478002427010165183332957961091843734524486807631302
188286788843341271074049726514005617854916224579379741839098791108
130123850566489421629280175527794355887808000386601631852093081783
082274078138572116470482132066006921750489241752776322641184837413
419129597916244498637897439894016470738203095489630576708782990809
401246189862394193080258971036787409195732090329992909314232739957
535697486049779146232868572559810702106869581617992390082726158482
849283957362159297333847526015440800373743988763791120663127552602
092181720397891422937879315489160642267221512029110069862081935008
363686334565576071736599725219738489354261513607795970706514904731
982703838692779734358733380432587338628275322504303466841489618448
932121985294953211274128520690952131318086924570579281027302615871
732515191519471733322350739193894503969786652754905855576129264689
991099049843426164548229398062136925784305825712134946988100956747
091236149854217578024724627853880746576420884272849742808541946620
112434603058955936156263633871923949560350555775933110211578025988
105423394810420976173620332215330746048986906569049968263991201122
582419527512826930139512055387016777719827080791185197916197707609
703114942545924758511271024341987507926156400969050821382267456354
989971785342193038446118944406929121494425613793617275975990032600
676914795063425471654159792500736762870796854315265259790347625207
073168634843918593836663606040637241663490554890170418743591571307
184427914253679593195656331372454807172215308405775780446422338287
344842208586263304966647279305733273065924363013158109900042232647
729042237048674390922852921826213632000100184063717479760803609387
198049949150747306862108255562842227778036758190735480274224716924
723592375923146544819585527602375980384666369570929250941793871867
286191114353127649697923373002877570185544188682535850699517644792
776807683681428714172373583022830558557116393991920068864708077184
062678483975885046049219895478016442622654673710993630273145011669
046843793757263898085131003495724944050302455168768584797126682003
810537665528479347783666581357206216433346853797800852904302040576
808988727016807068496860145118610901835855313273010050047682399552
936429749124650294987550593110868145788324134909376809665624527918
269467237278464004372598804121988816235541287990043633095102879634
331407334004753000179701254601483650493008494901200969865165240028
819632296926630584158784085479024428264032337281544885248335283818
743466204081089610341604115401265677552729048583277509799530992879
174990120449267690732709694378652036193733452896920831021696598061
392499563015838939492372724701023034043089877400363483390828284790
160818481379696288247127175166094071649916920880206373833905913548
025528539005356957388598543379747435356287278076085312006658441737
541521686044599886117586432989965034184430301870334938203136191107
893466791446327152738154649707736426281792653268174678306140819431
470398738656598431555876530410721889565429664806683085327935403287
780657764375056472374828496301651859633457313973324239035162619758
179556237486947156334795625940342228337756781257397894335701955353
516514412719356618008778697611776883752571349922591714286585806510

590053832670154712530284054597915097796690398941857432529010869862
669825107051887615026997013411359730637519674585325333164843552568
926501955625879631454890139292498632887047290888182571584825305574
161858235070984409521145667240641148166986651468335205449792177903
276406716728685044542163729176578894602990230713681129075662646521
999092814920799208073123018037074055332323586355027216501965915192
178027297733868162114608467643853557706862055067820067581748214223
248930264205671075574886776207155035022391981069901930543195609986
691010982272336347593629362358408006478081653760219002250273545496
391300697001500237821639060862443497336117104845837293971155415757
708611258782531834257192254000913823602246117468954324260760567528
301577982693529622041918724142504644324165979865876726133344349858
210248508133192996951625299515816548527096428413701289945691444149
620440080166604896405675878990807328001760411492960587181016654104
545249035986388748207405535531646497966307655039226273134567715464
846005265543748330599658980119972336927881919023331298719350238334
571255753125254096026787808518907193268630083327534061136741801995
207009404626588978389350217579202860076336610945542127347806464174
263816816308333443310425147734456225552561446393602004786392720968
655004787850257868984713151164485311059677868694258988746808049424
961736574615595504399449463812764742947916676921754995889229694934
221327873055870909179598820981519144063820379559186086253875772611
017007654239212442831923145710552328869601176314392736999773243862
074206430733275397945451735790301428987555319913502142299198285622
751982850651111612873822186165312252887939522330514880541494564632
221878945439889393903813077000879598257921431080237456460174681157
923587482052347344746861025258522656957256657780622130006021445817
704289917694841843962469671156004762235933947608806329214480355382
287100845333807763241202085227436196571541719352952573571910517740
631820964055791384608688243391114640860779129018379805598486766848
355461333271338635321369647101942374603372998234661897992329434719
314169299434307435592314964541023205758507347688097938428559311384
841974468063284882907597042819630573035759222495127602968783967338
257153232921513749618773864044555081154859575731029010818449099301
832644054964342671234687623007357646662071114901051836452117875394
383098324326769305179760518794367605989301957852424527974527956814
189601198906433217830588350879677232372958920263733197734509417496
872142675234075823863877680294610564716646499151525487666105031123
227509950601572926422941478551368388726151131433440638984622372544
914212404862218360120303461504614615878792083518221174306811017123
332628467771235711258294608738192781645847819414795548101554979852
834274592681000956200212144806439141022904447954780580366456707812
116407969185231945651250982396494276260714812575671812083316160209
901135835207370731352897793418103199536030683926905610220975853859
992525483414949777859271296041104684860150036340641624020634842984
258540802194711321568318389669736986278262180139283764316304819855
134505690960312583373597267111605659357565603168137552035504707303
422520638889996013302955199855948385264662195521866934852765143490
687798230110919340391909137616591449065120916077897576992444491901
189792595824234538356538089854344147093297542430147002391258826497
362659739117123635861688232622565884469970176858470147203478221493
929563244831680444642237218667433966810281485462643319766980391131
072863542324275486834145150864533076769006913066264857553968918425
253193610254335938846786247908667468440084853716109397528037782902
709409776067397812655103903260332241041253686060368644950178273037
783527497319204995991733816446508608048491611143685693021421338027
128265096069931490764106505182863315013554158576871872813116652205
495867162599330743182305200709352203731892897596912032813899700032

7531408383020499700794043461745771341028771830864939025670480566091833011820395852793798284904220677767676531345390715837073520876972849557764871683949940404310108517885008703402729570183083968537750519146503338843566072591240106618403594014046088136952349035377743629174460787742543770024544526636624745864605215219326398476506199488192692578668507522372670378209214088684013293628940118970904731733590858398244633492906655168232068477450851227916530119164041266009020427025033517457965398249947992819754885789202080571821982769707168447845444036806712949549061097159858550186808320601351114286440635030181034956650385428062919501241290834462644940504569365166609556256477592684857374758060600045835476011741644759039886003974617716145905140920696988905962384379868694894789010544332885920382610390048957554694065194391064136354225579156178945337060499054337224745324493487810243773925575045310017605609484890306826170471946523799401222225080732209132478441525028498809805937206565504098573173406830131589718069963560358721339439115956062962073040168750518028259047816120688764667603373828041532946077234648746351221637321302709895034899909304100515016296589995500470144136327390957261939748099814261056401324497926937614148865753989371942681621343609978174297165216480357233044015960662180926451918307231207864945255978093277890329665036973498741760326451690437114693231447787666268627645076535866819990254146120334621054577053255258736107170449994246508444811897094359428728168581832097170629841154012788029784063743671713762078738331939954130687023236322196360859157862813666868582967976989313636458631659596833484545666317164298377085115000377238609590323319033956228203319221246745252447109390308073336228314073093603902940799274199316079266390158547202742629950730641663334117512952718895042181144088935467546037212125300288337722982815446228945442810166849599895536252636679173906802736254740965403857656296724738752603833463902167565953550511535872552514517314380534776975025070331128081737632119325474334076036381065206863217481975386171583705854534667856734113514823777677753458769667513289471002917380866072169294685531145827051359838688162644380600181419262635420471903104558938953430701977913013380207429371121155464013046062053658655533182826646578076561722584746195635741765831068625594801286775290182436173971209744450927330923915752077585758163623767147438082137791747466050014700553310287838847593012386340591863760340469656867209701512919026035514856297693378850993408045314332624166203414013820428152794938645075484887646327294128667171717807175243224855628077764318683830596675419179996868079612473587864189860683038641952296314380248900073339704798582062532889281113154902621011771030766042208793487164322810163762940686142770708401236669672270301200442265165842628303833786123581474560686749041945657757220434593534980703165221058415521232077811425478821878184933729394396789647334893378705292369188199880477223442149867426212892590262128094242674704084932479621723999675952311825375465182170059399039694565854663783234479518525649488411976168759887147061488036959418095148129858408255143792526552856284266228737298825856268116393610221772782309294496191054935576245809356136886197636638284930911282945191624570248264516442792185648736001686848379525725682896657133667318550513732908418553667017771523949574240605083837825193664682193110985520263923894735355481048784071767856510629864905218781319385521045459263398631787343026246791607380495105701388783237092633781164309368725714886993606622896170870217910089075094433158909846982263535583482614953277119374514201759525373471222532914991616663313750255618247895311585688552639299604647550504090581574408695919188263160026233203934671997837055906176525992067150711798165431976525476136142353974112972903946791092627881874839024882613657952503348893634822

480435954163034689226040140006645122362473100581374516809069978073
171300207367592322580318929860613453792589069640797564987487459686
346878477433456889960216061584021250064411445428871878526964384944
103165345782890234344192586334650478202008074508156845156599152248
269290053329292395349673411015842973457806472102219217088085216380
185558932981042594876159907626853181422322424197679372125951713646
105051644930672870514641759124454290891340013365144936847542316765
970744717833386505452254589705433510969977516389599979474317665143
270856830419130249869521280853966349318982064979088843049265006856
486034695917576608842775967987107657172666879745747213606278508119
045064175427678313223714335713134067245999563618846298422056487734
146228460252147264333554094872804474971901412864812137837038173122
458787309559988554893462323068166369225050331298188189287750200064
496254021329745570883542111980186516657101309535010729600306094438
598821982125057818970331409108170757541334619457256720134565900049
463323351042555086745235589414472855053221254766255160857904670856
100665609913528309161423402799406986300001785338284041691931821644
172012406352726379903001310784663200995146876248210678663948275001
850253397775771713551848473927439413693200638980061735485537528392
511966342802061539111061104785008991246135541958882132155164714119
791128809176746693639156395664257783600522042984011572516818004574
953187032025153571366891329946871689861939987938405360090773098300
599664281770575885509857969592857530945745014426048184836274287606
123009842516522983696864456542552045355715666373929916842448730410
077240639438399813152410161902501770333452086102974334088301772794
752981273748562424185143969404193937043495612264667873656080997865
036728708540733987242048963667146742418027404225081394675700555144
375470573258614073627008134178488795679884706191625634529910639909
930196735254985031458278179073790247758457903493642562146295532398
621704586758605340135685670842492509945672134389089347433816142236
840195630238941509293239398111978479747922933480055100793580763740
738406443167456467120572184839069111845939343199433406220734077957
692354706179838957063099043541776193859565565229416341961084037153
206523590263447193651228791503948312839234276752442538174403216047
797011438745976380975364049841867831727573478816113238925577293890
389194254397433469853409989440824581362326057853455235751700783382
843229429478916690404909302291285254849104518255656171225909709563
563978062994941852014474652243418129559535950082769260615912963815
625460248734690543598718926641772106440733061305650195962774865077
175995727264615481235640291765715200342245960701927442076223516019
643095373971798416643584575614280155611270449483734994926482655745
860364852224569897893276071045882106666846047061723042223442426839
725309779823636716155801497785790584506969207748421893603592463480
133482467623749115359868197452148610278765253604112184493820371909
859931775880435085876773243072858253945300143720954761682628222302
974303123617955463958437340460588826065622978609619869535947348263
386957731640002114099032165253375613849097947806685670258424180327
754765230515185667196256916667913856892132275701214143599565358621
235116802320531742609352228019441840824855398706706740576049669148
264024846455130987077321746214600732865998340066581632524767387893
240006051506601266332044065221195078414784171430504985697096649640
918447094800527913726026923382870119865651684786542770006245313614
395441442211398380117059797985190131484543762464681123176527368953
162013125992041093852148199881489097899564336994778137260148126779
565049993350891597806401019123637334412965975313264882860350258544
344447417498949970108655242012415568637226841001885226118369548937
457605720293595549384149802916814904497884456650037995367204647504
628718938419123559783594367011936052451005814307355565929225354547

5698098688198824462758527331070043988198755346999097772376053338 49
8944834242368748630937573868508286223036719213046235665477977030 53
1421977942646282564224888727150664385939529924335702069804653958 10
2250668903157414660699143760195033419465731701300708628647287849 29
1492546362490941602172219733051256507655405552532461902132177519 26
1382098031008578432253876307087000542204003583659249922707424858 59
8000794977649782160177496682880189579719217882731864062233979888 23
9201621194017680717650514774782688091282676127419173575198566718 58
9492270123837280650322890487952869019215190726904684186008648206 78
0893026286856803966399021610857151446958746630694538653852668141 97
5215651623121574007124557122497151212784851979907854395977841582 50
6554964942914708945178695354957369638169277298394787184737198986 57
1754085712976701696591775010946759123844315239961410623787564002 03
7112128177368209043601791426966442658524858571646450393930642903 15
6729619578817148263714571645102404330058668558051882099352699389 37
9380307645577729218112546290393149775557159888074000149073456263 84
1804176696161645593241146556214460223087883405348228148903333296 49
0807194378538851576242813590288990283682748383440345443266131251 09
3750731880218151995883256480077550388930259823188017983892399216 23
8968912226344663992849972722580159819264954647629190627301715210 79
1572814054994135464005273162446133249021640620587639950788290884 98
0289077797690813684015133000202958148940500395387078495292294212 04
8706508505115681751886469372758404091776303646902097647570906736 46
1001851838209860860524352716074114872617124485973252379375540523 32
2847382574160630664692681192335459073159949615230406803366230765 63
6018027247624383291143368558475934095292445495374540012140474796 70
4901245585992870794052362635717641569370765701735698756451017987 64
0788656208855462527369954806303542569572517455405019012272701085 02
8258303654577491963850961267541769915824040844161929435097391050 18
5923493450874013403764399368739365652805803837253031482753866145 25
1411307286527609298148697832346319390849607008568914620720433855 92
6003811702679155546475632450962536491886389480694859986211006989 90
9576107311577710030924999551134755548663647589268995292663275309 19
5393293469316544505275298547815881412869134927586826049461224344 67
6203690978185033724214510904059674397811514029685332698714754595 99
4733495275146163279448112084724168813920587604222699236007002788 37
3363198235996465748760764106568455012709596122961468743095636781 38
2936302499937515358069003029055507756543074628683117770818212641 05
2885651965827934235892290447820190306604706813904683719637504124 20
7839239175783187414333519098005949898250529581801491838090863317 37
6154698391600230404328695363463936267593955817012933343078758177 46
1109552371547499791556336612389455047970227486291075379523891095 75
2749741525925167613404083235526694496929849757969696460470224316 52
8133532428622748014628798011403696757860927319207143317978459251 43
5117324680830283904313685038141224519229499694290550950052212212 08
4528520827574519115068674560079803672525023173645680129671636299 37
1656185403462513341772768602888800941900542870085198287924752442 56
5344391388217621734721878194679289118269733436330306417865037548 63
5858534155258863315852968226595672490859372169235075057735654436 67
3797098046665423843601854419720474053211925876526230789738904540 45
6258312882023460710321119986614514953661907817618059099079796205 31
0453800861437290416069050659378158226743888914822717146241556305 51
0982578473427397329338649629577769836074228829755026240396661321 97
2937043383529589318660853890349625889302402093368330212627566255 39
5882631523492916906364045636328173340626807931561528170261198214 53
4374704915259479601554010445937958236080897537430019012218951912 52
5141568944456837340401878322412247265002424685632893202844961436 39
5894833495046457697802344340999820360219967231980882206702351791 30

780600039510728615354139508046501601243650779331447150959136497312
120041403643083065533856961281607692256241819670534849938630231601
208437148807384443002870076981089821482135123766058931651250130742
342047535326834852751473009028283765838885688539157829895883722717
694733949178513248072052066108457421470985270288152683822433809183
179794461611913564811920776053239016100835598979859235763026908124
999794746047870427195852529579538749380051944305286107285487002864
070215699846005041304288865201728593852837189657740573067012379367
572141558732381974165173539778766118420258686915368939634860263462
532241810019500904298522634985491696641851099858311612398498604242
017297592986905624926481812993691773175486225365855123938895567768
631177147770993446349763959110282561888848280046147790157306582695
486950113562335439787852949465018968313266579501792939107907039316
188810451940624554526240302838730460483678333479910289478907535968
817437807485642324599848956395342957979938254412460815065572922512
494169121274605474961156582070064575750636220726637985784749008620
031206188591990487581090485349419425047618582637065634994993119407
054055030277520575875790374933845301507086634985644042257862322356
192560093952583740491977056940983001839765408005008455022353368073
771757244595330072862838621905064741178499599309447641210873505657
389790018612739013105522387186314441539063503969388058869265811096
879979165597234666085473595844589295946644382344701150902464459837
730975862481917830145340354529240838725747420271922513899765896497
630957397711317236340951328726011021941056904047688319280545561084
736748552145014390506421692064604086178325171136927501678606727567
773941994035391068845583843434701126754379569042782863662570183485
928668463884129307461850939195693420089201438105762145304252567016
583562687897902114550755993182757021525734128127634671791002299133
703268393787524669208189487866304332897446940590722422447480782948
813601160112009880197066014541982692587652464718737503289033513056
080899108537747297139099331069117443501177070223078777147648474286
509086614199363924961179660525198925792774631157964782195162372077
005159518786969438096692179096401408078835988443558266118305609383
550147718745160222409184564625068373084859674733541476387967186261
402448989354392311071946957805992657381087450073437540016295994717
034112097164884416945213002055881220001214088450850931711342463668
213379517613218513222915077700661646320893528894594725338333947820
038517281182802905288290934414098868253343348551543672326913545074
281442017824993379483174174809219665816294657041446478936752706677
338029731638597309838621671705967386674992680588592318631899459540
004660420104050788502673527198673789581240484049399151414122472460
078148790091785458915733637367517407233461848794318007002323597187
434965064523673214071951020791834941238259107882601598162496344673
598431703524536314082119298232398305479699103741243878843369579173
489274366034873122799365456592597948804443205154246751139129045822
190529843849717295611083982285089099240027126032976502245154351855
715844468888527214047240786202995687548746824114697986911703137730
440915221989319964126406842138408259253040882104173585511139811223
508458653961959538784616036058670252483709725132159346417994020162
534195623645093650764957116652316399924213103012484739123763655015
229354063944505550476304177685099942646076033818686416338896546645
530215683930623271780863610406580897461839659869131624702593262587
163564049010893723759557807548317192849718026111980463941184218068
996912681179430044505631938104142115754147096484296895232876214505
725845148991042064969465327791026642147710092446377945887566202797
781188483918513934958280378081821152283053065909708845864880467200
725417416231420050651278758594172249455775156217761494001027839471
641768643460561600781603757894116452536488085460737218366507341406

910693642344635413756151480436175857567058760610438021288808112257
597650545308242127211166431703153861395757952472253698278399978527
304408064556220337089675940298132467292099352603060582676994604260
881020606979609940168260554565369340136196005727696837941953603165
331751821872717172710306377435864545123553134102496837072649742876
874273217574744632238611244868611871478178959251686262584518909675
567492475359853408576062440753422778637124443682805900596804319318
521349757839019660199332344248094990387845081007564189486957318098
234679126720406803595969826422634406368071684871037391505339797386
894750242332703603486426043046439602446554190512580210817868733732
009684048374482207466921153836092387765263133753387445124811930772
294068030515710809722345311784490516907317023886351315520850473767
526930411862282209017440272536817823439753582592726952044374647332
639519943479716025267476815590063802662008339352438151176350247759
773730984410198772823724981884582189771593481420098591085979165506
119885508444914501128495554882951928271038074753900952974941298643
196566650878885550539533356518482751013339689727789767800613924 6
953447389770779114954025727340749877206763447159871325167814050794
249826436608140273015066677450392425463107683319084692509673333159
469574760338703834440081206459307660140585877467943945185161121357
871000030926332848398549761006557196901243468902209700566918290902
721984709030916007029101806229727576900963917935988151140815477973
950815148176578556432180380011347855908401654928361813170562672187
487266974506886813951064374369780173724762403061305166065945775026
364567286435275907552679509737521574936319073909298562717599131997
679887334953822585654133010878304459614689733132459746576008809381
137388951045680196734013340811542131749573204832121649765456602285
418302710841082278223262518046841786119224293710956074355913718634
450137366964419371941029517889075612579624272971941504489122747815
392288648193059184915557371178499941360249719579729531223134889004
408695924155282549505591436802543171920637316527624396035339037694
309165126737610338279944177776961678389938537886543838000835588499
280687177920071844076329117566315242225470326985582171025578064136
660913468967550473003156550304749564911968071033786511787069740918
473393660277275655468048176962675850649688969170873515349378611161
052863435375675874946765275371065784836087734590647098562805207572
317794948052024278014111840728204342821346738069042960106513274254
315284753238098005012090625543881386077207561831857530516492807263
807022109713538572638332801298735309342765050031919390351825639965
300249404789491559704597406389459088575428395140735495446345332901
484034342370574256429724113941893728783542345190228512879140933544
130736297647912335961661786215359482950411386325558210017265679042
577629614865736484104077047592613454501416651654115392464641572547
627043404934370667911766918348292228284942750377209154209275392574 4
745428553022160823136949344954905126340895895165431980716547260721
270807131914481836919330515638200606044298095622895426672128715932
618870686810394624469120529666855782631798920638462931180862589672
632022379679881106497198094831107747756791962791698766177122633831
236173412959388751828746037707189533458746271995091004002457689690
556518696801640203613500756266996256774216648979649287214266596243
804209130667130383649522651724277502197572103972437338084525207923
810055870472338006364828325430833263469687560626874790000166461525
156162337508538101676888909526746603651644109774433695815791851 52
928112966685182851178708966333975312307165291135743447670192076056
038735710009892711975598065162323184568082269420390666054789977771
126984268719978626458660557128849587118599693849390575736568290078
373285384779683221484510924815010906356804455468256638285065971756
799150344893523785047357555959624409962041134107462208631244346442

151948929012825821094209172833006595088595948879621356323380953885
167116694941577889621011208048933647815361940986190125294202123551
629529643888744422643258272315359711981998098953443810796238311916
502289024669296384408922226734542517747096469188661219069302501213
457338850830567090906521766963555384961062639332227700756086863503
567940759061202757782256552523260779956128315530666836458219406610
361315348868101547154538475251074510973234115196335192068182786659
337841344850296408815459127299319611309133990203845613248354671405
098140790450816349324220534487689723830587344827658825198661030937
109351133604508718625430209174718168567852053336765659184932641053
801735337593562982767557624563205386219301638355346579879304333590
313707086142657651602448284441292903648299306749575713225449060676
285469793646648898606915938840418740966984502835984673925784130676
820245300587633957429920721058732250313817602867398259842120045516
119299207892204487639821519776211186717718036022842571612291180976
092999627576524629026113391381093291856807808286888347529217219587
620304248383297997036938339595540517230142330061909007604319852146
232876600121198397839456531186741009347825595052468894568233957496
174582202266967861293352590635154175463329465957229928754817520199
574873563623029657862121402121096512378012440580111120213092268982
656315236303125117245144458478194150933909364451675873514922270972
338056794535836444284493702593310762091465037458365833111899727544
151511595663860622457261601815097262801451413250585776175996892329
976160845998986469940788799867179062665226461864677561196422421260
252571583893643216673876735852350862923345835841145257919359477443
535502038831127989928783752659679297252970297328291475493544880173
368054920420540417415217361300367424792564139244460652050841900480
031134456782977739802427036881313829480053016865108970981955029822
759116006348761216048579113481274492904800189835910154738014811583
529188374834086145350929806678432647208067218416161220232603304854
594976204857106587316222670458373940316486070476295855614579869478
022840191851293461725167764263896798391314798012970108887561496285
339229066327799641374835497976742302013625460036072522645273288403
065779375855262501366167223580980236767268868432438196855787485654
037563674736063035153772157226660827454250621294223520622462745544
721201464682539046590062437838620315997659359271874186304688549569
543760657121461618511513877309626102419637238584708632829044753104
366535186436669160838483190822957317006039429994315769978280532813
839599047025791985381871046390917443036107072496693162060004073667
307004778378952034628001009807910866379942616602131761775097931324
036741319873969976646945414922100108586915148331790372358535758866
895906927765602810349083072343682125022380757404957571429840540416
503630994410489343928368190836919587281863580348820377892810363051
700941692535418188190674273743292345050244763808712872399630748152
719022422403071806767378569796306138848023472309246127342527909826
678665443652928124212179544058442822716635262495782684337418238456
382990961624005574611635297224610752367587416715978145234368299927
414374222602409343124195131439127191269409146684442225261525961704
090631477387902822215642376311275534526406978026987198047612488492
816335967427042445880977393249918080296908144343794746822220542671
057920970103677018239016228329676408918804203352683484344131312253
308975781993086726303712413014435850822491513173672093967232806262
813410281172113428370807972877031136735756113467692832589776481307
379279398602351556135280769545931765566451422765304482812000052639
378891853502358910435103833750091268298131699163930238645684392782
610197307280129318415249983696174915459052890043128598097862110282
180628336527151415959762198394807419105799191438100026438290807571
099416180040803520077042982188180528909763538006312990301333845475

536563264574635374487327418115799940026061061323714030872000011794
561354018661968984898724484629711094954953353548821708558861744368
680923281501595648819019983849500152688632931687272061342320885557
609009372881216100810727252772900582670431078825429238970690554171
338970702773839735237096874502062018983838235368731696641643253290
994610620439218921784622012102789861415462328797796646306948357690
539990523695860731999736381105808339355326638315278258636186165125
622601126484083340072484125503338786739484236797851323081081053508
445826760488680586672799069254463942227063878063483857350231705852
682818704819063452184301938609887864454314153452335287362055466461
740673015185573421975046839780728757462173888345472019597921256789
095861515343377889854541689799026039038789395080742775709070198232
686675116850297147521407378750274207835096752827653138808450183782
449916938439074827763702982332532495148917847026015056924381016597
300418004478678944699371601741111441422983934050137039862938500119
886769063452555858572982311021474589612113571998832584478741722782
019553385785333762555216531011602909625478493519485859104998755609
039430696560030913165507306035661931218285951422459554140626156349
334740694969276566399529735494287170348525326939019857305623835346
513719006772902048411213103070514268707682379326541754460664580120
883585892976667007599630276151583071423019732704812374560966722070
501104497112020557412716355530307201945467967301743529851958160636
216867285450885390591226355800813079145199904787334711424346483697
922994509826191456207675481225905643480597174389345266276391782998
015802533702938182953594537610880688289507698213390136691823413240
479449075161772712104752375228330241165234445428047922197789538675
534571764287544365314397357330318704335678175203303144311742667104
127383964950541426996023042284600084060739917312658630441112432398
031719388164361055464458380755527464098479452540936167399108167728
338093563082605288741967314948005906466092921574365054213222717529
514342409363789579252567090403021496152028520551213609922887217559
344358950665798037524019396594101871012885382445997299071689295432
788609539113143228997658666354584230689676416075157229746149351095
862119360976113382190766083788713634345018723944471573803564477832
314848087701048783955230679261706140318411094308559424218435372720
396332431140699562114726160106404853553878079113536947601535742641
083367466375888024717039365754448442029796351351850990499606322201
815601237483672261167907282100165143788294312180046183447833547532
904536095422002593790216462691017399709438039923236560213250880784
809977206116993393695147559364014313987938955842375396278622594059
684844834363867275431732447195608539246933921547654842329235268144
760564612484007228225998443124513463080900371318296588981636842164
671437137119670122552379790517530467391959793330158294470193884872
262760286582812127583271673751915524499834454864117450368699461583
324838248217352745614599622387551359651265919282413282405553735566
629108180331181166861237618897638291921960716620233865986696630338
123233665395667345895621826934080104388459058485263751873355585082
796420083533778872557478322836851368484804077533433127302173510246
706337172747106487089749970008685498709042183107205444109759601743
565043454299042435348717173386572719542002350526103834027668988945
615386719547745949010981431156574544343049582809208706055820852561
566558925270395112202807506431622607941629612140079131810201616609
714147710572707876978635900466623949771119007131446169389300092014
664131850829828356403818497268937926606565559834833805671679531695
368451910535973307995535364802185109557386009308729258158686747991
740856173779817889364971361190710898225936703537982303144773209122
890977815060648823422096467409887383458684839931499901183538894584
614980587936035134622628495093796826801641685633966783958155163466

091812131057332891163903552747000742803772996840623159640168846455
942193546158144832066771463540502620397385666076916322572611414188
461557172639732131692293222966843342498997445155204136764025375974
539180108550070213837906215175435948450943348406091085196213570634
867868089343154823648322099689206931301837303942032135846486947095
810741300208544188201592116882935434539188885804218114897745352369
739268511753144848776152627684463589827086411007502309126683995309
238732814466450309289156739928421667969278413968722663405765386301
469155770011809087486338308455708272368142884401018790795645062197
718821816242587193077279712147020840629264825868804726753637487667
640843571182860885638894474949858108656478839989186614810438820049
948273507829159927359325686153478424233955347690795447655337919244
383244433550520558780287812002983686985015822941148091565467819564
090434839735528560578646689424902265120275984438114896796818006959
274708574464481276634284306334137180824001638851765354793081987707
791853662382845488886743193785672608359625453433499947731853585608
256903215059538514776057390680523876091231516355989805092168659574
757251428747811449505938786609687700543714196346306334207974496096
373296148533906812428740019326523173138366336011835692951839796060
965869977053828030964913030593286861197769796651831284785135023071
331731695074051015799524386460161793374626310004142740205054487682
278142423674847815586665169099254514552000674202204085539034864248
827528721986292854663328158758575607733947650247094403895090224123
160797241254008271757287532222291452325000508127300142932998161948
236776447113688629980523640922069053040607320769429927296183919405
165200432378707104876875875471499379926791997882190793456846749566
749374182076812563536882505276156836173118251333689049118411539624
576567987652816851852108072428531323595198102591476087006325988030
735221133291997882742906214752711825407196698151542617227938978707
318226230651765358144797241254744460839740878500244114689568873076
404759601355071143505659960221279252567853997474802979631871685912
068702578506795462648215852761776730415010331860978963741354746220
803307695850537638619222431091231187344912797486790706741853217292
683740932830852263161168297608373541787081685063382634229665113468
884510635989985754494807952500100333355860068459407677014639680414
464107013360573385948586198263120427992540965067552279635201850128
192385450715234663929326413558855234521349346013162067093062729076
965297770108957462083032666331482739109155096879224794488579825828
205732182565781915281324956753167709842654271824776115101866820959
011230517674651421781908084447630816020836190880911983449528843763
280831143502583695598820265657024198284108220889272240841974347401
399758359031863456671608982911710831526950555434741331628586294540
502912333037066481855007203338669733637981076974253894441076168732
394648792268895586631943169267798755848558738286873269542479456397
174703451253222001845684473225232601538871198802461419062333997496
890617074331138960016343441107280187530114440168832777424975958379
403947778835156646751270857162601877005659413497709415542888830093
551303828187366838775463127482223300313052326766466842719507033147
985622120800970446972655023779769613650473753949939483077456926542
101845676267067421304216772166963844224715636893461676271091001529
163264283413553817663949654695619550459202224292322827878113582315
672925473610207328842050854570557767244590444881757264648649601031
703849184093819220268354628477974496865298045360479228670162052747
561529435521100809500845198578464407517193301374140773094258474998
684892995436845155152919276052250284025709974378512062491192280459
262607033249792953796657262152407159882784465534633158266662619267
791081020332009328662273578378155901365219188080601385279176240781
582755186536271191465827480233087759826386046161452214001683229574

3387742408335595494529508986854097245417591070272932648882342833584693483504351982068983999138251101546133344732533926936225316378369448846109298998466852125783657932758939096285939402124476121649888055049586981118033871290642567191170082927132031695702765096628145465602724306259609967349944183288644613903042961792534801609582731781094013454418307404232723830527832740874588405868260761233597045481252865936739072276323535586389477027185089575567621047449681588076273628141907023418279801904275387322997905820325427909524145263973432456828466520132218980148840107007698073184724714474949924600923515178126679872928365909417200548017490828000840994193565060443335553954489807317214005908803209935245982123215301078317563528919402986322889400239083273121830557518770945783444812745423718285811859840440410572212099920554649043855101910830694247751429933635728223776790659840980465157631137716809808534481893294634051286256258109151866313678040655357889779944175442904617076559091961723352812806438623186279536593995754274385153076533040136073669293645524343393991485713482001350334457098262321116069773455602747608830387230305065814376328308736827315941753937200071300563642153913531662915037135439678162762774913199767753083612438917970325393254679383137769891416171583529439193517901150816946272733056150475612699907746580620250230413585523106802230742484269152128165855955374193872715948355993220490447746665575819457904887251448087318077069239447474319310413604590506453063017481114154565069453248360102662962124547761420857400560965274643768994984071605243251365027877891113553819422980055429593217828390532087550897673212370874502831259148690835044850093206128864902513234917999203105902792251168372768999084224497830169355591227493082812565434448234987688537353075617030219643328757100733805949551789286619013237739313306090357107449818348713325054530996041323177199846726691908129809373517628513331780688798975722555266327953330256354382017708327288338505300367672159855025510606680247226095380442016895788118686101562078822021019479640477680810808711172509225636048795104871753389493816171111281103087739784968427906150494313577869720103935768009761442102953274158774348644945960760428348780475269937192946736389428184230145819047321742013542599392452307146544479407837432370144922680945815255892834344139420530832844352953630455631524802287354801317282242324760831220241477096175701490368677105271831367133080963859510920632048509572605835905174839781251211379204482431600167810711734685363080457463593184309699698388196231042406158729675953574394928648330877912070172872575058025787249527063615277274471374391289792321849530456286321102698632760230295782128937953950498975856296255662899740580614322876368596217994654690978227688296695207820571039590687274621904342094942970991111341189526692967943759962258709718814641726980310288004759879084459230919445928664065832612217821688777470716692265484349701314698808700566204877659277461244108716946136794990024908138865289073828741483188064374347579162862997222020069184944705602594992989380731976147781895515669415919959664249754374979538383487313513916452872425102535185063991991573075505893131622875132336178038069717668330918257566857082027894859163943515425133150280220305902991056059301863720511844588337882990272565353126861605145715321058950141452728037887122059494461990977130504840159543440159649407499052972600607178115518098635893693757545741905165262661815836667731930906188527826291362690840685043697818111828906167953410999527611569318116939359522513576108302761423263527964555075971048536566172201826800259439049344503331405730435304514377960841493449302697818499212401425249433230039959897941640671533886119761968172252856465032562283274218005271884623183763035185936960494186907815977121571939416319577709680185645549354452013667802662811395393410408069

899866987635324158096952570378731193612498675032675735983625898431
898895988390562869211859333625440993741617240195427765581316708804
370432011452289931754774753144682372227313159147309257471043338386
411409707982629083852788522856390871939204903011399465957312746051
590798957833210745316742709948541140718733397452211887534268600599
298650850487879469109077943472007778443028306611042388744884610082
653828029840216068331709259357985680258801613993095106812279707275
558499981296711316542630413647107250452753580575306607112013058254
821725700765192924374440059325678110617355663621585610299923491165
987951678608805316281287555203208650161816990237289572812977421 26
473661808116722329255473750702566798676570074847872701528657855284
701698482685959555048409044607300196664849700652658856600870767936
344692200026695553681040878101867703610078613154039874998682587881
358315082948131959387604986629130215130314164771747542775796743576
342418378006941571553380637431655712882371405928715207803946430925
297529882523924262583321664649503516412800801588166885236812221523
862586759160887893507659008955161592741571209911567199567969602207
066440375195493335123161484280464353675617931132493063496148410707
331355436815364246604222203384875890027518425468308114186083409685
662549559146222881023528276897753722544687128469662020529826964252
823282534536025340175789276169242974248825214575142603277339605028
517998433340968734691446976189935640588756119847510910998852534673
055059627011631914146723052515139618855164055091225182708987435134
459942764475409536548319762621286607610779830602382806656664184611
506121681255503552251270195452256303642327732658001516247599255652
238254688125940536361157339558675134710949526883703211494119292798
400986266255942261351727610166803760065246775201816858401172220626
742269662416200903734098180835143370881521935507151274942633955869
137292685897181485433144313802004903683299928103154380150374817726
177149752231086458483314959463489377745730035751009753005657851925
147632594092732312615263975372396875889218559507950826913350464608
635046455949010597958752690599106607466738124949930696952771624859
919274260080088449789769783966465416377847642313692327726968053379
652345765962949942763968110317027578424483983877349030554675828821
048735033179781892810745928029746191486936784113197622213640367202
215568355826210580439315062000939650809803343201710765403059051405
473448320833643319407779355377740417646996447497202055014503618480
806527982006389055498780347367665765071153373893804069673575285421
944287739847660457290591842997700250289865527431944493455457310521
265829822248903145317010652078893447262457924392288329177671004406
195544670238791811192507381638124639738649243646601301941614986364
517549802159696237267029107202830828627521248858940796800775136297
076267330759834622457924291329222165166346732070616172330633141241
788279771760126848386096937135488902477648681770988353071178521266
502027683348357304902022150257264305939232437125899153043778629706
100983890686389716376347286759784185490928923782527528546313608941
877604475194996578853070927950657680787679252781929908534286082318
376647592595816391115753102047615172505301277604038014391726694905
016100562857078405384267784912273555160354710757366807521898155274
152664412345933036586709870416868802463441109631320190281992706807
424414279699487580890618168242937128996909922190393898182772627499
195528181230233825359769963300713702436696183256231971672391178855
920033669389901294227996698961737919055403167327902653506241295606
717552715958774585852700230463569417141213699699937904803817864568
976563385902753774811334272286780803313487813899384852066151170197
618926580970479299192790449075074008225743235184901891825055543622
635377318724704640510656285845719897301804898928002231605312868836
988847664092394534403723994455686197506548896374658129096538698653

509855306964206079272865482544136582150480241853365936646089150948
529430279250798576699582323068499207794960304019886188423598182228
764541082312073890679896499222087201347233371268568927133531550872
974356181961269438938239830757970329241652100250915543088897803102
193463232348190839408200870249781735550586952922006385115367975561
177079673235438067412514418494488932849835925859652449934282220248
670112239324866784521294937525746839474713360307510427760823419481
210899364533950384802792754587621681943345621696059539811101256256
192751186935458279444725862967722152810122309126072315383384751958
026272160827578784295323078705273766359912158752804316485683008133
451348963098788083350853560853082739964704136440820413602717194053
741947893004172777063361761041581224196526912218316408294182778238
186346219678714876819046872036146234033463552594624901491743806127
735581241756272756256785270101281739122526783743131869437085983916
431971144268732166954768143435994782809094643563890670135290517693
802652839654093401787303819952009118903694044890907374061028173309
072704516551272959565845861395892350552025495617431141679056591144
540040618217049194516932904873828161489192907001585306677795925318
931454990532685661753096785433460991136492692917991951878061329048
070744298300076740674987503021235223295263987843315706928804135781
181414035949799319537994174695618132313828355351273763389279424236
991870955678299670646211602834338706273536116137728510939570469505
316699144920030262030701115733460221611811140962110232612794507975
295250672404896420599499981853111922352067098764890474448320358479
379777089881705580551585659003575710913010838303952048489536753897
939591091456852124426746346606832559883018855007288449457734297537
482901467306072968621959950015077980431874128687419726672324680382
292664678731205133980449871604074834930661166953440637702586485725
190429781616742138846290477226455101790621990101064723991166245178
996306841376747614290773613910599890516479131402990129874001851155
667329009059598168486423024281388551820450924941349425645161764438
024831981644782441753695904089262540896713293137672417971184497881
886641208500538501296658073585911445560234972394110401145615524276
081418037006925282208168327641105143640153574972994893742231607297
932846688596890779529479049622774184931407468245530910024807546119
711207497840562123258456736068054598680926652675729422881406450993
468358928198550973009991035626310461940730356061009786589359486291
4833338908523490352260161116267311446144885824854369935475255354685
970970012005981056167495030237194603079884905713479666526183524310
329605348660554276444504687869498531934453062179768591989190527250
913975087304947225328826392861338131243081633610044989140357151600
108759995996203276239973756006689326216632041271564414718553992163
745132571787569920045331793734215392554957301422189144445148817659
003488084946814467645187706960097211812601131936079883761087506199
583298067505343866438560342279149210478085670871212686110499475512
364196862159005355189208960454911801837087351213302113927947949498
157160689254439283935066231954258302225993904646108419126977283911
625329700899993604983544205589250763685161205226873792836010453863
705169396833464702268162108047704317588916650909690797846215121153
405850167527433048957831728319550911254913959967434804307493724232
093563415951628524296500143631375493553263200642733819454036035016
471292095100620300291035916923877115341640257130903323748011829648
153048860911525395199582274201115288178637182461545910141535073223
798908102585207913123261833783663973086725348955880826566395904698
494586645327943651353041329623353826462598103372361852919348742087
087405531674261212633731882937687221636803492356352005450381560894
384404796918033652023351402976755746861433333050208387838111541268
925151166116930274296000426113671057593007530339863211950308033923

935794087416870532450153670572923374346617729991193485193153195573
999537691263697163367331179764771187970106981594852818917269069689
185229060502882341966125844911596623504305364360140344435869935105
208842215655791117254130937404161069889431686316515578886847425711
435293078457378268381913669237471873765036114019931274788955613142
720362250679969666727376373195224645165671555403406941284959423784
512097673759017436858546715560385708069006797916099574890855980086
291652161786679405219875252687974230877054749630423028293035258427
612765298373725206252502198535700584024882472881571439333319693786
895013767534951472748248357170591103305164106549341448296256259053
053650440190380040202119684943642618549571897538200290157298536474
141922268166590819374268930277118424017749134844691016489250387237
200483465001201970901451290948959111337775558325485971778735550736
760415422782088532065005677332973421264736659144908426144499208939
625766086675034809435890690348945624497298523623631671179811318218
118983491109144324354709971575748761833386808392758242188258317972
873376426584738419959429063460865025641920729018922939376884454225
160114951712985769514509191963635889005402162681622563351387321791
540055706200344549047466943494357183394855708615827904260730245673
126120480774370352283823459959560169822740070222158536792396109460
875597226270351571618216645216224885958641204904458419056864801654
356011243206126652245916123841780807997824843552246179405853478344
642156931094236963465846509937007349026356989916371199938940366672
127024866305173877943713902426423067540464969108152829509788010760
020123834434144501356761975935634590123911593375276828652878589244
329251305094989943506488296096665835247177063141529760216668828967
756246178265376697131371999006207021132131686344793232850535267949
560065946849113093180985273308269830327604880888179661619217295908
933911350111207115745768701357561706784912286958407024018892419839
846947947860186294518004580798730670629794017057189300439386598222
495120441908470074696024781553050534193985289199261201900910415634
141099894704243969202866161029973321609245078347796930747826978070
544462747588271314769239671441937496052936427546980077418005218458
000279654650300024060631688305185076640080718047432203703900405826
446593775380817147553802600796494462382105663523215733007367142525
984817682367350210890862904036149138364274503328574834156406432066
891944967482789403633474104111297404488698772176551031480762487063
506781546650445641661223866587296779391288085009272305309637101886
532162105697180469696605342353799445360633686950691477088621314741
058272595343658851396459192769106881967867859266898054464225705203
824870126220348504870506630110619566228812194698648369471955375533
963602112120030669781670677096472357811461251891701323982107997284
379513643686561171373758443007614371228676780003570086020576201376
889630494146996947408397911735861565815163854216362790680102258661
871360391970173114338593129274967143614467978019951391482206318260
221186890760108969565291299868757462140499840714047540567790568868
864781724528326661825981822520147316264032891928511282389812055422
159799371904862143756372884552099468334373378417669478051400007976
422511720201857316905897392150123813358811836227753481027371036493
208492059417838731839457812208684728227756599800821735175967119939
959266440743943861132541162237267684977016981507948315745510965331
072870062552234413876852298368265419587063430817574543916402757124
975942593995882390956706984473099930595517436159115400931591949224
956471791893225398295963264919322186577298676773041578017952093141
384696530034320727054200059566684677091373807093343502310221607655
845430848729513104722871099633863509699483084956053298714565656409
231823813321878808500847147047359852126560582850894450924764761709
110612383756326890158168998080615548013958602451075000122381573684

665671529114428749117425062941321263036560495449045570927786158816
156683020990562584769113680276522606064904091346752999703318556047
658275131229240219169651878590771907382930062359867982667448203827
053406296010260971810868508976136796240800245055381772342917013518
804263892617146128907201025907604211660929222870199660751885072021
924872189371622919331927171235318092499592290119229509641961153790
059188004500904145025570946717175258093654585693622458566354661915
220059393761868621821466023898004184052834814751160552905379158133
422305437433388318996041967908111939219889134715180183211177478047
446980925769539074038753589605909910794299352756654123766293200336
240128861865721764111486147109287035610998679226197139349205798702
666611852375300919592361535465246070468674920212476467523759951715
618152185443763998456063528890836613922986307050368529712585169863
314423859806212756923449885291725963007725086541884992983868379245
117377952260668774309225912502914379185652876912411057136553285527
926533283507316097358794594812563481993514691870088852143186336574
078744095627139034818071779412954081483227747027124560137132498014
901691611629673637634210793482177779347438259047995831971588026201
399378812000615910763065020083826800440433662630424658388948479810
470860881663184489018980871154950053346646548284349184090447566792
981361115047526424239296863181361698013258881943999321084257991617
306994290303997152604316694798586770535243587816826442965340469094
515945388845992097562551603881591693165664681943189522356537860034
258865483878222425301616483121234856316260457457447991941258992523
149941034002820375572358511833856817751019530782698048454411403701
324118758998780641832379273741382729280004318421707017136863406461
103274574739679993143536351359397713594714621090721912105589030822
447050879681927143994133227566857296683111888544834758677832323475
375547417534008105035236357154004800027605538217410307455890299872
947217077195116596776267164910350567073799823398093758486080852578
538058871618001376326084015142001665919759155985516115643224963697
161023201543924577841093084014248766670477224112053207559779054495
588257595781570587654433334172966369311838808669164183658962800382
306517317202725665788730673054771459010496301291648388183271635142
289983041248064386057087327779763679498444805610668812900550132788
604749946599217896786532246378692074300927466411956513286552741068
926453528797043229060898089934618581229054297506300875435485175622
185185639005198450194966677078665946001877167658962247844279685579
292417854580890625056363348568706330468405713252515405830082050636
415015172256636638735224363627597468179974627429171196018621618742
274633369510185147972029351959131102624661296633665833604311567980
750020410739835694164363878901466431189916290702718352478832299447
480828808214201220932873845745802182725709244565687381598965693481
971506561110585234071766200546313387163435817557854851517126935579
018752981444487781838651019614753795131317385485524185614155503648
343346755462773543134164163752710135205773528362100629052700717857
050160117590934207942397804357881611001133903532835423279876848098
676979214295639854257037487088513490365351026516262389826734690486
253770910271718868748039903821611306415340972002420444786248248796
934628168906425742430142792747111966751437093655065437546469559285
367178436151633082167458908684897383401192921827003497937496826566
263599693923629042005970134647782481821674175714662245210614369279
022305436474852277825311897754825557770028295999065523608655632879
217507470521602476425728844660024559015865293041988104985168044986
610303471278837275724179002077459593830360111274500354964463237540
297931263914159620928156334907571556246376552556375223356345900278
361558893867980401187621107746505862837307161502393261924593304121
790221695922742687552435942926178024442489812694044327691375581366

4686624281946944181357322024090773078187959524816908038323709483344
3046164569627705508644267061164306103156214215165708154243512071966
5173547455618755482137247149869554903457085895053511432394021582466
2373179918552318749680683707121469217975229527765496855904282487688
0820504383454436761380315223777505023893408898888176380547193918911
7368390549117035241713907428198953496019307209748054434747336414899
8546993266910483005198534414859328350139417445761472321193035673511
6795279651808809212447277537320225205325479639953602596799646422999
8460643275461300472320428319136575898090629884651088063978772136288
1586946906446637709059991166556720577545205312655215945252856093055
0834200984975785933726471757737222554577493056737322675994547423099
2454280531965388848263111006601970480143683358607977270427143244100
1918596247937428199108107646741156645852669096974672371970082211477
8899498225050495065962096324623162602588340771283899196083119801399
8252927316814808346717602224727913127914975549582470411000628072511
5848247625179837368358886765101313189469685489077951472474164532455
9020729886518696550927776924292199661353104048087739439563756387177
7300689058980462020283427661504434311928581884257353550708037922866
7781520000347001739755791472630932078727070832281626781492610376277
7650037037939641990477124122525343068517075691123610546586921448455
7862637590609807988652926828464980090413512656417860018872927015033
8174283187137586592654274730054724720857382664639920533749403996355
5445028721624010184184325452614504979432962002087201782575427769000
0056668128331687727441937700516295116386048758318237549131641403988
1246864700943821876443121389237939296349015970042250369644899205755
5834348198896493977398056279976728299816707061439856639145113345233
9761167205780188989534450690953850517607639437966600185732608911711
2837055912519200832211049553238652831066348481108278056662596061955
9186542470162512017013181749677241815842906240116076747509223165944
0884273500977129685035860543207495195758116118555389127067860363922
8285636957219434773389466127632991488961139409524522733965166444399
9561764463800359924230737648590182772338070147910565712633827270700
2618103745988957619840029870168680163746592595880895765706208118088
0157882452354705123194934030108978607786035580162564749636689522666
6442970347509737572936552159572050183800113006424836952749789804888
6699463126483707126201758352889834706456329879625278124238149723400
2699238622455537994852275661641820942972849381526615531003824764588
9410106310667915593880787315542251480993563470400838525633387137344
0057896651182826484175222043033506885676734567034955537832912845722
1408743418446629661934532393401021866025172258202443696982868925944
4822925695805014738420322345527491624205369915318642518351323931233
2499261711020906792087770812973318787032543589458192991579228059099
6293136158045475250826346599879582928214039606717154918415797327766
6696040067614321613729799628796942955864709623896998461528839451199
3998666805294785625200479266480255311043344821822253753554131431988
7898424440809372626409718663225963964514091086382683649122833338733
2042389245855659612314671573236645761664078569258157301770641632622
7734084913656080125741384318295152503156881916143121016380476682166
2371403175562710058297676559739934984565116427125479068844684230622
6170547284444763299637106512941354276501422637674697422126766319344
5148201174517293668195123484548101848280703897997661643326259670711
5576412034853575450673922520780786084588530993043907568223099413633
7222188106574747344077183657470787294973062888484686858855098927822
6986686731931150493823775320580981943158354269830403750688991370500
1669889268405355192456474082926792465855802189263999436331691565911
9909684854443539972009927698107047373664218690257121269608457860299
2458927142634405548617343956352245226657966744084913628165235835077
5836931646828954041678369725524738575238764987591524330562429079166

1616979237472602777568209675818337606821487688898873559006598178O8
8586527324699112682465789404978434236058899107928776804942597133 68
5820319686198685047500405134730067932234329268379549846423335052 47
2634600826900682561505805874164976366455609016970383544648985789 71
3781763429747669438363932422042572383796523589378332659937329444 25
3385444311368521051458321850853442274975073755215854798864965270 46
7509785696343799859285669576062379082553740659939187334889006837 07
7461554897266169303917419580385254202363162799490813634006527742 48
6261389445506735903883620494354274153197511263405755922081128922 45
1794358780609409089122408772146002645165757348863518404936364145 62
8514120765870211986164147222255411192321744747988991749123962829 69
2299040386285417018084674756563754972883526419391683522650919117 16
3879656969755294016175708741289818804165449744244326507976862191 65
2532067812326776948374296642744228771985706253177890091638126251 49
2685988356833978058688528996075726123240590821010327684685282891 63
8928869622912196158302195221405909522052289723776268781395974053 80
9512198959527275023004951020591213775174973655407304075918874005 39
9847807615851342188071927586023836014711098435611369618313732686 37
5727442071895095496356407369059922602494090201514634956140642902 21
4656561208946805217082558297518580961810337092578586008078387240 53
4856379978243205094766093375763517810817717219203883917684775386 56
9293099536828283877169962566936724965836371643978420741605497099 60
6643322217428299850996550566674945946019138686726544431733979183 83
3594902664810591023403435997903104422189042263646860675108082269 02
5466751984474589590685666369941568467338458475850956368707796359 31
2307659404374982218942447502815180939598198746557318690324097948 91
5874469138199803886815819186712304483775685808294912209528247415 13
9476071566273098982365410801446919541823312281970466955596115585 55
5583158068261025452643097732306275839220032377860264538472802598 78
0241198322862035809168753881154448274895472700159573345864009591 76
4576898444177005799123317881265216251965974942027912802071502198 06
8826648210630301901682411919582490155134119691791823951450524667 45
7930173463247036283584809990854643293434708610295462075784993274 79
6806556038152665842415524140201003280593124235380097868194597048 72
3087836886309617020651519710643599949209993665076698458740987820 49
8064009274674583431410422316082185344062345981590870817785048888 61
8807693534761918960214338837863174046297492274116279823919491769 87
3623616205479763569446243760083169956641189572553240402559336325 52
5684014023122314641776166223261074658227719403050475318290052567 82
8611980046778636179694400977401713533504506350879322620087430822 16
9964665867691295281662918523716125324226352527692470841795197809 77
6681533273342852292321658102026485681798446547694013700247743684 63
8349538381367472141674280431364688152437071067045007048764992777 19
3608840262457483254432963055334917746755123575084358573650502760 37
6374993394774118023482965515737324143211152775517599571945692480 02
8121425765222409490512395370589827541928616206449769008005167281 05
5204348552269550275953541401080325760779475521738299916394418838 71
6094379945456936815211876889445377895821060642769060412999359170 59
1337426401884312751883293481066332939226790939499947758880724447 90
2979253590546317401038149397079763484126615738356670934525792427 45
7896076247214222832350919705400004462507764849278513898835718835 09
8201305534259037919353631522354888586632476676428807777930888797 72
3043436403610068751642774122022613966832807789319278283180801730 77
3506074815248424918672426616492049229182259713824022459552324814 91
1576860777074546951929679378789115574684501197426291666679337849 46
4115603827434555890070055022256051590275816164876532958319571813 57
6943572039929980822147377830620184608926172107447282862219859098 57
1693893360982902242824243968962117442874527833313262376886643582 06

8565266253860676996670809752449142942726545975506609267703156496396
6440114683251688606998784998410765252727812852158979590895659781555
8399737551505117178519055843111580072980498674333934540991169028700
6843467741833774298176302122081622769219744810758297363321854361399
2455932652347179070581047468735482455297776985689207956294522045388
2866274192045745535975378339953045482259204351819726714926484760222
0484397369483369223026390200315947117057405739637380512700441990455
1123150637458810266134857876200902286540992824128377236767233587777
5864494869852072486051205986066681372363597790058054266407840464755
1704853414818275913624943526353490294608819765906001658713759617544
0519796900885572069372361348139424720811740904386265683640389657455
1270587491244995424086329427955168660651286636889570569502220401055
7030796855422370247032343864425953187284742972214717252399699923599
5580824067868172440365832231967271030072370018847512832685338460588
3427851027264740562482364063347667757082830068336295517935813817400
5505469328324261603421653933374784223629619312482017383644425496522
1313316188261300663745974991373785763287414079784479345887958946499
8945527419728749102956363247304795669308578964807907631368804345888
7578116171733473231499580443388225316886242930729934855137932734977
3718510025779679832167829101049315421662936139214099388525320325100
8327629732608404138570629413113301333209721223667560721383267696877
5933712143628493247254061399143739001790965561695052452366439992288
9157564829869235815373723256517362932697234236700843616179673878544
1233833660562547331853181529470025922764281748071868612483282936444
5120486288621476818475140068747632695345914461369426427003268312233
6192614479106380589640772243020615082642593745303371724176437735033
1242914801975239095719744748944715330799740130349506827920981083588
6398634299734639304689609244725738517399368720682149804265531243655
0717309186122252320562716004026557002787277438174192435155205519677
1172809285051412070345909500698421395679969363264515972383351624100
9218153159708642847364817952599105095547188042776921947045917617677
5037164381908669723395194354140886807622930254239458832279656767744
3630406787929441276066812125352220231185486206504439539450833175100
3658367032803394835881218453132651779502565182899807604331144860122
0506527501540045683704621915406679880424209957604993192548547890844
9653505348540038430317566882610555549595184878573417655392948204111
3753751597281622266633434816940236848023124933566086092419883991822
1661758925301057140166068131269430603496736283029156823755781927799
4432895691980245949745194643123273619495747664883413246254399720155
0759828434723393195794482068089060589113398531227108018656772781599
4119854048977546054891976387285609663804954008611147084442647892366
5883163783566392487897695072026627030579402305140222409719203289066
1898221928097857263451648563000766202421282043485563090852178887477
7117783462160461605514307637870592264690086715875974449437834848277
1611487428699148321647846746304361522565393829797467078118373078233
0311824234083865215765347520354241375279124239825175624825448300466
6535940083123454052896778741051361501236402590045655313310247751866
8615909953062022150366769185682203834701129318581560872733295266033
5265501123249926593256900325152931753166959614662238114574247456200
7283034325534870275769877110872911354959347219583833563282658354811
1844963977592237887888044369846851536747513650489625629311270227999
5428849899696375904623678882643167426310063017945254606332681225799
2017818304966353345160316773670174468426526716737165258229639347744
8433205952363026627220687702437203077632734951998156829182790502477
3704817352186873667824857650606668950715894495623227418565601968055
7543651454521634996021744129171054220929178018615245622450723505711
4414671304030393589522073463519978648849013641460994707131941738722
7855807641019167308535615166197245465452756848874489773850727601444

2870811493832497188533540158612548564286094345601016500901599340 47
8876270963039811024225203967665739926543992037696711094917330844 64
5580743403434978257554277100373477393534002252784380319732401629 90
8160435132115777354542834812321491096307125465942691005587832958 70
8889469024636326630583367259869122724313037458052337766924421760 24
6147354410972366959808021132453631832229437556273116821874436271 67
1568659024017959329283203307853408143765674914085886036973672844 57
9434581358986501596790588272538795372313696500733563846475607013 95
2349700381108328105109285256996988522919911584619456535079604802 32
6666306886086339872208359918899312378789499452526397184382184626 30
3880670810322114893189364608979962335791865826204890423726261323 45
6705428653867823819492681228961045233873987881048931502769169787 48
2927879754828802622279777417352025387198748171212215589659487971 12
6263246628190034028832065547568113173760802498917887244251388229 08
6376054970123486360204851096235278893601831708339435562284479008 58
6586575243045302366527745831445139746334117427998586754191829328 60
7139747541829030931828816007768134106557371165322917705598105601 44
5582910803925853795418431511810045848990282610189618735389026251 64
8943347434542541105190980882584437975016061458189837750779272396 40
2077146335945892643696214620948209257428159045602692056934987744 64
9556680295756506363450266711230366405371363792146825390543069300 04
8424148998294855053797974188920921874739716093646056337794441752 12
4271773226867782951487545573011025392015509164821845483015136874 43
9987456101032369326173482583612112962457351727796774462477060826 03
2694470833564098087130649891106197187716903131216403967000143144 65
6997655687194003813590774819834584880695482639434821567823596330 50
6948897407239252382767606429887608677819957219847372279786041504 25
0884714178943662569140806583482690719440742749984151089122811191 30
5192124851977960470051205567318877660655922581814317849950103406 98
2422699338303630725899280933634132908150773576755442754272921787 84
5676631045368182013262758243072394273088578446667118531485703726 38
7614504434861046930457582263158097117040798411756554410132429910 82
1096372498419714996800266112222411627654784652915212561575249190 64
1718122785326384166606378963454813913732507433334932955208792550 60
0816630104729111173217413434470781720850769160649853641681946909 32
9411556258063674831149005034552169570403376792810481491867804949 52
2855368224315273841907653307472556479841946538691998760762298656 75
3537550112691129418735974109824030510196277379107858485288302867 86
5773965726021805277007363174670327341914389088725769303417274351 67
5871220562305040774970005985401383012282415830945048270458113705 76
2083436166356803525303591679096364635737449892093079594664706434 37
8705119711135476651047196248719976522180212032436360552826775086 56
7225502496127629156726493403603008861377930383929846716416489579 48
8318065478362585224371184607435896594532850844025007063152319439 32
2570570843838480860847638666083129044921942701551557202047438765 52
2812521067258028872378353516790737504820421646968848385273970332 44
8486614200670309698669312732739408701914957907335607884443759316 81
0927104473376190517167994194272434899999185800797717019214714516 72
8325421693706238292023784831018312180368392385300272093929380046 36
7845219553744437335918195293510339234188363467182012275749517605 90
2586857937581469684328052733987145139420083146474738663417013319 61
6310226035264260276997130153799810893166441152384485344748952291 62
2690657249069698253574060080989374554254577790154983468653583701 36
0571082540844756238918313800795420469206625270898219317009169090 72
7485969825754617575499149518372366424535263757716124661815975240 71
6700394012764052654196207653579568198464121712717213496780050695 72
4242270423461355737612051130500028600623319658976344020079418092 50
5566013594610679654763882671693840917637986748068881672301651224 03

532687034129683858803043163679714169776469088496492518632661926859
118082295548214756293529657416124503192951249448707427514816733602
303200004455057166591847456066415735434310065966815538147081428842
625525144526594238756618850993835982472354600266789754829134903449
296487985300382562524565612240345807351919324104925688553019851993
658746025129207560471552780424997364385362512383750513996206672398
272504994273565164331092157819470821173546598444636385018384421738
531896817325070749894128644664562783301885886684672289155335737178
683466554080597950912355083939177062776567529041466481399111145590
850537467101860325313884231577613882220739615535244028504588072953
643820746413349194533910717502654107241439177155855643770287009009
605519056955123834386008654289643049952418724542213702923378933585
012475075463632205518398039158001875654974846034054682953754321052
746346702506498875747846384625981262402930366602172908233466822021
686330046292843101200154888638995651030545815126488517170404202635
494645768523754019874458766460443926706736302674268383523828154786
696001870328610980320371430929685260212338884189324131439017886514
897294851005382610339907249222569726715502213119715015796057605882
242853275081349534380252955652401248962164393880615763376480270364
402031031899381350329227131578222805288449007547205613319288882880
301427933998932680360033866353417224139092555725885139746739379162
821610216445062959036952474530282235547693105491481970189023930952
071324815364872343043934243563109943301984010050255075853004124402
642440423885222296159988085637743105250556179305057915105822009885
597150405451247956076052606523962562640332078397670632697176675193
918322008762850300528137033630404734693486328737012064404002470611
575756363346462342085388574250868312451592166225390665035813997403
096361261559455104227855904553097303951549093608151471238383079236
912339875315827411283310119003024514099970465346509924383316454555
350747039260460542089167905889637220289568993846966037811665260491
047921597410383933574686135660148449680085492376770738940563370648
526664083505303509750030000232348075268493629732742905590507404654
862114124199309711434392382508663868377388444664988915339067742210
344250085829119555567413695966424713385708871773642066810565646068
344045689134189768304282037867259532979021093287888423029447860515
034861565465097083711435797652254301200845145265719130140632394775
115878994927703499634481812746223391394498579984382021651307476512
325515816105856538911127524165339180171751701403365109650876159776
364266832768113852094667783220760015990973164094914267857104342911
428367265713325111620335596895771225479495800158251719864324450778
683435899952156656089596324170546123860295697868079363394406928720
376886394929430093467194237112999426715828062697160220315956501993
550456143461980362404899019297916838617612699848483862825219834625
627527439077416913115243508183815484999134998849118908671335723414
821513518709753433329334117864125477183428843611192361118601572534
777303771790420145052442500265304533746747274247241307543686827352
169577782366362285722212574261406469716907023631855265253313948844
694441132213592102575917442576444162610089185819590932896831241250
228165687230474970558548269994285045342605886436467743207740385575
616021926481784189348684966755846588426831056443052330222059182322
152064555441692356070265021628312423464389928978048600969082699053
279818843835162931189526210965761526917261483318518079648547878377
329541028454635344624104968256047365511103211895261707578934075839
542344502189862405580135523875392369629974295680022459156685866735
116577937186653136884598757172652058475012367316313714039208273519
864111222750401779687189258415722478537026569434975944609321990644
909193761157561302152111919485022347414906313907930352869681136780
555168187461228166402877961343639825035282054824236296951282564871

514808762270954716466222090180028479351832719291469522113247516803
455353655516803305535415205342268509850239079036255961460125341186
620023175689111404158688062280100065457672718651307305533966871734
025274557382377184299173532291004018364304403105539935807300996129
198738790173676961039006875822473662052973295051266221645515160507
868398803968551187435672901354339735081260092916888939360994352719
263469977561373424313959939568202542844037193024591245658870410995
186249481278788320000640519675128652587144832353429917159173489812
944332976619902302015829663106848405115634609610429609663957887706
302738189464090292668777748730774187018836037942339601237177137111
089620207694470166037648120368885118373052507931871273607429834890
659100246165987442406773985385123045805649367146087741830695765359
376060070140563539965112977327928143047192408525284083055149052762
390902387607305809083414362841005473369032911371185910961720062140
515362032283392722411563161566312149140570990781673140886562112309
133793593152561354112016603854068537694209929282007279649086871907
709333610759194144357805433648744948304015733064821442793312043041
402545493349813951084093101581187178133190305351591215151871660170
828589990442877499124799183769709956819940701848737544179754789456
774995863112301218656691586033447688219662075519620082899559891646
650879573688004972612383079308233800299882392112854092096532624688
573867371667377250403117533636571281982530565990980506311202687190
513926870358844994522021549940557342357801066085620771804795540756
364826167454620040272635625473404309409600892469591212915887300034
688459434748067129844564800901495585933349098371714450540566941246
161613444251643650041227385387113342843152411110904767157363458840
394511553181219999287909451721595473113489943827370301380015649485
196344498868180656430972022772819365759901891195670286825652242981
807938563226873658675315649182570707505150141291597820883345380244
364270016511477591482805286338088397274022913414196169881437128915
062105654412511982119083442119508926880645326353618948879380716965
982927814705873414181255589115550047842154593816326090114093190107
698494750964786910513821952533492122918434408593194256574468782605
040203040030922234016547348203587939611198597395568059622589850874
055574232428253467135677408319415331770395881123007211984334542176
026009760420037872880045971380596690167954585763966112755038535284
531651406765401303840761709625648550598589161914676175732457246920
104104106585120047428768416175965754771526509497675245561255554505
123582180694036306406574744027339582364542759795435237727125059712
768384844596059418280894745815012199726183752885126723238518586324
996347343810351080008318852064973304981747077677541238533413099593
588428841587593014099043291112822844025317941849587372262283674842
863128018910431550093261006611312919720433495099962380418809158536
822694517600012229126775894664808759837500961458896540757101670549
373552231940451238570771599610006465208624342713307017068059637184
234252402982121231290494585966668460801976997277527239243888305200
770784598409217012081775907247619840886714677859996931216314094403
314469159787103910258486027281107172157926631753042114849434133601
930993430725684182544195890753185944194586878129069539996835573984
135840557553389714762654569039099879767814965322495807986525788540
481177870850587530852670643472615598613799178461775585519995388906
648593869312275431468463721434450274384854704537107157042984458938
979577492521210552912979966016917087303538703305373947158045050988
922488589615657477032720322125260124583437930610652936623040011924
303165772146370864535730493394754057391869142231819279159027325661
155547750979049058310377893857721212528210640918283725207367093091
812809352036703101089367871142895165893038612280750869455126022447
776524101512954314975349524785545679917572659263719419746849723222

484065541461996243624631930090296883283940251295227197643189632825
832679100856562469897630248236853381536263941588075777852325518521
850618298443170949011001215405451868446267030515744329445962627652
781083233306790025354991317664762735857591116443733540215524720790
808459654257852461811964709576204891001076068977961606606780887827
384645952229465823856796791467952836532220887277276500236474623946
677743236002587481274582860779878367159969330963275120864464931041
198909259283935691517015642821830071447114063087538464214549077973
992837457541847282682922121584625875291926143281157409288386443443
742806386059927532849573400968132883950660844781489897150671978759
863953521616374976696116842268700537352962066504377941617001954514
357264848917499396528605555064501263805791084966502179096324487105
933598588889209499441399911184260524047840824001504172082594439649
630405042243233442341223189836625907165741132211902491733987369897
908719190669258792918436837503776870813499008459637462309580356259
531065155123109334992194654707069174726151117624969784041643149634
714915681388166240560909823490164550486583482132210677693478079746
668739810515089723757146094738177518467385161922909604867099272150
513574201471346541680802557037843824213153608131704973294543101812
416306709152305309474315302409130507879977368667097204670298946534
781438192571666402154608067457973338584478130565566238613989641858
486650556767859380595264255522168926969252517695647230007600239645
161809663235926092583895177938403990526765175046776855866893072337
676228872658228941535011769697959615624181358009071892244217723287
200387517106036514648298330330537224956457447981622923035899629167
731409047518400658041704030819834394381654891068288206327462119824
833333898566989529290283506745773869455592449308447108296011158850
439402580695039895469399507596706033103880720646856096321009032981
369433711906635316827971131126381557398474363341054424592149284481
660789722422256922393677698710577504311870518304084133003933643728
108299653373441184354405480561881531519079117790059472071373225655
689017631713690530039449867117867765760616135419482026995648769679
190253527415105180531804790483322995247073871058366916252351497379
588381290782244171818481419201402111512366257572973301524423958128
638699398656659672257084747162982259672706700530278389166151345353
868004947749187295661141402382896495192767314552141041907587280580
965454273881844851016467216484128608181188485554281256531960416884
664117760046961927984695385084891010095957760848958110087780931833
420011471107536645178249540123127645253167685989110136138709825550
577904482832318461480123867994146497941998319865643012421224200975
925843299654436840013292175343954831853021121004716189080692564921
648315239461646650153757818763628572114196376063459038080448514444
826889630148554736356717763611266552043045803286150878319507988100
647065610690592092569655108470085543421756824262446773998395864395
309621857601668502351345733969619291660067712130459392789808851074
647837067643944600943229024046728376468774706720898422415579793182
085269902422050852871413657941189781978550458738975725287460036522
703236252764484177650608117983950895275753870667305846428105172244
237983592543648898675919011084890853125856525684909345913787341096
700755907871721694150571595207443420654773078572014949096550591123
071560836535517441138230098228814810601217595482842407428260463697
064340557627118067418788488630588195405009462335493159835079495123
344121357282592678031545232905166014398114290282465449402952371057
522041040871985263998564256263787905489320938473810927731274576167
351483930693276505665621651027188503924062119973238449174489819845
167183697449802157801453791884141920366926886584125176010877742186
145774040901699490718053971086702189654901377106473451411310618515
349059531454745136755735414168347216633211254224150718469598954501

3350691631304662536485450402893329655830311197227044692712768445187936986647962370897083791325104578842326704877073426002470128939973636738197291834119862214376692896693353279645140506039664013467406763717868287393048276432252090231302919414755942393487176956896303242017126782671993250398151667836940800966020396142600876263161771576560678605542088477315621474647508369308685473326069773361088070161145554162831138340683635597954777594929953511691429683515415906531174851453049638023821127319513900885682425770076130904374910970801102693328707280843897428148571623498332863755675513226515384940228560697895043137447601216535598183368946742757422540139789594921292535499754244350393113660773385319495920506535804086623698886835741773118120204487114491206080091414041788555004062600514238980998588060625998593878167626604123664222145716678870393861741585904246386451079530432107075752610454004327624195871577617842744430767390248190189460719058147553505810236668628209881050861453317981521036092562555849947227097303806193235909114715979964546453672331695861621557701291316057096724507588063294889700033601732003149633967031283239940699152200059759581699408488928790287870957148779104899687207013326691020490833378624454127436386003821688457435357348569542376006133559198136987649211296354545802945038845082300601904759169844999749285356787888774055789934978442999037941842816192291664881251892815947864416565586115774593040323582606542663128269069150646614399822782040111367023605190530930620673903027388120691661208677753644625729204191297007926545074607753128883188325309617839619976095544128713730709131929297474923988857945269066393153737183766058626386851040743922546146929987675748887570048359865472133548351942068203056630757241848187405753097137190801667442371350489590528689763169365100418441841929310641217624349642807246220795077792707775940850184783641036810814303717300047893228768691588740232752954812243787785994434661532103076203193244832730028661543436125006078980064933067707551723849745218389985563254644198317277638544589402036258928886700741919812629633704564459022096778867130780728851177956255457236175317918344958866223470113919646489934196257032419095545535429631166351171922664204771691513008825332423423185330638239307999728026830156448174462806677078649241502501406976087151060958026576018636858767595225548486795930916027719056171831102100078722860230717868791671907153620932990534336850969225074549573359857226911277559013741008525376269032264904762459823903709196087975491852306887396856358873495848827637613568436402782134965320221620253900156466223865132120426626370651407902029875583269543604100466557213392831449323695411323766206922383077364896405814413329795519439965060432690833736648864366002864911095590720327738217854893016167919135899344261282022544397548225777539028780812390065881804375509744776027130929007956101760871082136862656685640334033271152619979995460671735858910215594898711891888924143102785122441590804005135088116050053100242120192777976866867663927803620821921365378905531498926604922873241925739059632046527108073528121647193134510770658201261462023871186147015002970740207146696289440809668154630119720058921390934865749865579420051455738231945060464183498439163441493368749740838434704098434929055163356365173643739763721825334215539774136727654626382608507455580467103076548575617245620751135488719795621157128164594677972405198473402944351218101861013460103771345179196670298539150512262354271241001366659627482565857238177581726177435766961985599318320681732839544831205545925380257061533048083416583394803910214389979264690473919294374301016779488224785099582481810328094072185262294280994856309650414603144450487814733274789207249662717102041050985926397189440193288255513012341798874437616813651218235312557312339589492030054020126719851574127561201530177429120

720774273943596504093954199364540141234099602139420224484085184848
332198425908425390987985210295900294077244141016654654873469273559
754615434107642381639206540366015300938502511115562648931999753448
906547614815812522512560562588699082706447409727111737291630760622
385173708214865980055492241775543703894118300654208876792251773889
701873225593493196204540543301757747213965759405417290481304027124
161138680548085002881786941092037720337981316067910743433191577004
656678794592800171659235707152641398092653464827906166236907653569
706215111504303826785439983502023131136739069820670316606844735307
394804808796524515353348488435278303023391475151629279408037998334
631466660614065490459459388607826547457293236087102258383583624487
640096370345302095864167304797051070188428820290819678374594653041
512418777137701935713425943558538736601595684488506681552421045309
821548673273278969240130933424602335799590773120893993636269652304
911654032303530793294594086491996438685562855411122793033310798701
713696178568635767919729550548977940033113813861729521200719928367
767161215201262303280594280558175717047213413998182678404810293633
317344294956929032560881174570576923381881684558345754760544855033
866992256666030241323616268507495127539653560103617787890324550679
135737480709431597114195070892253942084861077989788021436933817394
013370290140994335034242567762844973564330040291235858712203253099
170338139092829310339353860183015681977760764022303760880097990360
924997905914029315543602947279716856747777830882078017271694280076
658142315674819228533091885293974666665895931085184530281968926162
017395445867653210467626741438607180247831235573376803301715405315
480428403404787960321484549250295467567481227349440803475588942431
143373043706142461402411212099516179053157687873140625716611035089
695725872012262962168395708409517656735052348085445616872847540895
773310523185885654052910055885404620251269117840066322887937493838
675444691188408571993372538488439965923348202662900366989484899540
801334474906236481577190747861942527303074214959086431066465256193
239421965914242366635016634998693594126866369222222482772546935425
201038754907666045805665689734995035217622046591290619802658268334
087952438949828517494903400160469340358336815859877638730219958048
215425661590656217935870904080579960586844626147142705841719046797
852251287234880365995204013646852231145451120536203378558560864899
352464364322937127605674391279831434055205610400105501430054153375
748970737378005852698018777152333267201700606414238099042717483477
648837453786916578767518456949502903960865453131651556790875630779
599973702818445522648241660007297944177040643459902226069181252431
042829345014119895441630254001612814730573658835876954192922959581
593519117229979623919759041659480700106947633324468387044596302914
495586886590179788765783695347363920204290997335279441933902190580
909382307288175717305104497952384575165471529028785909894923508265
700475946855857768311966830820848982626679126738957131346325334052
903529548867563349108049893125309954684570081210915216469414861490
153995077243378100574189900606693325835047381046809369414453301423
947377518213179806893051551962893261530509746958127417208402409719
458999527749668382372563444148219058044997143550829532488225716122
583015672082761540668287130050327141843913535004779722515537359244
728732574153753034991764158809964303915977315363170014666626388293
853296681159260307074378349493172572938180715062357327537218262699
363827186676101717472859495469571984543837804288399873151347405781
758477788929828485913453395015232269804934144342422970791501955236
630855032892744166646745265231744759082831248357714395442890453243
198733285098707110075679310504066200452348876962098360272571530489
223643411849427732055843261582846021572700419118345460000821815892
759556031386747432076375702119198906335226109059381935386962787213

405894643099310931672292594209303201545120120763563505739424400930
996671175227949248011618198871456715695135664054208776797620624692
641499503081730220478263264516467787690279893935775180730662032566
381310024639265703856177620523278956802976747668513444475176447245
258312970910015419521622604037955642485535376402196633191303376813
994426710033175743066999659383239210167996108136633285159070243224
754758290857648393765178360991123343959468337960098971368228065945
297746445434491643173749089986134365682572488751513214961238202166
634996724654336285229483325007883063795521355200859851420246309871
193611776095011817233800545962407163665886877579801876043281920402
050253852643518492029157968922663004568581766187961393023545599084
674216906566065194005675222985195908703895665391305994099122387586
849251535109322009586765511539614926945349453553111487418703067073
073762823238740258107067911870389654994048383178902997420247467498
503991819954460608574878335866524706462320848454898971455020321161
465955189844357428877919531709989618645143272900186033120652878863
339256503373888835809085824505643946671712631127365222765179414834
143168394494582644825056228069501372167870578802531885005058960874
295673127425382893414113514109836327988541505149679002485724238672
673691805875561532039795567263543170253025356630663739776208741968
670619931753671598812221121442088237038107076777137595628290593806
216583216869007668154133453036117384683393955177937753994627960160
229296331274113950352838281635891327772556109315981976442552798787
255896457661970963237823053375945420082077055629090442377252837573
508110404005631183219485475786109505631350714719614587105169761852
958639357577092454115019934309488848458957387958631624974178527859
314927506517174185974951125191171329025534462400496594781211334835
400306189304792243001524693835214136727845826651384912903320503135
720125618140067375400439688289943969454204245655089655523052486747
853094181946744093819014628042007498122032218374100529786239402123
482749095802769942777980523749211359552468218896391058644776634658
206540551964125977106681895478628696309809514172738463509286202100
179292347089449182457456884662285001382686177468576630059727671080
981917841346689830781965726813325022350128152664463746536716331509
770497790390182291755774507379557600646472213912092042930350652273
596118082236730584599004846823045812492169295795979120402568657598
537278951193786709755763040094704613335373137328107644115322695237
231053757431339894280068109412834869385111700642631717926249166481
519887437530404753051229303412313771533780044996881132502543423829
769257101712805310629329135477605614556555577295296310833587113574
218521962546305790097450301791395338537202838383239650271982402202
288468517193912359389657353434443819679868819189721380028084324365
903979898299755255265615100220791561306614562154462171214057159004
161290443862220708341310270604207500352937586907696060053295778993
676737283529788896975737390416300581051474296568095446584870871370
744803629574941622608524867574871007900646598476066221465086785553
748183212367324172473733298481214527618141705964259555975594769606
995921153687692024947208930205658770613534441244809663175348980256
935441467110686655310403885738942699158158756763313819416869526837
528039867984146524504664791372878904688702621258671326016012736382
858092395684523604537881677282127733939035939845511624058786015972
762485320481669053324795501766156439829695844228515407200353558480
170272536000627350797256263034424695307780414001232930881060756106
980124627158675108922397577874608007459606339672733531832911898374
431570166493031496626727492617519531516038755245868918974885987343
628694095202947640437152086227207635050661194474888264201812460300
487716695846233988373413061761016097487866828296113823302972951563
389247450920736035213224165209447877614171224406424236154642370720

8787346624263238291525034318139611011640149504263829812912083488800
7080898160219911242102083886913441318977669108314228197116843172560
0029147442335823692708228226441230143076369957577321323149456341250
7717628391775306728219315023160600472427232495923109165879629004040
2071368467893678744027995128777860096099553589405852963624069249770
5105866433317119466476759638552563890943048830563537376716578857870
2376017771989073566254571257054044195671563789772606987996106478820
5378409303860362878750442154237100961631662476536285416108089051680
7240655080319023004041780394339632294478524922990073359457166388030
6626307332191843047872276556374767829101404228930769658922062714370
8003491561931389434970664224087193804649874424878175789870896791650
2343317003235628777376975706758135541692528005966660700815499179030
3682455036523926503690661600004986430557101489075862233709869771890
5352604209693805434690860945572718222974201056209631212417998433250
3350080773335081340648685064098501060892082205312991847033564337140
8517720316980516328993232563778793701866982776152769700189951708350
7432247113589095736559676296809395970792556532255367128056912943930
9710104057585778405302147451695743656825236320427654521423489767290
9743982141147065413668457518406114593883468727776916338368364828240
0034819634333502303350046385346467526391622863105308737828765942280
1496885544264047469196867736230995635346116572085424716682164848740
1548106463624328493595293671451925056735938030474246491235109060710
8032012356841145802495111551262196379701247539056255132556069173860
5682381435018941142407329934343965756983382046406331037604619219590
1893449081342746353965239126349900379072770134602061600022669578910
0549648524589985673668794992427520299821069918586796858165445669280
4858571728584172109200878562346976593793839257070201992647539089280
8901373345219956462150575326089043846379470673139149549782883293770
7800278576800295280766355761114227588057075015484340897867264522290
7823407917124141938176376292868763080809944465439939360369987482430
4626360594639685575686610337241933111441532021085369611322014756440
7306956442374670724536707391218310819511667862204081085179478020070
3509370776344733603387594617572630152694297931636302255271423148310
8674817097358513629470928612074788386196934879666475838996247720010
0299513214602715854602444896642122101800904632771140798330880679630
7204994129204586274300375204667245809480032505254733601602697521230
0248708108428171234958001887283233002236597348199466333151408428540
4130554434756724048620219546746071304971853183940581503015385795000
9029557344010535925696786274225651902435862432074342640231303747300
2913193487648680219135750436641789006441962851665656899233969294650
5206618605565845313366827293081192203679011994219867227166438690600
0985862034605435084156335138798660338115486903250365543037193804700
7383770220733230765373343773873356071527674857806445737711389082090
7525291149930162467204701789860207371167831290200044227456594766900
2017046969029500364987713448055465696869395668298466171507861005590
2900542686643343204806863885124220675615695633769387324768692583650
5840753230208909274264608296049774016146530032642966339538180134960
2267897617063146133237625710559307841486679579074422353520639688860
7937028420174426959438993171348591863892348172891718378647336306730
0961420906240501478672201875275544363616876468477223289955163246140
8375550362657162296928966899419803072111472606042899396713844360740
7315916122197862786574976093570006292302062583040956452003508273740
8226525114998759644480637103807014763988945616061465792350588366290
2205543479800932405650821044536668528041491173634601390768614554440
8015585671291054418545528712548816633470323576142354242551589488410
4132463366926015050045315473100817938420558068464966794526369229970
1497574147314660860381134587775316145025815724692065260439977565380
6381208251150119156996007401783340239615365791870306225346216236770

6665135691805166188061852097943819395513445118716798388904916784564425245520987087327068570217008010126908683359886452191846344645390498479553308482430589383526144768284256515807283556692643952533876531582628940279094242816449705249541804344430490068341034496715255696855507277263963719474892068051296707389159229251906250237923903309294050220198024518773827857577281411770873984791612423520642139268955500308183494449173370446466483615754081411839832086645874855841698668921400657264225242633718815311473504625277314754781724190800528833457422585535354917204875549761618816396776827534439299716222489592387563243584679686559067084858472110828111435702207899316474538375788049729062784708277397012933441759707211281271380262311101340074980685079779954527076250766768713620249259483246374010833088046106465829075952602879092382995126609609234430235371553309753691439628958987112821922588343134646083183961844274120513483745977987450502403246952456182487115861295369102883322660585506582236847266606831961433412222876562013032481524677997904736378221255511419201493159140119624129005949868713528807571016493295039649014910578536805607315385089888991258086250425214484123590673034146862361037338757708275212429454024033884819551491786220918988187883923814805536706147116727449895915775608090646203515539187703063816834058867532342855251472855827417014510414648678933323119538057813134146292989652624339249951482488388593947211198073566334324692800622873266244571165758684626659973651965916863034344630094909192350727647191817174248442398217393717554981340650276640994312358395871435741889367232432793536675506637984963729963407370936814096554668352708630376475632677541996337559240566476566871161482274319838332632507929911853567235118452469189299241220397238482327263605033104957842151499995312837290323832673228849045582918453772100950047499808971236795643635644505395861012137515650479786429442907109414554375452833242370666007318123128283950501027324422173821796544660488134197310165309257728086232112594444665127964273060625756573052884432698616226909325544992601830227042810266650598915702548740923532102487237327890197505655851889911624061807841174020339581400814609756976193140684462083689548037050578729659649191587871267384470065723786284849420231434353137267519263974074707725852870108830976907433427878829586905865591811597963362661069354863617445279567940253573376014551832086649803327464738124969886881198344147067440247998802701160974043071879701231477105491478166218577107259941633541942922261787183504244235248970488604115042142803069993963804838603675101116021218330377935641295137135735903258461379381060890245540957818605639876190153911667054452313597299576583117085266715167716397916287149800110908971416862159526393520415574000265381398184167858948324243709045129049421601358864370560272628974833970145659227288685308253575524984667181365247936604478959729959120717721578001801281461891970291441208863660495621249143128934258538092074129315490414638590480062793150388045386058780268318423593676663224990091080222693826762173018739690777565748073277261051342631230981100465725174693817255831116921208850824638553497026665378956163225679114549558909030172915302025793795171093657443515422800402268093215763959906703411900989267243479546117702703242316154708433940773544498252965897856954857423993229785467053443927474104541336068961857719379989988901747347917270234540082727371276217732403952141438269845960136528978185003100331470756261210808812894919372334196392038623030844359259003991277165790190380549759705094612427155361164545052996540698502041446591981253881862879714909853502149135842843118369550336473529420056787884896987985071646260525382054829731484516412301020132722588272021537457918556711162036517743911689797628853212454439877890528345874422123579274043732512601781502053039994939946666370477317

5471860612717098673036047044170127261223148121307198164238757687584504162192888238867404361199366388654956979459889735051549405322224217932626503162461307507736600436988720066955459644811967606290822504338443298426986372616108849150888088588509491411690824083920330532908292398653975696128627160482372190718955984823619728711958592920774925427716297668175663712197817462176472430278202671309822848729710185715888167866441382607011577139526182556778558619825516246546570064679941562509615324107055704348803133654166343650041964004134265062508572198088539724165046397901420210763658317164621446290645114590485322504749277513529768710252255802118064846582593764019823094270380049966098820343485662091196392078139850672907310845077432026600097472629025370711171798207427149261179225743826866699155144539523972247634905602678584998472907965729070571140378383127854312513671374084851499337495650363118482188429922632299835999605662327903795413470460437236985084740547649623585344559856772996384314206492312493455847626920201565308902507724690688305411156231937468182785208535157236397467910236021075907702991903188932543786286125837290523394070243669604208790087678604205689890110859736300587024970506829607779442949104614135516969020390240827117100716248668237515431510131705413491198414340834761877636137913793615527722957441928704303996042268861899787460231077219717087851121279441306123057253857971766898607158168098742585425969911649339223403310604804588073733933954809392918411327756135501686207373776427247274589982411260075336154536144605140583894260733337565224450066772360712856636223808248771997324916054463113233025323881342786713072988549540614461613375930777960833976521737072427141829448723064154151341957108308183038318870918555515241467392700923619546593034587310617324603077245382786501051225434532995059370994530292190918046046268388845992868820968165078952545464950719978663372560907680552351095400468250560850948846986705133904256396784653388242591111170616777138336896687541449842880235854273391316685543529425185488572689338707235659637204663885865993264051592229461484171484109679720752883062854205137113784560362778347533579167961730042943035383086450198220877062642225807935392633461244326924074350914140304338565644050988728721287288403097025999363740176640352644234524392713486524927119826491893029759790975329366568284393558207006486066209725977926669503237653324116304800737841111144452455339015712695780517202928783702357177196796465080045004132782370015919250107469992015332665040692431649419398982826767959706347143004422309608982632612173340183278004633781585119956555858876442818435043595108438852468531378181110818048695197227403830245108012185034279999377407772728086572184142278729677153133074123905724264064216136322816205038219385394336378760478745807621422258481233466645263535297389698827945984355531433993402452549557519474808215831708176625278483380406973882363075864289614530304041552885401618691144154765871289300055800230413095620654176803253332472934591700065330045566846969098246525977593850182048531232336071546436409299103654411738056373092637256602077111961068021382196728162018089116629941766843279647423121196326442252201791544776814976460357306094700519572096095869811980124580981771718115953171404840553935925105372573522948062426846997075888696209665993695697735918100860645199351369601232438864742416680025976775194408868413679939573832762965866230339672402485409925738978071657214655468963163448929719459094100476799982923077302999582326845566827616990418886424194766643720535579953465695607711410727928550104418627748877915863267681887808751461838893498587937187515028676675012848942318794103002257756603086355878333422494483219722570020138080467540721641741916973805578987554542260095498691076751097565231958452854951254533137971593423921816280739283239872688106910836116058

842379403055431581584742466304382776568069535427387097440123727633
999758565702619368019531336558244664140725012912612482469515935717
631802950906978737290105822514728518274887205199823488320746676010
649849880364994797377095273780291924841902589398596010430179098419
851164850270930706516283878624829378214117581291605783709045964502
797630680395586515812153563772951192766869600978967791217302753950
882540331838444590741843758720139771113896501952440783977805029915
048941286862487937264685657732163936930063802942828927915145689795
181529915471057800878374052249626074763227854451963839354066281409
576288838020924418536377382784395693086931493772915482639028747087
305699723288475731558572237570719170945642038157756693053544391287
508221993801052450298591753099892615459425179728586054882918019560
495768942684066173161861550458718958005987236080235623552133520343
060068903488915901526697628154577619366190896785860659384245436513
360202688638916276860644549394073401541133396245820782406408581884
432025781410335894730992666728241928328884242536445035709726894492
275040450941726887089918272350431273052078827623241187844724118260
133323228842122940596229736218745347670341001706560066604378875917
822186915357104648961582258044940105430900887200460418458805115992
891073498947036209771520832027700262818048051741841999061387810488
064887243085369212744373380224206588985065698067945563925673262244
111952407301843655821818625626465806566379623800903384541206005800
139980863235752544411933780400399267456394210272086958815230668802
426742881329508203222477717217785275982692870694386122074019154786
524302959810384121154900489550598297485974912475762194090426439903
276402359160883608471520451100851787603946664290788305914424753818
777713661123702281519501953580904434779038141147327614804976041785
219250262410891807947133118746986676917520732020538852609029752781
348624778708553444865640346729022944447281667465187631339880914247
152634248414000048804943911830111299501563921689139067594717839529
236420862361780645908590954446600938027145943381704069740444245283
864801286362919365281022243150447590046820881776551711124298582210
731326101965301770787289169093195233892714761304523529362806904961
165926199348688180552342463318799829172783394715995351269521792238
078695303648940589031314955863359699041150066094949831021596818366
796391067807362611087452485454783460977012347325181427363661049862
908692456197634548939088003314769468211542703382827390495078948787
476737625534583104754559635158510292926741634570498702234666915253
043275373769653321807220932512722519888000431771823962199372537655
503399257620634632723726133908265912686833824345289852251537724198
880378677531710597796810665726588078987415741841471227953876706055
801177584618417206930140398633850515787401807926847455466429012290
440739217896555301559495018629521691048435972273704347121367877180
907337403039206770893530512040325752700045989612027406592149482049
677516908304086070787905529945169844243619792287691751593450114793
249928839097313839638288026301792157953420820108819910522320509603
833354505401415427637138838522610114572626700438679066343473600840
063381097704451442409938296140926597837271683182950256099202357290
010903319161204801495845179886247904676072893939404828710482066580
716937979235668525922786226051103221685915246578973360063733518277
368664505973907804777257300065998434152433204548516284377775402028
457023239646857918798376338486654615576095669248484021440541627330
981234175507435304434416429979345287534393620549380140290723502458
297701136265235833891006616689984600960712639035893529272001582721
574312065191597977374814665314015852052708864012461226224625152705
075252092226421971538803796570394869762481092586596239653673730287
862994838428990476727971877433911336834191671177567689627602607164
843911607739090261778882303794959907088106476276753539759225252547

836475967085792134991697459918210006078774742493697683929661580345
110583155127074087021453313619281954261003354047948206175846149144
903123437005426137511247843785784656078405455351992118581112555428
149552355941601404745366596869911078431620395331286053098306503674
850737600011073486217027069695024761709297607613648476984066685133
413704571022710774482739565272643596179170684103429856495885089893
411687256384043525423915716086632482593374670883675076507020873414
549944539909332127130089064201493609522129993285559239704106725418
502623683532314592732150208408334593571010145301308910008818947148
081292693719998159843188184680376283315576442271665517215719079953
468178920745427552014965012139208898515829833451578094052507629669
897294456789910698272634805436531001225005240124461415755130292741
378627966346247046720054505089322435061296323030622051847523885698
470892744953223596150329209185266065451422514892298143381882742108
722165726695675538240306467582640444707618139759581612486638343303
573945773390934021097162892151464887823407472956291190731051118315
761535218564780036671749188561626932385625313887962238348863649910
996541877382398407803132404563460628731584952108853135076222875028
381678761318066803706815790233366791073776254145311595711277560695
192094329438264596608738690884732919831248301460011795531820254845
968638790622921244201880229117836672746072288730734454277811557131
388038718879991319179572304119050383094159772043614231955761263291
008956911487970665368233806282982128185598738916288345573000906246
332683080151465298906235658627228036726679632783929388731971153838
937769064548603057847264218028492769503493509026684879771153201402
076348413817343233959783375248424674365421477367813565495902226568
005501856161853555367569483449051372522760941101351732950743410745
969395079988300080374352894981127609704243056855608210784852092804
291459491718819060062047266076340025729180541286165037101023494179
521707807582435121154437713297130153879228377783519620170212378193
718652208956160647346992797830836330618207123068927659891064542060
433132712788549873875291180243977945042320080778541505642932480485
509670110527383250128411097708755930136705900739271613797972949317
549228986254066407436600166230704610322302353691760892423722438401
623019736959313458986351903667490008280548074778534018429717308732
376019514312262483936030442197351244364097053667346466566611713702
674268317227728642452715904723587393178765697322305301709335718289
620161342908492566152180670434650304367530821891272344745739944376
937669272200868839076560932705061600975053808776045674346952108078
016226164554061140614965530584371079589321112947501097888109505182
017859332996354888136787173090214403979206021744187284467359238345
263313111390667956747312017695279049305984195992099117796525505105
119490278487890856381225527489966749563111199762690727424847817308
805228918285982347468102198903389175986769300314537460808982812853
264102786855371524165674861076773783110347138623313486747333124552
565121364660265711983764617830087665576137546153143762438616931098
642768250970619571377743454903718795882065191945146128438727872904
788596040899890656935987486008835923496291822286584276212376289467
183907799935901564986920437561050411806444293307846180659302341499
099425526544801738433187758186969174369082400477384237652031190677
061204138065435002199155284622326374696813486427452533005015175444
182047470187959854825330263285524874201699778396850912386170113840
901863179144774059397035947256273457800169123941250452545220231811
183233484528106029927622886582632592508463096363771277121844360840
664934732856774593608146428979960808599445266728967343926941188425
912133674832735151428279873343374199956613588582544717987349462371
459703232560132926587159730253787951814512003419232079209935776701
648177616619431583730418911306886266008495622396283036401185920803

901295230200507955037367828146613746759997254387433903481412914330
487583182795307068510822955334688560315196487141563366205180730273
682021382587399173926891097257191723882612850608906175111045828934
393072902103695752638814673709968174417076651023597870044921834969
394448769920475882888642139554030217044411723659407074734688146057
492135157202192679159583543637341781011008987027631205807741755387
514597232644673548502090801232043281523832982653825425969445017257
205134224323691999408601055574155666216023994985463187375718776760
558967361223611081551611119589726963647576923060632834513379378239
690556459357694883922601246950348149197996240569806324052642122499
761834686461289451917711288877859742498910451622339638934389310105
337099153135177883640007558880867262499805782073524300149360541096
977404322786121140388114979687147618534327737531975550840909537542
352856198280094516739978210236473034623601226115001541385193518148
571285510180956822044358535512325696142868216266327977808396340742
046437842909302044681017070314603860234165554584706946069782212880
216867502111788931132850214456353041660378583780290678776816286351
900630251619614375594569637005200734059106343910395815048878080673
781363294337771580852090966324081077680787677232532859978380188929
115616028333503916817600714202779093064008103730760872787887032960
973273699201689364748406422584861970969925169037553860344561045586
310606628957247104235057005319178706847588512635578712159973802731
561051057102525482608000346694557275633880245882644073911114540182
445227456896167088844835725539859575790770906923746778436924553888
300513998912622456433348405728147431602041759562059750906064115859
786475220162043371880409532907865398903390009447929808962542610215
827113393946983627276394688295110688968304310536095998514600711003
969925110172731151211383270159593092555391139692622668488968458607
718386722461280642984659949913199227779030078055795680525583131880
833794366648956193842821736715783656127840311650885609063842243427
385734083196056100303956434972314770666032837625790887086680056287
858998694853189908906439055790602729244287416622087881113432411750
775769862369869480943828047353836747857607255471776081893031228045
637018845694883301622569099457719098107232137162235767719609549000
760337940931764745341754577476866757954439428066677159121166059982
794986536167835948278897077334983822342031672698001106058660682150
956188190720951038891561703034496278051163043324475267104852284706
933317039999484147368612677071228213471219529653547905540208113344
846769291078490958899504714449868644932444369178416544553139075931
370063460006511169499355394202731521848718096173623542820128812487
713038180578699592460436615410219136127923166157252226131503231845
293203265202998588904005134203115560492425121219649247799728318853
253286527620531008595194096167153297076562716829664806536925055304
309576268496242042136906662072868836599345979546776682123627697572
229826885825168399733575318766544797253870160633551443372964844398
733302028145369805561835799118435445239206017829518418641570467253
319801256081544884189381402929165878653499137010640507964434842013
371899103466828685673639414589913674861198188355347661012301691162
138195982625968826208922423571462088983937528414812813030140462888
464123526357104426289264895868385879835889267400224695457533125492
363974575779769501592612390959991778400849101455121027249975219687
544862679462191582176148790097046819360922607103161896925020478898
395015523219536617768249606544842461213184432889509926292569231060
171981630251786684640393743930861400922155582709018253586442381870
226529705414774463947809476470537966762624846359880311019258472339
545367030571795942530246071541663289495239923644048291085368322643
092171809227110733061551694068695351692602864298411121474675801698
699206385138602060235144666101955063946708309209555326653794263459

255248505498284893773775344631841836928233629790149371537036058379
1544124022875817555156023403082074906622602102653226019917084033575
643973221621290622987486134743088197858291946794898645360264551769
251576848448049955868652575780978352703211804598119533002134863644
761632315419479833778023262278871166232698356508118406401806336611
805504900955922508354192172464414677523675063715532894053714978126
183460323438194343885779877060537847412147707283326423486222328817
271726479750321250418275885313954196583600051849222436753404544516
578496620653753818476815991806743465017916005840907899774331126083
349279145526404314985575113663720431326792922001339708623027301707
886174259067132120580683736259209912680534855667127014723258617967
041792305681811940294801529749040324248611874706967268602071662692
752756243415553147923571842326747664578854346978258826726580200597
082125118245211221424916975509409882546492815322782689822184188930
482848669890672204121225457987348350467412340371958140257433527479
958245076157785533479113316007965591087892392283210000131458396003
574931131210156536951153188248318644511723396530211617460190778683
108870801357184736886706770857477672769459834271924417358457927461
903469537127889192442908151365853714281173015943785956873672653774
333595870269992206284969981346018439546355299351327202859920235864
298965770263011170569150617773187818098828013797224038508789496364
521937223527947734965130477117138084435771082701548328691151932660
266441889292332141273606183521626256125191646926085523195416152230
072070553373544134790377022924773304586973441985832027556093898278
055207258046731689066648151017169915042377686075039045407760766483
845160334880160466831787958205109799560872555161286598732152268125
381965754254127932616995878014881291806908087488625598235605949409
846916686898110810844411984371840870000181246980920047117743927440
561603384395088183595965874017066412620716767208758302618234863863
042694235234270235104042450142304125140397650104998286578262098088
677326722907146520926566169021916776572284246030458484276702199164
844255807860604349636565106161195069885020947072396910701067725857
993967189825583815811869211993618245656566758687106224754336936377
296635985459505068519729341830948676655008122833894578841959784445
659320970502433583692126442216023537308958609307654857107099230009
343120466288491317414373162860456829528978882985633166787381444246
918624478551052449795355719565046204644353471350199836316717339586
595171061997575566708654652420434338645361698913819599905050796135
046557020727613094429418666723048283881173129260383112167437855787
704564325744288849210802522422816160330408341826627813074710605995
185757958204655192259196212489761471620928667704306178908089295949
592033719754297562417854640127497977501817180236043492082565885576
822724530045091940972681259424961343798996260751884159787274735475
246292431816774021469261166573054896493629602842278305623702131590
921731668855662998381020036546255073137675443000201469168155142149
415840005796899772402798688111510003271643604204772304927599741936
496143680925784675888244091913553325486718660734259352228288348413
860549367366507771939722532294423871828817624060714827429986158510
849352013447724291622077723663820379413197722635305358923911629998
038541907124589744296438284942776737237769746330437459746243063808
682399585093977170381525464056318668258596252120778512104097669202
184074883296654399129597830756074172312776481359423533638730738775
075046840426772612202928557157012554556503908270185857118471709323
035597479418656261797879916198535800096470717844953295755068044250
298354050345585291440641466125383946994151074952942147756560776490
939402817042619411862001763831737106785542170965853382710881666128
018242256137990284026204216991416524633557462842662522037100901318
193773299301710879256376733655299673733839587282377031029941543534

934785202619400423283018816890769397666161351416195582126873155708
298589811832657122299892703563181131469062215952904164251304429569
668056793435626679621227387000507463283945751698261547375791643223
983449981343151053800255221619080800323103141252335846995301237206
412810118329872430956224825314830749700599331995194032053422942944
021341500435950636615722412047952882383637473477469374135605154695
618938235990759780006121701701213968022773891442614607747851237775
896992173097078956773697463990451513002029928362111541687050628275
345402716118590666263322844761478059179421026431752618572108470227
701400082818475501147579566878926741109078275575152604747856472626
008213550881010371490261497317047376570762818892523736851942040363
649630693054652355006205439581643223661249059294894631406145554522
470472997576468825715939098860157597924037366879473053021920676581
931108996197106405196055189318655402919404586299557782909145311982
748168965150118205307692770401034543229097097008741436859048957581
207564039412821816037126627888824369331773233597173072662227248374
135809879991021555337327403704753148968686540043032243255731638028
001823710875560903753361713822087770058058546321377296476279330328
284926450490306280149827692732594828645303085510573664213496208625
509547452364861722909993131444957068523641073997850467534238467801
064400336638829302133403901909592952509921195398754066861565999410
463199642833112324465080702421204947957212142257067779940379479019
816876559196562855031161362687718891035758339240252343504572091669
034336830140491746670775714574181153378101632288316865767463488440
753727334014490350872979760726883306493936910941394997250514663325
118164927432744788930229841699626269256519027120936089521983914148
163802451935562808106646099427088951937687159305741307857755080348
922653982155582161409719218489069793499525029616734301295943384883
383364446909904686045001554816345798355699572582831939609546928589
947996510409509380398531781787602859900995027025858322908957080407
156694546018493745543436360628836177316850077544305543291850378783
751617306209406443612025194460263846082430653956784073896343756663
991645581455630780318357476974114017728649926919539234482958639551
379503681341025417817635230026961055077910880233954528708981237328
706856409318976443512749865085811869230759315850330846904862211791
872659093614870912563848422534108772696251947055127578985045294752
155431025143237631745157909380515701912547358800334683947374544918
184028534013721780077686259990873790521457044133802197687442657764
622324023776672376985875059848220928669337540520432344059260616258
138097353529027872616666425863002213642087538645821532676928399185
722008332928363751162300341295568871433924114230552582564967160636
132251731634072598387549992397277259644722657359591663339940700829
488433237885801013636971713436977280934010968996581168850040415346
391479110731326658842416355398482164633159707553094812467642988269
498970219501524919667312709216140357295843147145274165000463631659
855116158710446718404706891809004967023761445708726992810086995265
278948706989639090969657222582452023381151411641286394694957380763
551271455629375238349381147257527232373967749542016064014823938883
334573366604368833486950261560786114099121111713274936599069177466
396845987943376248787921209046121424112405846724009109293722502076
155657635444849890278119251813073953297196799824722784086459631267
553246242564577164557793490950715944663768820237357369402741019381
241092563174701925288145799630346037668542641950607668283699003694
814135584868670417964915132726454014061417381761951711852549479781
002201281743783581478864173442279298608165826863314314687860424409
916687681734979545776443612601814891345860177712690689474589940550
582642365566458035645826755702935812695711354145149279555550423345
407941873836423263887189674977544513655066012478025062000269468651

036039077952006835093249452645658756268845299468618458152759754174
064319639104665605210597201186268000944131832763960962256609590984
609063983512632777689082463330645549596223176868711703386618894770
145535840579249904180211810976813885331143842521250800235288625649
028042975273476761926798276586226964954774516122621481537965641648
102662550207482234846125554268402958096970114603766124613832928458
371726646900589188644844761481692544879264390955268362726546710647
525302366078752692760389704387341227026298875672804492956206615209
895962295894563445312454550987691610802875315882587972297985583455
863283761792148785062575191918259679433688930287990993005718175509
649835094567071179644993975250336584849015527587593344336248642386
525561387722493416984372082744469689482868558201080336417442027479
173068206471241043669241867741683219794745155658190043687545858316
849243810153424805656546775315152221550339926685263812210913359126
912388622255659298289118888955916187919618485104988141472548993642
921539015257667094476979583151031657723346691903233326130673510970
679348586023959751507449756862845500480603773050006774961277001572
475174307525099223048896760749996325139195762946192266370620164345
249327580771967888580552772970812464809899174188395672745466998268
868325380476204513630335875384871729912198053353119509505362103223
173810556520105636126039036354453115570343369529051467960940829579
427464540949345218136614090515533609374607131662480357179873965997
802208565618190314866628487773565617627752287024658812468888853357
273947109379195430483345413820948475063091144346211549934365922218
197922014456173829891406549327254296756715981553012312703994608674
663140640128705195946688754715499140247186428549897822664464795800
289097161278926695851275648308570575576597005859904245119192641327
077990826823614269156788512651380812825507483400676694048240728554
503402743953651682733907561629085435308995266130080192188247507829
903300179789320267048262311488714442237768882741669156066289284243
357786624386203411191563909392550339541651535209498075403313819494
842869786369238278063802258568806776535210062279934884740035964932
691104126732845950033760248812207702277288408649642943668766109866
040622040979406786532829172651426413716698823796639666959249315260
825408069530657005423673098374589360005610726976167856562972702769
222957447630657165745779275307053235284234764709521516530082829844
841357846808990661158651373064738846015563837595705663285157755037
078435990974859290981332450014408054522034953086541713087725988073
468973688065416630013137199491711790854269250301773432503367207360
514710961525913383656800038867180327266328905662537125869283426202
327522955098157296954770579776718739155959128174452986011429573945
797080008848357347588957509262817451551333782929384145137080091344
510984314898670980002176053112386036784745596299795349424285523647
653982608397372541701686511731083601370069024050719939788515758763
008360456927720944119100644617515955060439850733313296236379798851
690080924936823833716654074759963743868450378380408021756476756381
313503002978569514416549495540272000067080789078150359511048579793
130526457326888145614637541915822660319011786659046221571836019331
439670065278512876493392089830841740858464443437781494474652625238
015977094185822554189394484548034961172983290183791987199746878281
686400666632156751695237173267662813917213593047596857822869086897
937903828671304004182039925367406483239919248148457105643406884548
357239476537415708535542710957014710103482084946507193299493311865
827764198182382534202120714530744384690733818593585245693254699099
209715137474874629960726512272114165001450116195224382552165818808
702716808386399652450299153162345703030882268048324820594428540712
847721416166273220642504902318930688417931027705901410369010431448
081608551480912387148596530387998809713045925159872738926929407570

710915163666846679687502320864054116512620600192179184894152694057
404668294825171313279035626189420832244910263696431110690120579290
300965312886050501001322283938914928530080636500849034875232168266
200619739877933167096765091103214277905307259410237188483284773937
973967584017406784300172449669783282282433534884544777853146514506
776293553874370084317108098999539273695729697337643835881875731111
112322537280495143394052607832436492083232744429587004072294736280
374892982493606609796670266658120030236882573174884479156310472813
429892408189357598768067534813934987584243567034034645401598922591
266038880215911298577890852594046588809718489214456008475111418933
329968282544573902485243014925005507392908367470833900043064263403
683193834849588606483214369360524285729114372573707686210130101518
781077267922775805179191196411274845017676867112631901492060135914
089329830294152212033875823134338476536464301742631745434711690321
500754723281121425982146596732444242757154296043663736685916052925
087583853667843849363352242792198567915805739894644982476651824764
953668690524179074343006166223201356131047440390133106755988806298
818361294975322444251389340785470268022577045299524241123728508050
025904509460067689134481310662793079124923341763911644738442693010
503475791805009267511444016611451415952498286537442712132581123377
994862975271469879858071619946900299095406517010163146359955927101
901452536929254266571889042229418712795479845849153856437837156288
092930332828168377719554382927541067039958983682092554130193701730
684202292551977368284176405055361795757738271181675844779363877012
443086994630144410400233603193262562168738442956304478155058678790
818272531598171598095101747861444812196875156883236213400627461126
924019521172893488327052956476416466563180011832327466601038020583
363209864491703426097626189962362806368928420387259971156912394347
944973764572973611396172132908433478958082485672479643864751481153
945399493898684723190778222980305982851051399539884737152197820044
622108858330954052060250205228798463544692056385081822630619482393
878749500756013320880678309430323336481293836761896063684971246687
630132720612109976515416803117269417225539177194229306077457056791
698002659513872576519834467504931479514651508868860973516281381097
473718870204287182061837349324833866578518934329639600642337056824
274174009139381246095981484506665996289436854363858635882200684815
408975870381916546477690783442584376542509032221427367181825316482
966057195816588891339254602661420495576184065594509426863038746259
378026076704429856167186059411922449546916415509728602885972551288
433076862556403883195694263722403041822713957474113416684641757463
790860062649491986768755071215473640580685871848035943004995660420
870606744897612387489247156909748109822837746238382275716976054278
383475461354665576721654929291877287766079192308481873009550591352
654666299844363710373401893567110644680361069796969786714950707044
159076019741235192552927935848660485608957486149428352453372450289
310428110007039863256713318526780261896056678259862766309083101050
715124962068330814463707231297692692588354514503500793233828118543
693737262281563111189970061746998803327352855979378087951258012777
861007248481272360573196267001910997134100943409214076603220381132
478041326089480194403488588440836270098490573644404997223208165352
664823324385231620849021259773776794691374674516705642940967609377
060633450897977010132545433604350550349338531212518189402981735056
518484910818120527345029594047822237474726976564140154076634054968
154758665217346135457573640733199169429161225891516213594596192562
184133604180354261498822630165813139476895597205657665419097275402
112945519603334757279134575343162516742434704156801384818082126198
581652673163161471813236289239297247412389896503794178684460220938
074430000462800189971980813018873793798117108767099648633955512033

075413065681713884379213907304100766601517212797185568540196728263
358971057221443492666815193756465759789093946789468503521617703245
031959643690512223166649841665928528563876110223901698542164128067
447584162597794417835824260624174123316840449958883685107797691583
464654616157109589388383093291584667742548212911515977749904126062
509237845529623931764774796232550215776076622715957466273668209335
197949842328125063462580472359195516802795130432967353267575462469
348505037354365942229006331260631393393514699119380167391232114865
451256716711848905591194491877968797930237610501773537891797539705
493871533787655957821653599867308341605208269342580982571664278139
211928187714335986973706905479761227668076809108681968150079588389
267473329486629285953859195987204169354075048542707451968430862684
639020274081947153873776236873209940397337911665123213445942542325
463953909394630175633700072731241234197795237811964833150346928578
123754832858895223008952378576991692696939570200246007103084684054
078652326810207183321143584210267495217973015244811969980837511635
135194848380475268229138052026560003915780844090202957140493449588
366488421920374898086564995420610823291694741128790403823542717726
988233069425816993156088936529003547005706433913931590569577557871
476642629655262843927669201416040976379668301679922419265627102859
814910236952840437522527813841333407324147161604066067294074415986
879356408893333904424871055364546039337795706493463359577866900429
405315475028578257702916665220554396238703650288708488322242958420
631249732344804368644698014057213121012472340198519724278481709771
445970127658744431853721241225084090991339337449553585252816471979
065159371776293169667115680400193029023213590974912355393456025383
190644282939627049649134774840268507192263805720913262213548278011
979376069726471624403858758523489072875180438201881750824914773295
175389898300778189289267435275748976161660490374787354629714312870
101439922870650144075960969903291724392972881207988387422268145793
722804944649102189161295127254473598330552581019535842207621796652
041418184368166024451833369128363594672808182595060051660386803362
272432515962121534379612467156956564049835430119319862900240345841
851838439225798936872465276409101490311623164669675194214802521105
593749834720069462312738434347225386071382867142442240225658461802
217726130548449339600404778365500564018170875557784135927820181222
067000380660910356736040817486197608492830119493363194163742181788
129154753858376927571776411836472593430902630754651808518240905985
404745482291198792257212814045724905028569194824666509779041599669
884713714301271667317920656851792065555736421232042230347849291516
959943810597343071483428303792157175500670264318443470036421375148
789833444637939315202871568001489261575666597350587976659670087485
425167958263258243934660987203630047642170028701381078543885219917
839463205882215537442532548737470892280995741072423963408015488903
104905672136777450228095148913959982598528764922670881748125904433
804450740638787447240302012294250927991741099626964065565635942425
828461453060402551581906207932601510643174824222408480693920311549
194763484581690330235195645804154994864122630340935340716017150633
726055534089516242810380899469069596184930985299501227437449642327
751187385629319902414584335341368713610615033033985035039279328735
118176981148158780494113708503681143044369373990613851474878975336
558561049082299825689310704269238042354365043071145965428770260315
059787147142917169202944529852696888092052578816525723407217966312
492571055471448672084806856354569717596598203064938033889757646422
862862630874166192978755739684812390198564405261011356604090178124
266724419771315329224636123166029403178440560183016331493635544
432277247736526883696593755503693927804263845608925566510134512205
523490855075524066435756875173849002986012107963599311684576980975

371079297879461624860981631454400189910609527258012249159440860860
649379181322470985939268142994154793759065137997312608796329278228
464385826829829543945779728678747585815726955675607794497100584083
146722230645732752602753704950126751005234528625939270197726586526
674999150101468548464277728900393826780975793055207248331398354100
367440835741012858645105645720631933628739319094458249591555293174
225752886848976739751390491442440246203409198116919728746323150237
164997230957234747762325911700680987059285202362652450232280047807
105158132556001651240043051091097382834332168030501196629809003965
845914223822602933033735898661259601930113552269240188133165322860
147733828619489002087958587477515535862501757614016705128166656818
122426656119811124674598529259571106512064927256007482583380241122
036228587358028179799073078618676680789281118619039902362089560527
933526980934479029413968921357816930448552370431830286232263459819
253977090944277829940280976717380789628216036931190384423112787374
636490254240793531425322196346989523433928816631555474988634454837
719837559447869559560177187759090880055632436906694909022682939284
206088286093586000318603298124612429675358684277662118468996409076
188893912917771313887715308976278334355639359387511016041134409872
290132611441729497789796896581550626048823161772404776075518114324
659458423284348580976006917620684031831789646307767314470892908467
746240942896933833733902210720589246882672017576083234168320781862
846702896712189362835027743808999410780344011360160391581386512205
597877189496037481567291636728983511512123465872415845916263840092
992449819325370795776625380560419342599713903739258326852104897992
475575247703508430304793415195775325429215222723723267982944143850
611283446649243075848602978087846522872801219129348938537722791596
855795400293956935230592632115923438041769286999425024783310627075
945198121135449558985963165647278224344946677621826946548938975012
741969253230045551560649276120366986707177629842090599382428025133
126254779716710063875263158946176577256310292902669275806472942551
272749265766471925483149153207170006791937941676951649438908464717
333890116637155412050416084545719264834888785608424839951665773227
479213592119700228890220076597682361569263570876072021417580059188
884215782680657684970604918616792587029128476751340406954049741303
316204269388651668130715030775577729508591472795888568594989083999
900520311999134159990760516727963047443265457583837995379855375771
933019893206974497329823983755521123577466635879163895125261700365
502448697369211897300469755261538836263173810798557601549271345511
727897482104364192060738576493230342916200071414616819694735799988
844165033012110264556322266376882127386253526824194646484846625219
522831997925746250740978213637929340316845148076176400123184301969
763775705824370924660987627833473794630225923628403481924095614901
081154162857467481678746514239563905290987577841865558109367448848
469016630387882828777999747901032540832798690997038324604759227544
096854395691547526343778662202222960886147062778284691159579061245
809116745389441690367953338702506471319273878485328388360052218418
124926645520989426138052865218992736528468986639542300831713970507
715736869140762806671489728578879549962312693976155347040912604292
861151974047272139628256851422009044901093029409167190893259060206
159503165894334095607128050764296409366667976458023039664045275360
529403620806446984985462208792634729248089518759906947398789032992
771047038272471648517224224608872549644875295977652586751914045817
921127544905032180453213190790793431039101582804910890838649859682
233706260752979353548978663455446141513267832044984890265778346060
797061684264136041971495676729394796439173144293052133525577990645
534740470289841278194537280749135704415976626616741722004400213677
443438113641223274705885200554518711226439337940461647941229677113

932146858716337791916514420410253686795770824423160040719192442266
48835103607346673857725795858006599601676113520469801440140860868 9
0758239417680909973824935304669351348316091975076466824552886529 16
82429387067217489205366311602613697603894360885362255322812405426 1
65391500572877274322041439781892982828250097071977081117584644633 1
32897983667938121447900015105102108553476598976576045891241066871 5
70895883205727246439835318714896028978143265588967509504079213421 1
37083267092066011545202794697338488980759092795295760058094776168 1
30142059558274452962985979450563977052325406581889767499939145210 6
77995891181388836355993895407740532801310286625458421066609854048 7
38410664471007299389358622146346598382761625242804239770118419193 7
79515682284567722968848762412420060078250337005486172829520637210 5
89841847902092551017202699904243499353210653548167852307825010472 1
31206489223760890078778082603545910571640734378462055831432247541 9
10685475631553714376353320080217695226682903585520012421834285325 7
36522052757732059833188202984811105878633081013399277370110708070 6
67019105557609303127885905593197519473628255860957781347923550788 7
16399744680807702990267844828143443026873004227965667917075769283 7
95620775470813791112117619047302346134708489290904796118855625069 5
77262060797217304126785374058898746065423233172703423104050661093 0
51326945471465761371957550230283958746929987432138325265557967320 3
51741009437134234995198420208029326881192063901787510636910034377 2
37923729961086495653685365553654897238909730764318630724533167278 3
17310919198217095743722650734484142757192861839421400050816160126 3
25447740335390504858931935974298448353317064436242145768496249413 1
43672335351631916566439466992528738568814640753146788136037124523 5
08803179688649012831319872100116225876376312335792382291559640283 9
21552020291873472249582761260674687369114563373251184126205843449 6
59865243913312929655459334542819850117271388577020957987213095093 1
43620182712915553683527577171826142637071560104492458661293223225 9
92098213976326791145598662314935466674857162331039966753071672680 2
27396851629629130124998737123913987484039501224676723966167538509 4
60358340226935162272978181067648679210166756593554735065783338960 1
42250061454698073309347814204575795895806947184287382560785529210 0
57113497570794301144963920003556494156566094045360396457662925131 4
00510644882236043184860224370962796004944573238235102332590251099 8
46843539936389655204266097652535223156356747663953621870016801689 0
40564379664765455696799202425187943693898927013004606311820958844 8
62056710933996331692262219865518578223118694408926947360824034732 2
14163818569070245596012065608502219881990053431004871123357626804 4
93824669612727945035620651236684987620487571785799269086684304250 4
14874675836417956140494650321595638391507902895519530844573855892 0
83796252872131590952775959353170173949225125284130728945756103411 3
80851726927312413733985341658581924700139375016291503826518745987 1
96899962868284018700108325366122739282529150962598408515596746465 1
59970481755848657064747078605203439162774164879385675173896485578 1
82204428493771800617608505259789912770753995374077642403037291215 7
18261630249329424469843494904027768586907006872577582846789209576 0
67216577733618106970650743793209119934022258413330343675993608599 2
75530049680128861202630106418436160096343311730542288799593318304 9
84250308465164655997928368646569190478988967652982193204867544682 9
66716159620168743757985271521258185184612112857799216815336099780 5
82075355450705881192745186617965438864816492247796362868564805242 4
22043205826263528917474713009082494820626367469882411372602700858 4
11772127090411520826009594119942784965565213445618403343424807359 8
28765858644813905495511954532655997405086959873795285486312757739 4
49244435518394913999361369296926852868515083840406383271939991783 9
47184487340076467428737983931721816527176532231342103842019284990 1

3991280476518999395764021776703534923445232321594435600142024262223
2789426071440786386482306734659404603312783005133941686969862642422
5524597350573065997701997412208844195682445311227413572049446915211
7615318819431071558232072367646577185758508769052309124484510538544
3438295619838111978169129220185889730749068009255056073726120434744
7683943460910923024183866168056091277201691696709557582736268001577
0553795921164355578269426259032244378372466219863980958563982600977
5517176176420400949720960180972509084786051998936292984814831058677
7308552926267850508231848190272093838450192426524599149403991030299
4927792032662507230855679590881651956458685417503041341115641322977
7752479635866869028660786131164406492660612090490501285185082753588
6842528335000915873632653389302327303671667672247637762271847566900
5503289163020791937882717759396899590479136918898647873899535893955
3746220840529407068591654765536490500622119314232743868990565906888
9568690467635218935985446295147402198372727282014587152010228289111
7602521782146376406150038237093229829927812940632916968279735414844
0263313429860504674540511358843741236253181141725183822774455085266
3119460834725932090109198479396916980203821568702691630255266438388
2793131812211333525622015850775646110455655773591932092130688245211
7956289162140638756061120548514223576598522118008769883911641510700
5675877718751924040650063964904059124290005531036820751862716389799
5568102582760948588267811126251479230337206335225454020479927295677
1637240894365418064477632743450774499868308745840410622656732103833
4547841079939613953708559476790310882625624450280137134466092190166
1299228323920771334476520601052237997198526956754837817116642624244
7523119511158609985794203093595632506596686134619206695935942624477
5350450690912041844563503992709605946875681767305832080781454726000
9756772777978321551171466629765614099904989830323717963259920062488
9655210969589314080808239245693257262614455888469271127747177912544
2717360379318853374126322754806321897423944190197557505154422220344
3525380012975067082230242169338880234193888939555496694985414452111
1723636063087494851348193592883389384584295557706143200293963986533
6262754821660925437386068273652558731343882153941468668177414567055
5737746517889481582118917019418185611363462010038671768649695214811
8625390604008632187299090476056628269058837938015807515044038790077
3167208039963216275149665461040147920040404784200382359761635308633
7930187666367598573205514846347475607089988114910368751549897681588
4415831726965963029404718801881704654064265482321187809896005193222
2096473050684739682723735409888192155108627443264572778055050642055
5163893703492951805759204700056184722238314364068695738495397485322
1925483199682992502977490824424866922236708798156926533642908485488
5693426805968807086283290832280506171208084751226632052461500728688
2842899491474528775485708776003137549835046337117630199580724342522
9947617386074672820201710430176816168177372816515429848884606499622
7138785677833098737055775869202297410522515242177925365671859886588
4323481769803656167630667182319623833093802402783254128298456667566
4495145375510167218824262357452790036170580518456412510160829077955
6514146511697515124634395196002740486241111798237102145866385469799
0034907589693753422513240128395553910639295047198947275194383158499
9500887065404812623375699363407138336295967537653483396498694569800
1737770331943373122824489199703873950473040134440182474968753585066
0066136921200036279401953471922642388681726858910203942896800160622
7386338123439711141445823448187999084210750211919730836782946805155
3541881959216593986906911782322508014742760955362597665778963420477
8813857165590129609615058671467234067079102749273998349937385527566
8800176807783497956012837011685663259208382832234058305089380972633
1881377039424675049151703694640738302950480046057592697645979330777
6076549064755331678428122504811425071830809073650890209599672671155

579362446130319054416880083803047181321694955038189072408006308379
191271956436600686665314241267302744610093331087013620316400362741
507995361124424691294928647973016962472817999973400906370551596735
689198250146112985422094585128511992898600035947400898612210819131
032464274852455546279911627807320207564836138317111972563815791182
912310552051064206750020531839362464898034158647950277348922663380
601669833089647980960102620162099896703172300255430666088070122547
382146690975157802320767319004286933254198942711721429011111626611
291884971034677961335815648327578995212490734802434064994194237192
444080658310334050801348011083036544789705752166684640462544411822
806715388767571553511814099198595810403111766138271247100585036383
588195977633044922443965910173762215578069635028170482226823370811
786335187744074772287878028686597731214990750275871821955006049919
822071806641003348943263908272017295187159751768097350769651194023
573614883257870519635450053110247355044079177844062869077131987781
210312477304798932136048228109680606071741181782995787589271784648
574486023188463225048543123681086914056986878356050787040806772359
607957457883175240455997804690776255654905442897335599476385906596
231179064574304373902753790091537853737317022784056908378812085309
738338755056275750920483181958769339114401983238294090382129726944
586796502585567467233786297623868798384754433767655161105975072384
524827249024444177496566299041395735936435853754980455100335274067
918350569481039133701521874574260684150713230009520034850226384511
212113586952408556022391549536351162230085789053624569004207722178
675422827364447220601405528866588485629576033440103815599861247281
961550022981647600334970167657611682539508835525792634203486127111
838929071566190396466848729075564120816018804904699126720058994193
809756522965110536605746550458397815442490898657700719760977915878
096158789978518522069645550325669985256415467455502148315939826176
094860589481173272993740044523564213354459834368877182228361042584
876798582230727546612830208670924237158053067859684003420589967719
154011621749872264042056460920937575762807237463604733761333217490
036589392770705970992359892353743745011569717461188627375450048007
409264087561618295958078037681369139655426528358825271450046538221
767040904799329046924979455000281846898354737008921999341789695665
225003336997499799362347727099349209913657823237112733070037805695
937564446310515632769571972613273245240454878364608072611070809691
494846136820290509537355088987554857580167684522922403951505676179
600447100300534362937124945852438385187268656514648239149028844458
860045354407746807053948031533236021283192314786427432029702227529
042550106159462106457129277558010987495349313176263790124594804396
734215504890117059626333648098719377448519937687965322968959692049
501277273359484611456291429757337811487069445931298779391309267594
912252521801219478534608709736242836546895947369305591337148769573
726198883497876894168191384023429811250608071105175424537103965868
246693265769006694722400601172748654381709441015355969792805702440
504972188408721057148912549308735882875283637579474091379196712170
607584463939714397321097436190855714832015224021306315322819502364
143285081526152582710575402428573431822356733456084486686436024027
993415898817855020873443920540744181280291090027241266731022443313
296443043123222475812010656733008041840441289073773042251373554035
154182360471315013311491924710538351488409576591144392451053639245
210253377557147807031153225325624825434082559714221130451039230969
224403100195348358544175711788253848947655583562585363524855437406
845632986116536796131227409522533109852409354003193040895675448043
744573898073259535606572066722460973500318193539950473247791192938
769577029441504526152886279198003230615286656706957586261186057860
896026400889698180342162471292649026863721394945203879363810029042

810361064359919391708460729529566213819356252032866769191526983091
878993302223312271794620784899173866186935651807973322800328606338
425114281968700865088906775099371484474009219680418268084685072596
782966672751421067698288804765330317300128181628826183692601427685
093980586495717025886788815330503825236459493300275439184972859731
781638517718170572825431143240271899193257786139370534811616206789
137825070794809483389821304127105591494812314554525298617296644020
136189306858815592257386028996258992389426938151139142409180887263
863159804700599316984026198939726396768977903659678545879527471414
741639699849664078970187176400123058245903792557037510931706689544
139424351148768360271414100384060967555869073307507955793521000610
947782587714935671505407105742874676063801260485031848973887891490
624908823709452673763255459610572034474274380429064983662508463340
998214282806941873747951485960412777899542263150646150487865780669
866106836717500589053105633506282001822650959689756791041983763313
886792700619598199369144131344515012779471675462955700895487826993
281392381991613268742035718110496692036767460189469647284832840667
316026822089787053744425979457933754997792942618633673792154247202
989348617079020180981729907994537957091752142188705423671303291723
708509485099720365941366131238577742117494590410137513317404875420
416331425295559583132184930050095384554984837377673728294743288527
799573611042688267489044855350588839288925405539964683116530093108
867340706146748770013430453873334602883354562849087935447904592502
923504414431849662155069441695854529225791973508299294845168292890
847633151683216802174481559805985087031685625427023609606739890610
311287655878760723073023045519696843222722910662395076319711841392
496365146821687709568277148919088538080214463869706654014397606462
658020385909547702667285248527576844083256820681350756232591144731
535608247113516801337246972315450220264419833390020519450148565325
662811297362847844050667583706358400849849735413882670223436745525
195392186726358139866958721199284199299244534142120584526056148482
376137769118610233585482474588186425569691332315149880848274678246
866142203177627990967243579604183429721703229060556865710600503745
575237699142066330246579039362361082414780261852253800901217785237
959475164722724502351747539627442073218307521633056223197192378732
454278161559190027293908736307220492875884797886204902910142651011
607361704014288848898653774587085202573367269602719720729730135602
215256944329864075890695067385261284108355653552110611351874464711
164426888749391649020717542064833413192352789775509930173400078132
013865451421932538601760149554450777099262020306358230864697832553
720520559531408893891323365102460914382988955124978190872968189432
369838218125719281757417467926097992535246145916358958857056487727
249953244905593436212565455507789247810244286722517198824406708079
844127905403809992599267270631749273988412821134289913998663598199
588503200264183020576456972538151890629277434258467524409260536560
581481531633264869613194231824572091953995664495460647274933501838
290187995085898735287998082790199257771810981056813951725078226312
796080002333265824640587821302796978018062966404518922534073068412
815916126192804472151708854759575744529233650650024368221316389765
375806198369605171385097418597716209413683406067376720974699035163
589926288039371602699034890333637430268840822590178428198898995944
282117255614114493424789849539616144342412559796686599465478613233
970353419767385456018258689819498331355267866716635276625464693496
936525831146856539285245693013204051611923035340818591218340680689
558075938759601877407609473317287636125383103810303713314209549548
822523512233449098634507451927285213688849608902450511929094868293
340994354619956852285673664053295984872279314773783890318323068322
041325599872516707508250605961942657029121343400599746617570068820

383667775403293992560125911210624332715497494939242445636202722829
037768805780037775638549455931330504581941664207260137059778167835
698416280224341251489705769990919577037327752558694120023566227903
654645867594135502055971830156693721527288271879005091395031029656
485911566736290297866171408805683191483203071544929743916717769954
462270819027059796089585885969185709587528937832516069367948336534
628562937166850912531938071613416852767561164349736455829948714433
537472979017059383543811153180270964182801438922405425683732526360
119664457738768937247355431983187263217330730046635731833934425355
571262352261855914884454435554778087164645124643063483532325166922
527947493351391437139219653010532075248440793397498652621644098097
080631498758227554898925848947047807176188765279871800794785291198
771926952948002088075938037728931847670693299163856306762094708309
502942990844584805657508927243255583568517052088794149609513568858
275895601559753256690156857835889096793880870105000312446003484985
439274124655068136436662462548777204501033058171099661874575993543
952951488230117902632682405695749783271928513863942821453975404456
009123567064957962103330767676267963912902106246284749020073685044
080745435329554151756473443146523500720501181190434751432324642605
111345379951427487083782000755273114199860782127313777661245654137
531066922781032444226021766969698316052353186048386791939220147759
809946903267882025322156248083574993759259429575013071758057139849
566436391092284571332773046727557581337572038355257257382242558537
488738072029239480622183997511444247334949316169975367308805311648
070053917103684644690156160073740273872807372567507219608249534823
411049047763915475136079912707182120372072657553546689561052979435
936210791188545866096002470006221265701028319096089124193232736493
514263780097201616020810019537855578791967266842782990480147875469
449789061379858497947424612116945734651375480060946645949072073727
082430081358414274425930314616986842708075581344020910057970753010
960612421965221406326570914081121001304227430029946680735783702921
527418497604782466354341480407052579233746832378331323758775319479
802250500933200422938233385411300980285224803521448835371526173384
795350747585747800249089508527296104294017147354897994409083131252
465403418141542692617041488644600256291891492303027582337330119128
452502519314493419194592893247382621272310613633443056908013408732
539193900154143958937161233480579246804937015164106986297289899069
055763657148093883481954063727438153418937445508067739209782372489
195739669206895678055588974006407295921768911317711710660731674700
601570449552151696268168013225590523912939835150518749881660378239
509190512359449567249533886421750187152954664247116891972636888136
948895020755769676802957677245676611469863506514427783980036269867
729015701781218743852656661871110140270550672513176400912846296071
749878871527219631111923101272606906806627567479629603123184966105
149467674249000533683376788993606919888441758076759747079623880805
468590242374423977433431043872249478023550490596527020192744709187
839583844073170944970981786030925877525032714219674396702471383862
908663140939577206982425158668214757209727477568302840169999880730
173842893356486827004534193028254469743611595207716073097677113778
331759801804418309804014309298078407363419492718529368273722730492
937417185200723806612394818567690830605311771457771240008932138021
060862027766466926900982793995030110844064606701940380484226115618
755163944564765731289257140482000804032291127379141064199300791092
322401545520442712216786969691158447321066318482572211465922762874
762608857433050252807785651368432075228363224503682255363615121225
341455153321280265050479656491462464849471490555819336105574457995
179464963819539595233376876853605202520838259847391660850454262951
937194777417556706976880880176317601455996760432222620102449420505

718727672236238142025385008315441110658333378574552341515475420734
5973858301934785993006788634663954612733356297021979582580491405924
05369519397270577715847053579897915480260319356515960262915568029
321751183716456438687036897211386604649809613014563743950449056238
224520808617847576240671629798908334296672749993697075113067093948
327724326851258898196056551295110871116091513630236407314934807847
620354310073101541180743224469301613886887053711336397571717493472
910562751636153965739768309837128376292229951679813043641819789279
299160635334590939880249593622195102878083919716509997568520145088
149618928345059950944347841320379702701907289567689830030169093677
305023598330015141228276402531684889844144786761798171890381598573
249004077246695276304855126223194835136916100601359640210141199430
525652012864244650922164575105850593815497894455728115453448314415
009752386171750494718835466508638511328793157089105851364442990928
883453312447673420003543388629944703928709241122183599016256341144
011205453914094553466814002504173287163092623334557548847146980356
455146481847994294121274079966041321344290228313600338313753773133
150732037253486294420473160705697929565064178874888168876528635903
597387557618072813239337686361726655528881950997359375461062200539
151742384776449957335695832931920400182093784934899794320602412786
838502244494643884304863807345252801927333774537787764973220235413
248016835369145121985960725070800712398435070017368050658604659413
036302852567362032140999628006137388157561172160874531393046378420
596296892956663553466306475396622079127007674758060019468560398068
310939805795089840850979038853811060631919831132233769276534712690
756170244554698668877825318121606096729640465038267975854840492587
603841821273247450630641847756791683900835472651603740337043958052
420591334889127850600441293222749192675036470835396529778964913104
205517698840955133081508140221551531973481651698970454248474856897
221075442149463132066432520064504428898795990421509224616012331466
515012114122658867055315951717690244293188455848083881388424494879
578680423642585404996461880713748453102585198616002124209797885361
906554552722096788230686238999043429961320010628776791449116218789
178246358789652700595822052521174956710285514161907887684587236173
723171827374881510450984705627060378001635944216961342586051631092
251470705662826726083619540347938270056450599432347589076494573220
685166615914054230037384189744365534389495186971631617180720454167
543581001145943175342568965194986643064562712541228387496723469335
631947053928991902863585881563630498798538184076601591427827693193
350283561828113273132450479855177688872797241480555565729058049182
931300884884259650950370298096746176549289900417197673032818192366
526415861705880834308839322490069861703073663516387365192726085086
365488868811102173368430952799182487498854900132149612639139960907
977894856718192669885866972240522896782490012484874455386598823302
170800488282953466152947209947485466728497638434486607498963490574
435597795850451725116160518098296628910445054770059345936307042680
645749301267987649000752537726185963635650733813081500126949597537
505768889482605603560954395176860973667526590156805920648893206423
903865126040789351871590998379442031217110850981630909953700475828
924801280772495220897003728737103269509188386542935134418931908773
088599672724154248903501408310875221946290133034700435110341867312
185247325024035133254799613920299700551645554704919663310314633309
077239079544820542875692858157305886906391267273132368472101389255
324729848940836070752387994878244581129437915046582202347592585003
287512641819102463426391594679443876282831654861021409282951819176
116643297562878066065328322593490695129304473449686308413376193828
386995778259653261774138122889841655646886819922734680490659179871
879805515678826371348673236917947421803493924274544866313312238124

226715520629406899535052983115187026489617361924961400414668757542
944950331436137481334040148741154333627418973398741813714409137211
858492238469271973441979595367938115391234698641607812362726023201
729613583026193491421686797935944168077158706030290478871078872914
294132279486298994659581453491689878123922299667022487917269912286
301595676045115120172595172559899679595600129402209262099289712958
463820228882025093377179977622941090602200710232084829873021386521
527011720160824690916856123594617819445088921931873050067400253729
995257944568195895295675641477185341841852922043516007161877079729
590637529172380604467884803793254909327870452563058774792757039504
447714012779413673341819141015326413829761208845707501535158533936
575247485099968730477240769292926933048587607318135538858498624647
248456494806976848850676038470087132623608902040703468665113277291
917279230671782770898716162401884517364688072733784845847898865390
556090819981007319832558843262262256638118858218043481022258732038
130502263769398723898792939123426646221226036495163713544114802170
540499207368195416487614791021630590648494340869865061518818405403
236758128350794337757664358638567718335131925387159887412650949256
263019435863357744992244197270976996652743089688075924141086244909
722864926744903457747810777969445280066670516332484638232444803596
189596012311729480057445480399217265828383405718264464692254797595
772591020794606596620287946482655700960568476417697676787598442411
191975016072076434924739911894782179423470803883227447578850484598
414746767798676618485667156065093841283671038354253409830407068871
970901518917882423690454156317651177452261265661496964612615888444
604583655822775782040435267028612665728391197370137339677392862444
031140941533813001465210583118473961741521015782469076176671743268
856015606498523540732168120062497410969258560623076665414064738136
843612867089535778576422090474079469160634371036831276652306212850
929966153256511019709158533528875974096944747769822743881770302403
129661733467758810298184312939472389001529052772909489132902881381
825214399492803672067154452056485233421988755757820243069199369369
173611868084423782175198341938439172077470807431030134955038169304
265429431569762833352181662814309433345379341479284431453262848682
617484085917725672208767916291536238482329518581890823601993315149
917231794865507681175937957868996807112641136958194182915952826296
348913428564041452873182184594473648145476468422988205686850540005
519402445148026906315361961839312103922264121741110002923051104278
960051165994911268978246714239128720379233931235413388077082014882
906059877040826330916729625243216680486948147095944185795661575901
580087408668320214580812679781356859535518446556828652014906483062
346624172269985362248283912466923182776844310577630066131226179667
998988430530617592273833109489815632947988734114381753116161172173
453915348223518780073202728808525082158476969253625787121350813618
768178474854282972034693484713854569607427234335597729797655263961
622060776310537053272298406051097273603367819525663588926290927554
020843660525448571697937494506037830734892560249678496193903548360
950519679362388238442186098028620194065211672419114897362641563766
689378864340510809483214285199009110147516795829726864564447212695
743776944277681524676544415250661799204580870334311660376747290880
194145753852460411021344094438956560942156767481186076874186163910
939286148043159595881722265436373196783550128979142052617975845340
424345297047552085019330685167204593057138536730807960236187433220
335399895171487903153889972653203475694388206868595403892729686318
607811577088974075895629880647296147556987171895066287875483517763
000547172205255558842297394159153018904518428071500944556633667635
016415056500419868780225482744793726499960052872890807850870885160
329061182672073605210595764469596892941722689866618307792352664110

916844257132601455834622437206855005256141499859384847685097967796
943659998339395588586887137854923443655700914768929502674274484034
271685660971462970303732098204725720977674112530240538122612492013
755738713067160838580776938701935503294108963124263774750046437600
581723195945054018512965163430134855530389140690272214140641628802
186661613580545799722082403953383012554515560745428236641488706500
206951614455289038787526820745204789503435309411339518841692055989
143122224033200366136250873814650441207326187589588969598400699224
325114561747760081565783618440764755331910726832424243868382741032
537644364383202816890605822429976234263681460129587027497826994395
984972022857871465507569398115789390306108030822074109782592686664
365355571284085386035082248311977007390762105954494140465893629335
845030596896420010581741345045919258692132652550692744972173875634
303531422594568858276350216776395990289680913281213648138000328724
611452087524689696478388720914843707165509638324415487061256548498
039223672213812117088803416987132776735316483498108702164536513210
748897843251307696544784124719056393201910952390678209595629318237
601212753917340035721301969604154583755393316546698874204401743672
082473645942900079431784294012873402026256717499223606948999759074
819145895213265285434950608375532392833158736839804859913625715943
459760624708636924937058166353060311552567345953961081957976849490
775185048980023745165523246790668182903282904599422872236262727348
431908142647343369799156867466283765350885964835343955605817287853
271150259185032511527018592248184516993166824024813719932768225856
839115503181926709261644384223559559895069559214730545806565278080
964684969252714443578597248428903484097405420149036998714486699664
888979651062031296623097275669461209275558053048245440104203348519
711313066489418291606366131985050905371074921858365114816424925865
139282068508199619486239451341556756312210251811995354285494412707
521699030987550046244698249546142788402725045249657986993977867778
908606336550348465289948651482322627066431208460719185421796384904
728220018931882424001380496459535464769879061388460769928166173489
660569794285218507209597265714905109745220831654816977895354644722
356814482942209342161589077356226401332499873619920583307976429791
413247840293351512033091266725632218998637352336375438531808758196
445089950410197026979524809161318299354925990789762272840383336047
599615043864476807691293664997471113963052085438677080203272450621
789906352489155999395987445647218261390612148917319641856157409102
602486940621838160018814813289500648833189330226410654455489160645
562766911573591987099132250350833606342350139311924882489839051742
284554535348600897736837977242247860250377444100187617248714675030
942433518065343819819200703921949071160273190653232945568673962960
290799032948040647012810773338196135641624116183665740332063968818
689377096529421334521713728094180803240437416712735909256927449833
150707003509300889589424048396872898580140960145145468933764739586
937645736009207282222997520512227276122617412100382867314641696497
289892035337627004837498006481604788133967963810120882501451174372
126425831690684034270998089046152418834947390285322986033308765946
084516740727875114782835734380237932592385704332986336603161331540
604459152215131859619734046010662912135834364122745530323188486648
789102009603952541695567741800011446196697052372799068338666490399
962805109899043382570559927890299613515195051369301133279868054148
610498178785421136189492218605707992983384372251363130505502529497
206164803406163409383081702964367498313713318859773071660043949424
073354723274292640421218943074245105937561647923959680851594834713
287807330630214763969161160115214972092942936078237724628364892341
045427275597743045552196835491985831493325340498507121801544419106
493277294438033495192106188105735717183542203254571718334763090399

517780287578193124003816919401588513506349226209264681700986862258
369514693682594864746399989784438313893496827396330389299877526393
112178321346752047754055118851268322035082011353992750871842028629
054006130876336745740191057855825780311222782899184072375162441769
636787312830933073906029193207920098956871023123455389071816901726
376867870129996667677436861874700292517170158815385898377994817186
391517663336920902932228856077456052883005255252156982486466547128
417470429022638281813331528553436534228049728263850524445934300535
433089197030063568772961280441733617924517745920484139266985133190
691667754934022133717510186537951103220424162498891901925298965435
850612540406780591996564661501017241097274853237434749235159008432
792365774057631072565896365660916605557817572070460316804486945521
595591830421793926856549251651773902368071095218175387705062927654
577472715151184652204152770201233150571364838906041606331494578773
975739543862929310371041014184418959679703235210896087286743793030
718493858334858337822861743615668847152890918039448057647136579817
243729024889356387180171286938516880527310987616933056964979885948
523881263663522809627625011982289654666122345102174031388492859508
223594500382661718023879607936566348424731472229431518823165786479
936023003131385961207082569497375182226182494710026090752974069430
748769902100405378227731687136403358022926751371622821717645589288
807186075313360871120149871781882567495443875206945830494493605928
625487223669518194364634253423732960246168147070893220203520195386
651844543809052579953659814828225285502848624730798919419958088128
730936904863145482613535838731757753258148575025471886346098640593
643589571784278531532722040410652642484943659567547603149176990750
574182746569489037345386658696152026841293046659704233530737390138
156747682661307073129200501974028964914447682792766481831725886620
006128683350249379057540995652660813053775980235162508291614670145
395939353328086342048479728119190549268187651990551126315011297472
182048752290188891480034450868433471865912512202191729830662425786
475411735426298126753770144308964122083930453725165023096746473393
722989862371195178043767917211398914682238079488169991326113751901
356700068022409744896028650823185869061449374797968667179577656100
111923026981354271490848166929789562223514100694080713831138310245
111164054800789090842534908378700476845916098243048103352047545161
816395977728628418300067920017506934385152746561797394293231310957
689495058412217604865550528199725173566543879846571113550314658481
433679856466201904967713305653275098687065597760267609741086660042
539185002985814154148327241822962352170595648360846028547455112638
815357580311997182741370378580388957605932172164691326251012668842
608750134532238934402393775672211710825173226203022445783672877870
984807857062834701842266742080416494473124311683290856023716051444
653139155798108967131777668211125671792886993926440473801053290378
995653776484177353494659805321108544017884982114479606058544729000
134448081993761130945189529676374702198439830130311550933649026924
672230386224038230990853562207786079552000275966400526772733852524
733595399257978553121399037250106980325641854214409610772312493687
316580364061463938967310904801270924670476292746686084798873849131
570558319630198113784480934319128293838255372073996078049323997072
901182437644017814347509164354348699278928342050975861886223208724
898319545218220470080656188727238838308137918251445381311454850348
042524994574205540109894010801449637710168923111155166074720922974
395142029392598770683223974162300215263001741964174087082038549914
401466325660619680083434792710120894896138956992778782711009227898
936124275034900995331154434739053707537307635567340255968954142915
604092596761797781375350700705433883004555467294256743925609714870
714651910734312553955511504388511331275206794900647766641974255906

234275256808526299188533336630373823578669769502248672019985194733
223155654833649586210450424419990085893652223783200119557268138518
767759239579694661352287264519588929419515589134604099172884068795
884128007182105075651624402177830275551953680630472404811755432724
141757830154780572285337909674789952819388397231784097198534570856
817181011645973330875050929030735330501224421434446161580995463065
566867688976429250947106190423256182736267799660334938636860887159
551812785979464371988253992556820375389881822786109768105409699829
238754622077877908817018118288426235328861395422394395079239543355
485036363488183007237496321249315492006624534467933172643899063667
065792595814926518226200499891718418123274965373657729618913559567
199530442307792895862273262425548659581692560711569147014573161348
439198648796809563203374574820182276195404133194141818700964498325
106722614503497945026888988078074070916665052458265652528918130596
701317194537499857098918713805353544030875437446661421563264198757
038000240545364092485626041008467330141573879679041883451648969638
613094732693547054243346262983969785566564393319929108202663567320
802400556685369489437655668795053988358005338994726956022499160719
923803711694294001067232844762662902994967880028653039756586602677
484872495086342182521840289688038469321664915616280465183094908073
244455525112714360145998825759744899898599856268786195065491682462
885241155660743439629118550498450985967184291028464082438053632879
290770099538936108920775623746738175599262338155980367785371320760
533825993650941225840165904359174456729101749333182293895248512253
998116029061724072698155700163629276975200130381060757543838063760
484872772157283017886754835033636760061446180769151928834053213016
360529220072830994331871316703851284444231460410008127826092412456
199570452812364260421984285347910209446616068369461622503463534932
561178794557103509823145333227717040990715761583544396005158547561
689874800593843834954764589489117410008612277354549686598904543903
084980373577743490873655335423360273536901468715924649997966861343
984892258849863847841228737164696082503760145368038423405437091959
227111866834493644252244960196035523801269593448016455194626309320
501009590822037746829510835920511491256997930242012858838602936694
396426085801788277051045802089662286812486934233216147132229925870
584931077744941898114234275475990438218463088731156977041314925189
610756665967997555036730710012290063888032440871546746968118231821
356014623089237967514944689268234257391101004504820965193374642197
410580575677213790709700318223830201499776113873358237603559137136
631600180039270986225718050590752999102440274481182049321303625212
791465802024571522101998135612852921241345423176007302669204874140
847876434862792396889144928751603494609640396263822353589295831453
484740642542158011167639493856343054142643318947755097427608728927
813759992116021491346641955428348033088105726531141987378625628351
973124471032083564356106529736710642890821811468084753367845658460
237964029540856926310948205860669975983252522484674088789242409045
273703590758481240828924334394755371556634692297326465274789169792
674927125930878450542356300298772054994648857563082418482173382810
161869848421670658140607263170575634932157535728693137523201842943
653429566328366896522414619681626670353447475345238514564251435532
062350217785060612491811915818621214213599671265149387449813487622
559695185191720034126150204676187641039359288669954512765066501965
680195988026602338117800967296819798072273522478036370023172358442
450604716015143993211607957491943529081315773564771593151768934933
444382388462495376353514650959332284372249042234185071259237725796
634235945622059172033204945485977572408338159716007309690411046453
219334666606334666958078940148813563568283844497023492072829372198
077416803870776220475145531699018263217926759901959410773090425131

492648632094118379192160518451512504377028957397008273136418628316
334649961693337344868558205759248821722851785109991023312716215169
894312311268997919884695415142221601165745397910414890189063653559
306367357791891209535380467387629740448612138802932000744361644850
463815878408029048173872891330641075354088267585598866058753119035
310070311365746833166182442566088450556596931891473473987417185210
713455192681277248574583651734103924896814123764644576527552297878
965696502977445419439790207328745602240410028255729130427473527801
485982599143181842170048306700383660407883106446599623123729808163
777980055899774016470265242847151445919515325037368661587706367090
484682809506595609708421253122262979679267660679684370762560788440
618307690610152930560031523245091441410172689649408653874945871448
385774556835483357849457196874270613191496708146984821953797094571
959563633479327395941622531202734072946031718486302109978380889844
136566049203132319325361825118222038579705374640223930360961888401
658749431616702919831178288344495607425740521491777349464859564639
132693239110004882805966166739177971700949025951229233165029343168
319809936386333053603112064265515940214489937849196647390367308703
108987476939255683628597774501405375295677172414775748087037409804
398687087202621468694326971383921728911594230798126859538137574300
992815443649244790111754684276878254397110348578455859670907539167
765812480908777079507473339315509428364719869240231124686904137124
000042056618855017682231764698943613600877179762077197732179959907
887186524353282882420304024286026790096476851135749719444686806954
886069962276588511084681605062027666597805766169644893777299680718
247662469192195624147286152083965338672316628767377633211076341737
939028313221055093965850614239860644241880925118049201060701057761
793425371946888090491446505504462670471156078492337087375671581335
961747578483245010398140188768140356943183596240183916596322612756
763528132921591038732531688565752695110318435361190878419652411565
787889012219910100610248394229036167974133129257273388969357952645
474856477063880988275658996525803639527927525237286546062229466816
794289868477415288251134137404854728271513645045965246606762717648
750172309457768375524614588421846900620211495205785187326599572885
487398725889555715978911415779085605982909421416219923915397826418
638281338138185156286760244470046738975433831578812175609925857533
551974647609159836135290827037085939572182976167992225132816652426
855252345061975709128952088522229403836314932585753988934165954603
409213085655489072501652477692294806262425783895158199535952528448
235683504127368461172474210856668823714080108566937639314539990104
582896168147222812965287792427817118075868604318895374161969097747
579419209377022167237840802785002208962684009258765688468051496381
250824911112933364583615534796714385563649390284953528915053831259
010495166405752864600634643421734980924994781933004047776150215638
232444277470663222110931423547763561073334560235450464178998761556
261124548511753468625926986313614518633845678720671669801051823576
895602367801228437438569318700895347858855528700826212047757175436
758493596075050893792083619892593266225235340779353705541580828688
334104719373576884355438869549219853810679889359101023821962191001
616482365272254794657551734616740291274387546109581917375385052727
219971224929586979235472777506357496207396126256718671142375627311
209906081744520531414122107058379853385955336969645325359981131703
820288455339660319639617745732940069215612414777258684325192550462
908455880926100671260119167137716407537818787829553781702621684416
100585925149456184441693275050451329738408833972558425344453349023
836047403432126921395371046170482130722741568760353437428795469337
886958730705832601061041838637792778967245070089174210773082194506
861080734917346493064530748844350532178764549579220401873871011704

3840728758810327066207466489153477721503275352244782369257874414886
4862207470795216859122498005198640826514425297187291991438633130722
8964544818893982180556028229825071331137332474971174828079480175588
8651455389373894721568402124716115288390502295239609958860608433033
8360872506335262741406233382817043129932184083898141510798542356900
5565782750905897080256007864523172854881669085506801029663090226555
7968172140979683178223854195473855855443381103068227307261431627233
6517319919919865644329941344011910145770399365787744532219764410488
5133922186032215989319749551511509871891663658464849786428622113233
6016710546787031002293675623202442024011020062203490414707012248255
7820569340904927081909221671016859033086248545250307542702693914788
2820972012234531181039395311293675445174249317242319180166679606044
4450726417544884838078544701334412460352569908040180018344390843833
7347035140051456114482799809977744732269660967511697069451692496422
2929555296608511247947907285357737091417466222498301429786572433200
7342646064408187027869629245928324614184529648720851757409139232033
1603030232735714623630833181997984545534726618690963497403842016766
0105625987133190279194110863213018004270699188035506471211495938644
9841875965302270307727467754840787543969463869332725631090209509733
4524711495621860285983403503464315489137394848115205349918287870655
1080730742537271250423647794733898516646153356489518818998768303300
2953487854677376639640339839646469196822759807786011333212958375333
7320555998923816705553155142434563074796472016150432487310432116922
9746032613429844274353991824611352195545056530899841539286300628177
1337847951607070371361267167976113438621731112916647966158051650888
6115671415535135285746363026170225701363205410110797906040136830066
7979394266157581136835572433395249402122397837115478631323874907477
6637276544105584485946444996952202005176629681674436687861689358988
6692854477478788472353601024219028059456087242999690437846612287555
3020040400696092323855074164489044896034647409253291876939394964011
8331124027287732051280616634453842173804929760980035283401253287288
1506289619506827517626369541047785930085969873456355487734360057144
8363621875083034172093793083576511205803902080860358592115328978899
6940726574802673430744611080417982354356907692060963046260853620877
7559444132690354877695487537820901018901521674253215030420624486244
5026611889618931251289395438437944685819163683068976849696044043144
4053718658678943990389384956018346582199768933119985552514602030288
1480341580757216232871286009309778665169456612237312449010683127955
2044231999938293140848160981455614721283102851687511807577027380911
5162482772926083569838312262549985994616580167544681037633006977100
4459989859156134678907926041252882377142005855243070226703663792988
3548109274362727034152341546958645304501582484905588919600157408077
6628517765645512630654763836517787555905587608770253817125027065322
1301644300553889166963945869407871595902497838435425224487784828122
1319870038791868195091486554888826153284362578290067639560933622055
7621466352075964704204722208392169125097868627816546074162412810544
7755561704332734946365929912085114732951852771682331387279863539900
7304385587209380652279237160161781573386837104207092148631928018455
1056094091054587018479083094798788352646075165527904640702365628266
6684649349609911044037013159098097490912395396975452057151953083866
9982707223452087152726662431936195855381066288828051950956183502299
6598783064887857259615001398776891570664373703295558139300832972600
7965619805497440038323864546264316731893269501318463197825917141666
0923811973073573458785382841217603904492521457136522893329858823288
4235616729576020451523309732519687220530808143625936896277599039822
8946728684109688400123794520072980481063268507381347581741907778599
2283027449245157175846776022085800534389661176703442963735016254099
2668663743072857310014283259092470348809938759432753979973492994822

028064073984763007361915961634608165801860599708405826896779495533
393681869978992983559959868386947087055684162858996665988405856373
449842896575132610328733729407782050188685946006753398166653896384
558623802876230445038702972286547636716291714349349737825829985902
903890891498612947465532434160939605396900954644477618399136534938
190184664992655090077322151365147589848915085715705269302525210935
015699280893659764240639412765997103541866428234384728797125754955
566109731069855401681241622338036817834786229004456053204896013889
907292835049388834855478392237106592799975392101480224408367899126
068769876960509116227784227831573093401197504312558795772000604448
758269145498186189261252927349901134971332976673666247113527144040
394514387909228811489406710288509679280342383394140480197753950573
714257849237419912933606789611843170844650639986642092895352973578
144640657328383666840064588684621715774190431804174359388423143689
640386059675245077098509548291580674688854722056204233101219021150
413296847584188136537557700680202077182955419874823302223557992664
939668897606905387743540693366185412871603235844095693558094652460
059896614266459412819186951402362448005360747917739144749871260860
915992197594561976149885384268116495834603210065845734647743297931
871748914844499695994177380347566068281106151848379211963897500103
061910903485662241778666590756958354701484072669812111440431756498
943311118274034898762837254574991213174257618942998040651215259517
225186749918055083858411342633465174628967589815544398154843336624
2522253037162926932085051005929710475691384754860851118034887786981
617653346944983548639701462055949768406388238124034991437090054916
583961285780544696698567544736863905686263121366071349457910370051
535176428057260666341707335368138341683582006409175507347135610335
423096634789541009765749684651853309502613946285309617784629509120
266382203953926536106186462154062373530264369575125106451093890379
713922526036293634572906714848186685614524908674265217052977470841
658464055338879222060706891321832543549917505741912760524353388044
925491764660769179296719042359552580021926417376748700336551271445
190574165566340712906124284971908928369919756497228595329755034971
401454444939711338565583248522467278382004480269868145186209807096
002835864440298465946568616773882537934606871774630792087101256272
349480366172046376744444753422984503064957166804070789957231850787
982044268293870687748651401843201622457134414231895351158879036412
424458855097616948252657322471422554303024057005394593491852283493
878456434717279024623886908605214295856543661675758103887853802886
459683306186010659866898494860779400331438024440900397990860880147
732052483306358954070538146956348786130029687797259228091191573099
390556598903779654437472436293427871391354278861697623989202061285
446070760096417875753100111072704302782023615222553179051464017039
586876251369357694854979938469505032126357486607045502852528421557
136887899857362288334148070957420243876260389214693021340812106536
812387298313680401483817466007376348419036862638466654080888038702
632301373199591209343058335692623855515812726768942745269621135636
275514545655935894710497317222497059448404832714509192071196151292
177268582046129728425853433433282519059722800545166752750001579141
164357323408656892956796620524765844913682386003098753319622899773
913155190122684302023302556141912248105326480320733874262889733285
836076924893007006189191935593100102229936913546825819489708957331
029912788568982274098448652133894138213822978811981777646579131139
608372143086899630656494685853631665084896588339172659474699591702
895037196005377226238179212457166260867507230587005137390860080670
014194003874192675540688741090822950462408888075029338579838870095
340597147974259688676852069537964789211358437916187441369753360251
134759300518000033501495424718126620547475798874034427225938459662

564178635011366900101526091066079150211454847187249462310809205994
854784781848900411720691575797717664639803260016321383633386655978
324895380461672003130947557585570285465505987921516888469820743374
726604623928611113551495961664178392210713501426064670358316761526
059217218325897833880214074701388213101935894717563465029438480312
693454264838649848930228043768410054171712698701961799867703749295
533217615575243932822688644682638868553574552712868143092902855903
450075478266419305939575489859718470663623593043462524496917131240
807158714265154827994714869659932706386470112644159978950291026411
634185318728131040084892164764213837348534278958180220020402487498
537638726293786567769051074100463941882283207785290115744113261166
996070603959549637082068598615028161709223846505390944497265584101
477134821398683505651898664976879964736814748112632864752869525718
897172010087490803890657618291621210629190831679328986790392649194
507376720451249672828738084337584741229144526468976746253797814999
273948640958019392686513422843863597088780296934133116840292361424
415740295454320443876384706743624125021509329238442061974647807051
394755748539913109773284701713386222719311985505687389161096367219
882696404444362847877291604351993074137026272294124589315133919524
994532343464975521904164444838192817221422897936697060374093250547
354680806747033360962266442322440220154891676124159484911143693863
730359943990654722702043230259116373908514429982629493859838003142
573820218244686857539785612558432332712487785093872667704738822244
927923405533052409758429688164725453190915023149916674400369208145
729297004970025040256526405339524784524153479564210882979912334297
611996383236675051970993167107599720353762523692502519382771779532
950871982185833269594152286245650495296492783497768514919950128322
716913438664505515692954196992545604504497582963079385242837662221
183230982332937911497429618504536395406530078250511484927898146207
166392943211835756128413611930733207291752955820392328150987232298
510901480713729965189857239744829253390055203042907303453716450538
232288292695645294820748386174021851918798854352199646281846233887
972820115051987585069917040689125399485667965407671373430092950131
240706496354234349587339973690732162841624906036472788645012308579
509671999379354557232499996727283140582979828297166358674574934221
164818959970523173630842694565078833340034407353016984163288388650
916633167580138628729464511439952393181582607112755412016485809955
026328146693079363345697138104991038675139577575373173512799044821
738428466914091328978643655001545243061193884063160312325551068217
446729813620593689563149594034665082740478088395854347560655276984
378899697756330162803958189943265486199702319950449497726562873780
170464985247521462604670019208604764528792188841194394464204369877
791753468323895233441123668091755705749252307450645623123252215418
066859343373499875969194321466575565971080635035189072717712757221
683327991770936217337035558075273157338019335815517447965949190464
311871618990321029438830035541039012362901803491596712199588843629
930884130315977503173958731979815451378504271734844346797930147395
994680057231744682706385624236987996753939883360425007899520860326
479074657668806310007233906201370853071484677451544144777531205748
362353569895004590018568754345847189049290732647513559297699545526
686771551721271230382513141315543248046290063011070794249575766368
382712733188596822291579286878786947058828527004678795536293232566
884981166150798463067786261513132112218304402824611069345348278767
511622438721488129667787077698989057651705078276904666215008736609
105227287998037324904868906576548188174222349171907485030704179222
924164227149876533930740482227511576779348775640705207617167664131
943956719356069699459036219890065530131417811624594244841497978601
429173653994985842280437796804483029061534335136393097339777935636

557651186259983593177228096128714715317891646535044499949631579112
515975867441975918437335602013487866342166138492981130336243782182
043410844152319365481974987405075208288368468690673619716000188724
172646287175575359582797091749490353647047487882183909326142561836
254925986632059274716025469940585952699242461166045790192490063429
531296084292810624670070275165700897784806695033762112071595900905
700846946232164621589321119150833292213624776160223765674547585312
703001341206756571080484705485516910852032451543134899892558830375
661922394308939017569583620858847420816618721564012079368906952165
888755384453546220114011927354990860274636915019776531884962695164
429366936017260342724754027281336102613032491809314707300163329193
404191324779636210867575758463919264253279615046427572156630679459
018988236198187080091560385304231990958848474578625128544391078212
519962993888607445680287692606281599550228522043736493517621652208
127692782514137947113304775212156916821827629731023847622649534010
946666557267635273214020429844425692700109172945027863366180683804
729339607941242381195297157395226157926462940533331039740299279583
514794348583601147339355864763600601572965203388432662864061640504
3297683922257663041508483015173116545863680188591891892088210398726
748093663790230443283972349883246653839602650155081952393357422665
539894238236412452946315639754598767631866736583353452819060803560
562142371640359659370993522807335486500821621451926855273824497251
846054469928132582041944923875728170740273726750648094568371685701
293589674260171798395337114342724243589908740368970323487101214575
608026244996530540818021442686608543732122032134034313536024476262
145083308940700728458145551227201778475724601187829309387418614499
037770862315122884027073107758309422538024254225977686929003437831
873028958446859811035076226471464835706665915637436675168134094282
362929930062341220441450206442465553293321245901323641640429676355
307398980111493754168786256831497937649386243087904859284298393148
196710437820011003559968132193978312353573786479444045893650109910
885960691414606707491146322196157735259453524280997975179579133050
605072181269106773611888282818854264624943143039410117453149360525
464505344537808930660708592512717512294103783355448907079330397276
216552676005791117739796912006980627485888075414341143279292074349
412203198687250332333458359408693838427966786170221469258156451662
521663279229917376968204717558071292713684373903550598840290555056
198665877441126341066963397644945704169594697387442516156047580659
480486268446376389546965202142590535998313721065919989750262635100
681670836274046559145404594697193513854005845888750988649544542560
433522760987233910198940115653846567965737746015677721183804205611
167170272123352395287198747762296551314314637416435557018213769598
477636319906327519639113532219170174221741692030796969394445170703
860316362264792941934529344080295828956475297269557303344945511805
908353053775599609895289384846281499090379780827063240084390171929
222927567995475982087526244701588526847143488951226303077319305029
087569229610793556409658085185642671374415710461189633100004721804
183140524339979376088861171889543347071584024316187570948291195107
019592009596033180067821861690835516867306928401407560564855381109
222710329665581288208785646084806017631746831212088054475478818347
622521378829445876063994742482512275680062393793683423296365215417
278564043479379337528976612385157145534709540373015531153735623436
007124358549593739072018662181136476836520695449568167775717875877
297170300565632094671931236864715235522846894898788300090473843041
986675545943624368355034014987866244814870749973005912905438055768
176768587566553417042273149790368238133158197472932721174300543919
914497133021397560664961113692512540296307747676143075709400022064
024296963856723302444424618438098719619132413031027697842932191241

4323879103777244854228494149384070395151517443282593813111610345102
1038993341520994154535542152023053086302790409407457279344011173763
0306599517139677606283288218488913495028143598689060692530042187794
1362025502880759640051762613908444766291413577541559270396378340085
2989808322139632728814610185198200311620563766612389091409151025906
7596174539092484357659966866714950684318786048778361586751722869137
9206036353007511132780551166568763166409784820857767845658718040058
5128524885855710694909086189073684534353328183325129600730223363639
2375074731356994615796227139539574120354812732666904489129317377001
1630641020006787200081033827632628247422189043700098518742834724391
5241107012895460827323461125683769495130947712570998211902205675492
6281346613664839557494543018135771715596862396144571307932593543953
4356370500843910690103736100554354558535028985757623846534334574314
0473852406327338171592474733291232838109042681508315276107861716295
3736307042565434812107669713270704534818755844924767222594952318026
2398553770498594120310426214371804350091560093797118297404449236567
5310323153189924737112497393193673545129844220944306503687770485271
9044267763927301803207523160392336560698865627376647572801958827512
6092060832944517234250021002421498734923161711862770769161569592855
5510860185840819397611773534171247535865271982046158822305202907006
7729198672594624791829354756270505983893883914314986069254105507765
1633191359742768724343700050855299733732888806502842536603488131223
6625149314444830894885296392167782788369376909054640152157920461877
8204313178403966630284719365503677857548528233558618847399540078258
9536787936511220746389425699673888156294505067078393872200253359679
6586052299630228555106265084899537891651672935255175480368496587851
6219868979264381570860924959005886346663562763226350759274805797221
9799890433243219925736146104011464504048785892983884140359403075001
7436628991783137953183954370534751223417454220818619134790199514164
4858509474543904235214770473020275127390123003302153662239182900582
4270582740606154099361253912813330249986686205463598326769215297371
4409733852396661224042521562533723549805440952249838752643250442494
2774783147123404330358826469672126823373016067009309427925693181662
2686840414916756850180631799264684768308557421552026374984874366856
2966460279257275511674303654711733999224046465624637338579774408492
6274123595958531420309180804465890171210016774716493785389040256483
6326851026536670454107946253478335782420434551148407966006837484094
7851793048667768258039328331869957215801776549245573087128482913197
2859382520817451995500238497028541598757630787736805377170275160485
2379821173343971036277099360494166410464618549952306962521567154653
8598313375107796173285048738937209390819353513271579563134326679942
8835731405964911983630400702517971706172194392428954817859371649943
5741988795813394493316592790425462349506970546473710619830427552966
7101477107082109700349376121631236920704554555517041832955799667446
0333664525896884549750136907025492209999542937043139248085869508975
0122266237666935946709949221175917411105217719818573539507732234951
2224525469204117157311958247342612067849698811956381969778624989295
6681826807146582020130664780519631824072559718184504022722433019362
5695834736185932277829960728584913671493612944897460810270821581027
2462576945082709104431458400731201425274058357589835870732290623327
8462617653989925999887305846787479095083024810280589632343782006844
8270032212634479865172132722908876170771700163941786585235411550336
1464776965703901128207378762440643653846922703373592081959895664375
0649462638323997579875130864793314448903768641623408792805390296747
2852193608630233453885397668233261169744681080689275900454599160241
7912497809160120022371129729939595343906669887785448636071177750321
3715213175380193944326207873958400513964844119861008278725635178743
9302066706194898005576149571225583141655330836190291801923098622434

925774625236491506286727733483038626926724305731395404495388628540
939479655749070719350924155604670950644829022571089602981829826884
794530905452458956279008660241496006860932119100619348771413721912
076883383418674418431989812959263659576644879577051096015823041446
633028323720322964898142745840494711167925676591239185443302024772
947709460819446728318696495324447798361734416865674450012533598065
257942420247008239006567873405881389429082355432876545223085786996
907606718240226104582730849299758955124348030482275512833938037989
492779546977436843810178239853159525821380676220402535498685280364
440468864651985684591255644821238240236569999649755346546673537697
049287677250918801582282621104157472372852215247520353120632319710
298237218953584803558854114562715773829763515121486662732351991316
819375664128825964895960967102405137757184722657995693743833290188
400300365225451594351597761626523656710089672032807727609610936120
904838154425490529178248494493303654057418518029534980270007471960
601679121311627123626832533210948473730392773470176451146885799475
366553634767612325055951553989964284627889670145960517892476000182
182242315564153314985610290001968397513951565770939082917167816180
682153175039705775487812592963829516554011371927765011687347750299
174237836471567739755878679719731699499632845611834958215356462349
609727295745624940866550194181284842083690080262212669955123604425
010287536748801227190924356201750119811810766070795208092139458187
979073619709403761210303798979183596329087343750404303063305692423
740047974694563723389969493717658582416152705483381410648050322425
905677603638113103660591076692263774444416518871098572572277263147
242574054763036772742704686123685922721790227592776912074829694166
240735882335983911543528752093765100340096064822213081756637678142
608057301007545106287181310689889093782977657540319020732535231002
529624246176242558899227575734251609581386366527795512744883436297
335736492382259130069906510712067281011468196362352065026420439795
896147860402196217358956230234580830548591712768673973144258904788
829543016598314804125755382565914069933867204663548132921360181625
178307091032920408770843458729944087716499852443301532455479904202
308549762844457004808425350488044794810125089324868646890078019080
138578820080701202122755362099724584707134747717578878515352524280
429812565633485349834345221135333559824302678625105945805336749798
679779176419163553560509974533444415594236335654295506901826129568
450192313764182436719970494685328812880287327730092293043024199767
852119302620873447848254521669530126357043168869532610951149506513
999947573260574599438165859763786262794654944191152306455441278042
021255558485231982270306940253206156392713053345787226722076941231
264517093485431577465879473868675877050978434966207400163228129512
239050946168391371401840995196883353908015144019490669122299569313
564996315242512024788238730072109696775369931397668886121615375723
564192780662812551006451664198812233703317827864680774362900668671
711479777730820236814199605696615122041721627642068881102243213647
067848499801916335818992268413143430196627040560355897481031111965
144852915357397786196765959617920446797837460352448787521338657576
213833545044255160293923509364563230173390854122446090806053364838
100886666508928925771034698948090435288289047623997204146715786161
286743437747507578077727695850688714238034149568600218087518225367
269915712343160494269284432634384365278037270577774863158824705198
633851823586981545987165440709120339806391947009022569745580796688
325549928844995547059747174312795946900465262096701954641111451631
718631132424155156325673449468552527755669438589181724762150313162
752379414000321546259276098329784018963983630064000898741689219358
524528502279912725978852919296611647962557209144099066795320906435
919691029714184958431139639610661119047324084831696204890107434213

083271777776712669889658287470028003548508428195823244144523300370
338342553837210332149281188176305176045313356500728149650488445633
867245296385350228720002906155819124579895067955687282447108676408
290221737193086942522185635410220213743727246315159725083105423327
870041813095887689782852834085480623384841147052041156163579055768
229624523729995087313750594413825910372128489638596054900992888451
379705144535142769665965146415561778437000960970867167897129859828
735961824973694843348608424233036731821104744605256320768433201052
261807372761853884930271134544212649326901488588872696380485133418
628404614216704032825559760841672780982744568953464460188320504154
931121145804157312660057349498607185538920972153890740401680407868
856514857013503358704391540591935747975988500961838650314418636344
838663180892425078401927807163664212183291846434202729012490488025
443721442419302749566123603059120488818520931431309655578249124960
197587736462873131308595947191283170769849294279711376602230284951
641789970967489017971913162283796915662173776040284399172060011285
550737504440739796257349076656734857180005674266779141433742668470
770820907049279770536131546064391087857116684950223311574145797352
717467378742206404959131374590801670983487460444168746899772693091
897422650758858393502025797765985766225954905745873802122024893525
229808025367961249297177644816534374667054595055960978376569549989
645209234049419497890332496834123968446555330005856877004277103959
255221285569144916883724562150535422216244139772991564880078078695
574642692824962609809674483177081659220832150827572122333921822073
063080890699965964488709986203056316264151434494521960523116874088
247549066210819292129919181489176257896409043000265148547323270205
529240432771801963351438198499668278903940562907858756246151928743
123691539935817901426132047107938891704316221249333151352080098008
548124398358166694814106464362441612342080511250019448583333428594
620758846845900688729785918013419848930428975878376580135133360938
914144434675292680165292227878777461993273680125199286275810339164
035763668664995009327626332574085968343166181092336395445912247979
886700934873155136198973321274590613569151928117413012605296346991
021156507651449550201116842103631396945576894428248525037390754075
492060070597411853573209095111777476514142942044227539673857387940
614212788080242948366789612398506098750222341757393900684396415301
905824313252097282619538048219997591005728206269299992054826417234
114486896113050140225398454531631345933289324403428285540366465193
029291566650871763648052382534785182422817246170395420907171056601
019217891200400002277280842428126140919280167640979699978147184212
642966658004707832904426889574239409698672490525190394912978704646
967420761169174447719685264533658251572998412354537084889088379512
276980246828152436205941022109971524098181543491764651966648056371
563804536914653443705484213885992825447728591883619063288869797183
675838328369798988174214376873617983630396240059167379709032487735
257690260628755927586064438912628023317906906913827043966272836787
280161032644939566305173490146117794447518874347507674852948972660
145411052910067661657845631309885171220331026765753311606965972789
367202644194951639297490252837711556766019400043398247620792493171
053805347212452278036947998443240299344192076709270045967034085602
914651448116401236099911478673673700952481404214410954342693379894
210445767239637821950544733285528591786981202146232211610883573675
834189097206853280569051435514820152570822682092603653759736451729
411575050106465109628210786895298433993919065242947578056194820761
019525036304885401373060006468224038577081923139553718195048561212
855526562375044170053672850414998837814537604237465541180086760383
444224858676049721104359912535468766127284464121653048300021508190
240624165116435598702710011468413573741367581707841012333007291830

```
0119419898583566171762963164625934287383552481616987823687457749299
1282730801013109981579539185901835507234416931080416952579699739666
5916432364546751948279075384879391364191677254776975716582185353988
3646077377300537746014872273128061410769820946545232606778157545800
2097248312303243631467326919763829143313197863352207771014530091
5446195307538248362467769552079557471880240122021090175102500339922
1392433825091904275795031745226416207035001924652528122237045770766
8654878286278760325072361191904921408408000946144463889850644596200
4175976049941876449788461713925428875968537576195361002225061268799
7338139220458822041623546758921548969001326060352951208076339185611
4125389579387253027191349238313158385703647873010132395362684313966
4516564709646144500529720845194320439256151530366714747752215956122
5852990159434270814509570821069007681125432757172198685609786598300
2451871361702423399520972885649272594237669497179421500544317558766
6023434997764862172107335843131573211639471887088517401717372729633
8552279997468704838666889586563616444690547202274389288867636090177
9544231480752562653472784545846244426008393940256739861393989074499
3895279774782365681638900694957542299176855152878573945695065423000
9356655368567762790760168404043946031118910744150965421682884007055
7148086764249760506542843055543997084922814888586472620231454957277
0656790775159294259661298683905388813096079246835639448295093422233
5486085924188493682142896971058429476833786344676180659570071930733
3109300357300426726809046976216414561022911231171250642720530873711
5274698395451581575727364738703434910422971103779888611704872211555
1555324014983973907617823468768959433305825640626892126459782622799
0373428947812505100030315038390338219658936077871789054659293606955
0861736801237151402364529590281545937772366173204376455738772041844
7647332930070240150396006898258669909143305002389837262320094299274
7892114874123394993826876052009996074777476931241178564375468413599
3003874960799196148829336866234433986178229325295014508362539094944
0736016945964293777098744667223386552906493017186152102475628936899
5959065384058790759214040807828680714982377877754393893487582955
5718238114985891369554616149842445473843261940111768384400797330588
4292718445090372920131397729573811022740346966555872138186779401533
6960728087343763325876478459645617135122734773850603915939218002122
4102598741860175380318237923304590632664927901972873919411203839066
1085360339056254545779941863034518148118972731871278607986191419822
2220272534417640929177904994880536946904802061748154151235724005511
2586243037729751300971297538171327954881089890055056488595614973
2614470467847613419993953952378274624393961527741402303057698030366
0358019287404966081776625341741784632198313538206804482134573435244
2110929399021679639545902364658831503814634204240512362100301352122
4586476238585407499745833817337208693217309015732437058474208743100
4068514323098721718223941406815559383956228010685905093290977066877
1446485527971858610334721117006622414047051377040215450192493942500
4876195389509795782872782175917907117998344913777697953932524906055
5606105840516856921381763681664393846009943833929623758954510476233
8741876836129148019260186092806730653246407941502667479289564940199
0537144735388604462177297744081353735769843388334557140856887387495
0308633023530715018550269020224188715558107976028910748522665454888
5868144473387319529841588238484768964838971831862683388148865505444
4396991440971220698398695671762715983347646888832274162256669098177
9891387735169674179148383083382688226194963989571785110012550182777
7400409567820784372487008614603082077213272836813187357616045172911
3281488727823591920126674940922387667798411953536290032893319427977
8763869517868509978126964063942531764353821989795182703256650497011
```

9505854280441269802418136074929890434786406405348795776925423055580
984573450331774908478523035231368315508084605374115272608707269217
188840122415912414334026904330228931470937900650074461981806596437
856426254877726050072906767985706205492561806357265249722150631237
890893842218765641956413073180765472192286109459030076665374493367
010000195787827249283754273104828701527011292927161978410502682239
628610736412817019176306574552887499552877950502249430916677863064
485541529761539150123791732242746782623403029949852051920156982236
546424158051547965377845879813798480192528451411549754519876562403
982779427954106652114366733466596540555135663674532473519393158057
871549885289584062209929221674657917992249809882792716325055842264
711707120172684105146979868654952803740250723361901279325182582698
066069717253330602480441063540659271441925954558102825835898952477
313964987797088943444109647226814967342340667754026930539925477829
013675957396174505750579030326792337151284495008120598976805945004
407442727638221827604516700200885250698663753601875140498515988753
692902328248365498838859406909766539016859937702178955758664929307
525707791805575975798244644559151284038806151360615134132199280192
724375498683190254751583133103908448393829527787681427103118629876
696783677942572839810982128144958320637045137984308760789601491950
663220368176783673159206467664700365819477955452493603833235651083
063368692857956414999456004584964978823261020077318801153696195535
721874256024293228776504966551535783865943060793459669829348766434
630053691436328927414096638430643396437968724684951327709314609563
076331656570729173036918522194751826115333226850848343105071569116
195623771605733698949750689199143016227350131866618723698584264683
752348325431188660659728886903671345273671397250534760122011047776
817075320130232434192403056805611953184255045134993408931141636088
009961039975894297342415203217314116165396871762343158102891708639
935154568700256795587937505478738598327543804820381450303865265867
541747057703618950838784463895062395688029966242782043177671560113
863009030813876704307059078119440594866850232163854926362960479470
060702914714437381049861559895726021015434001689818039126338386355
691687543280700743139910212993397183669119840279849539949792742268
503498975476606075981651452349629815714732568590846788068046756918
951163039249122769306545245384358409106294075833676335414395787273
512745764069683596686801730292290803592323383102101638891886588476
930924489604127416084053202791281804344682374877014739382154233733
733091535747076388733266673877498303403772829294215072556340607645
410211829440424338924681600416626377037483937714390006162566346103
683626424567015229325356014074203610403869091104408206088492309604
401809588871572538798454629619596985623588755330874778778269329042
664182469261227485178343040780182320244737199962810411906816226660
631750395257423389444885590466720528913602047153861451463638145966
444759891967209854571193018507217282358363285186280552272012901333
259742118351086110637449825961236436435194934739676585037336624422
469263377551935874859914575874363200362955073089882638645899370769
592719323495180923014575769400509459363011512059430794849376320155
801229048495607579989984290856621761829396962786524629463059962401
296736273916655384620488037356481558134608700205626998866860770640
466715375415376793509339222421215289175870558580013049636114240945
693149360414895889773849735944169867671182865496962174406920149998
222918857618320853118724169365769013368421235375666116821465190901
795569588106077588845986039281415518030604891232348058801055942640
903113722939326989391195001925744023847623865674665423729803741191
791292079661513740775569681860006036968255554914459921660520527905
432609633982268529908599899052245596677024891664061100106401263543
520413152920291666326929146564541790600022897813534433356194918573

693010458860085216462200050007613100481161792275789871349387288007
390212240505622267132137871434340034587035325561794712471059508375
327985787745082234704073955859458547702999710900559468267169646288
542792069944703182736685123499795194008132551045688859165339084431
041022049021040202448661973280850743516007349702203209129215106671
458425767481613136593466782806943117024519860313145879235395104352
918213938943612076530657471362413092874211911512381432835194921159
835354216332986133810977937756269599713704953152829983461105193117
885571593450686864995981973856875270690016788082811377040812021316
130694878312177410769333413682005426400131598785740236093629663615
478576871492806006833451194591347470303385745229027995419695205288
657722561420053718067848984638353522223579812458537980852576727295
415990641808359980482599213065962246615383042978958209467131680070
509310042415822279331044083058485693686184251384788786868646276585
827727387430307212579918850387420533240897275696731618650770362211
718556519016156172627640821537161828665192865961188109681401396445
666570524919815812962315913638208104666181836014411681708261895692
122026315973614889460095598811485147747572515201141585698743202163
307481359009284892078995406611035962421079762105783718935803663018
776740784389013310524114831734074326821053500485751253221366388426
988036718707681217508372681035570026584903799534964730422738013500
534625300365192950293073233013696673734901632987256727824187158536
887045662375435712971990292114201797296357904512452162098388812011
210730243774751211916407192142824538291215575103807708469567317903
741862830005845407741008707473645924996983464139001351166936721588
165269286449261671202510994047548619427093525606909377526368303471
987892294431946507407641829731137706558796417997594205691710233106
059385443613742325862789163934803068189059695405730569934322917008
137744073312923507708766174122051604075922440031952882198018893189
633892552089297772126629629013014328996357368835644647985230069635
352280406450876166781156871202937222526032399193532510736984833072
984507253325187806827440346453510907186499693387149120496080607587
491475799025184475475801864022744699680122706192042295811662422991
874809250039051877018762039910264411665847698872566842018767507006
334032907318338794188863123160635389903566857511271527984194418531
574958290829324055054968558276040336280922049509474481193903400213
555175282391282675785409772678592332133787102989828926385451698542
084361231069380682675153039204189214200694128883345218657715100019
936371456258100469600848176632689847225994443137183018422144374632
242279166316526152853257705843635185464007637119371613279170009984
764429333086415767890700567625575200938387765737691816891333109927
808510254910086221261211119557122492734690740157728976376591519323
603887743228139676479763980961216462370739021471314791577724274042
106540295473307932511887584859000599287746891581536974576345906540
473036862757465613209893995165209792553551095144211926515159110686
820034080371867367239384758518805621076730536667596468289892080344
487613458282423746234374475760938536615083529724960444657596301100
150493733035562017690569260389181626840079368395329188848066289113
005555978166507130122801888945229066791100925110026525519437093168
294811856000920609217300267885782685613029492980166389704513029790
392290555436844545439493972148328654975244795964925204404073139888
656919446750663526433598405627984895673217673760899740739627931811
694879801788574523643580541340992286714288717245325652502806477686
118219223812280920259258473175937266740733642381339259392607888748
602944605050744292841611318803424588388920043592008641817724991561
880289243907044516958013577994384736356384530662316952438742529381
035727572576430048411241269331118494843162322460464915871165525825
310508415886841208612037368302402495416986136724929754790997629624

677795826224892681847480371440970385420879921935807589816468764167
443281461875880101789296559796793546166001269443942839444074768025
438759099136128556825665468785590623778338312063982795628539059019
033369496117946592946261659035973974893450011620325918333163620517
277217521813154072539719942860083270245092222586656016179101497321
269560734597969379117422356840818122198072497599829653997520781339
264839659820639845695522570811352074811623631034251592536743594113
918137153985080087702940798785838278062960543236760469981324702227
840955503792837006708721750847953308728940305418000038825023984385
215150545229796348738921572268488095635193152334800719564110181178
383199653950827942868371092625383195756259680660384272041879988694
447260336658953552025439719016894363348925593346356466000813936158
495469209573729506826798577614591371346547462409752603781823750271
130376320978297497739534743816014809922468176615614023504155567746
697752193575958822697021180709145805440041389770903057594436602370
568628660603532119436820060669910743277005328378433547256106666549
086921561587173729827624874788462925840717870473504501164506900511
581571120518658278020951288539737123299384347248586756400890318181
417880206511205335654974281079003031972954551557672294607048846619
690534199809984760954727260538978856306326586477478732416567687014
489129388235736477109244629958454845619288751573457110208648658944
527863443777711460823680259699357889589737287522042352068673779345
659217036054393881636245025978869003310820006748632374253975989700
692387641890681401987294655208038056137383397095330407554526867838
526682543391244814245737325953495497461419192787586972413792093718
187887892976044765733793927968452698904343764690236380122013446088
300116669725118088621300158874486481950160071441414853564384033592
762380222125998785023745771399151762907547669200505634430650425742
304771082569182297111123609211618819215004782503641072183560713375
113671020427895594452374902658476322043965810158066553061826747703
288162930922448562954861692967737670641034350998749628880110273679
725115703770397937665511178974830970269115374589426777444295844590
749958542507846041464879109598763733885943476936233295538691620976
320135040736135123567156255284266280405058709710684469001742104605
664848331300997431113988386769225459997391114705983616475099881371
932546038816894981355537445421413167242712220290777355829983864096
035139308958356646396317059061636520177042652747231940072823371379
449296741585899302463689566005180256118256062053698285695110774131
468252585286851956794429353603279956075612683619187434405297166832
503095784499860615025126071165825097778436754926450696639837127426
437437071224873716127870759120070045624871368357332331403886791493
287368587123881276307099358949982637867800585477609494255271862736
888556614729962870898516981845497136879127127951368033490679119501
430841090857932580252918603289862802766997130036459890106624196309
967118050122140994534092670735144589809338559568597382065573846815
329704610275407246775512553809718171280938303404877235270690472513
968193057637547737706177021651566826621765281029132139706164856532
965982799565622663652490793964466900520037654547924920439499687930
535570015625200828287380919696947778602579589559898350795286966342
645731289614335335928305020099863860158212919750090058170713970219
629977521322145434921592778359737951979333774499635347655284975171
970233825903208574669231119546311032670590986024221174394073318258
157739882447679758439110638443578620846877070578121257073392505182
024668968732418219295836286165253127747653825529989668128997612409
351805227255048743855305616524673796059994362346804981771356920042
885416984678207839224969183751524310223193856251977734350314517554
033532927270231194399079288483060110664191119865642564942983625497
337422878035359162393592072646109893333932861954573175029986746129

840961205789082693070483292543414197315571404283068141521475517302
072847243512237423999172982690911645398209618655278860727228029348
734708997754451856464275861520766448247168149964915728346334907757
576015782153979313648116156226667369781149362438112402653614602646
822966455376523900987573857594265450639134197027211875924571097309
2037890219047000941062344992948623823005344431964927220781768961419
411044022955319886703213897413963228802514356678152733107661514204
237778446047932688076038362390128890787245152865934436210522230231
400899467333520691745274097995319175231418164151248626987273328105
555343050457631517053106455985972014442977554842662286074781680123
466139304659216786582790518968786713046249956449061736860947615827
180403072314343457835067104517947315314987640648554971884070686139
689652458510351965020075757427654780040843215999274680094585881912
529442386282291999553226710197849599814744239192215104405345506430
002342213757878286890774281995328633682822060668132576957554967629
251583274705401523291473497008712546384014429411754349030426038052
472982122125079334468593522643467594047392328861885536071499127045
036020502515105237501706003695896266751700501475529105970915058633
543204631199721976135136291304516649266013122582419355202021940413
560088928614419335475152377813420706659213169985169573765819946638
137349832644256919839682824368854260337155320946912321363940501288
815748356885017135913228160936504566615923366497395181038926551384
457934043560467311633026004855177630799362285160637565999744752764
485216463417377329217226454788573777183560402977323655740952362517
980912083434049796620537848162435177479644552838990041386722816623
683087879476244813917086738826434262088888072617549180955714761184
310837955324097741103989190101916108465704423401971998756994497209
715272784832904523563719240055243554892495893804506002359164053150
698609724523077420026467171522661903150875701999065682612237475075
583922111357069755680727348187615141951013439271039976641315094589
720975222507317929435753197255016411549103167492726575128248485711
648261903212439723097291775147656627636105600940882668530979102038
425528758776059287832924836432355305375740442266595028933569482036
083265612964765631228333770912985168464209981164398449090121982130
453360978685271654453564844019706443842451787619515918217961253187
010968048542613789932378784628837843526323907363803572273583926185
309315526777184033951131654260951563598049135500627471174603371231
118475807536570493825182034388466881180472200836910861965902617384
716071694793808108240464979371217149080373880860665527194019446399
689436529241885129509690416257275955868573003187112210902259407862
183122236463576569189258653127462169948651521700314326666172644511
728673094350044832345565392522755539224029045824560530252445097056
407511565552033550876269244478112695310881854222252550678704607936
996078859213529666700918066123274681382563686323301564399270096663
997386075988614119308616380684616042832654926436910147070419919029
890946519927633893141019895571290210230498772670003874799365706030
048829820680593096738527488474124938161883716539391920958972029873
382726498279570999346731048075864762177531258599962425193218839603
698622656506697824439850698141524008430679774182160883638277631379
497064800991061028480656988526140810012662269892739671744254542693
328327178030038709058449441110185868457953795321107778009337613398
239350523142332267861502793852184684948831363305572831716959746572
512004944916128962662255931610790451487589086901316649842734692231
686820584021466060643834083184803328512531912172066569028310475215
082752187287589985929017584281310592632390896288403586364671646816
276669421643357185452316835448248181692446918456609209383585455535
880344566375620166802386688037750245067726804163341057897231823622
162307842426248741566204438674435192582586729177981642985382425859

039372474738865807647883484217497630388092408187523981121268016542
109226550864640631981026595104046666449882825227296207317410631248
383757822114767099914180728620761683391476297038486617053365727891
737182111523496512240486771207938972784394582913823641312526365086
354385895896086070195719937940777128516477731561369705488108061103
907438024851813542424834686733506439385414847172862660259646129258
484202864268410669846066736912326034442776503368870663939843430532
805998835094735527320686654809334464088114840264690203944699404696
778884796994896816225260617599365577948375143944991300248891624433
754925404875351853304727640430296368093270163671469000866613774733
861789622857392422185849312066102095110719225945845900627057058354
542852742939407792894836878870537342829689992701725821580764332998
418787117634962740504503238980921523339886263703611750900348232563
471676050229552258290775012813028169291790803903548119490411962364
541455211084252281117332091658821403036758537699133446637331302177
907724342218811372848497819980251309524725991379010192306573042132
209271832940092221924885192973265171111659557000809299101108253051
418167038803739430539166726494083364744104969213523584672995516555
867124098602141486009698328726978249661150843007054267485171898740
366301849233467151834290277472506681602077525437288297866357671129
117096457439459652269501727304876407825025344239750687272036334331
174743235467348005283582064140667878334130743876227059694881048373
666023084157620574555271904760868439780974144443523891943255469585
548424791182592807524850625437844666588259446123336266428129249458
113704779960987079782518908935346632129881961766187868300423817607
044950805783558931607050437229521632709366363181880747654914786106
563968645913424519500166330078160875431394503008654396190826464961
607755909872410812189661414086753806641785618446994828897313963599
742852152652365706858285986472689201340562246030389603469196174106
679970176246149310895116408268986964053493926209803128803587823048
516711716441442831948487710706064331308989482659161849825759251931
915909002178676737609808968327801126356628582694718280552116018169
405185382360723713836423666899491083149614564146889116146331234638
369164378582250036961973902288965969519265110797999202293306976015
697725605789009336080907483648858739194390794678982808489682059559
732867074414246470917998784520465207270470777716985861116927514105
149726434274333333262096576890375190470728521227617390271407706217
335632245175768368382696387382560334663457475051548873784031356209
502421036105115893881343250753832183984108025617402470497666235165
069443655489180396205903573522993598166538117984388383183575814912
686851651084157180878427059132035646273120170134277683430923415308
517108729505946033467835114641413522533946412538370178310825243453
337282389417927011237390593306507871821170682196786399132672158433
8740557342820929096571195134232835413710472226245833432191840305641
174523028495472767597626794407111337904305939952962970768877008039
478691497203208666796874401059174197740535974640113495439179681088
920706106690707330055749375457759172091146742563405243597590519824
414741653017826383433591991716971185857017370687156844789292757052
009678408044224159825456603617254388668811867258721861475870660744
7929545666685264807873052852433546228505352676649490073000930869656
581158527416996131246571295175834807497374400237023328344011150912
640780782598660298041282208531574145734360905461282792681306222994
561534253376338406142535440438386521668806840655879009049503660719
652507189853385410126718247113480986777939342528586429906109071700
961779470827211333667390996739283143505861712039202659555887242923
057143295277507503118232080379857241331401673530486594651557843767
671614026063846672946345791658211903977134478984271536282787110492
816746701893615108853335495947878473957737501467507338538977481574

136985625667670409258887212070233980451214119704076710284141907153
916270076992915413903370655718581138258158080476587751350017723095
334185654099555904610816297331995775839963506555497594096595251492
606443894583434467633514504574100944238426169751582710551866796055
574402098221660263598532146750868568801410403770201979791210388699
936817811472677328862699920513307897924848935007211696068169193606
429035311792230517873669871421760821876715563732358778687735279832
322359468200795413840304557617488184540567623916388239842217596298
511406655499951056049959563910243802935387401638345570405769556670
135841038086195047106573844457833025645351845082524244740438078531
384969079479266019842268352689960708220015334753751560752328070551
149743110589078021144006931800034993709451220658603864238886564857
780684423545996577858613114937316611329005712874464122382794087935
994365909679434509579265502673456050099548370351996830203407696296
089016620303329460578173452196205430977841507597198140124660622172
344543540825923042557217869551182996225016632246069276966624357029
489842574237590025647526677871384938608542311742230221586355844614
999908624987594373381448180043226191313381755559294539008330991363
481014916279719983025973081414849000860022108674807603460105182315
815677661822587989316282190103692812263996200368683303058344336314
282710456614883344875160598567327415195796588563936582527728433977
056821585250409399594129837672813596248765369840266283703166736595
811201419160609847901905868487697162300208018618935537500159984131
777130586681123540834176535349414536650995336072473582475602220062
780063937026598287060378015630911816879650577916441066465863480670
824350112253765867024534673225061958015562181993616079630552271564
949695563218072017133011006347803280578826830380835827614508411277
594928976733965277276243238689468082655700816367092159702634824795
920849757075357375274506898682997582971825073529770628757587533386
214528210502119086469102010340649947270341102632049667116818203260
704404524637688423420504929159458154000684479753891713906436606764
331299281506496738045384761541304663863602951470762438603174016261
546012723510645390977709188624015585587026773491940369579095113849
599143599273922804154318629430124249857877170246861139419929199824
612145399993190314338777584549265235283515349779072788952506340666
881116663886216085358930533087720402175664932348811923314955613526
492137238463584188447437684908843394650343146823078695890049724010
484194862917162036117328797640431998038411266592593318899603263197
270754836211678012389103903540689016535102038984391978951102377465
230791742942086516877330605729741077549142413928752091366862217178
966368482205834844352408292473266463455881523946107421298983953327
980970463830388360991811060808950971646039492830804666945050065040
394499520373136937682838618889892961952821043896137950651942773041
729259885072436278596722201292021117345821048367669631317709622874
322145165811881079376207080940254733061152015426760323925951813614
502750123218896298841783185135603641986822604161511579012241688996
151908882260052915445414917650085731456277763112399878824027260071
441177623030748729258548934582770402190219750764745033809788092380
634203145865983025261479316857231060929214177006677099920301251990
221612351713848497474411674485306996864418128364720369659561956174
300576183423244417987886455274411063904230840652886331155502377776
253631158494534889417361062629804896374421896344530194795028732590
722685654734054750075678212499524380464853878278964296865327984587
245057972402681424557985348379297424825170970213185574726473190558
954057427601065027023634161489036809299457174060892439406666897860
388153925456330574998928525804877233283640819861905135888101371905
448807333611977323360415393225127655077597863781826189204256723521
779846459820769579617124948692441977940942964436177356284689456522

483248923129887377265295707301683068799880200023007548007692217710
450286724243729903779430450514106219583797166165863193830549211937
430684588070902565166084689250015486556595871441570731879261460992
151807367930063034281190639957404053883886924216594227249104615117
660964528114764886421171412723362552489628075702461730654688747687
560963512203793285878112325687676825409769667649730376737241073020
835043783532692980198855703872611010970654156497486320644210371494
233683265766835480675897276470520286177775852852064538413013989520
974866344956222179947476373284823421438572336757184105430269217756
800296631215994849558621772868882298047842855912658332880677357589
300314447017698645638709599344594672922749662027177180341806744942
108258400940071142899637322508792612103483742955250476720208120700
614877930492579340485333126450057574616749334701687414683613282906
839856124565309665582635509990079597163048970966919290828246404175
454516461064569707215106647218648493048840595097139183022464909630
728030738357249412062714449888210446537524712974713276576815468096
969107576516069717500986125922625501194654716858319671316498453180
648771884041459899910756396204831971182355301943699187888938850133
916636769618507578645513950004169956474893360244947095512070198250
515308267590410725985039131702265975010888159205438600515059939810
084856373825572239926720537111484371835796257350560274822109802746
182207929614654540240068663596017932238138466143360758757392813347
230668270477451909316276292613214202868493154734464200017199565881
632071104322911480586896269151287517240651560146330968017160302350
979404687327081950680065512361833471691275220616381501708167840690
736524197131464567091336851047024135366395334545317960465246221713
882476321330777610032495122800194387976730400559969406989024700313
605878656136763515307947831117087908932397584609332099099629571333
188585034527535169793811705393886058400350468363352853462962424363
948393695357590565899903615534428336634923347321638832227366136264
580284870099463390538066014902508563761332239181040498893461798148
582983572114958645579382594214303482362201564552428422623021699667
909024574827979962841706347496734791764411913999468934159437616612
189968201404810201121208860061736592785442795190150929005013653184
218966778713610565715486987192220740113650671533767156510846000004
883555686022781275231966117357075644979063560521419175684804754456
493863696607375257012423591088116599345050420297010681648051325282
222348947989018294656944288614702194998279129392164218750659374759
725794810222163714759232443732427134721905007653270697434370387763
847870375799024809876701593395111746967374321021585273885428601910
211278301217562685132739186802763721607657205177113324969245047746
033875727351845364212540847834318806416263770140820825134526424414
366907994568440420443032332107079025521396610619019873078271586801
195458709449133053320675196763106646480591427013372542191005135124
427041406214507189924050348850453314043777764330633365726780940260
262077676744344181195802580700965887557469442299762546549711793310
249909088926088193675505812071531600220856379176289399186077742554
297302132684122767659919621066173645352725085838917586023608333183
079213618668697457231830731316510172009908507109996677061754650632
402335175196664021937590501424593169935717890523297925686252252828
343363087919170104730174425572967847619932454527562770363149214467
535302253945291673401851424757041839857342772036843103534824018021
562153664028336207252772686045316696904858153506866961945269319929
892566528245040648161494723927174221342783306543246447743108940769
718368725780617049627958505757131879027206758466747865191460884246
738472614454179636819582264668578914468538378571720352324052309257
516497589961775782390465087045882468975360487368200628079426688746
118816476422813172095372717453249918005046043419207265703350865763

774858685971478043312597370026896295329681019211904211657324484291
291623914605111880949346653677505535218156723600017417243192078350
399057327421587610726635834502846838286953884651976209147089077113
130852520502841319601021766688643763963165140190799184537986489683
515041635805977694990929260504895892581693162205248211876112521175
821702476777710252775429784312162653308029508817306929673498748082
310363864741737507248201872494289064873647848128240032904298884750
626710712754064768024056938496279169600099096920614280435854999084
694730335628482370168468811588719497342578060268178411433992103794
626933798204044519808920111277862606692360556404178649880342208662
7757143132016616016457809153994З
231725905508190660292158962042933667639050483151341931262994663080
135605801919441281110294440745701313915406536374423230617614175395
155955752505416793089459503330841424970729436060847300354068256869
698930387358323078916189378715400254792281911136408742845297185529
304382218914848036313339596767663081048894279819397754123109606363
856192704182636059731899942167627701763068386415774674900617445232
440112723723700968144427950162403752961234319794701986212373350006
376109835255439601867558238078175793777788948243960486721952189089
880603613972226670384503751320535043823418611871816225142352149411
555431030619817561404829087990234957192220101208455107113465406266
460296749186820500250650261915922788290301462848508367323525627825
586540925939397964055048195199214768605921736093997182645638297478
723645449049728557773291971666809701242018027357123341716963641160
622582742806577163074791214426519563279807991036934925712914850321
216806749301043635444288413981678364878917626736036030151711146495
750048335952380491284539483331935795015023245507365739454418851731
018490240108701470172963157444065972404666368916670492897681053585
707266922015882321400152948353057094710275836111892138440731990396
612442200119116384416708470917428835672824782106875593928180438131
435596213901440418256565954975276216782702071471709550141666930062
704833144664052920427774447996121489273439730323385810420898173483
424020486878471222813763062459571173888766090003045853511641618530
493711893522150727190899025223221416531016339531731230999152734384
504485964272470678229993787354406773535257901426409801749044938833
500919591432572562625514205692119876320191889993944632744720518791
403630466861813517864957684835698713306381543601726906865972145019
381465303282055663684956748984074498758960170919766063563029065877
963837385404634252951470005808049506582321271125702191895387695186
270682588089159471960785212609535975447481845118113821443807118911
516264138620478098017641793077461560442716911760582505591621133309
052582130899215050590433812902704409852340946469132118889582903727
976828749540207437620628263675109554041760349765160092055998895732
304138489225274347610867656546999671045443196704555760966781244834
130724942457823066102792157731098357995357803956529989257483325869
294762243161333243527457590456681626614351214373212074143422697728
720798259100836150355858029667144496523728708098157114272311254766
962914557485327628886124899896550369964862618556976522310062490643
824396966571976487091983386526183822403629176700063465783834714349
827516766445082144879328659034612935711473179967030703609201552664
238023332839986655869599463860248840031957248823638528395839758530
050362617169696195650289465350626403612621205398730767059216897561
046632092552981283381315097423786095128271790631647139464446459386
807307881426166143489112265268616595733895602512607682414590544835
435963777332895094393363880138288389163972079843024692325196620877
306037918314048542761183158154044744989509241475662370484628085589
384325688440046657867291029282738078542044352842710025822032508939
622339601545839152482610956511733229638725651187755307815282009807

727034174485537343300870844577757020243814956247372553558745276774
058469944992611890278281052200471808944700688465599962815256857754
463917666923380502755872761805259867844298731363315292711461758060
955861958625008367922379500560169877489958002204982692612512391541
670322604199500293380020471401803603334492634159530092558118938741
082150633211603052904519177351695224773736212833703582753753262949
653727321453353455480589883266643717368255312542292370945983902004
506286414498890732905453223622679817059571011757140917562886644625
964682159477078759319507651930016415228618758782652859287905093945
342887803220073212554679832488460316715733935085690497290293939286
382925910619505789491193604661075936858566264107130898940838537277
326649689522698129283242166739515379625619838887254388839966585718 8
927366205387016101354641891542992957054176310051068067396328545946
798874675277780466694771532452268844511843727520345193193563991434
026056148478299709059524802119215908087739014178496149642893120282
292502727038699415766678089976157627429404730162416584812892787356
363842861647431984329713137442000315258535123121943095395372642652
788235648514871341260008989635074405611523702340306162830371757697
486217608767787700250576748949916292026493446617417520849192760807
877980787025603371521403712703727283079813122043179481108318984447
054177686764983180564732606145240756469031982073611405828764570545
541940060257743269644462248390201903410260356189940061955321352782
765397046951976370389985845187586359634065942051653014489404044237
338530136661531215276651506819900484124175496362046669261180075808
150768861637851649194385115092604523312099773954546771905297536802
956091020199354659843043003511943433511409489844416069873227942819
537024287650806321957287082658790425079631958104224080200165496950
126616694246819757229741032572751478359924389824438149471408151924
739407488289080677382790341365685333573007089913729441606947495727
981044746291778736999826649618902020669485482027530290844723557965
761190617069855156345656755212080200769122869779969338948613138625
332920607795772739885923643560118930982425355725442032426233820415
109314851595452993591737854908526789807698039292782801848796089997
561188923539084850927753332482715714662197001403475330579547790214
428906706416796138173865366641985128033009629634547958020795980891
011850302061598808434301399140358821101180440674923659276701205132
270822019174498716726212746739892189325835976400448435855135185049
874555587342858316063694688174757574864454784738213148350199468504
968452264326078773840248926898717636624554609362300461105833828769
997690699971142483372081591390732659433306936611307258742589338879
363472169010505383843193034015354073325905419105193920213132788699
778804686838227097186202529663533497600832713936487498489072696266
198600117784252300753172875563025953902225923837729529092419953161
752723243520773016279644486686738312331106792805619190597488816421
275473609473876376154987760945993301866541397222228059913104870791 5
555981076616722516765995969077208398047753757975267608607102789023
912319707247022428720917106302505776259226563869181576893542503762
764649381397653892801702921111465576923160168806798074148679826756
587661004786320561725857750984389109255853980564739129601928794316
897833051142981040196049885647521049116905746791357642807911283211
285464068640159763402363220671009900058453529574936637807257781775
277957208166740345297839130292684852181643018118867011259477606105
663240534513705504847534312181737923979412555889110320692562679191
894904370312043101687324393985508666027954371188536722042614906071
527455189249145885583952146847526789458932352074451756660635005675
109472173708229138988896478717847716898200506273131755132040350213
173792189397587782343959253683178416035150586685160209653050646215
709845575769746313590854016003650389560648084678033512184232943656

939256744352317349364860721200672021785208983183514402934695840135
836583502709408824658543215323499205366451023792916781117412243946
399190098050697045799970524073510865094013618623265187731915988561
032408794712231477663072115234553526969049818787171443337413917244
621964213183583937815309059651793192134649123218355618575549606992
099408432875163630607643642813904106737562136788024212164324146268
467374990300455296834497512536981209202515541318271347132356815773
592279611138620257660357913907761326069938173192506657333253947564
673614275505024383029701602921869674540830333645493771214094116241
883285255434614092793903013586132198210236002037906243572074658765
211554672847548723786490693591419691282033533133119540761548939437
465048658634856138691033187266556157214754182206799346567924920938
381192793001175734364368581645415426468534404341348265738263557743
453284733507407239461576839144831835179254209648499501009224504451
543323256417954854092444743109486430179988458322253227960723315586
771011035977850380676718541681979597678238458777753995191347807443
430327088076891830330016228003780180632191976277978765106911106889
168149757366998830153728946399398794811848287651967911793738641568
973408320718117123905437439998286704979446893655790850208795164823
463878982216093102044154518897342627387074940946884997335063113958
828802545825335135816762022931059694695435090830014695035245611570
996470812406200802242973323887131435209812229709076843290392865194
369625590125643535283113996233181579133012444465652089145918840853
942378418146074763981899027627405427585500545714285961175883784978
875593327224702443403642991034823018517481660206306004516761136834
720067867928335915775869233768958920558518448471077085015949723819
593804868691299576602539012341889021323319193407376036577363602317
779206167076367803716769348336469879521035272742912258925966976938
308892543600470493518467838566056047009098512504619769876727053383
528979983000452429679380132969575294533161382847233791625813837374
697837963029123134725783997922604620854853783557162000995823466525
692397937834928668974290061354269068609930796363549449915721036180
726397649684059467736264521951051305203589742843419785447540117936
094591730375137096227197373643276398792201997729224712465014005874
646545736500376926180097728618585220384355000707099212229495978794
565129270658752108962570050450063557145620767143582505124383706237
654075307688516392908417262694768244106680372772132286127528629864
453638594636680035658868417811795202193304328917787433241662611902
880249250232847028848902451140439400243902129003634196637574052591
419761880206917456501712314506035625006833839864383481273457604981
364270402524774149629644063601595605751381075333364010393910432202
804450867485086354068247802645358866831260223958193758497641423346
745161385478531413119140136206750437568531764779785721348858563291
596565953037447294961762486052301832070342014505708431032462075865
036341193457604994135932189618623721787252374911476237366707993246
818433294298400045704711639320724089693514609539638685939566086950
208770912639260867558447254739152729424388004732363713155525407406
237769560476425613873820304946757128246581824060771374973943920468
859308137571458103562230579789718912632981909392115128871614104369
533682999862360842218236427976793446654114153744824636799950243412
231525849995087508889852166556884746634493967631789023080227814906
411803974991451652783466194518331475524563142173288840287854252933
581286292698274279295785426910654345920379206078918139569110883768
098907782439539496689996540972526034051983093856746516031194882833
545852404129920278654432210034766727488290271919865777957201340492
932094044307502487897156494302868990773161040680067060987536349391
943452271606699373596656180437977839025308090849961699910375620236
492078656044854207760459455811417401900723677702309394675793544881

3323526298244468386604987329294605484985269070382465787111659123322487777070860245089967669790165312431705495660672788203713397352575361440790637839313227069810941814034079972839951167998098707227222481320937831755011737887158437821155800107121834710190945396477702883378282778579271572142855288612754841544958273824626571247090961477510515372621622508861772108682383571851431491479261821472178562758045660514940912601754051053431712224750025051264812534867009096865383799044687832764110233610043264474345479422725897524819131375138213009025432964163774298295997625333304501752664535647809536714639099172684654473794069311553464320113090797258717856049058603646331858968193406459359565796266030537157349317087190208530235069432927124492484634798754818838716750441944824768607749935011971883312406840954560837553361327986863855138490935048548856685973271036408530785317016729153480121272387843993085642582839235520861204063807886313766647666748901127268668124769081013308742688202607440480702012985458392847807580545959565652287530120180720046607207702815169695890402119696218521962666438867875258203774454065469211895280404905804074753958283994890607770955811130919033950275154802357014778684849392057503863101931513367650194150042854357007664597636522573134298314796005933975296052923511789144198796043467451307504817356440142588552118151336365698610939285522388093753284369066914632232724917609095213563467268500301702972059631676024592156521610237891395988329404368863326246062688060041792228282089364164713604713655059884673441672522668295384910843510209690845289521265699614322729293631201506812487564399110898134701278085161114208634654660205305292949679585278126649020011597061232187652555161573137208887718939628244918164446951626568051793234050543674831757991109423614666105336808008829714786307831561097902407630482231876573368504155100496479736509864973645307299616334395354948996442726629826556069062824233467947911852552943436536247368928961677703956870442034459156001505529848937545880602314633052680689278164939886807934318018656716428317944250337221324529488642536836133397236603217151309078807418880229123956141534719700230657537215243705526543118000452967255492570148348786773300340445565204837540378735971179160861928711017239962448311419344030872624960523313184682526709828556664693261500648484294827411730149638151989929847716962378028316569089511522762243066375118087024030296002703983833278464117254944961011076467157973573229578826434875364603160834297198446558569727361013436142081822763818309883310333795484311239325309560062951645381939277039520282550823828963567512349347804788533231142661747442793997566400354481277322937665220503137132528669502744548182985159115851650093351420982077932914601102379421083899526600461944880546633944713189242883977496600263870216869504395616552281059644923463424285321788838675812048305672615567767006813659982712271968346782433104135515840296992545540991917060186792265896532888078659219170244910102184271229788399954298170895895554083648374086733052783093398740594239712706987667010476907698565566587855520732304233572031076868640128654480063175235300231210384911504653557959464800523718947106279076314729432510200034681033566198021576420397705140340845500712762009395135919751825872783562298427975142405820134958367456298500711232318101504997427673348945497469199291296797948905351891258439903782046175885904900747966149896628744292225484816692018955456590566308041432023909590984126260869473448287312645131683314605527613945222096798867846246386007525533283131222641375263552564734464888375709915091312358916402054878907807379336762856780612586423443185731768298238513143057430593853508382604206789348794822891994121134457428234529060296788172965899286667900357395093497271433445244791341337297068768737191118469420173635901668659310576941044542761529916361934619

161154670524000871697506704044909761187843993826785468386292555649
754877777385713114853348210262426527534519019952583608567196065957
181775793699261488561845397797084799391091775626587703232521478759
488988835548189400581282072184303582594051714839116734599668133008
296578061311044871889311814661753237040891720748589025821013594770
905417653644113196254497378244008868142941903604159609534001179206
545984558369247773640217603660712368734060131535805819947638269814
304335834150692546203251558890729175821114682647789473802973388942
159118829309373480319827145209413118996730056889957882817471516064
826066680310991138198965322982877287319925440298191713143679792458
457740101707796603823149986496632012398425932031539482591367429272
602544420612228005729016897078239427865832136554307404709855054610
434968177541729465488591480957731513128333056090433522120834823849
548114721483341463797702772019261427024169448962827314992162232210
998059412136279244037099311826951490140015021255670646336943603815
828210071612130620279186490992932736220408308311186430144275930232
554760042424733213070679730325642693330742633127744608115065642651
030899889172098821896826964514300300236814244240752960032168061872
620080756367708470412049127747580077437840787530123609422697393486
779308281184799491537164397197887759858960169538778934499407625566
817985964818272189144480029712260290791803455687620349033935413993
910455281063346283856291499757238306756273625509504076236716712148
107128240198045544546786544082486150453996328328344095400955432598
952207794141728193766503785940592700960848459691158784320997895371
594805347305835982265584084451704796541846731863964420962966376541
812545074180332227391481803320095941813710000894890963262044987663
497910433384661934624530916967578330996818017050445337636695836798
016538988848768994022983734240917426800215321855186947641337127703
962993302741492636162704567171836446567934280129620706068580520846
400459214646783294187844662155147760697512019382242761639886759415
200573094322827168943809710489477144613309808165403465752120557996
577816365667633346828217438155835188915902603176519339371490151492
985082205997964574279732616060945421244185999921734605677446003382
706931637046734594817519717840172410152144763463729665434513814543
886298252682890511318691193559827848273098755000431161719286676200
949230602184902616631474538152768697877546787349548032992198670192
417019881284282369476946844277307014799641752172488405299143759592
012951066773953339985306829038979527928954569101894828580277088901
887740463490093666105138977749454249194401220567695024326045059802
131598951562942716070436534603310353367466349172682922474659500979
304029867115636703440084449367317076883059120665504619393719155580
629386394078844570564292866498664413004329073216509978386469474725
712471373411696295676606699446011437975587427224444965838602190804
863807657777785812118261272170473493376483825443310910829028109297
636197785999250929370879697240861517733591575762533902249241254812
429528756474624505998508142843459861856419316762330142670982389468
266796852600259610374180931621434848863031545724489774810312313879
047512352825266102041477783486122812569705484811114331720841508436
122855681680245277689867315409373567470367188211003249060347495689
977382236937801549436807330954726582486924689926444314107056428596
217897363107085603013946220378831817328518264349154238147565168280
488040024768382130484907514430232259924215906616180655497767138905
325381238878249191501796661500180744315438202967277828855559044608
290064566864574600164114312933775505908337848459005304101013458058
370877062305130551076775740555402200822388913966173874385234722973
639162980880612350232910722789184027372522053957947870300718954709
040601973433601456471454898833170250614805609157714860149147576703
349818869201157768683925797557904344015402105692054173749269093908

5432465497693674113184540945686511494874234405229905914062572451l9
518453964438909890143631017586798827833194688881862413707879918345
112881440017263767835470974963132145673436519979962608254731048766
943826527323083522016422999871091107556643501561356065852956320974
284542460038830549723725318916262383307843643431864798923442643200
787062909113743493990211951593263552528222014317604450147886787315
473091265889741339875530013857605661070260145516995374785178356172
670996234914326224884131134076250700615868162661211091646402231540
575997591220630227103084458939721931955684242444834550078149077729
305628061282514298073697900362452533630360096016740900498321882823
175104393203128076217250580410690617204137355240296724752787548845
751424495233787102874706591165987800719264674424396020277797728831
164723217173202259621372736943343450129933538754291118953157560097
429787434626520672959346333673393500462717419575356133821972980759
751202140376591362664068491735641385928892480059417820718327242456
852271243880343848166481112588332557361351643796006561036993589355
106266651752257019126703160858227262436265629972376212764375867115
690250959932407738973803158006480890050887396791020025752982033121
233457515008630433907657014631845013912386828325964006817626361276
118071412991668214064993488794398196159152595286484991062040630011
617069958912558666769526967189498065094855000854727297731017409503
335517450247209687316913521800245615702226123766794269346958308755
497478160500730193537586878488827333163376928141809014919758581043
182031432646189479453435650840413999605194089518964079986209283203
391837883205938737258065784231474624362509112417558389233445184355
396967952454397144558686462338924680126103612929423518320022897687
847556412051247610262086143737828377892285553271231903687743441635
901826451174820720929447784099734267505269840411998887663595345742
702735214672114806026553731578343949095111385845304057956162793563
191132018035608059290814797729852533227643098921150646463781903862
875321031123794674956199291436228466434416581228281404722618307697
364594917159091081498620213070693237624143642470885242245567870299
330972719329597626194446426893226024500992879218647913074376732672
707978058688221297591058667823457101624315826141327323707333099998
898371950065400292225992679446990728528056617834198966256281070152
550729744200900737788782363533695301215521800606949403283161225598
920770310781759911169617198605604253331205705333092653612757398655
859630038486754922266604880799816538306134257628106727573185904991
759990772868668880813071095226140065229673983912917793723769303102
235354914161269570244538500008524383373196809547282152754985770312
581954873596106210731948206673984238393665937183942196535039901046
604614362004631137780678461451322761221738666684390997219115915278
208469164372225609305365797352365029332204053727641053784247599347
202250750277114754096372938888675566023418734426074210168701098610
008661322719003405725988006822053082971169537393254333616826226200
415849567587787687396320466727767702310585457770884288975379385284
134430075537253998821988438776233022935894387543509851928800994326
388859188195344241911694541715476175940458793473805199413412546141
240217289988094856635738516831632576272639005555239024980284628731
846529011547308063980231152227275469165075924872443668274881475446
054053547072008595835766732030385948447891143070458860560569190802
367815454427987359851752318035258973092942612425339880375209401708
258590640825586335357415745782275550029612342088418153802453030347
822532301123531800958836160306752272229782042671692499599357133633
587209255958228670174180742665654334685615441771384625498620418030
112419781446923516869247047162101672392697983449624950738555069905
093271339203621842532237096198767401098791914981683374797153495654
619447833134004808183750966625473655882130819225827659145317026973

485925525610309886593165769641403511697438496779354255212464473675
2844540087812913158121121196538422885694493978160026585589822510
976889750383776399012502339548245271506474730713887956431333895624
711872403059199439537736792461906193484724035933301177625241439458
340269060784065363718329365773730244189513727617241135926596317214
392929708572341757294029160480416865077065363227941496564187382426
688157415390747398861120200545088959193286614360809350483240359578
043438455783408203883278172165318680548756072423232787872083850811
223778573483937462725804103702777296181923806368048732291646665759
224000435211274293331644425810109561046338346123970241630530736007
195561614768221867316024524950298552819196249645431360454951299629
120138782512527506636107470545108156174498800507649304843087688157
233096221159123675556569979628645804155181893311938459320054392513
409069407576322413399934861692426996563016713583190866995785198279
125300909170562097583605265105176539353823094343460912309071053204
430545334892000829053547671195669356024042153733544241091985825147
796974005293821074507538830213954101192023743435496880569731524363
788273839043933788407335678819087495287282333236813820446169257907
792859831193215133000401750105220542030394804615028813286834409880
896870055721219293906539808685542359893960161977104472429553718332
651765552381966663333933070303773894563345383843467864938436020049
472793306548870490681904360676936455143389861219439103392686779447
843843780388071692478541440872855549668297746658300965184122172852
115736310118625447027207626374929658379201462748949906323885823350
140081917931937784584203825696034706944766569532599597415952683206
737456567997532200757859243512264941954364826555530462765802203015
110130510384896526671533083759663767910754585954087674271905315848
129934502097090816735458753196764701327055166065781466216195798548
846150474738026504257219000536127914688281182537680659658975697183
538184718606495312356589376946599973712281293917392535719241964425
867048828543241652731137206816736703570583730497026353035021528182
369767267953461690640750591634626760304805112101658283107769849463
095938379428244827568691843027635256272621533637314890322209245182
918258478415637457416878463898321436936632543741300804055614687097
757425366723047454682368775506685019359590977545537689901383031112
058238455965918120561586685036095204851818221576794711897658869371
992237211658100759737344172239616773772709794791547334204322903244
425389634582076766767196560922413665086850044280197108644379874126
659418079583518409680596703961874915034665584320587976838094230748
345386664526087880538704979674742592562218840821926013623951205435
296521299146258552924980035624149853533721170571703750390367858186
184907181442585297770728769183200284433608727922398676649373261176
329280908755273765011531756090031459929793364618227423811619152950
047353619719525397417204989639323747985843262414410337887932830067
427341230164327060145079647536233138549050904587367866404507462785
819625818947666745705829584329486502941993037540602301233194439408
183365831204601857880579917484298277948176006334804849924087834383
650137525191327765708600096913968844579211034502372729595394447800
627842437702815794091556765601915131479930009625652204760387686699
582839586298784459304701402369593940875762652839035938488581394344
616178580667161204600141088350841466845732061829621301363574471069
802409202354014921052467944656094453958967877208294918090430090452
978171425633830357302250487310770493378415368506469831234038187649
266812349214041914526662863946919404467571213705021918983543732005
365175744269421634442836225853497350522800650513364202449631355771
728033542301003988618983828470852815108952304866986096686567148271
305823544948777588490152569331148972752793189449014247746410132346
097794040067586012399996831496655943717743096112277760250432328962

259198684599020336791582353887598108795814444488200879242423042190
299696336525795875980034878647271242365175018661980551334285103636
213477379410701739195520753540306687125146659368452309423054523271
954175176600157962342674057586077291648593263618027739050636398315
949264471326925724345210986288355953031143138471578084168593134434
366222074444721102453013737557404128541669152813245405632115879496
076073618946995742276501027304322658728412587410621634615438217996
572102185144259338694510725939644295444667813602272242384147673621
323815616957064790706926704921190001807923647133652294081491169440
146512629074149735243518739878508198559976717150368718246080748365
285829847538975347472088453108596135864905406481196418607950101732
299730780038242966880541550774545328512593137289396369202934073267
550052529230502835283550456977790472971705113529819122283181048349
333892047553219911420131453203154849037569229787391703208830935550
035165278495437564520581763900043048629493902307971403039200503953
439667270661064211619780316817216738996309439672896622458660131649
481643911317380543642116013523608193902897215299131811748944333428
323796416075154958398439717531260969286560263451447903779467717463
151511756829678304516622133531593181530479979309027971593842705728
879892791276997461371024279326834739249863235480265747468101891894
860690727509485032413684630341830714217308096148892443970285472395
969352937726191666851403842181586184898941917170413706827026244732
141606382857948147506788893527165552671898058329251710860890262777
066326137148120023322089088672552653983626523615646160179520107214
460514638505396366660584243047701597027005296382238593294385860336
485769033067803023552228789920887679797041073611642666012070225356
424748392343093181491720858941236382394822054013065431002119392727
809272932390906620177750239860089818248863200652916986388104830790
033632135021266572456712124434080192692964426610647542379707006271
878446312682652801356366529898593345830709114651252444451296459808
983258345988081035527741766930284710355152001205051494806760233914
125677089186326628526894772080345618541629987509768358674878317531
271067315233389806287183543145701285569226526224546728530500257177
704930268240678962134244044694373439058930033204778974576514451539
331142067068347785097777069753697128523805236738530437221372533204
427097139148088082861291321794559942658531082808832360197770654656
824741124827454108333928550519952191401148993673063422121289899976
264072002082552962198526673439329535243107676724948425388816260701
065530576280658946602025435981594257134303695271644500714348638756
971200025776949438111330098478032110101129467408044467990665993846
627345733758248053634398814045725403812959258208524244530480159540
408481907367930686397111077374317514914963841566952019893880429025
116844538256137479939051033737767944944947264227986583658296773098
030954245907956074862112162352461362273896500169178582967947891268
162556499320611347986264591252908310430600518278827433361536174825
637723891501925180496054453533209563019817458658649606861905708019
392836349682840969994767341176536863928350589721434652073497635052
605400474756810639419247798302664799111373815915527494242332779733
516493747600302771509980148288902844762332975333143142579868956286
688680321133314232357992692239221888679562434030665947684862653907
577906922746695988420410610941359716075881596959849456359535737188
164766382091115551284877309689186951826446104883588852262261003010
431601477431563508123572655457192040182860175361179492564126126607
189874274481117445325732548176391928838202042281273187133883533674
985232367937819292886827003444638276791076522813179171082062804070
856599243412189972717101700326192428860056555814643513054797637952
499739920145810133725392449704753503690769260067050707895093906519
729581689025510450923453262589930488734711669328882837191005648136

0608340344098143040402584566930556436403216440194356041346738525752
8714865552036200108185447885739654894743679752177334072204457791692
1739706553091701472050174497165864144499566526109841043952504212942
6825809082986382401427979951670108162428075917191096257470868014722
3119211029003173506972540308012914189660208864949490397048776010132
8956222714019982217038338621284715860245684051963427039825075795332
8337641016079025678984193950730618764806252905764291080957893345872
7691485965434872659565766700526460772951789727755549770872890750052
0424835325638714622020999416439710572199456011113527799308352772052
7689227466503799213372876347037637796889472968059809574511439095722
3759494443670512438085486176934561281202938070808986772045367169772
6361144468358379659978692450396958010074282919444359499295240043862
3775127478968186686084236593343200399870342962794482031845454507982
6396261943262599562377809097960810312116345290052367891782689745502
8680687746404961518282322591973814075081439202809654442473024221762
5738662303781321066912891550431614498844477403739167380497900345622
6123704637842236231607965550707766187528827503099184202233650325322
2714030095979422342117338175816627842991794111061921376209440386472
2513605181958701242625506664520422738751803503175344565681693042982
3884027270988030425798617606427047696929902908704203442852196832932
2991776691186130117540096269821455744539249120007489873705953430072
0159126226261928316964786871194433468117745329658756877738690837542
1637652680868025650195200951745030309415690279408198610769003180162
5512515277478641991701937299977602280174641315903374540482269331582
3911496198027022825983744274102837802012451980492487816470035820802
1828752417715659468289057096538884503845002956071961726351551260672
5166661220789616895221346265988014006563744788838338366475469225652
0425937127133591800608722535846086313741979321344850808806646520102
9200010206728451904691279431415533857947880030995921797485782296162
5747992610636344901154614774216270385432597876982075827194422159662
2131862350120902653793256238061465681662705480011405935729722701762
7674141014532432305913825755625373972969953523211202946895204741372
7441383119095429592452503735158376581799531679817046894798562681732
9318251991478260102672773587886091906900049924062831393921228353392
1823440762943918838433231524840691604734330108435516631817536506962
1105418156537284608787156243017887027511205061291124771625313428622
7205573738687787071527498509172446106992234333368186239642276060082
5786429790916889028391254385925215104599536328772823209916875095712
7102018897573866033501036199867529939328875872240688436228016853792
9846342292955542477953271432776661150906529446668284855448718926392
8410698828551944963909712852073738994996304283248598345288270270052
7726602624516462773056126931697470400980938415530391720396914075942
3333845997378292381646815596518126832636499119031116110509228999222
7690724492124611990924100736018393292666557115822352476668557202052
6942440972713396529224204642922027966783975966032964524965008755482
1098606280300089442376471168040563091484322602789111561675059534022
3211391752459316365320286556578857415440122593146480235453321583812
8661934327237487905391713057083299953357023261107251868739512503322
2796395568787359676643880828252320255616646920732879040726839907842
4549767607709983715215489274348856684221280524669165942874588664432
0796943690166143244186364484852040544457103317871357585382206527202
7123031997252057238371569324129901014397037537436397623900914310372
5138294222318222145345271724471818383954066591373369589594549092292
4415083311139164111536307382803473796306218745289270418283149016792
6344742777218457018898405541442019552198213249252618082122430094212
5784864103246287483968504780778801548725957202844708242032860797932
2951572595013226916195607449236776789130618056498213549314086828282
7607030666474276308566148347588085046803595161769696252149141365202

603189702213683926589112690731117326245895072086816823090072776804
029915927380115310756885898935774472447000685673549290646773899797
240600304259078936498229920307928999358490942393405777257209174167
102431086637221982976722380873711867076071821280078892114916028156
032531249405551536591604749960807423560164734178150132061975445691
955773762699936439393935435275739115150383275948957174336884753557
747471090681055015053182691538453594506689312439299264241608126598
289558271197262856290569227484908156729452433696766934452437157185
125851487725200779191640062649377219400220560001300306591006754613
133729576916090463814528049076939110735552510551673560062764413346
080861438937746268973464129745179694909828027904474237773979700600
081911347427288233928270454552251600990192514109255608573488478334
973976437689334215154407601725435574367554200752399492803221120767
502878729803046603392715849279808966657763321961457531349716512513
560388786255186415850305280772923983389425563492656241012897992318
407348936447915907142454179696140412102834174505146542595298009057
357162899668397397293746232927034071349326393617376063688746211461
477033222433873078066972653983259700907418337437171388031613128093
766723756668262589994597809008954467872638727340379542284848150102
069867709667696680395615272143586587220664130523626815322119763242
793260832556432143804833599180811416078056489536729541594705117983
241076925008750384665359564764164049214819241380098769479439955888
968393499566887810088595668449804648364160423969823721761729779976
461712766912731697651264153835811440237682544820705511899008727642
256310757939482507857718369701740663137277651773557881545579234486
422715133612591841589371123085236368739008838141697865731125256793
186894999047515101781392065426404435975766547282935874310659078063
609620120388416150152753953658654379688081711115196166482672146477
548863033530951755810236898507169300692230193740535456909031061839
699185691382483599538555549590736410719383273533760403409182420806
257213590865299067998560490928688345398507547367708807884250624167
458084533490386051334381620004764003761832934211144875103367557696
163668726275440097430804910347453880430498579080123843851164324774
333452740790803600923122426022295094842618427094207610017857610341
601275721787183273316834200777835385816770574676724185216737737695
141872722752765412018870015753319366984077492110273927153433913418
660519885917236381180919805307612847540995445116567906711802294158
475244960083777243819121768819318424193876576047045636750017825276
83839056155634823274297773350995443521305736068233725569340048300
445084612509499329434504918392426247603953604953728479394792478566
755547020700802926091843105001035274954865775552115174415656081505
168928823877665856628561061918494562283830227904522630808024437000
118945953721146209907382874004977286498288276144097950366176145499
256914834668583659340417286160536906629898164939285215374285597129
638893623325839330096365434141791427580641227338562764414883909068
980882627521825442189556519225788333821484596751337879285109051589
392282715816703338102994938031532395150672519417426838651441405761
401883579582174991135457901714885003549271976929539769736315735460
608925330848669503963583556975887152357379956218943705211411775453
136370353998200466886376119429325724618386216030237533808929454338
640392699006014816620715319842874374199501983585958610692585449281
279674261413795955790155565796998411087498185105446851140800209528
470974032553622295787331881671819853436162122067158597910820128150
243025736305427136454804840476777476805232044256745279459235687425
062324333499887119789215298071822541594714118140548316410210180258
504787554824749028918005612402869270946384016097053680290474779010
974152348701074974871570005104513303748887193060551760406936446698
776338846853341799947289661383229380006887235801185275229184790295

9351158867108023290954969628281539040815368909429818149924027477 32
3469687822925192409938173388197999945417891965218638698201148817 46
4362795179863150175067931215850259235050923358976837038696944797 07
0073822901223576067108871376681710016950072960562649308685816499 82
4890844737418363004021612113268844925769831548810144912185438688 52
9503272759729571287160289727864214149623120157511112138183245494 92
2509960348931570417549405781664651347368399205284285734581778771 20
4558043142015451716118729758190330182708642728886273182948918858 42
9185067589889071719683416936793862139770665440752687377743441761 46
8027786648096845347654869972521184375488796812447876256093484807 81
7016897433361770969302555665691644378422615214271976330993872767 12
3908812279478584564335402380648983363466457982113202748808637452 36
6586151491035008305645170038098985648678874836509261634566166154 82
3136343857513730255311379184778604919109076663775894083646051192 18
1750999339720324423212974905943392421725857530672748824127955183 27
3534942115561167205670731613063942953130346708575751901591696666 67
9967838843904569257213296257566820862112277256096468613876629143 53
2893673225821161117507541482153252109768113038807321653512028627 40
2180828927934983954526973230699085614327049637229174934017855909 54
6038828389749244059914023054898146573547249387707875849666595692 55
7429083914785584598532530618652088004073546349801838293739958823 70
3497597182762715924705494805709629358775149769771875610289460144 24
4904198219085855001459812629016430318518660626752876477809112078 99
8619745604437666842264955664498188057742765969493576787439473635 24
3794749419312588781232109776594541161343324389845718492645759232 25
9555299661240287666912503305921307265416565974356585172477966259 15
2783681857412714471925655200171071733324962717873010208917446927 44
3529711244930120945551702732571604820559827058798436243819987711 60
7494049207773834225165575339405004718770619164325285952706427103 42
7920417280924264726827650598115785761736685907670889621376064618 06
0302474157528604720125520710440747293466576604253971100743608906 73
4014494692106569293069147085176331513779197367455150511905643968 50
9877770084405503501410784969369565023830808473782156832444833713 51
3445712056012283435474522448172734310527169795097153942770388609 83
0795755832584653120522249731040859631155412237056561974043107510 72
4799767781399317712957313634678946433868238389487844144972833339 32
1414109117002337423715797021010718886292271110252614051384075087 50
3960832633837800692357926695052210234157791988574840926255622190 12
3023744093914599967195875559390361221940757988887304689639949224 84
2548798177338753330365424175662531773479476489879829133757850741 12
6691777591751814577181657201298773352027561996581965295270449558 91
3092892677840957785375060716158583038907090837285574837824130364 28
2659503272805764109993314100019832197860195435912418046590193643 30
2207914675707806565707070530523904278842058406612328349791397509 72
5346233365853841292202254256707748951215299096281943810299123686 87
0879277115246897761642493983524886209265650386378735754635224677 28
0576229991561001096091873295464569674413409692097819054089202362 26
7277155738485875863072944395339774123263721233197023379510584979 99
6843535583789425092021038481277203527200639481426012884543869643 95
0452138242400353997872189182940801046861079694388774898225313457 83
4856227818276543051404673520740517764718253898360090898254805703 31
4166393455874112861774465922369276716460476748861071609657261837 03
2635714152798173691797419907686519805204533050453383525359422299 08
8964546653993641205632314624428167690506761744129172367062339151 37
1937253010053037656662310252231169559619645589402988859462706959 01
0528415243922253946525819863227542882515386954607135060239089866 47
7787486908402265804623134622970288066128999368172751743426206607 23
1629032149174769457403471940233940189195437974952471416669241560 64

188123669942538264846963296523076449778563741565552538112585582828
165832548910447381502450629580322530348825429105213832557482582978
029364262710339779527525274252194698586888643444114481792786569165
806585970772358105794160308990955154787446317788720931525947629048
042317002905616533681838275867215581005772017115532442276125876909
827707611658418104870260879064881493160202893560218147681308330460
476462827318586808555823064952816387251619649066098633711864237621
778834064409878097227739268479330225190678803879069005503676649251
949496228513730250241853019580861844238881924782879940609920032129
624923666917678433827546542145555686003836653062420138464784977979
832089673403487482480613656194366885554871167884478832900592220365
111289332867569688563768080020127776313639792252705478579503186060
453258173967206307389118649906186398942280081730555181554223125948
805066313926710668647119560631323143099933112317992239078805769238
306999357250446952735281423644222765033537446789382694583960323356
957041084745586026270642610638696339474952703929698743183166806344
607355001013601956882818070328513639747755063150128392751876084426
840989148389110958358254762817628970789184664156686400170060721822
126574526631709480634920036091177757796618034071769225247706090219
736779932246330613203002595390578528904325058440758468161865410833
640780012074095604137945619390554597134459368689673386080181388373
727757834481063025506847508936067670191833305585852793338146802493
613876340759186827107681919877253472860757487621571001776578852781
756663855317705481262121247558266450866624826411558173860727803639
292100814138867490736011650909046141782854940410995043975463397508
753950565248844536604715329623565262699063394950066080706320319030
791686584549651499755552477730495258562361492928793637857819534339
662051276879058912919351005527574572490956212933827844230221078992
505847971299115668799668146619506017009786980211686432332928670307
400139762982780975192767051473357658447129195485662938185722305084
927223089795654196465985627186985058888475107158377866921004868738
672286297562236894686338612223326460813852452945648933208953889013
542081961287316540121093860238810919334882471720752996473016275076
532858466035405409137631458150561539921222545239367090382631687187
541291348350966270461223705122038947151718572267074069617760560409
236931203701898034019779041624275993250825032232374131575001822469
019258100226722750804151728875224905963249825027590474055749113398
447704251226083735583011731252791954972522794103299513500044469377
261365598079283919764307866851543215792360772685287235072904072926
002415947696108684880155362655580370889097942570295681342399675629
135596143305453638185645830734318334792823621681728732128166453127
722844183416840338914901341254627978905977009337338876269476067179
263427980941802019539397661847908232800870201772166337566896249960
153884350532595107050276151322871792919157816642645557478847428601
787463665092532995702160946195367570979961549724972662504958138560
236871749391232613777156178279744514370150592351665965080393413501
807740495938306363469670630360310428355690507555580061050777865678
349642652599982599711238037331424715575590542885657343822992715490
412891245956984743933397843723840867611706460326792399180105933479
710553460544484406841153094514656054503148570742286910136682178984
540883545856847294533745431412258092021555599533266304061326458005
009244739454671358062625285529864602824771341672746489273164524224
881537591316539697109720897092830760671733539064126877888604529479
891317036645716993541951235356343636132592292716820746080537675451
959917820121402762026618082581489696754166812326997766248550744322
743055697538492810465525055417589249848115660280469015396633152749
725970670371955981128513260624384396119388586713932050792848010043
567582328595859262319136584298965289036073941513598448940858562339

022814837535399500102401147640748851406946890484950096946240105246
647673276156424466516273470747039512743908598645847069066385555566
604824963820045272549631313188992716446820679161466234419016898526
514507069904415113894952951171000430070639630356911974689790392751
611176772353405485609968494504575846495650047866111445636532911635
960638801428253558156817586185115787913674344134067333542836690031
248541426106474017181866657211762911538603150981434261370715466297
725291611300589391488364974069031701637885428055185996368584151328
218585675320998577667232196918462245688289951323629787443584604738
446915678357526328688334340819824342532801620992649090001589863266
009200234134266965832386478893752591610219287539101724600964017656
886310370313007231871247413853345555782108770838697715760685708107
606162910764390921891651857452859491382777251767821285721425049452
421532396021288090958067148456544176746304202223533037426102623768
176519667435897337478408172722017771453507001333597784562161348515
192015720688463035428073922216881811334835381689825064595575302793
349304310451908818941980052521695817411342989614101564411279367428
974674795171598817917271761672260609227905231894693533715516901505
199083378202602226878781370627424563080656182071586302714861472596
175688465473981832677086829271483902215973462626138406262608443040
738347249747137235998903957773885865773532667534342444366906119833
488754709126558600724476668356058647330243685046154015548923205327
604223536666546674553500929195471392143670990991023702786202272116
581589881790501195792573037942485568399940819404415977428228516493
189225246318218116292480155179922627324628901707802223488861710062
097315461500454597969897905583494414276264360991879196235859118229
527613495794124004673989235267196229295466406748232891345524362554
176714525693208566118896206501105094123799354684679898096969016682
808439524536629704825273162473573002924608317066214625748381411471
616747294359749610766609752020181191448638160831343056841730672468
494863244421358764609032777662978126808370198133183382142729930195
642212733771594152012218983917470146284677297361681484104239282007
008994185701781597971958755320861882295291273788239626454116845647
419682221547017325535102985987320066643694616251366967211137410725
923387128939951781727132459434447035839171895410661796196916494991
771874369539179731667507712705428900384132473817419737015540274483
589490002694310586001785237726181896706425008000072520932866624701
256015136214494528625200844386269675425605130282280358674661026082
514875399956026196437236769269266422014502125083707888660160926950
923251449839759316653063555794471363981175598546740817085714098765
252112188573978550158833507811633283766186487986989049570603933378
741635365166585100155801318069264194263261182834830112780081031849
820660125423145247420259966601316617954505268750025308536339821588
759865578707532612709580261719266091490658613178630247750789228631
206410831594331200396844364591324628297089910058082892112596258249
299425112636905215645870014401371817745630319775470798856316441797
658573859396592291795982998961053153077117480086045718986972805951
767477611977321580045001585165681939578824043694359362797726483214
340015742882345092385440266139596377124910059282293554424612434018
669023687254356373965493681996561195398817541747205818058651776430
734435763599321986907580190625167089259173390486107664012525681206
119895071026510124012999179160320121418732198389856684069343928939
723172993679015966505346770793103982006697785683084499764952276686
740729992983763738543861714436973026019363245431789036667948819410
118307552135296546810843567207069712763637715341828303589367814195
191203257514763990230436839702931390506672397194836920488997123039
214177616583703446003408540057063812321608897507735116323702797466
451731442195047867453677409260780923645890688852963209234272965459

662333842598448681160730811200153940509108933556472603899223821 06
844103685863362851723714762187374164717501193979233092045782790703
736092169246802652099839782653883150383956189457056952179436327504
738432641997485732670636702942989733827034968236931842498351841263
316983383620516570958182820122345688649559518275539777987031166691
216374821605346486663374877664920636676224464928652883760004200258
296277000610994422670605183609361754619213905388214829675058155845
279220954494003999840137998589527076681744371675110846108358315199
240978542420424839719197498211765147599751295293023810957248632734
634907014601395157125138800233530863613632015956792319173549910870
463353485891910379326254059806556644757011146662032627185659664720
164321449439950046069760618930474250258276203399237528274778440251
849190999291567585596992128919931433561756492245667232956237689496
471198852649269397780409481372291849187070337508416387929044458506
389787335601462558282280839905351427567169225223854613880466912971
168064594651401222405874378557039213718984269211277753246329735662
870846544230723894133171142621914008927966495124237891279474202698
282217411782698438959024030771820426822676584298048762120655623793
147694633366875901536220973928719170400362363365871140937575513740
609296598251679347074112335953586876077253763314507320532699249199
915594186480057747842456540240515599113200466040424500781207894789
326819680944121228082636517256297009976450144263974656688874373445
613607256308648234372809122153676618368757296774477847506950867484
413341542421431201721749451763758940201450304355501089696779993061
864222794101014494512886830202651262335795928523087988466439885585
891909712505078701109464523566580410560853718302764536199828456055
760232372497709070429492490151337918891607751887277938215147719986
330498516331122509955220213827804606148347195714365898333137919633
211085229331741469635366429069773947314032922866927402442478140352
652871264573561750662098533278344453864524112169677618691942658423
253803551034966700858254424099040285242168957129554325857325086070
177625141763821187843680338619936693397737858871901735057151019654
911122461951967369790451131438381836678858185904734397051394053598
081609489911528372442200542883740614771309066443964860057032264102
545875375478701702100597029426412438504955232113244152879259982051
831880125026015588971109947333010481712386180470112753605535960199
770472357690007445401329594328478548040163777883549353968818183502
895527324509615815534894888426617225405143773217917103750684211175
495736556657636135717403719808172402949585191872941594744756936348
942464834221920572625405122307569858871264184768577896110761595262
136144400886891486396824450822421306949281637479774947393634045430
949717158483145951668900196047695515886728606853674405372342636971
047618475642683641604227828612020510365786014930929206024465829846
205044616885002645762565243249644893456458288187180147974842838528
318754713211572538232096281183620907981266394316173309766655967114
325773586240145113770592685487328834053034781379865441510340256953
066745762249663605567662033145330060191745320102459789361410099985
359200372995425030024070582728765136777755099035830245020656887366
351446681545021563616759546483008019582681299882560460502323367749
981418382294371318758089765112603529578113389788369525434123887284
051847464562969034832531970635626451457381007007199881305398214825
789605052513864535775777057222603656382844333572063128221324097064
973527260857080057067320608270948946073453399965492601591995994204
438626394462124819268562761652527522326579376913139835093028576838
264949900532691626225649548206533098883704497084693006703641237223
356156246446818296308946751646940045902091157675207734687755594240
660747375643242393514705016849855098541593761618054937131890478167
858164869182893663930701302983772704149047903062641259234868381687

472497030247600332258253234541107802580748644250798015080291794258
948240033351163948973014258409057428763598244940457014615999142123
670282711671565644508884205765346754474205680793033052098316721514
155484793049591446289372059925209703752715817183031300517222198018
065098423581206980549930590700326856070847086581299010313014889415
928164029095914116732635744651858721698384217030381725493260177470
065699475811332483191539085956000508168207652454478931386414916336
847272245280471657692558899409754280527111069522492717437086788098
582440550609000338553489446297987849108858504536306187657541572691
294177276326137941793572811312648451225235107320764390939710920486
031374682863680845829643458547980279565075382505519338873523249751
540962065313108751052123064226159865980167019499821099314287820155
699685058527312826995352493774903122656755358577212934397995674709
090146428210245870683098595095329705176618179329345304179112434462
148833355332230030389388519498066756712365973801884101565176859645
852902370423943008635342160678181988278619664632800663789805361273
740503603878107070529296030740636731902115731794568347439248361207
868825655513751199603498448348663849848815031835223070555799513488
789829768991594085520389436462879342914773188956876563881476902411
219404525233068875823360747310670640307088144741698926883321096817
329729975367096089888531188737878629862564047345820488104332491878
673109095944721742369185309768399711343746584396904737674317460708
094367699145371870742823754340617549560691808193901453134012591020
551050896432596940122370758039176316522638869681071598077734499554
971354116829898630780505692589664236758117775693337545727846310161
157728361162599343455162171431236652782928509671455219711457560949
184608643495704888633750575229302245043733748253219602153550176753
89630007929250617326503294968303677788045999131478985779045174511
307231783600774277697750935777803965332179978429451949577364636332
573290737259291356269753705636108187164968301787326178132225270591
815675858594384107731980769665879632232457835156362917532771402357
117552720536984227525629257965387268663277308231219943452348806242
408707601284188769563929102941812335405891363952457262636885428193
027597509831798701906900874504318960203920940202157939415073591925
068426103662717037641609192991584242493936873884017867224771611016
423553468663109430198590147900508235362327293103145121100317803553
683447472827726056688432094653110373929480327157113959208818515108
659442209984606995120308162118013650883207711168710514587736991648
485526214898390479258516008918427181689674094570422420327378528969
512937118749970151124971510863058691462599571781375076928723889765
483788228269363624104207336559517624276540469909438776133512466969
151128140805179963900946616903274712260951133152191539848517625343
871139885747562270140694845994542451655310266134982498354623020632
289874806063830233911365271598243702597824631976462521508617001695
114027039530598137508510675941679527576746527908401207792149742776
093143896385505316086166453458903047124391324726672036759684846160
362042542541800177466181781866492087945282200264480278177246721289
534488514969269336930652954179311682930875794605591974600036713608
086090078446779618827693047562956409037227650586960838652144963476
708480148193214613919405894329284209789440569738445058184683745843
943449662189801265740523065882685110171888832656335145941591106180
051037405013265564627270591570977419963426144420665743353026408500
673515620025229841767330439728206500611758838908537989918178285512
457280069272140965765332911353366836195610001180284226142803134365
751630161456847047965640028417199916135653150776551046994122852681
452311606147657866492782876148294198337051551397323715029950592381
344528437072605101952514756565964937097174479786232544332827336959
916745305675830817534188275502292182980413979760544210250973817161

7578972088514115541864648746893036645202642737566295547744303718 36
1360118736576536009666155706599103789204128798034799380632668832 20
2098026439178384129259106815882255463764336980859083661620969234 77
3083759990694390206762233013489409474075536831579193458195827271 02
7837166135684249575227584281087969621606240119647506673702336908 76
1262728786395189343103080767810096923768677864574840747686880494 62
5580441010185392891070205794241170587192070532888904733233781663 07
6191795020128966939319030476743598194801193342606548220166324688 69
3242726500400442957597529134061879756520167245082158716458901000 64
4052743789396770971743299094865642314055238369398299165913286343 24
7308310285008160819706948187055050381344078179255997091711977558 60
2913948016653890938217944288405289354898365560120945151460202170 06
1025286444742768543829456238660979806400589036229811346094404180 54
7802639600256892635445485281398032276835249534267825302374243276 61
1451839025273483880324374636446438546925679036500912126742748389 11
4772957400599952628849346328699086591176447999263295868710267626 73
1181236189980794979662268415947268802135651304603582169814684676 41
9217968138611128490802084634146019181622660720784028485366556801 98
2496883610123987942660495620000357072152164928366248728586446897 88
0608375224123353537057313189801008220540757522459324373304919945 19
0417484659417578698370791653300312592332982751183353877159731621 96
5509907295036255986112285510296420969242340112620841308936366471 16
2222584363810499793224977773376266720952533359115319593913266556 84
1020526565406120283601570660185614755763930487606497250720067844 58
7813819138496230218642341436070305756564552483941685423738379964 22
0311791455526592759454401266864156771005887627271453681119139731 10
6111673341706384902545338436081388868275303045721626859115693466 56
3048846977560481297372718081166419635393944763080930601185886652 20
2749042906955713314752394194566177831742082339451051161094063205 51
3877039056704219609115744579877901156233896128345153777872879448 18
9985903403289785339410231477664692826620833651624957586745183591 06
0698327018865656278298091634981845064405555291406871266902257956 35
2949876737791504163998084295718483913988680233009499682257703130 86
1988519140750529711165999808606380515144969525342091017066653890 27
1676076575197103228110406839038102903518948451475732470708640723 66
3101265042670923923254016503155974921048744131519339124776591327 35
7910913610450058717934158158003071333809718496726967603307285402 91
3656232036989999302145680641343591495897089805660187513676115020 63
0452090992171225284390066863276879083174620871106565288999985376 25
9453247861249632534667098367978115571025971459257817367977559632 05
2845300663979403424889627332670267531561895280926571083091589100 92
8869777334057989223757123205173138380516118857174740214099086295 38
4949813414961390583006484828366251641698878886861622473875043541 29
6715924680792966385708621455585356421262771540106970469365341875 15
6138520734912544638578966979728959796246905110374715590360158920 72
9197102708140312965847886489440068663867715549446386532760524892 43
0834972859498718276335367239421170607472995793566072822298086521 70
9615729730892199505494836925658929084474631567530324168641742191 05
5340663256048771108931755046302577194732652665611947352246929731 73
6221604666980419711338732866985964467946508898014232837277900837 75
1346793199817323507121098078220476850258841673077031702907505518 87
2740561887550800149867128767210259042824195830771809340351395864 77
9282382000247452477232289914094153217771285226347975833685018034 41
9502909554112443205518227257388704160566910152840771093129164424 40
4285704914351415612572152821974877540955388420590874322770184179 22
4559797954857947090223775361372395474445078879605070870397592231 30
6104583265539118261051228373336193873022933582413468255283835837 43
2898404272274580776105593096556016732728689756778286096384312122 69

329599242748290218181256330121039472411287480231625956124679408691
401962186762501182857878136943150363302991684297830519583681682158
437359738526988401154359197555709929104517039835411234188696131908
484379495244585000813360279899307757854212656941308293320161946515
070222153163984083789473365400831787710180008423610957869547171158
025703860519097307823982439040330827528314736872618387074747501303
206189310076041974465104217177113360765273964905015638173675248987
598186243099035998369635073180498410538083866964241295092463963297
977567479394522282803384702986448017876093948929218653317918769509
759125781201766560210597745160556243473419758459385128286377571261
955267903747032494183054746386064553046174262935996520858054707283
314836285263632331891239281768963361627130170130073309782305919995
806527489323996940173927174121904917817231456189127514959816392404
055814277907952418061136237974013661616438574923448835757183775194
970529182498497761456643515643101907418971440543009963274503888885
439861696652397823514819486560017210121777126114757887841794807236
030871076085553106019879269022912321313177753465317326329496772405
435567975486584351520181375536913924164482643374376289470773718303
519839585281575004111328747394257445767364284364219936709217881285
445503176659526949996052590705024194042350496143039820555105401143
496816570395938186567359762330469634842808305203688353696189807015
306273179769341415899690770041334737053104170090587393611567974442
158155231855977850317900433935833306854908624344938789411442766488
639376317787564639918401394402680467715210368573407518925594523422
959459026454749060120257876414573376697849334757456673342793929803
616176119114758652329562246815479346185347181510020268277071045461
195447372858742059575486950653218053093702798049295238878471093359
653798080021071253429638049741737516595876000575612466357201640130
281309468114066588094883932139100073680088743461486697361870457534
383919325201084628069041695351822619126599626784427398115999104595
424855303967378200027726483266725339678759110386869138279202766293
904645143998420995521298310261580695506414815496050311064990000432
983640719589890717295700424607221771943431843772466997160533274640
172136218426226398702951107490535175908439760430153506576153275650
761284729845163107636300559548060857136115085007483935332777521465
249606527351835669000076931858873506441134303559139190083331541129
332775927464281104823584420607876896335669166884917700088024450381
850983696600283734068673956124844106345463217028990433297516044005
251058573599376458358831232970589251650312800081300735225384756399
304747075537897816216493024489478042071671673858931962574041904593
267722509835711763590187411987546747719349784872584812431052907974
570503712687586176997180018995241457634760505133794964990067991897
342927648992642624385231716833791266701864564242254135130741009631
400968922426311546034367882234310192905911948290166593114775711157
197094858422394267378710267968371368476339361085810526077409824962
935484004978589584976384277333099949629111828108445595923574940615
568076071358401708495279460428153363372480084752164972497838531891
307146234608518920854380237611121255831482175938539857935693843416
447767864927455122663372239020082120806911540654769552547369494646
891699897614637499017787076852022196072357176838862774251972575257
541545980692042299685470170314517005764838780865985438979037665340
751370434209814963264968387089830798664134900133753022410404252328
372567722095242335860311994634265704825336502489161426350821988457
488619823541714465224493819207128651720448788423219005807217593192
958385963435054058785240090849757793163712965813543753574946586011
434219489682866277739672030662764704533626186572721994901448098448
191883902594849516319598999314623216108824274009936069880781123283
062795615616703880490748432998737643448305590869125508186016485969

295857661726925883440087288747365944607690383475314169802047380249
184203567701516941149212813136758698787240596064977481636628030711
603823942993258311530411897815962985605075644882406993989765846520
793514411529244431077513909851503625368853818331557779400186661038
419859419358813451308755526943523483845833282127986350323103414O8
745626246149487480630603790622259442815783585843806095490630598327
963479167228451856939323250995914132443838428178710148697571825808
396995774673672028895718196564714785715291102350264431190003268213
501303325103810463076541573530562530972771770023147117199713708676
671053841983174154137023718193443366358243316378706018727988278332
069312627040773674213200422113615103228284033084954949472891312600
341055619836505674161783344990459855934728006565954582729328138950
939236410922778314481262238588531657856346148604910422007533807569
998384391553624258532065769202343956590022504362464554044229284752
633571826902486599348948371828270089380783372469217584372025691008
199930780531120921533529264381945843463855946080336801572697905527
784981924081008022280051166954371803656708830499777161017637003816
013471989704697419569597549878393631610520154123670224547549731523
349397039616596326136265422792972994410953830908038345926725657271
535751657422432693575106056672403123173068334261049429778130077702
355601503997849786425908683878874103590277441563350754072684622587
318528129941857301708683205617894121961389190830115521498293680418
263042322499405093710908212028890105556385331409605162794365337543
641743602086266243018534848048476492355660795350738708041240772928
658912755609099619626864985822660416221651085445666845470227041797
211976737921967082368757242539117848312186380445219220413687982484
525396064528997155565782548413178143185173074186871132550717434354
882248471537392340884407226929470905299387299922159134616306978467
416036968524836660779764054162333318020169941989769324261072681338
863337328334836661180591972227798300326448819899920085792311476578
995665250603494911442718047635896435209252703310945439721172607292
402842474191768611363714462599109365583665179804526897756187975395
201109982599045106750956914720559270907595376540158484003806024968
635597551682435320002217686055414091947142593313597995962006312940
980181334688177929027476004409993194144200679953934097440646144020
330494784948733636587771867908222481551057616643555154475690365164
766732104312305405396928858066668844944209041536415591837256189101
482721775592563107452127034166867917701341563579920506955923132121
965889458885578970787575403941132222024608878438653401263631346644
665335286022409659947149354888173009331497527893146274925765269142
620323941645714268687022936535770234733462621127615394245356540741
418283091451402314688942415701584537640245477552089116948510286260
807847636472448065173108922385862149549249027705316477904540133797
993568861050601879971462584136744171107882042524691292122168317841
632254325882367883690762415777526007818579650369647912042146143173
021863181168193060811521828548510977032526613923594566969011313558
329210695243160353581114692247742987395870234024764157659887810789
347852436895297327629900042381187601268818461521237386731981025547
033011509156486429867215162845190976418222053846551689369423750518
974650795351621679489596996348892491442207565916187743871438188574
715291678573005330822183995241288032597582851081928809556616259613
857553120150044554074681144453765013577784956954088525741790300118
918555358020509623156385215938339806717497228329679343849401013039
346715458353408632293288931793484758060311862022745557522599787847
829048272433827422039684387305097481283754184071244967643563992612
623493478772584941414965748892425426299548890567694598147233645485
965366039035545569759251299113747559293974920991183302106061702098
399211686146111465787801702118089216085692400601614489891915754866

654507523248601878187842927508973165841069472953404473253121939866
023535285201273822948428474753479063375058017488743749867898923935
125485975138035604887154437442444076882119418355470795183244534857
386075057366596375230702269040237076823296717141783932400711866420
788062463993652980839974434659643271610658805763115529694089043622
101279211928653945085433027753635661647403602810310816318361099329
744849010113010476239634279931375003094526549416425482904615574738
681224246328733433563427408577747342706501865453361503757311021406
768199981510781936028654412672908775932247272774284993957163163875
315553903687370774230450373104202594998558072759638571883277375904
536356230269316605361710796803238094962216392581598503276575882907
518748470622267745186204719203273991040183571955890998469092411349
039858758261315527234714120782209949645752618769768266435134993907
759138091519514488030079715341856065829853205448972552469656123818
638985054141380241148143988115360995861157937266697371152341153364
803907751396430490043415024920425670739214496433307701848403581438
712499437881381806671832954381970741558090684967902424802235031388
224451790542363098535034335195885199274457406143526124168319510014
664149879249946609933576095679859137590348016791511765102477586884
689124607054453525802991063686210637223004823105941045175965443110
292140359724707429508007869711596029988552772297319265673627772628
852069117753336635873321237206331323952203754907163063969822476493
456563321633534300413329502146799676474406250413148395912591071243
584690795953653930577921876898494651034261486659301629289561910823
674353898655062956768232360915175231110964170046644655756685077705
254927912951643593169286298820061098261168914145997770874735202464
140224212760200364283253118632712089881767871927689441523389386472
634037822585504518564388749807562024497124278837733606849272971246
552113082150226626217627525328302151872301391665782739262484965111
678232496878916331570732450426382112947295960573227766465580965548
527271132732653916487028857994595486665496418013505658212252730523
508075502083146855675666645080820003556059319833958360062066424418
009685530524163213443504881639120359021426086749677108357573103948
460929174363124008125883533919671705749000582760654581865394064298
973703118438627874288054772748118977219369209870622818858075227357
921623635758385546364607908470768580254587311705399012301739033694
776228645387562908920266735398454880033949490806198177433757569030
559501794078341164235338471053788348963328246713236064144087810413
848998992325406936984295161330280993130373011760698583942698541942
637317999742260577055750658435417864080857910528089601452579385259
439887350822249079088325119333855664711213429901820168988664879326
954391811485296375273168337413494339390737573777410313378579935571
116445139960786325521717252085478246117136410877561947608681783653
636753302611073753680549539773977510957352244819307656971644656119
236970042812020066203656261308394095540254353033754184147308602003
168567708234631653236816151093651476251094135098078244048647389791
234285223437954092134301119089678518545094978471015976570184169066
561081216824212819842450838696672751755390084670689910041644358058
856732162875959948639143792481504516199481081439190277341936083078
773374997977062345236647761205698205062279975899512119610436244540
597489723671645107546672555613141068861364559730630902448746637407
472267989658395856967370421653053742890658423195799941072412450916
693094728417085654349866999215354143641009738303696214514003574829
095877774442338573347121772047118715509379685516672873105665929880
319527510237507132610179239216709748815626905064950329041558128047
450712386054483980823105379364401308614006835255140008999886935850
665637533475189181207579099801050892863000171669882940666070359279
396845102403504944836421053884779708076741449893569082161466440792

526977386152765496832718250690662518327135056010171647428314292342
169190700678204039428473922095213174895368303516146350387988204949
665944095809175548273415404904014290726736009588057530305660956769
645503439553787081790204084169657084022375858972295843282825725805
813836201400029135404409897504973531468434192242445819843535850613
596180267657693754785674422861153256932898978370601703240405017712
563294079875726422876435647246935780120952100998161747700297243873
700709968865478380951410923085832391845814278375049135561979594974
690036976282145871689998027403288678819732537777379694527525070292
153157679938436525758723736057779451279041841449021228974116067045
146232310289991054142962321542326538194354576600998588207400811878
890618057995062594917798118650104784374570414958456112671918702904
300978264161144696891278557436051235715358265146731935724896101306
913687445347661393602875789933255767610036195011756008464006723668
520008186909528293416453839697250871598205411175752144398348553337
299375240276518196339706733610622016721279424210029160992248693366
449722698776530808777707802666883560598069996351855018825484223907
936715663701595220357371092296199428153396098016927499613015600436
297684884620854892767809211214421850436690337876955415212737282018
657271501190963739049327312698214423682171298880234163307521460775
018888103499334279673855630164805106087709853360171601611180286291
028850644374731537523182744776417496709554534194515670600028297060
480534632236075225456635943915902544092562899827204523669342923137
678703327951683827541232036902591068157558753083598866150017312353
308787272404255481894923459802650645484082098802578602581516824741
818207330244900566357300137833651789001472307644975005340118162447
767618466624156393241745471876058069570928797054353441735224332859
683145795395630624082837483576061884164147263153765843049681313919
914016778521152059346620348525003243024083245807678209036342921628
613682990692608682224463585446619301129918063961430077953346856403
996901368685581463720355005497768089787857207740010213589586145337
981171012374933876713479679469193997469593240873825714260735498641
078459603588517926298406955605571049658378888227770096401183744369
697166992250351127926598296012128931384844011721846800089532389763
050638020311842291406582220104898978092973103719171185193322515220
156650739092266407079310142971212431455311785955084947092427616379
526059925768014133223956395628679175171562911646029217894542409281
885618601413228953410981488720546424983816963414567201757140396274
064445947371619506226538897596351239323038021143698337017673352983
988912466388559596441285873863002945432289343412071980080582017506
804136142973636737925716048645000305206382027942831163779166375957
637350767943751975964421166480865511996367991131773425607830892961
121056556345239522346387399303198864327068228298893109923902314114
626080038215174911995734299984147204410456782379125309253299969108
691207654563985436256270024818245322465714168054746734711198703549
742519045011825912545125455536853463400151060219825263524891078423
381647145787224939741190957646890748428653274410289733514875543768
977175114258324947416498724467895170045953881219159051242738511689
089406860362203387486877613425624926273569487826439058051268218930
875099766658762062128733989815982235909717767623038283008068616145
314231638080032441347836633756469916776338318120382781734012381008
958525108402711295261741948202511602448916336724120289751460759311
757578151472884826355932982411697971757665414022889828077503769697
390439430371570323077364938470539339194701231228287973461463537753
830947722117283546678848575482318538662753441291102890335074596800
444688740268232354069437742331377445855306020451324431645786466062
140787642753856068633958641685305668934370890699171705019278708782
017781457986926763480460363483404077235936465262952288902090843070

925083028155197865777484762908377795728812210901485278640119560483
553986478802024827856511754108068399038236493808218020152051603850
949036872173665542949745557747454602496829999830203583681866638233
271322348822955626077455458849936515015466728538154977414113587875
309980691156715461968506333389203343854330972379403911638562518636
168550779031696784788371613674051747581406875004098593227675237007
354751966923387431930646520780749637634775296052844443315533299479
043046913307362676272008381001419056743797498007776176094862370013
065366158008285068973758132976505470248353133401765382775033063624
971486148051505486386086885320576488451440063258837662285802702213
869874557811829409161097289598704742799890062350257111955784695352
185433320690967725505807998711151458902271219559342875020486240780
170976482774198703346674108292045596673607815667284861596461933462
118580996647063454913068068102894047758882933504574347967527402561
742010289272473150741967767414678422059193356722938929205273580984
424215327863996289914367780898457064771120127660206692338317577145
248356174733788035320274087196764874303216274194270839290228046957
503686789879042905964799117208489129443150056679737956123876221634
727984770657975809742262956411958950532320160007218142205018788768
844146041653459109667899104568630101461405442738716309629649198063
486131963386255198466715271791471637984454355116643854829377160212
253512804838197322803194660732744514828202173690709074524542841210
888091102535692840243676537724586701242953742582640450070352401661
467456810969780456506645430176859379546386109814066461640895686507
781720241583903918057330515527475762333463072594481798752055458048
892822416725948110969586447977927738652854562312960039812647288338
259684066900229838881526091144712031822657928913107689349715338542
688003735198672547875366584474647351348856641209797157376412306204
683041596532006680523766087314387596487922778932973810516950995096
198592313503021669793782071363623119978188346933713920618298899823
732447699351319618262851433666523086981630442766245573902461323411
293573556434105106523282411430177513427528878116212207957041481626
987953059295776490608080156003772043256393730427184954111357752369
836967428887256613089405810190587256008125095152880421152301772765
285349770211880740700533319909973481918863616704778054708334487822
594059293107402663545833729223911092748142635001709857478780994258
698757566235493743237444655673965276483882082104550549852983853413
275395404744261255330521964708411293524340829486735872152675700779
248465997790926428591538689947326851639175133163936798301967914974
429844586902086410510848889070963507665707591037666735539450968931
839099052089565913011157612197765501978358789146919004586231875276
303708805993477974959085893835594544138323794871319367363700673837
473159360202455487932230794308231033666747527516698221934055262968
076143253368113158721572445679501020074279834415099927732232884531
897162284830244873042932232548731692239194172748932674062736905434
183715722744234359899809163719564491297100327925628039609471573514
604351887528361202655241238817639322618846223018667693939222496648
080856187327277099090214617710771251700332670253153754546110548892
597821029716351462111867568396696127089426188971919866665389636114
445657279313838715728612244182257270900215897684060730671400915612
809717336392297893958525131768077028103965254349052178236963982886
316623125277029956494404945435915279494307977703592488639402533983
184604199047059821693322393293957554075758479802267157667495494301
479873706904915002757582992304485511270670193490451375139213115821
733644089067053816967019369936134368147043866805442857040664830736
909518082358216874259701778083054204578280348795973870860654536133
015793945527197472482095499437536794277222152448008833744408287038
481512326541239794392981110334573227559870419303384689710273858224

0729711679082980718032952976787393685554268628886991454113271188l7
7334292440834299818453680978038840524237983401364932579168056886 54
8260931012269820236898853977462744704548024332030573375631779750 18
5950067890539205340029934483617954601495606378880053412279274553 67
2022936795505502234031243041344583994606180693021002018972030663 65
3441670332258520569794627862984387287440755875899840247694014949 55
4885233816681486150322853200709778665885283883703590300920117067 63
7517214682935896900626945864412557359815794935069199181547107990 36
8541429481263039166801729686247478508990635638355392588036112503 11
9915326055378105566636768385572446172169330534878148763776392366 22
4650577603142467245127042049445524446463328937958738685587494477 51
5385111345574018635944271880256599677610222324158825913452674248 71
1798836426428454219595032706179682992802085773813905529840689456 56
0895736680841536575197524716715522293326213292631313990281069955 30
6589195279573200227409637991627743863919444609448264627990185042 51
6109438939829309123072086743612652587274310305211617613055220949 23
7955110668563442201465067470296863458855726771255054960522739627 99
7646309188954583898485383278357443009561482047081471672789298191 84
1281130101790514868365497473529552474506041853746783596443523052 12
7232784869937662002437436578505067893778242963514747906253821340 49
0735029713288476430846281754184792883693176416098690830287347659 99
6297096286797049077904633694373798390337530068462891850199578522 47
3178404787404857886692460166630480263767368639477172514324735687 81
3121324421296521021104481000104107289315368976021548236284525040 75
0236180714122452203987680998401988785699477102330471429702040881 18
2516061991951825334223674124581056903920083724050122628926787784 72
9198385941143560647774484170162895119604479397618688002660219994 98
3881177648879197672829798801155586772135254414288159288107590088 66
6200761049776025895867976638654299344924412744060950669419105328 57
8342707308912419127411666165256712220917005854415623538464921218 86
5751519948972770374486445872179626894846113559140069184758150151 13
9274738994170864770638025687781629219025439580502798858859205738 45
6680051773998381766780320293227856593750073132659962144471393321 85
2135781467720936208789143477657900006911334249362294878695227220 74
2135553418631399836227406249757992585253984954003092090942167708 29
6179264037649908847239467052496225523033744948837995254177682437 59
1250773561661686791991278885435923618273088420568968909093538368 30
2107319313867599198155833969803111889769781790974734175789838907 56
1448576783647605782698208145947857085755428581199842105713889970 98
4044703507104881081810043350294728241283867626028969897489358537 70
4570036038587163236431980154347462311606473286952991117666172255 82
5632387993465720079590858904544667052462538008794860038947675359 70
8375077810608548631956352257459663866146401896428720174250422831 57
4110819056381699285803790233535743375940332794747333243360202926 38
0124024331931053990819035782000544581895047692540953972248643824 80
4520295353051615574399541730924141434511644242674192952029735731 45
5906204020956773578960728902307785733185630062047143924910364746 50
7716841385240711338692857225376225284190683919928901323811578745 76
9238572706961793786271857421242337026216559147746959007887924846 02
3049356352240372290939321732019259708675247441132904784717065308 39
4158966346203489263241888412295879998986278762442615961522699280 53
7021328222263071368405545657645996168218758950033781184942057341 67
8658384819195474222754963624973891038023745896641812187038609463 91
9062151388341963143953592988878422161115053445623409869966923261 76
6189209537179547763450829693996414083906856913371356430794488292 62
2928298815237515997168570706966197099251321816735101094503936340 25
4200036654086161727247344508446212780625117863220972194287986263 21
6597292420581702128364830623056701296132298850848583006666768790 09

```
7059000375649678380980760526147620531977504970508091728708875750431
5770362002098971831862205235278481331524526930005807861729402201581
6891050290536278376207607457097136022452560748589193939991148392551
2332618739296910568311251157208333305676116046352542700668430295651
0983908273009781272413458822045356924670451709138498643822695362
6992638203213424281379375822131006644431116767766420674300477757
9555511423919511834316028144754395250967474556123954869083166244211
1240524588221743374368790860825020036254045014208186744167185753781
8767552068397082386471252779005560127238443704832184987140395674571
0509385792641522429573776063194187934198111983341047340059526812341
6676529797690173209494493102731898997840133549338482057336227917891
9508329939842191029954457420235169128431427303396281405552982052711
9658252249491513955065615855343396863041273185180975850696236532351
2951209028975288108501775025637165383535658065443359092292995250101
8455696167636903342683248855006362526026250292529457710241807967471
0098211200930893667412831142943681012793105515947015157174340509131
9966073434050125020404112593824601442767212121040986745359890331661
1855334326979875257712632966731980581007704029298324374819591569641
0425410170128262357591051281338172701675956879841341878850325088891
9641212176636566461693266459404535774599476052319078678111842379611
5205341886756746428540758129377178383575706642683004720590316775571
9208708266446759647965949741283851573276419236805756456572774270901
0899518408923093395694789810615966449761661787039842586175001207431
1356290568529147941758697700776970471852961938088263035756981726591
2067499046745596045845753817903451837164156382154493450250598309851
2295647986447125334839626710870315560640366373559213434980826322121
4607022565582116431790666722875229522574932965706974885540887962311
1643554585492239511098569993671263082565850364097629444150206971211
2989922351811033662388308550401579329200856704660845744450917143203
3106280643717568089661915507047396797819862136205213314033814087311
5733097375575684478824596790285466717269943574859926785220104082151
6459621011123255049709138456514762975190891340791913580213835081011
5324371854644684348495181610719445633354513165873470949041207746481
1920557990497320823051467725532042569195897888864923751471093668221
8007716300924234528463199435987208514038180489578360572482002726071
7954195158134335966809477187252042737845630864311722305447383148211
1339015677872658676324995652448468596344832277559262643201160880631
0400938922750562494103537855431639665084048529809810353028623536171
0850379799639241435812009523827837231739942677748065003380810323441
9365786333484893363258386412157099986193857873598803221050232145418
7049024199631396365838641215709998619385787359880322105023214541831
4807492669967354244388111802916839157380238751531815228204922684881
8027069562620766197868555501379872180428661553681186440834431629701
0595640001304320867031402894255916784067711988767217032132512686171
5893454391768724212123691365139969067261384627922647736038252003491
0060405051624818159785649247331467514074438834746426666124137211321
4843716065494834950722349280454198379797401466930108350848023207011
5129620452430799749320891954366795717436783611612351998502188446 1
7759457676645241542994729531784718965933320801243740018312471825 0
9453890863675160742245173425863353351019188779132925022587915151 28
4642226716104832403361220045716406167455825991951711756239695748 91
5511991701121249048481437349327727876363183512975180095411690214 88
6596449774667476661285882622782703253014882587629199832567081619 96
2922322213630553721037121785949518448731070227067970904204032978 92
2309455854918880149336199118142372845845273698191040000859018298 539
0261884283196625814213130410331644406097683404422756443777972254 66
```

946566392401286559950568682041042315877416341861476097323730040510
708902261175862111070848068364814434305161564647279300459289863327
092590634956693868895690781025886745026839098006415628663222104557
173602428610198967270170568077500884478544454612360397646573342574
643706682062197428475555603444790846518940911437107973373146457113
941070888559879893072163691099624409307686105269566790478136614753
873759985658116208257584012109626580296261337338247949217982911675
067682691119495600077472179652498648628890078875924699489077366046
036762359096349448286303957427073920673719246663036175779819296383
321258321104419512849789310793739452972143570105781995220052266365
789602354687324356801352280013667801977391306946426152643885718129
980920146639685565905152187019697907275623271307947036716686119730
095792994900903149950086751509244785038683387934796607321516849433
292175770095116535350746328056741834064910247245411316182518742601
248494572735347466243994859473125959496682055501349468330265216959
637501361618267371744166764666309794113737729349436352636202113964
099460792885982555831487253235428230225270307486353990026178702945
840634524673474060094947060386182898106933860307911535534339424719
506054465400376842441329373388168766121488914962081673246768244520
603683802509545752552368369185441003884491669245633811623158549706
665370524001027692271863448390900535656701934967365985810125507564
707750498687576801957908660110776502208830479763869448832909507597
724400816375403729789307959354179489932958886737513229069066884621
667997083661692052352490156561088775419907246712435043677052507173
657398606409353719677066156552752063165681243119623185062855852990
980090419934769217766663903410324952162510041670062259061153871698
358522728739762725005859106672949533260090569819108937347433371292
389173881524078617450522339518987116006848178752665577057835837953
071679465297950642171317208641188333507258322085839593999239296467
582473088317389914393478110241919013332177149350673277894525520470
006096135004130772474614273856592439894100557283976638684902480184
665029017016329587733558297019398973210001842411184616078991024366
683810050399895794238345255982462353822658404916566197762672569354
516041285455634014994266793527775533743074559589699466124679209693
547716739516061262402139321761832366590161581262995419347926923632
062241869466457851692712132825531603898898918846918559463818066523
325106528957416121395690521066564224124003368456466260564907814068
119420830742739636416607810339130480895993557621801783920250628014
680466507451257601742082891389586663046831377958550645884789259454
635252192629657944083355202892527693148963387479225614456590642011
431150455231506104430257658547005054845999494792080180869058838771
701147333639815763713234755643740146365248157411444681623818590940
974841749643062861302427355704580146102701186109130345640712612946
675593539081860586905022989621817792321173959568813187706418883277
054626971557197008546361426693592286973216348301451843581899086632
721373440343897359724393986152209235362271238347223761788293872099
773214796598899464710314723331431714176428778520476827789256300852
297658614012145984489888191386409383517408784188176091320974731659
970734746884476990555932158029780255303173587604254947739694440078
126945721246602308469922796737515456533201386807980055372427792422
139747754570348330910934395032290991545654008294083936858065527295
599152619479569036792297548919230672963203567640883894286266898671
591924354612108819992814756200365279589643084038731200314920667894
418854465083910373049081179406750152024111830469742422786492884359
450196059917048114428189331543811180881057326042380543517247138972
476616969924248969460862744260361065894420030697626025512236338263
923341681972682599853922585452420327228681509902426328303441770509
609074465265018065404785196056948545899335114154619020963051669962

378914560520729432601423704593272750223942921022359877616980157169
336330011904027197860291503182443891282920477818483434567038741459
540360372754428061858584404762512353882757442328634342127832715555
717104105942513819613662279446328727041993026550154983687857378351
911854467342213619076065405784272542708901551571023208769007560739
734635526069600267427216474939334225670387867472996542026215208615
619685726967931862596803569951514484539046645626471715637544018215
552621867430143539746336258466041919861675885057138173085611545870
654763503507479131030105629806609721327873638277018155238000617373
980911776096536631195266708561698312078916659622840700531707343503
344700810572951591591612806907881824004862314834428082515140548593
143541146776461624115714532488543924046088376412989280091774975633
406166870196755565754339371535817213295312734182594821757828484816
454094053443338874052934439748091410626895037265203612394195124969
316387806997537822388806451650771748670925296714078296927902975711
231390520401383760206435397813022268482776559391038662953053285185
716510132833556638677625218166777549287842956992677627055802753988
402422797642438588192162175407097598054797724878165965524964123504
856904233121002792061778163127431958355224331288331814511588868297
805603531066310500174462382288171903574570382560578089195204104393
024083406306085280620149834121884276238711136522869869273695978729
306399702613417573556116580917108041483216314001380199537460249500
354322098208345249771071010439786053100433627587465451141425984662
499522347158050707755596293583213719492317391871706252936965670386
702562577206777655423739565285103867918770229403934999023294137699
944514995426987938482164726328292526071055201524410964827262553419
948304393243935584510613987663127568004353303859239182721385040618
579822788344848589638036890571304667334694224939131088838567116800
327569926332013157697627054135566962568886359327287484565139164015
912633873884158947034141637088787636440156040630153939655263849690
103566821385775209383227518025545761207583846364828965173083144741
675617704187649224442428940485190971994840234158788053931524958606
241041974750214151612433505535433753989785149759926496471944721644
419473059621289912999187213708688195080900832194311374497595953268
603434456424224113548602792442026428859260280575117189437843786349
653061715642610724722608215432586928200736305090831038867296022733
926275922510967260225604866086047231411150834636397824323646233780
678957911888720982246007425576147461644220333109429313322525745905
505991531813586587364045050790200984976922300291793985989967285319
504182817651833396818433477283861432663955651698699283423844435873
995486160106345333736097465267031665386804969296261837165206373459
825862504363375980264751135529771094896053347599448968570501089726
633225619694566490264988190867384310652739081975037306320407242801
162455380574058142931327264029312489784887293694340531609657626497
985149811134539138951804021540458014613657259157467580469458825846
510386890697187093091433018968069652376122038654287895200248131142
043816237591539926680830922865538959004111696269719324340087152972
268706705798480976772582290957277973777655014844736100159241236645
486709053963173614006883233243325853445103734707009682469073837389
050476106028761772887293088298103937922295264948536896216558046791
244529593368570306722774742854911509128358491128548575954854235068
256924276842586710392327801386009539415595849014752104963545810902
149057980390467796776696658228692671736683243684871925561924133616
076262652604684478923551452654680400682002911475929928118091240602
544360619142028271687408365596900430207281036612012689537590430564
626215715302723775840244474636152202461572349712542350660588850417
559032688747075395633380102687320789371308120202854774099177789459
000431961679700733798749384176474029713056084757627003779877589427

509515502349143173407350643657309264431599190283719888603137492642
633642819771762460681199799968778667718263705945147184692954739409
342570957343512000476247557888633971012132961067451999340902614567
436264261314023887830579109058910973106814879885552893761506487131
062971156587807667377496610838569625484320224561326841915489249364
352088046796777418816363441490627351580602303134352401586946330052
327459049749551104950162817948008756480096770708931571875254697700
361974325902144577374489294220297132835213507142305568780755953715
689337634815534852159494261209065790765201580811476571730669213049
788978950094155358857589886259107032572992283549668156337594456096
351719547272486359884367576596272120250205789155663530760853831835
355181848922879850145498615276315064480130287198638761621902481906
112185838036100525668027813415655530891540973223321774078922189063
610744671325397850739130681642603306730428108189646784819124306694
763979780653564386369352749538012511957142065318757247147777328284
831097640223205666543246727152682476892410904922431016355082318941
643486712914592442432390530742404217147043712694692158539720699516
855539466355557879439668238967043898687847290714437974509464845180
576070911971487317133096827342869319888868684936792552187485555691
132174992966413291886101686175580061636822543992614699859883544995
328928589852585693312395544444565318707502823639997310410641432211
303868078705262587048771767002381124533873678549315988080356287645
685138403986825024388038834325188885231410266058223385333623887099
894978210048282148220711104992223904209650977973690527252578396319
922492854573075967661398555468715115197839193828858884277308037234
116227769164480628435845258469186957314451207459776970876620641168
519924505781036673988742593490561323950750815079010068025459942932
869708333152204360597811828033781539542061936173910077985952170222
783976373554582594126998879635444551833709973409742667655111672463
064169643946501253358506809424444141289679019268401955530935442321
142777991219993715387180192442108922360659922012423864327252778212
832421941475682782111927679657902004665731666652959280999849083771
380005583578414021564023281345115281543593509365157002447099131269
274800655688077841668029537711065050579011674764467464000751907887
934553498491760221411695670116518703559718958531012298108179092764
197799348678303857989019325465728035185097127121301566775749073395
120741601365582926769438451755417574447680714011756135748240666239
259878205073044183387030127368964101056768452990277406145988182840
279972715205686352882107904642243270493370950988826941329155970297
333737466590316830901314469636318231087884625189708054510076830430
312004281177352535934146733889592496871837085437849823940700895085
986944126217332857769141244346610580294669630264850439023003081776
502073750272859557196110954762380869935881409986473547189532849856
078108860031958754023850187647969481803000920188219418166989205540
663737878635524737440673282740751603215788788419861819775109640737
870088972978091489045529758318901021649896527282857276963989698048
249072214523233453581677050667150966404745353703911048390183486066
171831340356470734450152127320876249779288492838566137869106753375
215918982452431156305049780642687976641816711028906664110138038325
390311869096813656480332649767211622865144140378818223131648704500
160187376812631045664906010415193406229572753405199352191520897507
381850935374131930507026055014501636073508402589923210311959326533
540758635261081006266004799997707382584965038956228854810465800447
015366407403191203138930749826559358439459740046137509465421636061
837694333161786893017918758276504810448472912338595464389153694798
840293790309667477930258353307408088711185231466171283684295322382
165795067317093298536696603069426561323124047621203375567155615317
133347077115109606055227121876954066974866679769696742073837499636

935047284564038289223815083284117714933620958122213092986101003058
635805658402143123753087086026470553325389961835166946356410438277
633748990137234810792572658904709794645013665178987061682066290764
335896884515851429522942865936270044300049888671334547954928255539
165459122177256623206459700148261447641651811249551728409526606368
286656731687448379758231465980707731899980682259076884988179255883
267600149697683625896902625254239963553796614679779914712144850083
977633387286109237501730238145774261700987034639352120046600040254
127584047513879076735281767383325199698758678147046108621266744892
010682490492043113560458105816996034982490431489304346317611804387
205396892634867122163031781747522996116892067522781139312156730164
619133652908427132400426561362762332076860602398166732886922876667
979848091793786435430479584539020854815766004737225475940580000968
823243080117876450130867461463577929302290648185638984203845701905
100827749542528278969720731946683314264186912638302815931301724533
779949773345965107298066499110273529973590314925993993178780787747
146590721527023504030845756074744621261329737892428561013606936966
521462155336856537145604371794215208480055610955342819929764819536
042132964706803963977576580799891796180506428190839292253251986774
972125314630139524672228630825218970848936124516292959464400037193
650114094143700697407184318878268127815675239964044066736868279563
917677114810833088637390978620010612181287932422140029683888940762
982863995331367601590936521845313346133768276054361200403692546848
453510455455054343031192086508264180452865448977849274928576452324
129787566540367954407776886990740597475018827296492798067177272121
774581648623262195033053598598688317954160390056185834710845685185
210564813190592458207504197217349544216951004402030645901262835463
956078162165172756655396860519956915756846569917767004588129313847
048037534625275002638514245107422901325528204994621652286347352003
067207285700649558989599909071077110520332204363948043148770115039
987446831806750047923648530440926711176445973197202894749065214443
648128269442428962662153461761473333484571111906981575600037381738
634828714200722251845128409938877531464494123370826267646443957292
347854248475329485992768608168318076637907389675646324338476704335
419246678164662585396830301786244409745252313259862520412046998161
194153813663097175641572011896801461738118806521423072588493764805
116615093603100271990467260956073582463135227925854155116544209681
017680415656945816831911438654058063448523370389971240231633507200
909578295854812607543971039276630913239482815869893290933552501877
955108443813319773157021946045314855869038761032466976133675202219
647968594871138030575373435824775136209993792935240339903185117606
912528276553525921130776047101353551720152455457448212659502970017
273711196138689840266514480231172746437082073206214709672055316338
112953259099824385304911700109688336238796364527127749422434722164
907329123412133224550358424565193437652825332935566285036245616949
131641308636894326058114382558764115440287776412461499572110474762
507065289446478229548051697692449436772534746127618136064648841854
391533493157672417978926800481650854214008173148948527340190454761
739797944179870910900523054599929547072995296754043204495134087336
537671483965180248293376318997406684247631379946986739229290583084
181820589819449429321177953820531858855351492444786165782661355287
847075420934425323299485937803773594674268100804023785191760253998
538319522278145951564822698622322471939784334701071159236888944184
008825031926470925564626132491955490676308710029165191461671563748
581170086436379375757162088489682880088848022860780530660603726555
842765110526649160214504313339274326272767105513959845798114749902
963368274143091359891560165144355358628819385875575167260146721240
473326958869192803241303268224252280679877318295201315459338882825

440734582134326699387693928921081766780887445365966571657807788614
273058811053134791147030082328966546962286141123833218552249247958
057621308676677299684261131650734837567742906036724289921471889341
145827296086070141436678792460183879850283106647187241154676169185
264113320962028630978948898855337770998564729631066965693273667666
700503887441944218955683950074721817181806638639601259449866657247
546730540170675296003062694253903784736249583773298698495801307154
939176793609080619475647776999697629265367032565911763139893783755
564253868746412300021201861016820899183903112954777544974654925428
974251180552171438058931073183062172415544772544620002332425110254
245824177336539231601633692449465371585086382777303000918494206721
754930409337055994531442020594687495285935322270322085451357791082
713208645468386819048757996107343149306297851570406436900482702703
669576712358301551941010801482965808320450572580198141874604630866
877528792694819660726325968583636454561111895221153923502915772378
651386961690191245582226493103664911735923626339561938890555560124
675828775878323498658229203373810440208574623154419200874437796989
362176977389521431709173165908711746071319179270859359040365716952
773635667586702600571508387376859977222429876994699168211048543870
656677161475843525089165381356043088973407797594630292632994777906
928959190931772637506200244902559385151848395031417840252549499334
814952902411323885646244936325651674478297304105996884388275834908
734819190646738237894904464721807777433344524714218229848317232449
548591401059047309949578390658067575992724520628201410604011166767
574390944215949594881818773098588778843958445778183823436256431827
897104919562286679363234366142089238961145425450590306847768714204
362552372727773448265126562579694874727332491287241561125890310779
250241224035943512298823642008315580477587987740850276526411848860
230719977544685341364781369797061677420093246053524207741006086953
202828736191589995392232012069653063884107167904800674365087272457
287854030986680359774075461330821812981750553641949678552290994613
470648377742475919244484504338271544733560772219208857791684438478
817052091809002271732660437036835468975388733970150600978901742598
659628020748442614543946849659379198672242860820642823831758708342
555222226773700183364965539383442963318235526852389904872171910811
075401231125436262929486722845984159621646652298403507395480780869
887075613758113154674485243366172986697831316196628990970564016399
609964898212189639681682347032603941836381045794977082774836641299
246338551399224124718989929541166828695606138110132911339882880625
793508606435773866351470199952791052213732922323844551671558341162
296591378006787688111019871375956274444967652116755086539376947435
044442326909592745795086478066254658089743468130663071968223281686
133221943131513563035163544422910765080826423191242864796517391613
596682951317904325064343109073254925091193475104098655637899892688
402744237343106054236817065167634853454629036399847189578474885181
886466990899289799329814112688088703823020092159938962304095079698
282453485834402579341392407491134492253680052699557646110097254596
837588576146034785232721943491862750347816455037539784017413658215
095677605639819392083505565611838455605856085392551743855245451836
153173146211683751575723623737944461467494032436684086729472106741
534353029078066920208965674737192885657742964381973077817789342701
997487146823833995378991276147496264610869142686088380339366013614
455904183237129827110549616123113929032069596506052017745286931039
019314638174294407672842725557757696719586295458877845802781931069
120446308501408159893347236166549668042356721085239384888550286863
929373416712318138661307405859238304545465348609222150878073181114
692151631675911194806415998048770931136725212452813708397668410931
169456611453429497100856106921233418416552144874499785942813245911

136178695675308861295552516434506240130081105111960382435573237312
505611267857804262039833905724944225056484394357452563942136805238
431873292744652425227879073218859357478026338428528022186650453750
954725837180026717886968699134197142872551864112938831053833648748
566571809376997249728034581245947825555699307057513887557477520690
025741202511280050282076739322794994557733161508733369086153440771
896854308705565175834322389478221050046586185466707584739393799628
871476764664035707370619652569956270078197283225037199671371624051
952327536698635291884572705256267980131316497743202993291273629686
962292244910270085217378715286620263863460700944683445922176594531
775012062013995115579293953705219425165186692152840378905104971788
915458227413272353947534345175918752854930321230407032040312592457
278993407938080558021785709554478771050282769831428252971915185677
487210927635045819192730137439257310908847002019547381402110715251
770643037767133223927134820646419592654553994410513513495988137914
661589843533006260992254360311745723315898576194521201932492007114
832948544910852065780390707450105467717950380377581746904406125017
153313742408736067898834437823300442860570853402294798097957402967
093734092200077368403554224115850659918432723180386723123268255552
054496213503280132083711949290937924381627869918012680731189452552
182628288323977182254847530786028208317308633330469079605795250954
630794457264942252368622201246743171970238484159768469751166796480
732362353821676179536487311676669199913997627566826697260502626702
665420473165463168943484197362250773691871761904446690949759500800
850907383709429265123313270349543555561514999953297741485160817881
763746226456634277013788478510335420375985711439806252578026639682
030457025346123943059142636630827159384066814391548452880845008498
348046005296951684195326263444996666693083777680276406577396666769
488472249444822365101766401070143494649567084399868574737136407070
508220529700205687519274667214873319739966923632688148011513698066
442190247519486495287104342072332017374606141568391973144772238900
139584230085413789995685427724346969109448987953045286627048125931
034970031816816450076918090889217622251933336579188036218286120788
412667732465359044681792948606649108043735506778358085708016248299
759094317031339959319421610875509695106739491740753368324467432358
132802109625947750439703188211743505783168648290661464966035858457
961435818571637973885674225531982526228144045501058194793677231347
324576311715878714893033204049650484366082542369815086659540129523
881391536307227976334745748012389909340969498642898774545515164267
176361375168750500253896338052833001391667443141209682136664303441
195219210712580541857721140690641867588737766365432971132393972411
721001231359444900342480902310179358505860667909253313595913704048
231869618910201824499429809909443405842056903385132660298574447816
865090682302986493174735271831133974864383151794065551735809964287
386893101242071028754461586642689217152311226017508314252150283841
796303680316615022256560139385667158379200231577970206027924160250
354358182578896180301788741753505607570512683057271113723407327047
306863821309362383695728536019434875074949176143457330037868653437
913147554282727203204766382771357254183677141017296369176777278701
790819409046633412993300207206138388049699180236259309977638053243
927618023389594630003867675297282316735324639254602852303047743013
533981815377874986402760941467901523522952250590350164307459701786
691099044460696342422733856185147152871232805205846871059438047542
009713023866211576736440669877583540306169280782922007694956685050
388666658330635022299815293315400487381635064515448429155049258200
207906063715650911077903167410093907087270690639756331123706469515
864190565491983971105139192247104665608666238975118823977011683579
213546124663359117355097350900017666715352427875682038033370941668

747890202520207247975178773043737082469106609490955082950518073174
055600931287915569992406499521764909103592134198644094265346004024
363285206252109198959710518657247468294013068681369046158102411097
704145909411103822100725743162763399343874125324249953045404203565
322927359631687377512255048342166321833333024702907770333856071078
433793376522966166684934146286071120814525429243032788723047983408
190599108595493739705975102897521510104173014891842652124698971185
007538266376686897022125027363513066360936444234039859356544527640
858269822180371634466325905540888425570667004613089245810185875194
036870721714580357358014287517773768430547662150529442445822706938
440428598420765945412239454038804242330104381098347245794455359677
568342640154213793487463798917672120823414546916922666725457760179
425716085413545112617493505946856054763622941315027598959905043912
105822743480260827330517514760291557174708770503882239875176227067
333857643489661521631895730098952332011632173502820116751129927375
071326726005287630188020975934641277215967291734966486237831617433
669804120664719214498226894054930861121856512022144355156789092572
682364838088710175281066795532548842431277288102340910448487743925
299539121358161429098025572394343966755956075899404915733685381392
848582119461679087461878946891798872807316835163337851905423344518
824866926736153402420881390888801033484046168863689359662278827768
526133836366742308949863084643393088777179432346340629811803376899
751364669532744676395709174573721316289612447682274673437323980454
543684224801763816356746139261749965889330192627313813748750756137
890701601681939838183306251968951745128994190752704672732969229328
595399836305598826464001539336104651824384841864434050699024267018
107918107109604245840376137876885581656913606528464417729880607773
103008794051575033611381222260248782705711135546108415518113365866
766584533170328546867271970727227215127963791228588377620992734813
497067394646892724128188313456520405792316488569216013720892861373
447342610105990310072536696993523735915111834974759479869920443998
752006642672400862163815251732900792435966998974499723303063255232
006215695130931621542729652253061744722163007130552863757402021184
472024907937184094385474006664471677582137921885593553403157175524
371666693497921229248032112871547397883465234374403654095734534986
141407815302224510802092607974211459246284115974048016862063286737
590238109793838168351854648972587650269866971889295398832508165797
769688246661179252469649173793820446746027555979275031724466626270
601375347839219076588430758672782049463277409044387803389297996264
197562962295610489389881369795511848041601397617836698870861499642
772834138378632048957352805045513007014390023769032308729330481633
666495585939652827367694109970589474353052207538122381325087571926
235120182746333322707109351859599958454728952356333663848704790137
073880294713909825386920771220480251448475430445028218483375287885
479886362001406005060237553733376181407441157246244538103969868932
872438142454209613932066518787563989224249813116599429759135091992
534048482727554177681475221411697406230680648158010710495703266745
497738791148135681167538816526350534364934693206569004146212850269
894537025645765925764154499555042520076829228540268484882103775806
265827205160477509908298361374726702045718521870433082862659120462
177363804824428525776420542992026329507504341563859876529214353760
184502306420407941713888378720223968876174003766684062610064572590
260578228129194169317790552209843439166522291180839167093219020623
130461858549835932349801984520953353175806011129056228292275582681
598292853584697465383119630711983165763015211691333720013779129495
891792230134722522524747375690057485666606125770602168876851165817
837985205985931677338745477924770792734481528058995259439691391699
763841457629018698678794105175718775997267172816982252627355112865

756721698780919821318770289607484920772155737148564730854649786278
332833396383237804057669773383360326810054151427001253207146732439
104803472945354392082771221788726053293463651875810197641918891541
294956679574740451104977347494324850682894796674992655927325876474
304201572681119297846072891795594022102704640502497614934648711451
049962761455355266778827914264977654248233528731682570596333280734
889599189299545234395404546537430186491311437668833833944560753259
639741017566150842941588960381593958283241181056997187590596816175
991337799389772427441707200434066333837728122999571755383127863073
002280988348956168280893169568354555132457748373312397227556706628
268045250706519034521598768763386868854751024385679380926760863999
239175816082035725828625485026224949923619485197436100921397397896
744162459305337401147975148564345437383241306837917035939458911889
934263636537575466043304100849625265251969325405337197969443239934
124283362374368524186101282606576065571933166592076413212861747819
680971669968138991639341891811488141184467468412223953629570182356
113176537274339890070512347954913822211813623376476951555653186639
409230701958382086914882595497104005357744446298715999161862009156
640335408074933078863886025434785799031175509509894712146232983292
633335923591994588787135067869767638662484357837865067938227689091
800638169656737188236991868693906843374080945236674715169815056195
822261789991320863890100357317082228393634342085829923234046756823
224047698218556024083496597223945638165520589027944627625167457044
645597111806784264639826308439570469216976670167021541839714524068
111078960964431070144229618338290493158138023879227749602441866415
538281921681029156513129080429939969619243209971962741960766271691
030127187230183358443478074358552337531034524433453286112113772479
009223044114150641370354434292793828988648275575774289529837494644
534965697890742365041930845257242842975308695403921095282908719896
781994180588072315128880047789337004410799671036094909316307297059
651451691296513041276233580317918143099566522761787264970367229629
143617050628189403312424686105545447734014738751599871573226310389
115729576279218028773258017759052443490647872418013837600299194173
901139808163417962098707654371325969122663668194330622493316095188
628395699412298592185956555715294550505631752722214781864633408922
045731001297304271098835403011856943034640051339619015052164577550
734848409906564254140758451847747645730734626238175143895250461726
298222361716854960596211075928326963344333526585633354487911138905
595867047387518704648569134710144755430881850703997229770376135923
235945682042234351993497965125790154717956729060239959906671794284
655022810675743285146465200604750787512592095185636026918510476917
137599504893256342542736708883874563232585492854306321916326110116
672932005806004504143929189702410682450279495924410966119985319875
453822065751849771802175050578517273449845536530631638270262075671
879463054965085954956909764339842164606878754586484432942473442958
228131279238525118033441125589231012596250416900122222399180886579
980558668973194208116380529856848740586685243797310892184678803766
518829513973507672764294882297333705635972018002639939886174189913
472151471563797158263916679805272408464651807745003448331517301689
545453335872497486695533557572238841631870055913845854786851474366
407994725858733723054059295672511487751518033922618974065328716559
233048978869883224673866225914772793314021580214148421243391147245
047391458534435621406267762271001597994753885401164432708699191482
963222269460610395651339465531044322477602538214206936752619052058
602918358304859858938230941383340625938337892627869182770862912756
223461817703479899758534733657597949524459830937345207939418490156
294606390205110962931376255564881170006729010521332943619634355756
520587486546219702277025780023490476796102154361304222034182930262

555146259450727456175671382546092641076911641733169692605638474070
379887587025043209324906089717532426448085141785399315026710188476
005814469362701803878018408891224944243385268841491571214622721286
140892179832945588904134852970213090930350682734602577785973249854
484280126069457912731072258840349417670990989006034288717084722663
826007065975781358159214345575894621662812805256705734476674194087
510486230588492153375937300183131449196202147506767513632789893147
262114809625860376339489441551417447096734789727817743424314626468
593826587071772835819681922697621112863380012254374415378539800223
763449372995003798524723333413764264882486961740504098874416620103
860870880883123776335389411837171156494805984111338128760876380750
385700515814295675423427486489066879702923894166721859374685415715
218788486251633328162222489469651897811447139338794797333857917862
797988135727963615718779018234042508215154438042417862992492860061
552704859975876044472306676908196724702308032435593267294086318346
365550459543741268729754181476263736980372098942896043337119209076
495732704493012975526632555918060505811499416150813967492076728073
174569194025209323205492217630701812593242147793442515444146060803
088182445137466256047459594681802664921837719096756115445775167839
412598157068093271893212129153127152820223033918234758061081815274
581588924990310225710769869701274049002568395810038271760303830051
015896832523857442375090139111228599758261939489860821612678270778
031654871213611638653790746991063882435784999937257980944921777598
683881718274874751286579149815621446413168223789739577989944248771
156313921830361251228642928792173431546032830828734533765369353812
735482827789449532160458517235728684361227760834836242778822001344
915973515531800833254931756590200719794301121311184923332782026549
786824292744843366418178978122495472452477552223251040278627924044
590436369537797163108991318809473308790695649948431857828116419396
248076998681965940258484179945554810526963906292619438254220584710
131647367066040613863602463501964606349706387891002380682836893012
019568924885010403479158019935869583457512952042015822288272054745
769735468869944344198471942722293648373365939170289499957375064202
773042247756482131674888819135805988111890692982777772482379179376
194709020782753032705705209850834999595894832850187585815020872181
299718742262087958892444675677687439454079446788922625698246189832
587096470539017775022330941585835130312101527156705775294537590786
530573646566160274278988661416326599355927936280546213396396633299
190686562176797370767984898639196514979893048368093484352880214899
203389048323978042993854444706309630904916727421586856015014113775
933028718271239017474288156985731841266037338850438363936504815659
617124919168710285526237242347442222687489888307412176505446484667
927145207121873895040846296977549077996591332754341817400497049395
851891894019774562290749131054882238123752490427858576563550106486
312255467887279067194521776923686829292269952424549522914028815928
019691704994662751042912755589473041324116515370226188184729367260
211849042019043492213916787549556861042747440304591494645468018080
304650866948213308070519215093166006336750441613810974407536921195
005734427684883186394535629114531346425285651883954826223023346387
100975139345935786936222516081950522978101513080732037666525120008
795313698743979017675629174017483694568386520885912208563327412747
050116962484753733722314967489656378236605102039447654103016470953
322679849868027898803864559930548966777365568861370895846432566650
302107479523448537717659387704984570917733475165016755900135377519
768061805710065696124000849010093858050054830018333110600601856827
041234879630897073144904479397338462366150921807305496641279404647
026883417573297056150354215097112977876611376285263458911124300029
136674363823942800074740957803742969953499097020635678839388678433

351365472611901545574425210355591201053437608657555166158912210343
624761634522849147927826266384698187530132384684383848198982259129
431965401303091035849565568860423399293764197277537781297576576751
104220674692508261116313483421752394714850836894885690798137328587
703543841545668065822436416423146393854203619392221295490083190338
867046636909549163980292760929237733181711626458622288016324936225
945968458131609004557524916441273515381192028818110517787834070400
927173050009153315669821783263623074102747808983518268963421169435
311823668571135018207288135525283986658128488717716339080358723260
088685972284225811125215795848611919616341434879662152796338429598
193158304078469304371877059895981005020680696666580058933713083840
668965788413586389063770886714034039973885169279690255858447248874
524162464927825345779433659865245448751535997255868902314490610468
750552843715538971359887915282925828255050120835419120587880510395
496202435877418284809042834012623317913548824250786075509868266022
155690538616721739707016552951826185149785155991687413480771803539
647696253126379133931446691551775242879398376583996804906330680176
854652833690811941784649343624382999817942041651225155281648662278
969241316967283175771906598106614920189094814966766193502463479471
325657146836099798366877167117645768363846679320507604568423013645
607467711282291454410457836229548419005716460338365284954362664397
313112157990900481873735514627240002040528376748055046017505262238
339122922205278208826476178433341282467090434281555799199936787059
242446539841415248337185030982365045703951871832547505889146921972
787747493476137431476334074432723672357889683072187178156069992366
992607880234726582584111858536785494634704089537920077406163245285
854832012427796206571255740619001540568666359355115191485907385418
336738943687771213576680356395554954319677643261844785458336548591
964475108085868241702442535252203584976471168162476839953624476793
908223428292953081300906689380635274420004363883387069849021712445
883967870819545956703139050196133302424742867545568883597989025769
892006589434200237275867258803211692625170144931468664680549000789
632227031773306101313017187029864949930259177391147857049708705092
800940844098301417159418161489959727551004889962361242184667921740
402557935757841830411854809829851398218698285647664429028480990292
829922586242989685205259864405231722786608191694277437470575771880
761080178170144412923472681276169061375346156304594764959765848582
440358799678373308638092246773164888660137582230112667714358818269
322052862836600684660417608669812085388966448423634127830430019766
438574724055586785414244526663556478233814748802005471190740096934
076623723196500713688019886856632248183354617539427810528634045487
684150148177861122004990204474591552400838546972384386526846236050
165034745895856420487076738103344998421391627255092008166428318460
105347025818298005342090247498511881750062670884412379523195042061
420729591780120441108210043139323316050122661604736720973055753935
978395931391217709166253148727803743200032297288350128452632046447
526458249676953834093331796811966577917278829965391034981801394378
419558229713114826523637606339828606342962398279776496446686968629
837267017460877965733397537813876632044627737591511611802806674852
175256924858603718711077225232573649510157221247061001841261126143
113020371508764915462560950255744788727300241807695775894301097619
588539241071395051108671826885921799146347036185965741416975160347
050238400013203497201690750143454481840785001959616555552021750376
614208353600308554226516283139000897553529304579792799051545541705
586820451135637146704411942761822983730791428614295864767934829032
395722437781831378383090974524463284891032578685455840364603505384
439735356539103424668901769280812754245712647903794048222416972827
054629989166657013996978232508098930619305304874846505714394551522

130923050261480079978803377249805525957401726449051295118891778545
751052809268213446972071235540578850789568719093781853355007751043
065888274679607849931894474395039999440818345801504830345039967155
327137758714638778072081624941500103065127483383647834568784236910
304330175565872230771194207625044108524387177687336893154848960604
981667626690323755496624275319348817481407832457316079552872676837
126118081584623942044542980533497736915195469050498168948792939639
968752324908065516345216962542132037649917330724161582043172409779
780270130087004141876079184028490145991177142665209285453570636243
160765058847376985987107871715794338130707580432717296927019986816
588918070391000277603084358151804591335015658811959424430718750790
126976529417234363240416807336041725105880539857167060382979606033
118535820247244763710051832406308449237674456287167496676490605645
124991855267272564935779149936017213357891928354146196788689475497
941118320386041934887604287998426882664136623387737479484053621544
989893738093944672955532085964288239560931926733241512640389426756
729012135781521056356502450634808667200331532150992186650264551465
520579140434331418931744145838420034720114527627475566386463637199
154891556164136320487255709853796453133178054994657384417413499154
230689959953012234156670160551788060454883096589803517762589040817
303354734957965719804431576804129356102302309380869894586449484552
998450548608120087719720164982137383165934861750474894264984687492
483015557556088823382468631822938489826958743128999273455955791027
777823999739474079071706240114696142722460394052244672743800904788
068009204257381456815446138608539893580229084144989604154179801310
601766049783453641531633197224496825336807416715398997449480537924
789476725847323987207948415076975129577918946249822894144335476631
853499993586673581654758791933439905537468403042134167767371913878
776319919673229649624979546496568363762555201482210355676498158036
856868528035439933206733394042646651584569953881912796585701315163
723035971515092329099272112888339073900630268586743036381664750134
279032424692734424028488879997900400655379849337708746593010508071
048941423036863903046826850163688100183578933799329677697771516244
432831505342567167908835992414207504466339326227247670420359784332
815578267651026243239188433779193494885924473013410522507517984038
779077812791771316017378485164931516371038572541771694565531677933
276154956643657568533225261023257517130919222912037868211070106815
689349821999351886051472789723308956152755259112847529248525450462
215444218657403751132591100938338672834069400299224989263821091937
119486618171512760816517655776727261418602198834922131227759032397
499396244564780586620774443935110169653881841453023655559151086374
832503926500145515591650607843333853192817359581558458366214501953
701708825489775034719546868729080417781621620256162930998363284038
401945381868215663424101427934990548626635944994402509452009183025
520397214084740691796595681301659021732590209567459603718940073653
349450183082615318467364198037639325330286271045821606050861605871
702342043549305405651136441092980288760148311068004486037089144269
050402978340847669181085254217115625518889434756998384372769449941
429708519559026365592385928030262310269084975919716402328847731383
904355979530301955847218432375525820627416619828984383021062971782
915921569843316111053018858411779987507490214559725971447090225625
560205015783836145588178379268453835346710734530611392405820451156
727209613739119106945585108712014423488743684572259093038880828221
033831988164490376440625650760124548099875097829844098463810310411
827722681572136732476956946590412064482082337446955994162810986211
350871573563474400228807960266077457333640152509336919698130463835
087376041843648153203775053730654315844428577432972215583088816557
325209144771385341671813443899989727793495960845508696953243213134

3780888599514266804074165105930796532523718464599992992942398322371975367998325528618523573264878710093267957924149964951806878525791823147618723930629521598686937378237290921419768030248423379312492120912941713892101467843972368739307081660139152865149578661929929164439118903211626114809089660026853303945856250873153359850263074848346906105447014249023054829299661850894289015259478813384460260028009617289925714974777075894917567289921149108269974117774850228458594809609046249459839157778081170718003471302906301162028308205140384864141569628495368791235745053793950827888189072862544907466221707783805120018809539386352510234908914762718133723225259106605376421140523531926134201406350606300187432845145934730553459704219947546975701929130541340893368859424830027480627046640443575161167415276495155237022144876988626846595805266660088846455496818011071009909364248889966982009757583460573853788034470034204089604099479245743166938181538696062637155037862845057054188450964696328962057056292348826251337925451036444853080872538730944007350347981706460652347503789824110465974717481155239890312363488745726348246274760957517438198528192919890889743292656407594333165862841246724010235655569048111756975373708616243583967875187700984784058369197650305092970915418182406401131290010427932054390441173924555617362192512083099845664162480576470738605995420525769774104733019541483361533424007348150886289257936415042340225340849370443416466205702613588541331261671215735101998722424269278379923716353907504977432685487433824893026206727363360779377607536770046292738255931006602504206902535833197261472863174220653847246552063061807215125928215475925782885470680008221119015312086595122565147083024953801065274800286628712746221399645832457713101207822759876352082228938269028831949407777254302019014916401019878291399016324790719180243643462517701069615352212028878954633775200223278831567967118993853293353659394990352293829626037908771790694990611912542233268104054979724852595949109525623014783489820104507195673511613752564250356229316446254994049953376393560695700081899761566110463999696850415925385713482598813689539413398305124842729833325658000103051315350968079099652573782547670896511193936428789683727577684593507812341774629236704615931703990288581337898754546064340659388186398665227856724185430630416209729468692003961015419550803598377435588873694136689725746809472441760189696281570691423095915767009759476558498667052892464220888978000005154389575336332777778004863873105854239608354846698025241356418334129021394266407044811421383809580962167759945691040590866981286518748650426338053876821560321833730740443048635802416994513454824517723865203231935200366229101573806074454502507291141704516508205300252835076030567180217673561028923589975844866871602154377579651429009915144165853555293258381638286365760089838437476797280409275250082202249690761195501733256267328438373885824664039815594352128116890599814708807944419183077658559180408494313142557089288529249098735431536073703948356219285528337900892796544663911219365569647163275081259636982967545685102486284030874335539796624821904174202527354428423177276487370781632836916350108266420207972853340873489226708314258549914110166840319279286140445442863482258224509436580477722265949923765329151538474955420436736331576270573567872554145483107553877168491143431127250200429474690204875857059668789339730787366711408291358028462701795245590661917055864732170394146165534414802616198350224836424793414717253041289153404506474416565082725331232510759368825619705159856220627094023879273693273530841474936338646502818276487370035856135523593091322134316581241404398030859580053524696707826521555370702201292692727243749025354323788619419616549520487206231327014258129894926547170961455702829955829886741957173674105761092202255397780559773442768684783906964

741087202827752992876421573828952129480043615058553309611649590619
368202640717196086067462055669329877169852302061833592941970280514
581314621534936503156147210184500626379460600239912184908249741755
506877427075780429580807094390040728732474475159818802337294122233
148465035861512152220817891130789956877444107166336586502448608390
381013298927074479229490228048968354005454091170385857352842668460
699888874103231204701461691577737594237941588168112439109572879679
919403126484982986216752425139083013264007645971021668361736296972
391016160119935497749557869792405296729033931542391684141501160806
726687800926676805214283706693493728437579236256751104330469824870
582653376431854435859157652754714308857902316007859802950230619709
033107024924108913324651645994557708921325730998420105037301538751
461136011009196276460337496137944692218680785500894811272456339897
817476359911175147905364260452586653452235981308799574585924492013
204125039624563289878073813730067133330015755786085835778085608286
189746896708443240654513253003844708381454326352809274253847386546
755776877092191944378553962567901315888585419760784899970899036352
050378989108603636995590192337635404667238414621756466502097366846
335239234679194162667240798368979312275722949933628915637699778865
018640202696095705147299319963368259115126636447044600666212663051
289878453732049699515141376727975243456405511136044445605708014391
185704705551738082865844736344141269868874958323479530603008032593
860694618519200106429193658218454415456936681056320483571573764634
539036426293266761753387252523903856467751805138622619177324726240
430645977603498706002358299230855770510900937417657434723492503394
076972193908639429635388795389007748923836871660754379424689975505
043708546748172015964808395204367564302050107437055683132390425989
129984999194782488190441967483941357124233783961099853543209021477
794940757159729652976394317201439466515126924917107171326952625229
591218857141012461798012010170033730265854332666262069180942674427 6
510874184400109206087727293789214761939035036513004424757012107761
532457533753793267466063733780905069540641798216647513051140440411
722244974675813656605020527128085423815600160900808397842671113319
856647746494420286983443413412020554030216702070678990560438147052
708968483252884203685729099258234913146664038748375152809000315273
781304096558763891253048041439432220701409482076281490489269593875
869155340719287470993442557109007407635118465452245044195151159874
769396591888001109929801544507041710299465222387243055683513501184
977807570474848987035685687194982040052217472334947399349772746982
410934151859526747110431418096131581684681041473092906388465027584
609881069335866929757005223706138174156013412902959349500968895238
872190138393250697294199966028692462262931842051141769418220662542
967525909462989987833289804498300658221335379271406379364171313038
669482311254011813635685914467282575558004525770640488425957860777
813173627191342990130005401734461747215149245580817748342261915397
181633718653793354462153163797036706028256725662701353300915506359
447772011479216706681799179017047734364737033727532070069701205279
236308965927705428385239106651368929389926576708394254907358335602
733621031885732285724644330034326926111110993952871413424318914113
830839211831037054689184420845746177750725897860289229357495173671
161308445435703857295661861638080683062297468171718702180074594617
729526984763294634432039297316704464537018388327643218889474056136
085220127042844083738468894854197598215409305779154335389810877061
010708560102286676435760100072674970007339711312655921263314258837
835377702076498886096464614570398692955897961957259970556078763286
853834355609229110975111154384005998475773515480725390190606749301
591932074693212051478190577585081087142379751588453560885947334730
113091622800427966359061700907008495077707347978615696465158173734

2002984196849267138978915551519845953669914886895675980818516350342114722084003012061996960062758479518416994021128004227893568102093323053159963128592938985587121691429987356420147261576442491834012038371579991995118578941269947519832377801054246057648509907567962411263858013361900172365430560200562847201023092566935675587681452921859823033689999528329072597865246071453261777522336234596444761499281646629782274794231371875038387420740071007156689387998214744302780843080105194017792276766653269065825784501776936465630959781000757982856713995218900636907760771625805942837052627643101261658481139121366804999141553748856584409616047638058239389750453280843815747191119868817213961258775074981832447184526738893546516238914012602070356482395860129032298603824577469062646011326159025872291206842432350992739184846041149739571296411007841269991098329855314068051345372166147257581810522955880930975860404470640746155288509768634775203778365127697610798973932831593858950711430780938065545645877095470040393013546870378080386321234085682087258197985228833910808224938998393965092216192603330255573508056062728782788048910673953761103095211837994964378275686887583333707146722861599605910503580218635918872843895486178146130771180910812490849963162278832846575594253052046412139689226088374329273541037175261828029101532617894960248100037019341870802286820509709007942988471442418218777376886184309981095159064716282763971085573923236629954336951795667222161777614590122020502103564752344765409191390816954151524842248599266586402510220742789607321087576359350225593676396014622197242944968587568071507049559151216306062711211214748908797976262284575996567192754132176502724328298687362317571199938792732298612570059832873315697897166270590931973243879465798541775053394609472199873178007671600820632784695595241096024886327080752683472304548879506725586113701484154286333242127443968575535015091547113507742347621178107322168416492278265920094061758925905523805158490541803556545746626422783296986634866085671730513110157903700370460918705281784455357094843184818000058820368746031184094824563145763097598052214007882208750375965294611081704476987146712878046528550080210504635681635077961324157727428767932554635460436483218530267493799014670363139089011895074675721001497143059812199351267318731523662459656291079797041480674421049010178888788726127061767843574542123364529831741025499684467382977008418868763104787830318093210808618299839728489006577706575165395153741156790428609784064575787465964681082420477774114268085837716188055749351735785455653004672224550369475114894057160044435302381357270066188842556133027502259107518594569300942341881984494918355532252495460977602605784983944871369128757848698339369839417801670789195924733512728075459411509498711418142663982778883682969457522116857581591209892227011218335256517293636762105193214500494814044591261532745945100669795303142270854688739184581770729009037819269796624770658590816491670804621251388870006293134587080288077892463472851097104086923706145800315959093554156727332647133570197305099368186330307341691947774404540924841207576945854068897203424218065627317889710178233002288138303035334715210570576834580946193354117764999817817164655212777017711674993606360042462919551876557088862605556545933357822533600789247893652020679381808396637414994290018644924705346089379264910588906217464756885247761023913063099430923148860539138904982695483771613754386219379403960927719163755920061277043795253518343934270072603737618338356853864264612600561169885893436004058887276147816211110738966198852262401133789427621944912445052091556521703211960490654367392041337519507002626582155651458186910692501133249876716253380636303645961095709131113982597709903807732984151265340600161521348482878925262894353535905349382112462820633273788703948663222650179313647836514

006765112121432058629195422014564355430040704547434587012323422381
477377636087854909911914835739772310311228169027738631634873551639
929217659357511601855721663814078013096261388050390442265552227641
596848399529842001866522826306057594623273468384434340296273667178
949243321643931772528777341508133838585318218581725674510622985125
635843437212538067084671465169236796579040303652220880073859968143
872360385447052707870496466035763327859137368263001591113817869243
582422810149438793708181272819961511956310742022573428936818203032
722096836438091786086970936447486630185090074078808344756441203410
778667170729971836046448069385209283837219662579882250577641776077
878380374983401620860026089071575068908031524520878062118688840341
302300373096221373320729928866701661440575635910928876306263566935
036190300897565665684886019723914226448098470423063112191583813865
061679629686822771256242728530684940994645995404949316740876971089
059412491661690868662802698293226116044404781493708304548859035308
7545353888060449086088379366083891104117668264671122788713748375924
563215769188007102527416875516480511079788226515694648334689887474
707107706768181254615072505358692982444212868302442908435395891702
809428775817017813011825500018758098589151171281180368133351093694
467309207759098615438200116279275149954624102703683051147085833369
809363764927756052347227670931847724753025337646016281299293890055
052390252626480025498454627012162635352957564321520222277824287246
118826943658945581269555540074754085573412712585840243353451621728
900998433119440983988208271143714443920975979785978767686894083325
941709733933574796419437929963815999816357330280502418586265250800
386763011502779094057876415048042125538693787210622641858777182145
547841326853651682964806614245200608398417730699778235078668517283
142511192432204535230568036081464653653136153967562967475996635369
857888080622297036576927634153363689356887219437010377395297096436
281737796558371039969586392304940879591836955533965907942252803126
130417998568405383340408863830417620408464895760852552405794733865
163300658287550742833953740327882436803542070727765089992737165102
002363266815591489734569122133169710204085033857960002490989543836
408775978057642219908785899965379408995055595543734428000926110307
006684692629646260986337442090544371852958820184726717512524863876
770745017105179238084607001342476664723921997553845198101639705148
541967588285629344158147628762701008537760499732953927911053948634
398594581304762183450505341646625824487475215604753883582342912489
230848076665179669301642010467755151035106410704290804191860720915
976836537981018567925037250865811494953946633559832585551568706652
446338343668219021916533067382402063051299074665479648873122013013
681764029033454386678509700700236936779102551514248168841870514727
857058742487712238661477424177480720668237284712412764800631891850
211216000679704301162283120169527922681326006865728793161219294819
232432561549394478409489393938552749384394272613151711919944370107
618056589458208371216637636414836998817974230215596239223813182567
006511223226039055603750463597353591342836819544293756331833737113
055646471946737268489127534324315723736038942158847956970129040876
701918711035094698784576308512487944868869510617741555636015969109
328552867422012341916435476478265303499556302331648273407365008182
760150705168366139167826237383393783312972234249127335619326635678
015025943403559050401772840582018369296458984314658356376170369564
441875992482108393335036450416180334084958301086956120223327244391
720170983951334225601719310339879187131038932931140342316598583473
445312109295688587816167856056366693960464327179891545142011992731
512812762680409057675488789883412240569829621239651593718582010721
004442568777054095725016722218777419923969974242454805250800700365
177229498649901544582762784220545423668125690900093092290468410462

840005508536782083941243805474983123556650316397266729210367202193
579445580437670200982779020190503567734440307704528228787942690232
087246308402956600883102462897650926621613169688668070145136924445
407275332600208866602557752371354015821090447095607211776067721572
251738699552644828165392496291793326462454556930701752105786883118
863976154375918184349016075015551819429121493931465093436959004543
411821593703581674893218420923553579616417097071026657745916347435
030593852129175795190948789688936569964636626115551422176470117609
142763623541356014446987308710885255940155770293330716806507176826
589061515390228050168719470602989996694289139651617004820858098670
241916334874648515636660560188050527405093771099563973083046782836
297518821688662677557735105494000885282726524642158660005740772284
066569482581335572560974369259119058341023295217578727980729923896
176827398048954906058852859612690949894260353030292658158078881210
382695833032747460547174805328631026414973095982439913157936907311
445147251233424946733814478966606984479610575375908431055320393057
729202018960652427085659070022674402210229841556336514667369221363
161995527318479517974393027291753697602259752322989667971992038254
163311549723188132390948682472193903907327923208922064902109208610
621532152964427585595627068003147453619453064667337618516688435140
054579595516390360908318534024172460264782785510653504672181568694
502085900136320394554210488977016903221755253527203439012025405895
373259805468235190722467912025548265000168949873604852720975967050
942939299438267549879044192202042818419654498129417222012416408407
108114080239202738710277654534415896204050945298103906314347148394
298993092566994451580883764470277249704281537541403733840876233560
031721798735665881200677024800524342584100572727816789918729011057
834895163277454345624608173512135045447559177232251166417870394921
004225707428479231963345522858074444475872283607850527137841300142
294036587843611314811680761105150102367765805645762827001787064872
226313140597231528510942673048784618457230651930451793553917793697
359623433870925449008961642842149146255376032884948724943769816530
469359466083274925042127109188608399801715154748403227072750115912
530976139895546696390166363555160537362970299815348192612842226610
182774683861357990677908850059019358855468448662500366004640278553
912949056366183740948509569093149366109815181653186745159876349361
119908775253093382708991443573161402203033942595616544717143323457
239865405966628819595720691204491916634030698106989377700043965327
488620420557843550618795370253877098255654775700944957640510307952
791557163931493399926802208813549025110769777399264405818027145845
783961661603337128495286472559121313165571856473763010746738795560
400892379474647112760904696470739028770063249138817518739416903425
383382034213674217691213904304776755624886660060102976620319670397
052305021987824734057527822757453932531064599877294858725339210901
925660641432942935444955212643470195394363870733014032502530397277
472546499461419980823986254595947528582179058859836715879056330807
328499125745187823167124839350762840382643270941437677931361736001
450719368026294652971394005463101346480149911526469652122754228935
443050276902585766457852642347414682457558997374870043780641270731
361148147950436769611848407918426531028930765857395165069720461744
350483812258916409833032689057266565563492848622455696404978823181
021272868515897521114200881008219370462527304163474655160802418240
992005928782224449646318420353494652115389338726656707796490197439
903340047162541428984700321280530112013434003632731926627171660529
424307383475945727607789094797110189355709756539878269266663437696
386761776779427143443509536252641040944857387842925565942763327674
191890543372553491142659784510838554285874625364275288138204985509
077791359256761895905807549627513438728306328894275944377855018970

0134237036990109176550170688208104224334333518563785951292184704424
4877901729468778133885847658534184945642308439752322545845418705855
0594092341549923260508238923487915182831343754059035035450379762466
8170925657172328077179988621097795495301328819372523229271695990188
6185375906085078304989791828212896417758283343017317441877513669977
9213372522843092420115627595527629185635382680457361714898050206722
7097401891265414827560750459891030616220200123515772743556422404300
2484019986114530638694885796719733501875508366849975142357425408666
0982538495599018546220757493352032381704826267034038046706713746211
3917083267126127675155624229756231894784147894467926754597098088088
7299683562191030033982374398455147085863486253795829331428754803633
9295333914149259074106540894851885067441707255982706672212269748288
5207306838172669686588170085675647581339168954085744613683441273844
0072702059073356924151551455407120384849038803036354977681747185033
5456085413197319207832352586464838413187025885712690709782857129355
0080704174081809415794952555088338454346389920407385387348588911055
0248828008169414513832865225838292231314758538583932795822568004199
9695620841869122911142503117719556678469341159010950786417992925722
3510915181155598360533887770090313132719095991372364715817580357200
5552287115610941585638780632653206058883871998262579173222236628955
1710240371017728756869275347173428308916211360432610252091488117822
8703601453119074609433807668497971240237471836371168194079584222244
6280833379820264095489741139215727381716741369795847920376893230700
1335246474657131953038631824563029101808739995674962009094931863699
1620270169537396624365715366303944019024236012949817900897323824677
6739181210288809414980492331568028592141868783600235270524291122488
6296344426294552160272974072214744876455871064880942246210113014111
1903251953960604982613483763852340862190750914800152319949708531511
6947270386985019286275220297914444356244908799451922435782038751722
0621877544381174128738512867189919926286590591246275198243804242899
9570232424868113317011861887207769161962195515942718876685566883488
1514397960601088819838223569804169526399252075816824473752440458111
5334760076803080275613321844201720159338010464574495390788646118999
9550592086446673125382114634390546197615764595587660547607503585966
5074002148774815338428678368946229923222593112239872630728884482955
6666607613832634414637287860892448545672063022276452137418070458288
8412868674098741265616859243161995726023475792750458061442190607600
7543255561995814060136237518644141143222810403385315682772942998711
0378694843080007686310299521065405032952653124909512839160994962000
8637496895817239810901048657761216831816968821519232383141111361699
2477760538988734834262435765912045195257219112062592115928575213522
0731916591058858877870225876638275018530083155918870373623281495211
0280919852284956613419232859494197700605539992215684968838167391811
2752989384889959034400000881516285725564673261947473350274286753811
7766598462577715612390044881775827998185401216212248499991626995833
2221444685440642134639121486770364045164902320300514532611661250788
1643950297866605926605262374316978760012062174887894264003558375200
6177689236110197688499184297711302676387941791539387770701165333000
1758240976658973675491295981937012290104274427053412456979325188777
3699710095651477809265528561006786143078920841451106105574114886088
6046734840864214862685829674587968221628302225484437501913527950200
2026101441493596123756673706370698260478311729640284145006336057000
7165011038684874873199136742003687704593308501922674395127356037199
5671519912245766958248907086686056227078267407482543288839909457633
1450100637537791065983576406635675080181861396406757651236034036488
8783017113555084034551289607011520864124983036510688860727330931444
2893584910305024876845540010085834739382534129260129748331899411277
6575311559451640276725786431882406018608562145460960775083555879333

8537372570950586332941286623322401456490990819340673669979080307 80
199015545066987229118432137634633506623171220285324684473870366411
827888936200348658575390340343182863394985842078288804064921427677
615330895433016588494728687050732472047555062954488371484935259438
106787788625227032943525360419984476708369644737172909728630479592
793677486868975694841457254489048870193668971191106258517487329557
793225523030005673960012073235490925297786037294223616566438250025
589995885277118180372672405835787633069882581981935428261046602845
446873600640244235033834431083522364902624462087513490332142339451
226556334959101219931126252036504805344481613244105555752654791746
310455055928505250787495987112371445236237997582900837445210668455
686478684785017949976974764750855044345958122951632384967506134315
102405218605133653161850754258595933912804963416755713212746626694
688095641728477538136949190137575851277254440415630074050215028311
430625007139020129896031269837134698881154587068501564245840243587
656877721027223967123808804882099014233017199336625644479600855529
532931719823666313381204885052668978587061845463690287373091004290
601057433983149825780074616689805470942184790230260916641540182338
632718340342150042117498852953580584229568226030651221674062264348
094739547411420721831831173447845766448031232016492561714090033762
647708642899235652258883763222100378550112616016634932765563111900
210721123609535665547068241659030675654834006288425294998305878187
593537654831324395888522727625074935402235412338975778883284244405
298932752224199865423440030266883278155675648135626374541534041156
474246005170942921822273144138149639404117665757737725010878620774
884296858495606345872806287431788497993385617314425795600625438251
598551453022935164176060699485935263708128786929046278545919306181
085393591021328010091651103911210812800157319608824844365665519648
522760073022388650637482824307538375087738496926527763398421164558
307774531396342381305333198192958289147338661269539449731672566724
153460346099970848410626839373598212530889552180354864231199496917
289715192928979444467023800716493481312442459987903393723134732458
668721069655805847993280433292630603993665555640037452949442123044
809557332288545827994107620461119915224282845500345710454539313101
768225274874105279271681339742950116661812766300102988856328424046
565808543181905015498553535151570531482080556621243285335752769129
124966332965849669092272519686000275197789582188736202355158403119
388882645585652347028452667755623663775095447990678192001149385934
917015952268123344903888752823670429663083586768678500013214957359
513646936536755511403599040777286191312493622272560431452772167991
915887276131259642596049700929046535519014397515567755131561620835
072026783972854546369254563241590285872587271571851087999181207666
563538347374159770714863677602992272959404729257554567983549690693
614284105764982037338644452524391739431012449112817981305292621726
823097060964601692869445343100489332867416772908683067919744541543
614729479620214065518232431262641153764878077060057452743320709652
653623026119641827265137579272499561367412879118232178517462340655
558095684144122277122271557358073371285028555645891362345394022552
926007346250991485388065874901586474392879101243389327371252511842
702637332191035830723186149932264885760526825658141871384562852802
218862007696267647892530708379360758533405221109297837839660629293
119204613981064766495564816605355268713351682698746648959873891479
006434628922182680883162607388429195186249905229865398802128390007
011088255602077170592184795598246128662904344930353834746879653446
222680552961661356416997151739594697497386947222360811547961970680
409012857794471590383948225309467282273242774906227928119286061892
628463140299235657996382483303556544299789586520990478651495686146
681404714500733594803131365848549565630638086517793951320135825172

27957718932413036244620958516427884199516809200103063263692994942 2
2453864865398727691237013052995630580539446805246955098912143243 19
8184862828340428102867133606074802306809803741524901543920000930 70
7036896756755238592938197913483494374956216362332648800419037836 90
5915471887405877339535524211203332904625538035656243285634537063 20
4304929323966637755719732972839332655857664937425923654756079891 97
6982254271699061830530651234371605914513116807571635550357527711 52
9160784923762332236922863786213377607083746740110512523380609950 92
4231166459199657582349133411473454485555839916670988209545436108 26
3242798043555068446193412387800752287032101164115018576233302147 40
0573159254029107601915832655055190474918997046821238176555950166 88
9123030275007880565075800490313468421759096064432249038368512875 07
0906805263289453782747091361038137306717040775263231693602917482 70
7228826477725159569991857102591569042173636460520317684455742840 12
6932942743851495152601370118194296546188512373619599279092646621 23
9612960998024369230429945769290525398781922535646892047486171413 89
5513330876561258375201313419237018929205521797245754163563429109 68
4882374385144965310713627635237095174114709050375115859137506437 02
0190584451437525104375371696833318241056721768169415403079743536 10
3604457327070796116001430052927942123350643445568376680004304662 02
6189402108510853502703712017928323298931720462917891832884592791 38
2935066270311103281203365357199178896502270140060284635867342633 48
4038138150494636077936567471656264076108041957819840810006143491 30
9220744592482237262320768905787764897702170118871922624134924725 45
1763530786341300835263748451550565256256298609311598337141139086 35
4984924997747118178063357988669850653745661280509301853744843801 56
4603532781571612001225448254058324764372763251063618008054732049 28
9641158176234851165972958945087514490520995630502893912679083957 71
7541231467018120076263603686040275900140582867511769362349760072 25
4885708820418299321766405058326458870862673799599409099472293648 71
1363869872896176047232335275288766863689911257258787809665328887 80
1512962362505275959972331205098857873302784376174741128507557314 60
7344373163429080260986655774941178202937028533932398249259514986 03
9290084586817840590015028298401484364525816364281246816100776085 19
4846377296986127802434099477462884333032198343588658393980208595 10
5426387264390736932699283714826847038891556295726903619753742291 59
7180571959274993155576564178557375050796131189346337710161877743 06
0998218542432138246729683582074590444007138611965021707242202473 17
6802162761755695044339406399069569983020354428487695983729298215 72
6063862796462791134299251297049046490581663768584956771677257154 54
3164491918867879257077333890849933820028621708115451959720416198 89
5919219631690603821580910212868902302481039346861067731813895299 65
8907886429755989984912792301338704722161197016902816296766137262 94
6291329454830980042137901231184862806452954949281557193443449549 18
7339191713874840908489425848487298549425322664452447761239914706 66
8127875667867843710595263157745652520227275101646562522479227955 23
9594213716674858872766594509556324900089707425062026827012771765 41
7778124175950177904075880629440896519663746774486577456496138692 83
3298928811201843078742454322657355532657821219594599947458160281 50
2760627189400321473917834460738277591192022109689807967596230612 29
0375827636060211633721723412436764622230723258360192166756433293 59
9703307020558918408741146648516590344423249636563268130203553819 96
9048524107388344445056203613770542638473872125460623698286819279 66
8007222892527170632349634862013085458004901203539527898424602083 32
3064679157663196587933293421567843805202155729853911070238127428 73
4596925641776662918474262283158822615599823074468596666953380693 91
5042387813542195262221946513553482057192723973072835471547682267 95
6593004961113373435364094461832849594221726439657297611544686409 12

182763903066366405768042627377672639103667577893716667791118309632
673734549217038474109842181929932870402294134277708024071582704529
795334331707700424513047242848925759941829279569589963227907964826
143743884670720631936507288012420944026765301779529814686505744499
320189253169661408201033347347457233172917770023499106040440096220
881460575052511656813910215345493006800374400903367877614928045919
103145734127975125257184175473672201228966592953624045339708271462
937487249399925801450625861099419208086296844694610325740923205322
982641302460880014729134560750695730773976280294155384827273974729
643191575726074948819348493419687313623148043162678373835702377931
754770686421985634510543468853036969036217558078996084075297755665
635311024077497985395693028284079509156094430142012579542276043212
301716663551392935158862828410385890199134433649829898294376442818
092696950790299368416228764022920159955626906220456651361376774086
201153400142439897964161262181684904076865976296663668273608461936
077011505752374798678937001009516203725342619046856538188188327136
477081429300700956173748670222977225028664663601738596876680780638
583138799490240060994973905385651063893589910794337084388640783365
544785881598618384947430899788882329659752450266335136295920436759
753392860084962174180466303212415308853312108594983844476244960414
742549812729544982232465409909385176746048518161634609308229383894
345859642843570714419759466420493838746199953394806756913314507997
508658785434998905065116403720678600031274330900347190068072841949
979454189150778847802451303099888884716467784918120449119127237579
730835621039493340962416701851610581760740477389589258559431991721
968476225638043261399729804517116231917734119300979381000588869993
473304112629151768549946607102323347520391207000131425974724178283
304314948838929230145849072225316985358919739869926403694984573898
039793142185178992517031732724115886696382017886935467814148188365
998613370087528772176033832251139280903629251330785428184475952720
510979329896737952934389554082968045845488026897972871681217612045
996020483299138381131286540646213997225401984880374858605268921990
687754092914860751166716478028895820992904621897109093981218115155
299274992663663365239772456047030754131175963701711424908947667074
161620422977528747931155293366726245764821268963744909814685912670
919482117005702370392096268373036654852721716089778942837077168847
609422616070754652280972051969954572273140353550107044723271670085
026414881048019082458223584632613796857593451404940490168133071998
147345239943053283609171187642675682892048750868041772177189873366
995867547710020990921918324637986284777826141089379748351778867901
080590928566295139470577011681821290154716933793366036733885058678
237258953860517031291842310904112909024593695403191571296651175036
156264528695973868924916372697308137894820256397430099804122867056
940439220637606961482765154743130098289730421281615087365912959120
921464348830059688587873903123670978213015005508226059042196229143
719287766416649954122903155081655758487344153444488378990699163654
897451019191217387603195316129895817712234314334583125948045605603
514079392290994760942251991489358681580683979791926345427062335167
634014004891642466451046280246637051076422827550237003346567685544
651987521283404110816887614638469024834336015935101706588397626449
472495578696082091505906805170703481657560720182298010470472607970
798399901019585091774048420445318499359588129211124607352356963736
450846546048948204039206290524349281854532226912744881282845915846
550261288127621078266367690947215710267063325504595423312900886352
212205389268504614329403556954385407688198864394603305730277652954
845107078030110708368721294213793457802493662007291190387625132612
972611211763908653470223650264059314107908391497634768297633470438
031636129505676990703120462203158777976990157274445179215555806770

170819344572974110713001269968453099899936239055966850309028857148
924854272596565559937403683634077802868738547380325805188802269619
693730528068664939067614868143378816872671390519012630928932156025
927754018872831123571647644892758210693236006691164064632795590159
198533846295436087093849154404378795336810585838339784141236614257
580674548879063131800596699075335490410099151567812985289215472197
322809383120522806211837770993246044807089119503640353551263955301
796910252578814540342149969482805349448083438738949944695062812645
636230050818636518055970306566581877859271350551736323767166855215
961359354427388246383279619430219254557952305024446505232361523971
155852751646542839848432485908854153032234853236315690892585095824
899292405751167219768545874709352037285844526805313626315936467034
400769185644315146777287391446768577856091137633363549480215814963
423887434288586048253678516071213710979311704703135600116366835801
956998818592663407829082429671000965026234376745073395384730736129
826642209227361363959736782520136072787881243893087831625428952933
797478748859785277438627022443880903475964729849120071432007235594
713488243833134604291291470290042805881289881276907586307621963939
786780438098398128536906944611860164382410895442265880394510710033
938220851666607167008311457554179572904525304394735335918169853739
783878505936086434164138572359542327898043763673190091468065290051
219652370775704820032612653685194355933144804520813305861023248490
592219123801197492488107347767030932370564671270453950071088482784
207659868193932082380201442431392894079586100636527121576123528062
66646634835103438747772051055558778151172914882554055475073212417
087065653565522448990770520813986773829722517519911233466535337318
276699144544445710064027657955209578727178158717318045026044968342
527184505359050508654503394554144788463483303255506465382820079233
982714415409328224504253583019038919978801271189273650400537082110
818616263173615582047185467827253397797516472473898080265822843192
084907176291496395740953413983576987870015285058218051958854730902
841121820726126164297477059834871369734393430071214746288762262176
850994594802097017140704745834434028749225721477816376415317835320
389402488331020711194599633409777958367410398218808610058843232289
838189197866649106869800787862384430083608482062269570793551958236
724320961214505239142763164261085938200915299459307164359811509744
471399610746727963006254946006435690761355048080395552252346783932
299234036896773294937781306487790982224320958372209877062533962694
612585787218219183027484623301161892836849192787802470304506840133
470131692923654597261273609629125903509199317183362125521597444895
929012539038729311142783505440495348885481350496182633480614510241
409882632467025746233657958488261166210852788614684855614235967594
459844314643446023143948486342022317127554289753878443235327081432
398567042852982795767230319747780148442895846935223907431983887194
656310190393429573566316924244937977151743939275568857332386904714
405538086918271588808591616051919986062574341101198989490525667143
892905505692146371145126959221108498459953465836743478430705907311
672571665359511888392634254724318347884827035739438294766160949289
529563023749577563590454037677619891874086766162887566873868109632
513218071819935454412044689631688964186378796481740820620199255831
873302314991035192530086999689309981528890965603168696185716943887
220826974646085728531135598174151752781031092330346762940184546387
026461913746580079299680507495764958132058340412485203177241844774
816802375697068929557134499602214818158217088931919664042836408913
155276361583691155296902814613831790766465878385109276442547547757
519858688445541650813928941357860834039816911022339576608888740266
573146218234401068704886921492941128865313448700896352736694896862
195127660559272142286606430638508332227432854799954728207724699782

477661541452434411841076745474507920100248709574284724627209073102
026800195766428300292894912507151121024962421653400943291943923231
118338465947839008144016093262962430714275045249507827537105771747
095136888110026552115580809691419025123849886651710280443849394358
923120210001802829913890081885045604464324007084834111220445335710
298550940225441130757503870855116921936715421340345105158485638301
086768768902753850988213495323229943997092277284204923121935807173
318054508657932958689830311685358277864039334629926487621487905021
321358550265353951243382881314213917972048733544372623722931207641
064036112524798287093597955723584364596776199446110133027101759389
908794920962517046845145724623727497223920636085458126815932496638
525913846335426794440484699404481673685085997350647574086916713131
740094431543173396378737083889255692917939245801602438593630101094
347019647538406603130596476269469610390969582932719326897629157678
935269144353971950444651800568773183294081792620736085847881334106
436614584374512467989766162506969073758698591799608553715668432840
812904741347070159944098119247419686336244588028696923008740456350
940459976835006176373348234862290999909345604389767917342718752950
882972700946813209522454292910692330475680998745193706966996399214
654909605190101803581525925629511788816557600408579722911412437441
637373886449302552539040003853822607626466931145500775214249393362
036976132246090046234947356540690164298044196657333106015318935089
841656371748152982806764509218479920572882353171494589597660274930
674298034056935181993001889867129075173932864956241186176402659572
864665135279178449317966278349752517634939904161363074237098229142
320244476341796202360115469735498965778581277744702532542553085702
821937612021212307951975619248074217221643242373932213915662228236
845367785339739469530432539522816591502104211183980829572978922838
642442274083462291353555852521045701137692240977847731079911988836
344386219522330962583077380209935053959683383888184971572475262019
481484924480526387544182041021511847529192604735330515134903487256
535300428558903307590135185020101822529975005126001233514568797015
788477949473620974571901924368056556852153470683443159096493184425
003391809796157290816859591392014783603141419669124986587679409827
777777030700456171857300221152948844594245524322382862559231209997
198493546238704083314580263102044171533517455171454659811995808683
530608968989527740917440644097214771131508313828692664516064331163
932643855140824366032310956377698926978401349593545709765617661210
315383170158735588184590594916414336834772855132580575835656600952
174994103990229706585948997787379747012289442322986179397114009731
020051500303913140630498737416470758352556642772320509456935102083
915206596171619219360011939097598627690459978014255390216752076616
804863673057176892324437026878760430859948210365651855121467021585
127210864370907050322827352612332471959092086199432761734606324128
775248490094253758578214202298028727675860551016155050304762608980
266929963196534318775508099134756579737724539733584945486481045535
730948036130863698406002425019162832461949177168349079862725530631
663410627246893592329224117822437900762757195328717383974887105654
057730756453223922809225948662150844286554768916385172706054239174
301665012783484037401465530583693623028305408069560221998150997796
974299715659476919446815342074324322449396549317134879764888847786
784382000134962609722005046888691892338382688449141383516757276917
454612316230687792414527789261484625179739707831486341372469289094
397016829618084078211992713453710341166640988855489797459248097808
351038667919452414298482154789485233251227546347511365428910946596
403550246392744986195666515185752940884371245371857290652401977143
471549836804664237560383133813633152539616570750329651013369854422
068538742571714161889625998915090398928791139608992328094972273500

749971961419389107790892175387066918273876838685365680043881242242
602348421803223779190989628683218548564668691491654379894259070780
483434297862472107141375979357536528959083590858175885423411435468
989151712635778338849710009412138506872997415809904301932196233974
292314060239272575752869072127358436060817412384320794519019926989
119953223680107179838325178624818354549653750803390465417427035859
577577252081661359889132497165959078437678018365061617319548979479
840341725582362385948735037505916503724402002438350833460653588396
358137797520899627601089088041031716345254858523640160602617892837
311597293245786625779536204820587313469674958221776222059524744499
175471221108951115835314281871629356933846375115983142619689398547
915408958147124706550050574301809928283691129251310167004659762043
593272391457693730775961734813562379417027626662686073589413296814
024455446179462922996789655435153728097509006127516829968232310651
106300227129059289474750790477945066141080920555277990806136130105
593864796656036176352179806933719623438732859876574671057977862616
392217949189537774357506223559945883850943979452937247107565125335
372515106532588347092683078480646138819815705882913523535085795646
450935428402358162926467626923718024343633770387392541507536702695
467475990138397401942283678931074014273950943528310784736434263143
172196506144483420438710791195956007397691902427156684191619646530
277131904696539690182293162820569664695368154505944816473040814281
106455942645593515346978168932141342398186323290817425207526009834
696751606893497233553887889147803250925404940836376339199314920376
998808724086612070992663146086097223128992691741691714900756739335
471180596083340172787439098911743779015992620849191031923723338782
276477029485450391191306037593024496406261489719704318605573546647
347751598540025931878099281550346165563877401080863635565090890033
051602625937536674337088496116307233154251113781028246395579630492
384760020631128113194593397273385941478118896521441726661229775519
808607766968793065324650914867361130609832632879315268369618175874
927492583080273802194745685481777418026216876188871652179538868194
414841632023947844614730580129670313994925167760546050198293698659
846473068811551468803975447563021519858428908783800353646061607536
715513189400597336620047685197691184391436479485519893210650198089
979246264512811708740144309063948287981536733530451796474333838528
971150918004813634985205992098226058919590968666592400971918371380
391219409861110708181185885670535629538205428277440318762850109174
269289071525463233296675731247533531403345090757607623011506504382
712925922692623535909687051335290882519442638064061898469289391172
775368474162510799941106228773454284191937451998930996392130450285
739447661757578032194614040009073270132472587503491605056559734161
824222703410441979326103734246765032838158290154124961433249584807
377239391247870788608525165699077639881149493667598626166403869237
864574351522044045827498617326193675448030883095673942685334495781
930820432754685624061952948205619537514594278863563614902660040971
484188765183583149451178289522009419842984364758836023680174115931
088788104386014070585640000261590455317537383281901394160393979187
422127347034159476992972299245554429585863170272133522122479633451
634336393036583239047977593278843619810856073587910538598109692064
649251487423931289561527114023114810331462392845606976812448306319
051361297989879663554929321855024793577409749183730086320587106332
023069474978867874450265868812325549133920837964301365729412949503
373622796980637144560134904868733855303624505750629687047914079650
914940917448135357043755293859594677943257824500026675250844265348
063198857849588311901836175736012073097265618050349313558837520340
423505909286467152463910620743821970497767184187026014816279592105
702815505896409719385348062302834148683768805743208857293769182424

129777611706265230858437662886809969016675371066431363311808744044
698227918239083530428595963705949031289212372621002056837075782194
840217423368991797090954625208144866675890280062339276659788701561
192629169931209277988564757955020825098543665464639513143960818947
944170578528362555271172116841082573184621444268375393788480984494
722662311706099831566714389069530346576767339245845267931856785763
129765579395594402223990707135026339025995068331708473477124216199
391304683859519618375073550077404897583705386025277707425107222504
386779109833061498959343368704153225195394790662711427263623337266
786845726514394430287287571609186260808340229852303535754915230615
671252173350183810199821316075255175101247837820745285936793193081
723495918307639744357411304622971722703641816243326321176541125927
843478772677827854910011567095292834353162084476513881312466901726
723129722302755393988813377605705063702774667293434784871205098488
729014430584088876559873483395919434214813550057910018463133444671
372040979205572188244303855529816479207935927517063048659936072823
834007206227152635964660905587795079594820328351206773913969732181
611155250578755934739086726971131079604673396149833964068675973817
806354163583557585465474943742051184881836574874549205963458378055
386241074459662060778233987918245984180171389805343264378929993873
89363127949066573626663272862783599204530920371025333163215918190
681470189817385942776808087910979011132618602358466719582007943047
444367791505419397842950933981445766331408369094686340811648980512
793552067865753370411486419297518118254341171887671649002352009134
906757741732420855141362829937986849851304512436996328538727677775
306652856373429916169007052186194710422918363710106703671378531034
460856046722835110982882900870229588583165132811449370516196760745
152601358504674519872809689922644560606257215754586982389097705197
972359972031546583340682355736239299184184406846623833307494866063
596317172674363506582961496347843814569195471002998453648742272618
113643192348716046315302865217349650866727632232506727445005724887
409161585222362587817876843324236417177255665241900591637096615205
721410296698596105058688010354159997150067583981264831702449659689
702253011201131286502186492532360974432073034729666665757820555977
691507259795557411468480743195132346913333591779968171339494926368
909619419873213084739027135267598868053467416072362784360555700687
165333322463147843381896916365027479377157414237390940643882086886
131285783397444410124324425998917925795394672248347271977115824162
924785706993525700088058331652266452543892049880125555390746042940
978114098233349691686007040098931402747115589832689863091989003221
038189977968784699333126701732579875175167727638660400331834617769
716367998743281981636557708047682404894029618908301802591131090372
769454645171337605279833180017714400544675789727268730055033470494
190477845575482148961743580347548672482237474425043297566837890326
137522823456634511619759621548494831208447524368960566501303207043
707756601214011241828867836359155340936574092768784869541348142607
014327386730723105468165478291784078485041486292524378334149214504
448819780329917950743601345711087903085148009420247083043933772718
787237236242962053017231364590742122453090781691500538146776608176
387025502205932550691835971119861135086373566261842777811596682455
755956068391722126014324679618441168541552454847166249409615494355
401756619795372276727742874846036143461234951441385139182919217140
930938963260869455003871766249392312776098037875141682436953802169
009371693795094668830470839968078944873813878432728349454722972903
738574774835876770947067869674033932745276468454491969494843114867
986221746831217949629855670050588385648862737657926373707593515001
208510006909986615943485108680380708315903290545294284176467692618
385537485936795231415753214594238920339347862546408905931014680941

136002153222888182796403669892925084322870979386858821021233723035
397479833147348127433840239193057141795608395932299778020468010360
199433517463209612354686660100880288738448588648714698788388439263
274038060517375457695069559003648706906057036556437242232866496152
895019577221071093241483718094575084353533081998381138422409711143
467667761154992531120450466427744832912563243190057333680084283570
581313377105185289627428495762832028153476462623501143258893193500
940894225709881935655177252959783973436749429173368705995374953730
948852376548197241002805146965906026198491934880977456425919374194
564846127945386471956378236505074666611081201368909142802723467830
934720138116576114788697499557488732521479820018329018669794694316
909381372550811900214277504754941214232447636779193115949759815887
543168879097526474681366991059425311076870414403354539089004101053
372078012612864707309949540701981682831803506851235972829650342065
938315478555731496097497094610540033994458304283516317353551079011
234065978469728641700851607288286548494492746065783518552367764101
175629468849450651350193561472989682145992487915241307596628443914
974922731427010998419692927752710253603121910416828598100831334605
872777641576355635872567625778832834390654498528289468287043684571
396509078904234271696688808461282439567177175321140193848974984508
351863732475057500294525358715095441005783428967408083083014489574
414181796868248839627810099033321091902659714332205659094950535465
517381668242795892248637339129733569100211460882475611212033365703
834012821814803445598091965989942884397334275310306910281968286186
157954881268078375814130034379740914246067690984066099113594865685
017195895152680129250425014633667509321539676873177760350106582448
627989640869840715666175976471248799114629133797717272034416094338
945211652686918075375236194566040861798640316535952482356456777659
004564711231415638752769650152459883476590735059925759858904239894
261201018920216501652506210586420735073083158139154012805860926997
384804395269732913644238373875825297526949314236303648174393009069
876974742610007612217238415684247967882223507177352369299625252383
890789999393715692795985315296418839850575155420618423143322908057
804479273070005033067137772065574183673070228552166995022693811278
630291438799211576476146189515375011902677573214746689284070177860
972125125970670793271658034267020458366372554677578267049127511105
045287682526902075493645268088041695120232224331843171558130562876
533480398829038326134568945079878513149343588514053409333615844925
049850333534489679372131222344351610320838724546690564627105812460
088626307251186571317261335429476053822817695038050199693364618076
003085408210187881293033716859509164427545337578042644913584679177
274595580678488287110523007951450792032122003482953110395645937511
145507247951992323915556988719406271790885619575288556806356317023
904460177753522336176717765606569375619361936259570068492248438289
144287997784280102515971795248281793420502299436973398883127868943
808836949897203996318068961300457849994747160589353382859836907588
754315812747946117347176037222864894713017043939851361097012482183
521386661878213237661644066325418672975483626552509819405277358203
074690541843476812126464070024059146538325643599928980181837801556
911150639925614899522018524983531639039060743883264204279427190585
061500346943196716063936271271613698936606884718153250426609651646
705897658429438340413344899817035095852450703762508689785303360151
772974523008771199809382021820028322481968765231796275031501112089
358880755608636066865227256202515520460354981886416656396653998349
755025004435173780781089119710070018545060791121408004350299097653
373706437077233795789645795444918986866109307292337337799563710281
538403132399291692887548885836458551336281031303759744659976324614
438827177912237640879961843480016824636828892436885904977916003401

5879370396288124137009003347518383178223493197255376795918146325669303732311755211865220261680164586533147919032005561523312037658471762268306954945993509912185835299271701866246619554265055579169220899220937416063345966282865027706133383785265940526441183010165255978125288906246057525082522471537549396538923884329723498887218816835844706100377479756523757990019736393206053268644021743293720932058884076565124647946918222231283734999162171528404168463843656625319072215916463159085985632645653821980535360101903472295907771081796392001692044443233763567811667984413230300356669641803400850527583039715215309498065199480776343718582346703571375219012623959720235366692506079971412866623285813110300182669698698236405620197965237829190217070596537031174753903268130078684500867436454988670231731081126462755021988128173095236218211546060701287306650195455515036656659229317392643019494284811383092477055594739712381421274460760696233217270594150713886891920959901890370634175504994767593127533737609811856997178913237214852658499025356718063193153373840208318944010735872823139644749086872274442521484351796727856788573478207005475006215778724374695067690233241968078869746222850601143261802787427447425821382694394086602436411347101351157097941023767356352567234624158660847050529619579325015208545691231923285254012202989727949116734741352737945214451484328510367096134964256687197878617093890079021446025466127854216995254171355478595825126732690124746277689875034981324260214187331411169187585717644552778692208946814485820993862641065187020293290533186367608740175587804268252826969011489759156845363237064165749986001849620446282360368421350496805774944803613487713095837219673314898126883417020695380219191985100086598911709157381841838615181712998387772009467756175258520740962795827193352189405040644881129456161953393278212881720054268759489533145783557492004857625375068309785433489537497532576895405471932627091772036408894467127907974095830091284204357704884054408356621724589944963129359240436035913355496397363633163728610022556758904216951605526630510794942256918548202245722572079795172277326419550722579692721685905218628473828359226531148668862791533156835121813707088369302072597783113253188649473703551055046677480309052393540648658710566048891226600799480399149580308117440898199398340385383421509802115461693035855668625589248049454439523959372931391111627735673531947995637195437443144200247401245957686481687087717975414122803394275362407605979384904735708535794722063596018023282925210448696282218816240261892567084925052745929925220438218825895021344328172883612192709566056059484404067033388610338586878753031042042040568813889938479578131287680983263671105567741565420236664409766808154652044264516131713542492241493088397327498026439566212533379400552989836219604615828359306964832181150008190967352768990569948319719417698422132293738233937211548342529190865550974116065193280979563056053478388950682528114360997646682823393874841471939608899080383490762602594307447976737071051702488208144548532122456444681673416532262342619055983149920006092631526920678309549023428988838821526131068197401371957873879734470295029043544086904068675991743762662223946046443498655673649141541157440664028641699644733261799539660452142879179739077054286215250548189129033267769530091038453245205324654194004136473254811460661581881867990681705414030195492007132239772209550276731147174267311105344811387495700163677220871509057043833004310158164600248543330650069985693298328323954592053026102109782950889039463098645696631259191874253388746597252686493076183409810940024308757029623926399208813839199459140878344856734121765356007301111666681302543588829594223967244361576764802740763750657142900193412719368341177108074199308838731885759725805352608217936733206705359049015937804876474348648387186601152061511911

945226618251320227822988318830616495341012214908970167249374560367
666611681136635673611275999547543645657886471477063521594380338550
111827742781193369500934941518786797115426549458043805950046430209
855126055327159809176054110401317700737790673317874654433320603331
763327644165301699938815776879427997665848209763632186840614370031
851603674389368395181518380687060129238050410397093701335327540704
816441021080323233412029729453728390370391312026514533277171963114
320348795018029478139154167112254682602066384827323588891469237738
028518202635894691742980606882641770648736204882730494772227608745
619410649235691294497055988773130548738716392890728185889262432316
502858409886430150012194712776494136310336730148987857217905283568
530745171668376252698743128033407287120142322888651270075831658005
826796599995228141856216760614086335941848406283815388207702772222
383059267825239772896290607290476494507548592250511926175730777005
829898529995918473011230078011937265894954943137648667078406229598
481528162085638648567971310461138148812316618416179597623720601803
807146131429105500744217055672629121554919314057580730274131699894
362360595224507423039711621716494503382787182391721383280661316024
416564135723697585915531673678271136863692667393887465717684844287
076554374402586230704412288942484338213442025231688316819907179998
104807414903601184709332090737989268514143739096250515885033618034
805736962536122382030758400625596895315128308792622209933157802149
024182832227890541051503082647762367721619816706259773830772812786
415270911274104138289344174619221534314883435600750296018350699304
537770071816600149171656176193032057131018075875511221684489694784
177897929072269678247225995468397816642077886293360662992675483376
352634823570566166223306904993104776460040774795790369545327077779
862485827216826675228357244202854292517696899124839257446289215971
932182438004732407150910722559913507323548924221791494984272651357
437138920132223219443638836978784258118448653181013535998674372089
887703992234288860553683159878274566334260006052785284967897252639
297495200599625245679986690983574636110806722217622811807691920625
264869013641532888344975644253412796776830577354644384417106088410
844141037912472026065451227914576587848567012746683525904795253781
432452168658310913366139102555828627723984610952150923974300726851
635724455773831109277851064017385959197571566975693682380039304349
564336982618604119997982574422479721320629923825869389320511631138
359027223978185629308094563981241807236611575357176577175091525862
864244992398890845159196092623326804154020284991403352937994886612
990584837989974532198280774853964998370900118975783632922156991006
513522516477779268457359327682761052771081261930506541554620424278
852614346119590024753219589241287094843962436677304078282904295097
980336698019966186249102271524901476483474090913930557855179337105
088419991350557649168818312162668498949619048400503943318012298816
877820200144492999901403482280100765091766105003655188517464385880
523002918408011229443178528227624140836036357336513617078847921141
562124355513691112687490209219294994612274047828983932385087752829
2534514715165653763355564763992622297744756561928502537832594734218
251730746058849542532733503487603562357419716489287193991241787510
176014605930258256911426829351039928962011749465103455266937094608
260072195362967924730417335114901782640523492069169348865607727271
732145811795659040292770602319237353954825786592886462884348528526
825348873750609726958934934587044101062886316903618945443068427698
726515167281220381812336001874046399131421710754135543229384107296
996321808787177519730938666327606185430818902559606867930963592044
069328545359665472539171193315438809386409188838136400160224151781
605859159085820353938780338296200821409586815670317113139862875148
502193691187061827127541017332355576578305690711675241814208584748

223981851798605404189046121887526287596942450786843515958542051141
540215503297236405369685138247495827220057941325205518884347905170
867245027725908507760268804959261347074275385978300375774215333246
616369314681250709376179652700587770099295260687666281716409120716
092933308815387639430752889779354800620945458072225107915676603443
515845247560437020839663725483717936273281068286082891709423414454
092281109495574619878908754989737358077357516057444196893972602913
518664221789448079327389182916245285007379103218027245713784277297
999090681306053228414600990077698226147928514784499681576790509290
4902518037546080633012624107982680367900215366565252223735824939682
620085077653186321481355706014649087755855014322834897028558376699
777964793929060275706569001926399262952341824046541465511886407912
064464213323797086603172449508444278682597845354473145307516458271
978532834258158419342980531029824883827999285890439100298781170665
388332786779813654750270413559999333024626190811049391862448843199
686765783572010058971263510100913510237620998883642650316390699576
275732242485388549002420214588325300653468044377933360183287074921
613299388840086118619554643342831608069694396712491330981926923874
937790334723097980005361858485283025147638669491520745557574389531
363440303647607958986279085482158324727622116651922838975262245518
591629723238088745693836794956666141808565378105073192301674955830
148770041132113704132471595464645480160266861083603581867540763278
950475084065251046763834685859613818131531429482738425449872106044
865120290887252575181149931348256434052359445475912770308801120747
983405998437193631550871177984491425339393624254435464982285213146
567939514448104326675196927832027690231689056518300202192161156273
030531804426964785229011999527340176092228257643138389550778773702
870704498678896263755237737174670821412188225645736023411513131968
566942459755111310380363968820702702005921532600675195234857887708
906602029932259979608197745614957624692059906125326412993796430544
113860254758704615397092791436324623173261366943786549364958074251
621902258871299639672132035160551711941414171711064213126946277427
189116564054712791949105938834137615430401381317034612174435422639
145777476270722659507521056744671113615239318171327740334775078496
040747405860433074111345414598026409308209688771155105695226772798
089447194067858558993273673253140705777657353017823327817347084150
963752492507429402560064947772534233411562455841355327977725770217
319468412015247866616142286554696136834614700631654442715667369748
279191042098822752414034341001416283414912402388840688354363401328
085201402655663317415381903668740103900591632239459034513886802089
207529266009483871637793446557346687243976613473828575220925156371
720082071666955578952596050351873781829303539407734491751670162421
527094211767232473855061745750250311498056022381099948952356447198
129189357907571046576887311453125221191496589490052954590515675701
452079492342913394200651349951438045107234747730060119699306777906
776824107271811279098968384526750779422343272071153361342239499877
991683575095569687698750832896422721852654592027573433462291886686
939385567945458386653186914350779745883085181605566636178995439193
976530882986072640066432999660308038017228638903286199343515708552
759995425764567556681256278385199247209586267017257529064230787664
523457264442845181926793259936977469701695951838633477653134746947
177198115270460022842857820836803946190676287092391249052893558156
534956984742354377270838995000676293334086361809196781687150588325
472726256714577314649800453048617141717189210581191166709389640766
230100387703153353409122894237379805927310616645007976983069914278
225107776435167371990840842620659730173098646543453759316099568560
366050828171463559817567384530725240895169722747786951315754417344
454722319523842469417657225689889311037411986644891577622736979187

242055865207607989955858443011449299014205538710538737653256080332
968184546168661082811535831816796143045658318071729440669411586376
384846110004382178673118359066846845036385453102254236270946042934
406553755601429869378509382514199542500930627558483658264526731879
554581885165063002404022771824827471174699163927935410648616033465
991717072686386548515713942197487119163570728432245983288208430295
855762347917596524910775098568894147027692006548333496695848885977
090880307681176920005391408470713295101728146121870919515180651104
050378156414129085392169810867650685081213468617979519258789160321
266737026936867990729772817176528048859756030785031816754411800485
873461171377287081212333614156290315558711447403875899669580566531
966052836835225243417605277332934489709242833528086206175715818422
014806307368737556756570745706582673089961967483864487309105251714
390883895120133133349540028408932790917642074993061445626337379960
890861487468977446233380247271000213876001300164198791415031148345
460857627486519359969189675967682257379101622155788613231255233733
539143843164432343125056995799810688572996058333981035079053978914
876141153023140274880090713606348721978270728572397062463803497628
206843888161338477686617025781753525565289275154815104968334418539
482659075418330051922523845166115509468050771608516584944585498885
652867825971735478195724399898217504400096065664106924168772150111
798982838110992010825761878839763841332362174731603850064661081891
097653601475389658235243305700839361354004621407520683075998941863
503466920355087624862761543111503684306676429082800744409883945324
111861402772721307220166170405481233481404587334350405037400640048
826507871127914436058867195665761766084306346718539800583107749363
754126837379073816994764376518091779814851801570066421692286311301
328565337291343042641611603060357027319540538938892339844435680707
069795191913280761647147890317334041302702781450140747862994037749
300647503377440166688518715705453734526709698304292170529597434675
350244840004586064843212510671827261149912555077410283770665338637
717120211281923633582333634038766309968138210374951212629393650538
148276656110365928601709774654711167537735122035630075054294720825
546997293979795750019831806784557491270316937506139078241254533143
469815572851473507209251404023028448931252592843427738742020066023
604162470003403051318469575972370945828757593832689551107824255905
237124226140278137120057383347299452371362831228766686722822949437
157732084385228665231992849123248528214209907682374110310530431748
937827213276787865767245074580801303563365068736707359071942487583
967331579052340474823998077707411455513131860802577556692934790466
729554212989400725124376653553536991827636459604521109217030113777
192373257056495080197838520131307457041315612801140927391512137410
920021536731457220186439413270998821856217565956593454472985062924
279842233947432058380651422551458784227784575165314523776009283207
874579015939503417778540345247986215608717039042466876449299118987
280419207260330736865800889069795674057332863211874860253691362227
711170390376714966175621422787104763675019772948778697155170553205
021565649232122991575881926241452471728142492041825762382575539221
373125880887736522282642007290285558876661872895653363728796379003
490166278999455845572507232051084269986443707048857956232231282197
645270548569315364622050744086008220164929694727237869663189728853
753529549666452944123839963658670150965468718828024645996291251894
364539598873457490217436540820133920609704305758863484394659969361
375113669922086008507819190021878435776155930155395592882290714274
303686962084517716808692475064253990236003976602710763590656274897
608571123023392663398652398457719280821190751060945189042763079392
461828830799755183177478571334312823282611215450246737271201163721
417916891078903113369966706387684525300759756246752764883645190666

2162762307388500978488336685856067574086110656005194140599859159 46
8110571271796360445505174144025459624587878979763542178837152108 70
6629766185284281404933313056206855422893076345920136087226007415 27
2346350294389161165166798128401472800711817348129165560394511057 37
2660435039248469519651186632701177283998712598037348685203878144 57
3609039891377985189672185579414701475789360767812442055555337574 74
7867044191714613342044252057531101079289522207989600625371130231 15
6827243427312892007384945416133386492731598170168987669608646428 44
8384961079043229172133327891404061443294353980689870450113388304 46
6253786599595563673921797718499910831107027710671906247241897718 93
1395703540974673149466121125395481783523771570739888297169104166 34
4151022080470229824351953195854031140283855677631141415962711583 89
2594746115769794070812354400524610529125384477524954718215981346 78
2825104315649470337194506231527911174645287746511674488932106999 79
4356821101491292586213970102087453236546414071425265451685312384 73
3794838677855371838484969386231958542673020678857691057456749439 78
9465782169150250744276503986200613658152009057903591828161480174 56
9984707839843964849371304922505525602538777338018562290369977133 70
2943549181034866707931106444345981136721567912431490071732713542 27
3746317932173009717553736350752874778473693619528085144244425311 66
4915782639172248632774607069418353175565060159440467166507873097 12
8511145168314255396588717990313657811934693040177688341451752385 33
6001257844076353671234950801711026805104627818593642357014391312 09
4881435804090498138460034997136665339915975252030399851619589805 83
0700192560727840369693729873556529024364319340585148901918365225 71
2922601242295107624031283464403286263713634470007263192351521020 74
7520098458750934980401237494797294662122948993842044193016904841 20
4390646281364098983818727797541099387485557986284301459207059431 32
9445612545199073257324237580094766758101266122854048507226973202 57
318491414938800048567428 92

www.ingramcontent.com/pod-product-compliance
Lightning Source LLC
Chambersburg PA
CBHW071341210326
41597CB00015B/1528
9781632705389